# 青宁输气管道工程EPC联合体建设模式实践与成果

主　编　周海军

副主编　贾立华　　程振华

张　强　　王　俊

东南大学出版社
SOUTHEAST UNIVERSITY PRESS
·南京·

## 内 容 提 要

本书为“青宁输气管道工程”参建单位成果论文集，经广泛征集、严格评审，共收录62篇论文，这些论文结合青宁输气管道工程EPC联合体模式建设管理实践，从项目组织、五大控制、施工技术、过程管理等领域，系统总结了青宁管道建设过程中的创新技术、优秀做法和成功经验，全面反映了中国石化在天然气管道工程建设领域的最新成果，对提高我国长输管道工程EPC联合体建设管理水平具有一定的理论和借鉴意义。

**图书在版编目(CIP)数据**

青宁输气管道工程EPC联合体建设模式实践与成果/周海军主编.—南京:东南大学出版社,2020.9

ISBN 978-7-5641-9101-6

Ⅰ.①青… Ⅱ.①周… Ⅲ.①输气管道—管道工程—工程项目管理—中国—文集 Ⅳ.①TE973-53

中国版本图书馆CIP数据核字(2020)第163341号

**青宁输气管道工程EPC联合体建设模式实践与成果**

**出版发行**：东南大学出版社
**社　　址**：南京市四牌楼2号　　**邮编**：210096
**出 版 人**：江建中
**网　　址**：http://www.seupress.com
**电子邮箱**：press@seupress.com
**经　　销**：全国各地新华书店
**印　　刷**：江阴金马印刷有限公司
**开　　本**：787 mm×1092 mm　1/16
**印　　张**：23.25
**字　　数**：566千字
**版　　次**：2020年9月第1版
**印　　次**：2020年9月第1次印刷
**书　　号**：ISBN 978-7-5641-9101-6
**定　　价**：98.00元

# 编审委员会



# 编辑委员会

# 前　言

当前，我国经济已进入高质量发展时期，发展清洁能源、推进绿色发展，已成为国家改善能源结构、保障能源安全、推进生态文明建设的重要任务。习近平总书记指出，要深入推进能源生产和消费革命，形成煤、油、气、核、新能源、可再生能源多轮驱动的能源供应体系，同步加强能源输配网络和储备设施建设，构建清洁低碳、安全高效的能源体系。这是党中央对我国能源行业发展的最新前瞻定位和远景规划，也标志着作为清洁能源主力的天然气再次迎来了大发展的黄金时期。

青宁管道是国家在华东地区重要的天然气产供储销工程，也是东部沿海第一条纵贯南北、连通江淮的天然气输气大动脉。它的建成，对于提升环渤海和长三角两大经济区天然气资源互供互保能力、保卫碧水蓝天、促进国民经济发展均具有重要意义。青宁管道全体干部员工作为国家能源战线的一份子，深入贯彻党中央能源安全新战略部署和中国石化打造世界领先洁净能源化工公司的要求，坚持提高站位、勇于攻坚克难、不懈拼搏奋斗，提前100天完成了管道预期建设任务，取得了优秀成绩，谱写了中国石化天然气建设的新篇章。

在青宁管道建设过程中，全体参建人员肯于钻研、敢于创新，不断探索项目组织的新理念、新模式，认真研究工程管理的新思路、新方法，积极引进施工作业的新技术、新成就，成功克服了建设时间紧、施工任务重、组织协调难、作业要求高的困难，解决了水网地区管道敷设、潮湿环境焊接质量控制、大型定向钻穿越施工等诸多国内管道建设行业难题，涌现出了一大批管理技术创新成果，实现了高效、安全、优质、科学施工，创造了令国内同行为之侧目的“青宁模式”“青宁速度”。本书是青宁管道全体参建员工智慧和经验的结晶，共收录论文62篇，从项目组织、五大控制、施工技术、过程管理等领域，系统总结了青宁管道建设过程中的创新技术、优秀做法和成功经验，全面反映了中国石化在天然气管道工程建设领域的最新成果，对天然气行业广大建设管理者具有良好的指导意义和参考价值，值得深入研讨、推广应用。

功崇惟志，业广惟勤。我国正迈向绿色发展的新阶段，天然气行业前景广阔、未来光明。作为国家天然气的建设者和开拓者，我们应坚持博采众长、厚积薄发，继续脚踏实地、真抓实干，在天然气建设运营领域勇攀高峰，努力创造更辉煌的业绩，为新时代中国特色社会主义建设再立新功！

2020年8月10日

# 目　录

精心组织建样板,有效落实显成效——青宁管道推行 EPC 联合体模式实现工程又好又快建设…………………………………………………… 周海军　张东华( 1 )

青宁输气管道项目 EPC 总承包管理探索
…………………………………………………… 柳志伟　张　晨　何能彬　李仁辉( 13 )

青宁输气管道工程 EPC 联合体模式应用与实践
…………………………………………………… 程振华　刘冬林　周利强　管荣昌( 18 )

青宁输气管道工程 EPC 联合体中的设计管理
…………………………………………………… 高锦跃　朱永辉　王颖华　刘瑞华( 25 )

青宁输气管道工程 EPC 联合体采办管理工作探析
…………………………………………………… 王　昆　庞怡可　赵建伟( 31 )

青宁输气管道工程 EPC 联合体精细化施工管控实践分析
…………………………………………………… 刘成喜　管荣昌　马成才　温超月( 36 )

联合体模式下的 EPC 项目风险管理
…………………………………………………… 魏学迪( 42 )

青宁输气管道 EPC 一标段联合体模式创新实践
…………………………………………………… 郭新辉　程　君( 47 )

青宁输气管道工程 EPC 联合体模式下质量管理
…………………………………………………… 刘成喜　高锦跃　王利畏　刘晓伟( 55 )

EPC 联合体模式下长输管道建设质量管理研究
…………………………………………………… 申芳林　陈锋利( 65 )

青宁输气管道工程 EPC 联合体模式下安全管理控制
…………………………………………………… 崔友坤　杨　振　吴　昂　马明宇( 73 )

青宁输气管道工程 EPC 联合体全过程投资控制
…………………………………………………… 田成功　苗慧慧　孙丽霞　刘　莉( 79 )

青宁输气管道工程 EPC 联合体文控管理探讨
…………………………………………………… 张　博　靳　涵　马　瑶( 88 )

青宁输气管道工程 EPC 联合体党建工作实践与思考
…………………………………………………… 纪云庆　焦蕊蕊　董剑峰( 93 )

论党建工作在青宁输气管道工程建设中的作用
…………………………………………………………… 高金庆(98)

论日照党支部在青宁管道建设期的作用
…………………………………………………………… 王　敏(102)

打造基层党支部战斗堡垒,护航项目分部工程全面管理
…………………………………………… 王　俊　左治武　邢海宾(106)

浅析如何围绕项目建设开展党建和思想政治工作
…………………………………………… 刘　红　柳志伟　李仁辉(110)

创新管道建设期基层党支部工作模式,发挥党支部的引领作用
…………………………………………………… 付文静　吴　晗(113)

践行初心使命　强化三位一体　全面提升项目管控
…………………………………………… 纪云庆　董剑峰　焦蕊蕊(116)

“不忘初心 牢记使命”教育成果
…………………………………………………………… 王　颖(120)

浅谈基层党组织青年人才队伍的培养建设
…………………………………………………………… 刘　红(125)

“不忘初心争先锋,筑梦青宁立新功”劳动竞赛一级口率提升案例
…………………………………………………… 陈锋利　申芳林(129)

智能化在青宁输气管道建设中的应用实践
…………………………………………………… 崔国刚　王　军(136)

青宁输气管道工程机载激光雷达航测技术
…………………………………………………… 周义高　邱海滨(140)

青宁输气管道工程高邮湖连续定向钻勘察技术
…………………………………… 杨进录　罗　华　尚小卫　卜满富(146)

青宁输气管道工程全专业协同数字化设计分析
…………………………………… 吉俊毅　杜锡铭　王　力　徐　昊(152)

青宁输气管道工程站场工艺优化与标准化设计
…………………………………… 赵保才　高明霞　魏　丹　申　阳(158)

青宁输气管道工程 X70 钢管道材质优化与应用
…………………………………… 杨海锋　赵国勇　高景德　黄绍岩(168)

交流输电线路对管道电磁干扰的敏感性参数
…………………………………………………………… 张海雷(175)

青宁输气管道工程阴极保护精准化与智能化设计
…………………………………………………… 张新战　任相坤(184)

青宁输气管道工程EPC联合体中设计的主导作用
…………………………………………………… 周利强　刘晓伟　王　宁　李晓安(192)
浅谈设计在青宁输气管道EPC项目中发挥的作用
…………………………………………………… 王盖宇　马　冰　刘　军　李晓安(198)
海缆与主管道同孔在定向钻穿越中的设计与应用
…………………………………………………………………… 张正虎　邵子璇(201)
浅谈EPC总承包模式下物资采购控制管理
…………………………………………………… 巨成永　张　强　刘宝霞　车海燕(210)
建设单位对EPC模式下物资采购的制度管理
…………………………………………………………… 车海燕　巨成永　刘宝霞(214)
物资仓储中转站在长输管道项目中的应用
…………………………………………………………… 王　宁　庞怡可　王　锋(218)
苏北水网地区大口径管道顶管施工的风险管理
…………………………………………………………………………… 何能彬(223)
长输管道通球、试压、干燥施工工艺探讨
…………………………………………………………………………… 薛纪新(226)
管道全自动焊焊接工效优化研究
…………………………………………………………… 张　恒　张　磊　刘　晶(232)
浅谈优化长输管线光缆配盘及实施
…………………………………………………………………………… 汤　彬(237)
浅谈淤泥质水塘地段管道施工方法
…………………………………………………………………………… 高　峰(242)
有线控向系统在定向钻穿越工程中的应用
…………………………………………………………………………… 张暮凯(247)
浅谈泥水平衡顶套管错台成因分析及控制措施
…………………………………………………………………… 孟晓飞　简守军(252)
夯钢套管定向钻穿越施工工法
…………………………………………………………………………… 靳国利(257)
浅析长输管道项目形象进度评估方法及应用
…………………………………………………… 申芳林　张　晨　平钰川　邵　岩(265)
“行军图”法在青宁输气管道工程项目进度控制中的应用
…………………………………………………… 李晓哲　刘　江　张　晨　孟宪坤(273)
浅谈EPC总承包模式下工程建设项目财务管理下的资金业务
…………………………………………………………… 周昱昊　王家涛　张煜杨(281)

浅议青宁管道线路工程质量控制
…………………………………………………… 於庆丰 张 晨(285)

青宁天然气管道水网地带焊接缺陷及质量控制
………………………………………… 张 晨 柳志伟 王喜卓 代 军(292)

基于 EPC 管理项目的第三方 HSSE 监管实践与探索
……………………………………………… 张向阳 陈子刚 王 军(298)

工程 EPC 总承包模式下的 HSSE 管理
………………………………………… 杨 振 吴 昂 崔友坤 马明宇(304)

试论青宁长输管道施工安全管理风险与对策
………………………………………………………… 雍 彦(310)

浅谈青宁长输管道建设期保障施工安全的几点建议
………………………………………………………… 王晓飞(317)

青宁 EPC 一标段联合安全监督机制
………………………………………………………… 尹志刚(320)

油气长输管道试压封头安装焊缝无损检测现状与实践
…………………………………………………… 左治武 王小军(324)

长输管道项目 HSSE 管理体系和标准化建设的运行与实施
………………………………………………………… 郭 晶(328)

浅谈天然气长输管道建设项目 EPC 联合体模式下承包商考核
…………………………………………………… 彭首锡 李程成(333)

长输油气管道永久征地手续办理研究
……………………………………………… 袁志超 张秀云 李 琦(338)

EPC 联合体管理模式下油气长输管道项目人力资源管理策略探析
………………………………………………………… 宋欠欠(345)

浅析苏北地区天然气长输管道建设工程对沿线生态环境的影响及保护措施
………………………………………………………… 徐耀龙(348)

浅谈油气长输管道建设中的公共关系协调
……………………………………………… 张秀云 袁志超 李 琦(353)

# 精心组织建样板，有效落实显成效

## ——青宁管道推行 EPC 联合体模式实现工程又好又快建设

周海军　张东华

（中国石油化工股份有限公司青宁天然气管道分公司）

**摘　要**　青宁管道项目是国家发改委、能源局督办的重点能源建设工程，项目实施过程中通过推行 EPC 联合体管理模式，确立新的管理理念，制定有效的管理措施，推动项目高效建设。项目管理过程中仍然存在实际问题，本文进行了深度剖析，并提出了相应的应对方法，进而得出 EPC 联合体管理模式在大型天然气长输管道项目建设过程可行适用的结论。

**关键词**　EPC 联合体；管理理念；管理措施；管理成效；问题及建议

## 前言

在中国石化集团公司党组的亲切关怀下，在股份公司工程部的大力支持下，天然气分公司青宁管道认真践行中国石化新发展理念，以中国石化 2019 年工程建设工作会议为指导，创新突破固有项目管理思维，全力促进 EPC 联合体模式在项目管理实践中落地落实，有效推动项目又好又快建设。项目按照国家发改委要求和中国石化集团公司部署稳步推进，2018 年 8 月 13 日获得国家发改委核准批复，2019 年 3 月 25 日获得股份公司基础设计批复，2019 年 6 月 5 日全线正式开工建设。

天然气分公司在青宁管道项目首次全线推行 EPC 联合体管理模式，将打造中国石化天然气长输管道 EPC 管理样板作为重要目标，组织参建各方在建设实践中不断攻坚克难，不断总结有效经验，不断推动项目顺利实施。

## 1　项目基本情况

青宁管道全长 531 km，设计压力 10 MPa，管径 1 016 mm，设计输量 72 亿 $m^3/a$，全线设置输气站场 11 座，阀室 22 座，项目总投资 73.07 亿元。管道起点为青岛市董家口山东 LNG 接收站，终点为仪征市青山镇川气东送南京输气站，途经山东省青岛市、日照市、临沂市和江苏省连云港市、宿迁市、淮安市、扬州市等 2 省 7 地市 15 县区。

青宁管道项目全线分为两个 EPC 联合体标段。EPC 一标段由石油工程设计公司和胜利油建、十建公司三家单位组成，负责青岛至连云港段建设，工程内容包含 207.32 km 主管线和 5 座站场、8 座阀室；EPC 二标段由中原石油工程设计公司和河南油建、中原油建、江汉油建、江苏油建五家单位组成，负责宿迁至扬州段建设，工程内容包含 323.68 km 主管线和 6 座站场、14 座阀室。两个 EPC 联合体牵头单位分别为石油工程设计公司和中原石油工程设计公司。青宁管道项目两个 EPC 联合体标段工程建设内容见表 1。

表 1　青宁管道项目 EPC 联合体标段内容

<table>
<tr><th rowspan="2">序号</th><th rowspan="2">EPC<br>标段</th><th rowspan="2">线路长度<br>/km</th><th rowspan="2">施工<br>标段</th><th rowspan="2">线路长度<br>/km</th><th rowspan="2">站场与阀室</th><th colspan="3">行政区划</th><th rowspan="2">区域长度<br>/km</th></tr>
<tr><th>省份</th><th>地市</th><th>县(区)</th></tr>
<tr><td>1</td><td rowspan="8">一、胜利设计院</td><td rowspan="8">207.32</td><td rowspan="5">A. 胜利油建</td><td rowspan="5">117.50</td><td rowspan="5">泊里分输站、海青阀室、河山阀室、城关阀室、高兴阀室、巨峰阀室、岚山分输站</td><td rowspan="5">山东省</td><td>青岛市</td><td>黄岛区</td><td>37.33</td></tr>
<tr><td>2</td><td rowspan="2">日照市</td><td>东港区</td><td>36.05</td></tr>
<tr><td>3</td><td>岚山区</td><td>34.32</td></tr>
<tr><td>4</td><td rowspan="2">临沂市</td><td rowspan="2">临港区</td><td rowspan="2">9.80</td></tr>
<tr><td>5</td></tr>
<tr><td>6</td><td rowspan="3">B. 十建公司</td><td rowspan="3">89.82</td><td rowspan="3">柘汪分输清管站、金山阀室、赣榆分输站、墩尚阀室、连云港分输站、平明阀室</td><td rowspan="12">江苏省</td><td rowspan="3">连云港市</td><td>赣榆区</td><td>55.34</td></tr>
<tr><td>7</td><td>海州区</td><td>14.63</td></tr>
<tr><td>8</td><td>东海县</td><td>19.85</td></tr>
<tr><td>9</td><td rowspan="9">二、中原设计院</td><td rowspan="9">323.68</td><td>C. 河南油建</td><td>62.81</td><td>湖东阀室、吴集阀室、宿迁分输清管站、周集阀室</td><td>宿迁市</td><td>沭阳县</td><td>62.81</td></tr>
<tr><td>10</td><td rowspan="3">D. 中原油建</td><td rowspan="3">84.58</td><td rowspan="3">成集阀室、王兴阀室、钦工阀室、淮安分输站</td><td rowspan="3">淮安市</td><td>涟水县</td><td>23.47</td></tr>
<tr><td>11</td><td>淮阴区</td><td>17.62</td></tr>
<tr><td>12</td><td>淮安区</td><td>43.49</td></tr>
<tr><td>13</td><td rowspan="3">E. 江汉油建</td><td rowspan="3">86.90</td><td rowspan="3">曹甸阀室、鲁垛阀室、宝应分输清管站、周山阀室、高邮分输站</td><td rowspan="5">扬州市</td><td>宝应县</td><td>50.58</td></tr>
<tr><td>14</td><td>高邮市</td><td>36.32</td></tr>
<tr><td>15</td><td>高邮市</td><td>33.16</td></tr>
<tr><td>16</td><td rowspan="2">F. 江苏油建</td><td rowspan="2">89.39</td><td rowspan="2">车逻阀室、郭集阀室、送桥阀室、大仪阀室、陈集阀室、扬州分输站、南京末站</td><td>邗江区</td><td>3.45</td></tr>
<tr><td>17</td><td>仪征市</td><td>52.78</td></tr>
<tr><td colspan="2">合计</td><td>531</td><td></td><td>531</td><td colspan="4"></td><td>531</td></tr>
</table>

## 2　EPC 联合体模式推行的意义

### 2.1　推行 EPC 联合体管理模式是中国石化培养工程建设优质队伍的需要

工程总承包是国际通行的建设项目组织实施方式，其中 EPC 总承包是最常见的形式。EPC 总承包已在我国石油和石化等工业建设项目中得到成功的应用，而中国石化长输管道建设中 EPC 模式试验段较多，真正应用的极少。2019 年中国石化集团公司提出“专业化发展、市场化运作、国际化布局、一体化统筹”的总体目标，加快培养一批中国石化长输管道工程建设总承包商，鼓励工程公司强强联合，做强做大竞争资本，为“走出去”发展夯实基础，青宁管道在中石化天然气长输管道建设中首次全线推行 EPC 联合体管理模式。

### 2.2　推行 EPC 联合体管理模式是天然气分公司实现工程项目高效管理的需要

EPC 总承包商利用自身的管理、技术、资金等优势，实现项目集约化管理，可以充分节省业主方项目管理资源，尤其可减少项目管理专业人员。中国石化天然气分公司近年来建设项目比较多，现在又面临“扭亏脱困、销售体制改革、国家管网改革”三大攻坚战，工程项目管理人员紧缺，推行 EPC 总承包模式，可以以较少的专业人员实现大型项目的高效管理，非常切合天然气分公司当前的管理现状。

### 2.3 推行 EPC 联合体管理模式是快速推进工程建设过程的需要

青宁管道是中国石化天然气分公司“两个三年、两个十年”战略部署的重要支撑项目，承担着华北管网和川气东送两大主力管网互联互通的重要任务，尽快建成投产对于实现中国石化天然气业务有效快速可持续发展具有重要意义。EPC 联合体模式十分有利于加快项目建设进度，实现项目尽早投产见效。

## 3 EPC 联合体模式主要管理理念

### 3.1 深谋组织管理架构

组织管理是项目管理的核心，大型项目需要充分利用和发挥强矩阵组织管理优势。中国石化天然气分公司于 2018 年 11 月份组建了青宁输气管道工程项目部，要求项目部将建立健全项目运行机制放在首位，搭建与 EPC 联合体相适应的项目管理架构，合理划分职责权限，突出管理优势；建立健全管理制度体系，以制度的适应性确保各参建单位提升运行效率。项目部编制了 60 余项管理制度，分工程管理、内部管理、党建思想三类分别汇编成册，并专门挑选出与各参建单位管理和现场施工管理密切相关的 10 项制度单独印刷成册，要求各参建单位集中组织学习，认真宣贯执行。青宁管道项目组织管理机构见图 1。

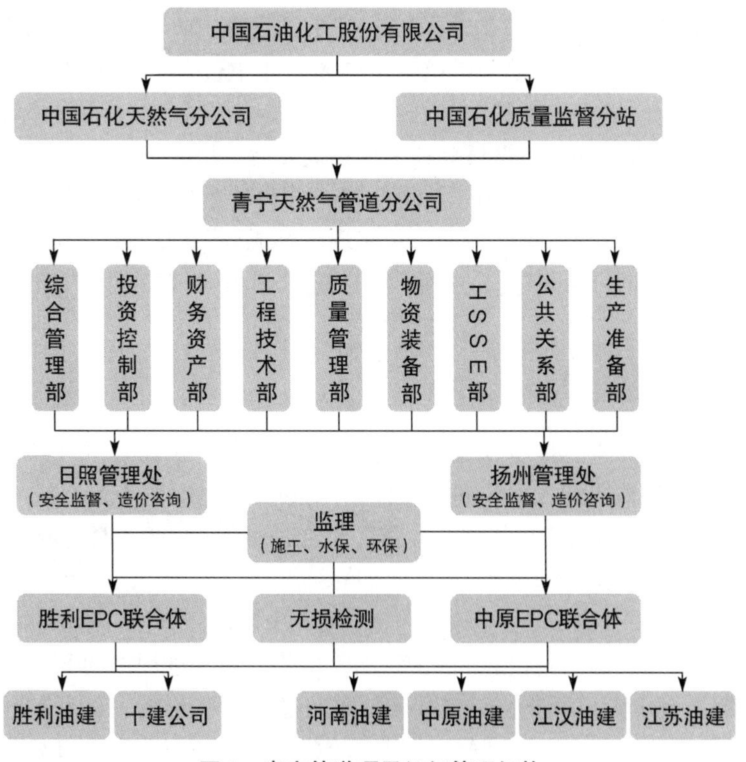


图 1 青宁管道项目组织管理机构

## 3.2 注重管理策略与技能

青宁管道形成了“以业主为中心，EPC 联合体为主力，监理、检测、第三方服务为支撑”的项目管理格局，重点突出业主方项目管理，将业主的 EPC 管理要求不折不扣地贯彻落实到项目建设的全过程中。“有什么样的业主，就有什么样的承包商”，项目部以身作则，锤炼自身硬实力、硬功夫，以提升人员管理素质为目的，组织全体人员开展项目管理知识培训，全员学习全部工程采购合同文件，为抓好项目管理打好基础；EPC 联合体作为项目建设的主力，按照业主方提出的工程建造理念与方案，精心设计、制定措施、组织实施；监理、检测、第三方服务等单位提供工程技术服务，确保工程安全与质量。

## 3.3 突出业主方管理定位

青宁管道将“服务、协调、监督、考核”作为 EPC 联合体模式下的项目管理重点。首先是服务，业主方要树立真正为各参建单位解决问题的理念，在物资、外协、资金等方面做好保障；其次是协调，建立健全会议协调机制，利用每日晨例会、每周监理例会、每月工程例会“三会”制度，相对固定参会人员范围、会议主要内容，将大部分问题分层次解决在日常；然后是监督，确保各项管理制度、制订的计划、第三方服务职能发挥落到实处；最后是考核，结合集团公司、天然气分公司有关承包商考核管理规定，制定考核内容详细、考核项目具体、考核手段可行的承包商考核办法。

## 3.4 创新管理工作思路

针对项目自身特点，青宁管道提出了“1234”工作思路，即“紧盯一个目标、引领两大转变、树立三高理念和实现四类成果”，广泛凝聚全体参建单位合力共识，做到目标唯一、思想统一、步调一致，确保圆满完成工程建设任务。具体来说，“紧盯一个目标”就是 2020 年 10 月份全线贯通达到供气条件的建设目标；“引领两大转变”就是工作重心由“以学为主”向“以管为主”转变与管理理念由“‘E＋P＋C’管理”向“‘EPC’管理”转变；“树立三高理念”就是追求管理高标准、建设高质量、投产高回报；“实现四类成果”是指实现互联互通工程、样板工程、人才工程、廉洁工程等建设成果。实施“1234”工作方针，关键在于各部门、各单位明确分工、责任到人，勇于担当、主动作为，敢抓敢管、善抓善管。

## 3.5 明确联合体管理重点

充分认清 EPC 联合体就是项目“最大”的承包商，抓好承包商管理，EPC 联合体各成员是管理重点，将其作为整体纳入承包商管理体系，对设计、采购、施工进行统一管理。管理过程中牢牢把控 EPC 联合体牵头人这个“牛鼻子”，在协调管理 EPC 联合内部各单位中发挥好作用，形成有效的联合体管理效率。

青宁管道两家 EPC 联合体均是设计单位与施工单位进行合作，设计与施工仍然是各负其责，不同于天然气分公司已经投运的三座 LNG 接收站建设过程中的 EPC 总承包商，施工单位属于分包商。青宁管道既充分借鉴接收站项目建设管理经验，又结合自身特点采取有效措施，推动承包商严格落实 EPC 联合体模式的各项要求，严格按照 EPC 管理机制运行，有效压实各成员单位的管理责任。同时，深度介入设计、采购和施工管理，加大协调度，有效把控建设过程中的关键点，做到“形式上放得开，实际上把得严”。

### 3.6 发挥联合体管理优势

EPC联合体模式的核心管理理念就是充分利用联合体内部各方的资源，变外部被动控制为内部主动控制，协同作战，实现资源整合，促进设计、采购、施工深度交叉，高效发挥三者优势，形成互补功能，简化管理层次，提高工作效率。

青宁管道在保证设计、采购、施工有效融合的同时，又结合长输管道建设实际情况，统筹考虑业主及联合体各成员单位的人员、技术和管理优势，实现建设过程中工作各有侧重，共同为项目快速推进创造条件。明确总设计单位，全线实现设计标准统一；部分主管材实行甲供模式，采购合同签订早、管材到货早；施工单位负责外协工作，提早介入地方关系协调，提早打开工作局面。

### 3.7 有效应对管理风险

EPC管理模式下，业主方要充分考量项目管理中可能面对的风险因素，尽可能实现项目利益相关方风险共担，明确各层级管理责任，减少建设过程不确定因素对项目的总体影响。

项目“五大控制”的风险是方方面面的，主要的项目风险应对措施包括规避、遏制、转移和分担等。青宁管道建立了比较完善的风险防范机制，采取了多种风险防范措施：

利用合同条款约定工作量变化的责任承担范围，实现与EPC联合体承包商的风险分担；

聘请各类专业化管理公司实现风险分担，并利用其专业优势有效遏制风险，例如安全管理方面引入第三方安全监管，投资控制方面委托造价咨询，效果是非常明显的；

投保工程保险实现风险转移，增加风险收益可能性，有效应对2019年8月份“利奇马”台风造成的损失。

### 3.8 推行廉洁共建管理活动

按照集团公司纪检监察组“围绕全面可持续发展强化日常监督，继续开展重大工程建设项目专项监督”的要求，天然气分公司切实加强青宁管道项目工程建设监督管理，通过开展廉洁共建活动，秉承“诚信、廉洁、共赢”理念，推进实施召开一次廉洁共建联席会议、签订一份廉洁共建协议书、开展一次联合专项监督、开展一次集中廉洁教育、发送一批党风廉政建设图书等“五个一”工作举措，发挥各方监督作用，形成监督合力，实现廉洁共建、合规共赢，有效推动青宁管道项目依法合规建设、阳光廉洁运行。

### 3.9 实现平稳管理局面

青宁管道始终坚持“一切以保障现场施工为主”的理念，把问题想在前面，解决在日常，从人员、设备、物资、资金、技术、对外关系协调等各个方面做好充分保障，组织EPC联合体单位提早、超前打开工作局面。自正式开工以来，除2019年8月份受台风影响外，各施工标段没有出现一次大面积停工现象，实现每日施工作业量保持比较平稳态势。图2为青宁管道各标段每十日焊接工程量。

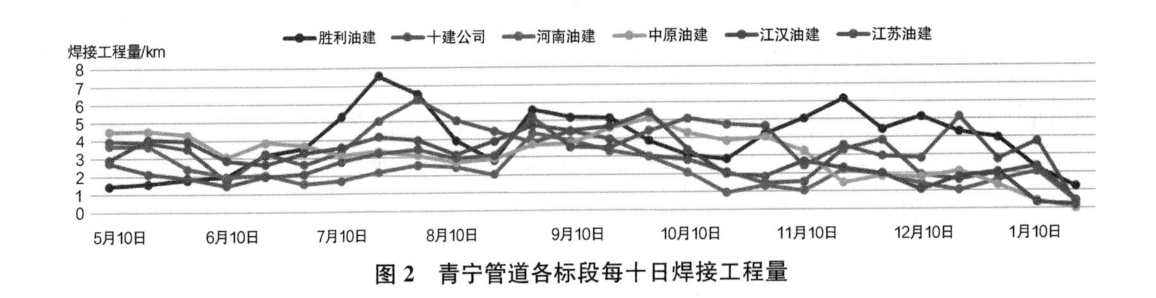


图 2 青宁管道各标段每十日焊接工程量

# 4 EPC 联合体模式下的承包商管理

## 4.1 招投标及合同管理

一是依法合规开展招投标工作。严格按照国家发改委批复，完成勘察设计、EPC 总承包、工程监理等 10 个标段 20 家单位公开招标，所有中标单位均在中标通知书发出 30 日之内完成合同签订。

二是采用 EPC 总承包模式缩短工程招投标时间。EPC 总承包商合同额与设计概算直接挂钩，基础设计批复后即正式实施总承包商招投标工作。青宁管道基础设计于 2019 年 3 月 25 日获得批复，两家 EPC 联合体于 4 月 4 日即确定中标单位。

三是工程量清单招标得到全面落实。线路工程和站场工程全部推行工程量清单招标模式，以清单为基础进行招标，EPC 总承包商合同额与设计概算直接挂钩，投标报价更为透明，联合体内部设计和施工的预算分配更加合理，建设单位工程造价控制的目标更加明确。

四是可变总价合同降低 EPC 联合体承揽风险。考虑到管道工程中公共关系协调受到法律法规、政府政策、自然环境、地理条件、社会公众等诸多因素影响，将公共关系协调费用作为建设单位亲自主导、重点管控的费用，既有效降低 EPC 联合体承包商风险，又可实现对协调费用的有效监督。

## 4.2 安全管理

一是建立健全安全管理体系。完成了《青宁天然气管道分公司 HSSE 管理体系》的编制和审查，建立了各部门、各岗位 HSSE 责任制，逐级签订《HSSE 目标责任书》，确保各层级、各专业、各岗位责任落实全覆盖、无死角，切实做到明责、知责、履责、尽责。

二是实行第三方安全专业监管。引入第三方安全监管单位，采用“融入式”管理模式，充分发挥专业优势，严抓直接作业环节管理，落实工作安全分析(JSA)，确保项目建设安全平稳。

三是构建高效的安全管理框架。根据 EPC 联合体管理模式，将 HSSE 管理委员会、专业部门、管理处和各参建单位划分为决策层、监督层和执行层 3 个层级，各层级 HSSE 职责明晰、界限分明；通过定期、不定期、“四不两直”(即“不发通知、不打招呼、不听汇报、不用陪同接待、直奔基层、直插现场”)检查，月度、季度考核等多种形式层层压实 HSSE 责任。

四是保持良好的安全管理绩效。以“识别大风险、消除大隐患、杜绝大事故”为主线，加强承包商安全监管和关键环节风险管控，严格落实 HSSE 责任考核机制，开工以来累计达 435 万安全人工时，实现“零伤害、零污染、零事故”目标。图 3 为青宁输气管道工程安全管理组织机构。

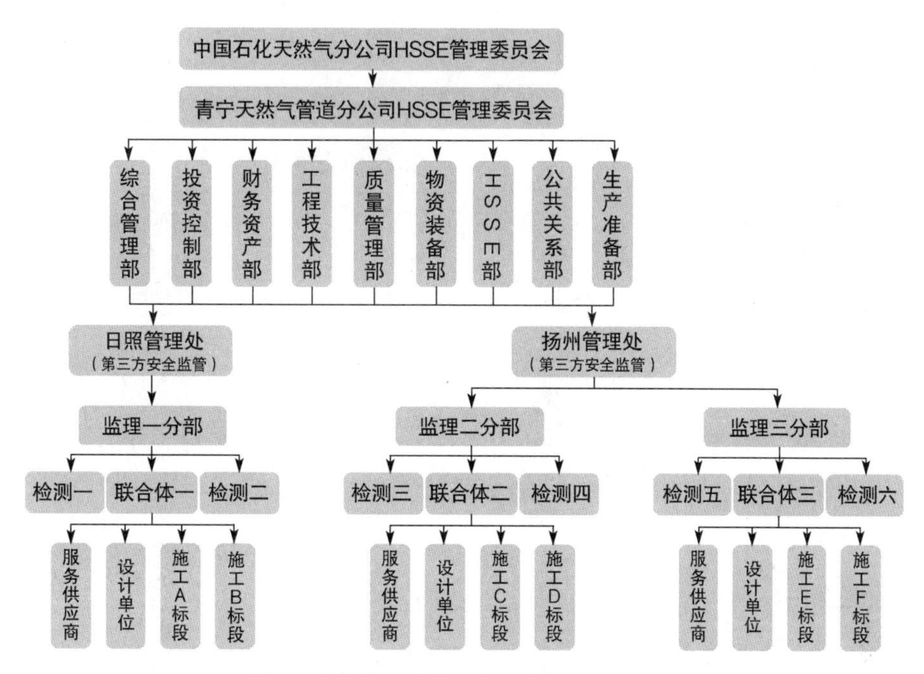


图 3　青宁输气管道工程安全管理组织机构

## 4.3　质量管理

一是制定完善的质量管理规章制度及程序文件，从公司层面构建四个层次的文件系统，涵盖 1 本纲领性的《质量管理手册》，26 项支持性的程序文件，14 项操作性的作业文件和 1 套质量记录相关表格。

二是发挥质量监督站的实质性监督职能，形成对施工重点环节的强化监督作用，确保质量管理体系有效运行。日常不定期抽查与月度检查相结合，每月发布质量通报。

三是严格管控质量过程，加强质量控制点管理。坚持四个“三”工作机制：施工单位实行班组初检、机组复检、专职质检员终检的“质量三检制”；严格把好材料、技术、工序“三关”；工序设置 A、B、C 三级质量控制点，实行三级管理制；树立全过程、全方位、全天候的“三全”质量管理理念。

四是严格质量考核，促进质量提升。焊接一次合格率始终控制在 99%以上，将一级片合格率纳入劳动竞赛指标，逐步提升到 80%以上，管道焊接质量水平得到切实提高。

青宁输气管道工程质量管理组织机构如图 4 所示。

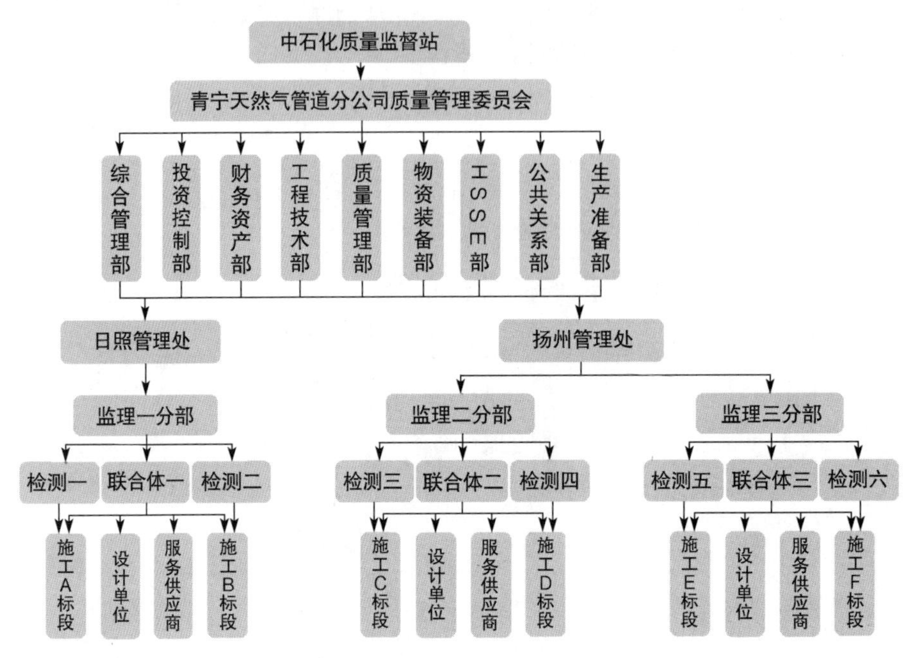


**图 4　青宁输气管道工程质量管理组织机构**

## 4.4　进度控制

一是完善进度计划管理体系。按照统筹控制计划，组织 EPC 联合体编写项目整体二级控制计划和年度三级实施计划，施工单位细化至季度、月度四级计划。每 10 天发布进度偏差预警，用月度计划来纠偏季度计划，用季度计划来保证年度任务目标，进度计划执行率 100%，计划完成率 130%以上。

二是多措并举保障施工进度。以进度计划管理为主线，从人员、物资、资金、对外关系协调等各个方面做好充分保障，组织 EPC 联合体单位提早、超前打开工作局面。自 2019 年开工建设以来，除 8 月份受台风影响外，各施工标段没有出现一次大面积停工现象，确保了现场施工的连续性和稳定性。

三是提前部署关键控制性工程。针对山东日照区域 45 km 连续石方段路由及高邮湖七连穿定向钻等控制性工程，根据施工工序及气候的影响，安排施工单位提前筹划，及早安排，制定专项方案，重点控制，有效分解施工周期，降低由此带来的工期风险。

四是制定有效工期保障措施。青宁管道沿途地质条件复杂，既有丘陵石方地段，又经水网密布区域，定向钻及顶管穿越较多，给管道施工带来诸多困难，存有较大风险。针对难点及风险点，采取“一案一策”方案，邀请专家预判，制定合理措施，最大限度防控风险，保障项目顺利实施。

## 4.5　投资控制

一是着力强化投资计划管控。坚持以批复概算为基准，细化分解概算指标；强化费用过程控制，定期开展工程量统计和费用归集，按月编制投资完成情况和偏差分析报告，及时进行预警提醒；审慎开展过程结算，保证费用支付与工程实际的符合性以及过程的规范性。

二是严格把控工程变更审批。对施工单位提出的工程变更严格进行专业审核，确保变更的必要性、工程量的准确性和费用的合理性；针对必须进行变更的项目，尽可能通过设计优化、工作量增减等措施确保投资处于可控状态。

三是合理优化项目资金配置。结合项目进展实际，实施“当月挂账，次月付款”资金管理模式，在保障项目重点领域资金需求的前提下，控制支付节奏，最大化节省利息费用支出，预计可以节省建设期利息 1 亿元。

## 4.6 物资采购

物资采购是 EPC 总承包模式中非常重要的一个方面，并且物资采购一般占合同金额的比例非常大。青宁管道 EPC 联合体合同中约定物资采购费用实行概算降点＋结余利润分成模式，既节约了一定的建设投资，又保证了 EPC 联合体单位一定的收益，还可以激发其采购积极性。

但 EPC 联合体为获取丰厚利润，存在利用招标控制价降低重要物资和关键设备质量标准的可能性。青宁管道深度介入 EPC 联合体物资采购过程，对 EPC 联合体的物资采购过程进行必要的指导与监督，督促其采购策略和采购计划能够满足施工进度计划，强化供应商资格条件审查，充分保证选取的供应商技术上成熟、服务积极可靠，采购的设备材料在天然气管道项目上有成熟应用、能够平稳运行。

## 4.7 公共关系协调

公共关系协调在长输管道建设过程中至关重要，是影响和制约工期的关键因素。青宁管道将外协工作看作一场攻坚战和持久战，要求 EPC 联合体高度重视，投入精兵强将，各自想法子、使绝招，千方百计为现场施工开路架桥。

项目部针对外协工作制定相应的制度办法，明确各方权限和义务，从人员、资源、资金等方面互相支持、密切配合；开展具体工作切实把握好“度”，坚持“小事不纠缠、原则不让步”的工作总基调；同时注意搞好稳定工作，多做正面宣传引导，切实处理好地方关系。青宁管道外协工作整体顺利推进，现场扫线进度远远超过施工进度，并且未出现一起赔偿纠纷事件。

## 4.8 现场标准化建设

青宁管道制定了《标准化施工现场建设指南》，从人员管理、临时设施管理、标志管理、资料管理、站场及阀室标准化管理、线路标准化管理、定向钻标准化管理、顶管标准化管理等 8 类 75 个专项规范承包商标准化工地建设，建立站场、线路、定向钻、顶管标准化检查表，做到细化检查要点，明确检查规范化、标准化、一致化，全面提升安全文明施工、标准化工地建设和综合管理水平。

一方面标准化工地实现全覆盖。全过程、全方位的标准化打造，对场地布置、封闭管理、标牌设置、材料存放、消防管理、直接作业环节管理、现场隔离、水土保持管理等十三个方面实施监管，确保施工现场标准化受控，切实从源头消除安全隐患。另一方面标准化检查贯穿全过程。依托月度考核、季度考核、专项检查对各施工单位的施工现场进行检查，督促各施工单位践行标准化工地建设要求，循序渐进不断完善标准化管理。

## 4.9 承包商考核

在中石化天然气分公司有关承包商管理及考核相关文件的基础上，青宁管道制定了各方认同、切实可行的《承包商管理与考核办法》，实施过程中有效促进各参建单位形成“比学赶帮超”的建设氛围，超前完成工程任务。

一是考核内容全面。针对不同参建单位，分别制定相应考核标准，包含人员、资质、分包、安全、质量、资料、智能化管道、执行力、进度控制和现场标准化建设等考核项，并给予适当的分值。

二是考核组织有序。月度考核由各管理处组织，季度考核由公司统一组织、相关业务部门参与，有效提升检查效率，减轻参建单位迎检压力。

三是分值计算科学。季度考核分值按照月度检查分值占 60%、季度检查分值占 40%的权重进行汇总；年度考核分值按照承包商考核分值项、施工计划完成率考核项各占 50%进行统计。根据综合得分进行排名、评比。

四是奖惩方式合理。按照“一三二三”原则，将考核奖惩措施落实到各参建单位，奖励年度考核中的优秀单位，做到了标准统一、过程公平、结果公开。

# 5 EPC 联合体模式实施成效

(1) 凝心聚力重视程度高。全体参建单位能够充分认清项目实施的重要意义，自觉在组织上、行动上以业主方管理思想为指导，认真践行 EPC 管理规定，维护 EPC 联合体牵头人地位，层层推动大抓实干，项目建设取得实质性的成果。

(2) 管理人员比实际所需的少。天然气分公司利用有限的管理人员，在青宁管道项目中实现整个项目人员的集约化管理，各参建单位能够充分调动人员积极性、主动性，充分发挥各自的专业和管理优势，切实增强攻坚克难意识，项目实现了有序、高效、专业管理。

(3) 重点难点工作突破早。项目开工手续办理提早提前，正式开工所需要件按期全部落实，成为近几年天然气分公司完全具备开工条件的唯一项目。开工前对管道全线重点难点工作进行全面排查，施工单位提前谋划制定应对方案。高邮湖定向钻穿越关键路径于 4 月份先行打开施工局面，充分利用春季施工窗口期。各施工单位提前介入地方关系协调，为顺利开工尽可能创造条件，开工后扫线进度始终比焊接作业面超出 100 km。临时征地和永久性土地手续办理进展顺利，创造近几年天然气分公司同类项目的先例。

(4) 克服的困难比预料的多。项目地处水网区域，施工中遇到的地理条件十分复杂，旱地变水田，土方变石方，部分地区地下水位持续高涨。夏季气候情况比较异常，雨水分布出现新情况，苏北地区降水天数、降水量较往年增多。沿线部分区段地方规划发生改变，线路通过权办理多次受阻。各参建单位直面困难不退缩、立足困难想办法、克服困难向前推，困难被逐个击破，工程得以不断推进。

(5) 建设速度比统筹计划的快。面对地质情况复杂、气候条件多变以及地方关系不确定性因素多等多重现实困难，各参建单位想方设法加快施工进度，如在泥水中挖沟，在石方上打洞，创造了“青宁速度”——利用 120 天管道焊接量达到 350 km，提前三个月完成《项目总体统筹控制计划》确定的 2019 年度工程建设任务；利用 7 个月时间管道焊接量超过

500 km，实现线路主体工程基本完工；控制性工程高邮湖定向钻连续七钻总共 8.2 km，利用两个窗口期顺利完工。

(6) 安全质量管理比要求的严。项目建设过程高度重视安全和质量管理，搭建了严密的管理架构体系，制定了科学的考核奖惩制度，有效发挥第三方单位的专业力量和管理优势，变“监督”为“检查”，变“定期”为“日常”，实施质量“监测”“互检”，实现了现场施工安全无事故，焊接一次合格率达 99%以上。

# 6 问题及建议

## 6.1 业主方面临的问题

(1) 管理力量不足。业主方一般缺少对专业技术特别精通的人员，与 EPC 联合体在专业管理力量上形成鲜明对比。

(2) 资金管理难度大。EPC 管理模式下物资采购、设计、施工、部分外协等工作由 EPC 统一组织，资金支付由直接向第三方支付变更为向 EPC 单位支付，再由 EPC 单位支付给第三方单位，资金纵向流向趋于复杂，同时由于不能直接面对第三方，资金的最终流向不能实时掌握，资金管理的难度增加，如何保证支付给 EPC 单位的资金专款专用成为资金管理的一个重点。

(3) 总承包管理费问题。青宁管道设计概算中并未列明总承包管理费，导致 EPC 总承包管理模式形式上的缺陷。联合体项目部实施期间必定发生运行费用，联合体牵头单位只能提取其他单位一定比例费用作为联合体项目部的运行费包干使用。

## 6.2 EPC 联合体内部问题

(1) 联合体成员单位地位不一致。虽然联合体各方是风险和利益共同体，但在实施过程中毕竟是由不同单位组成的临时性组织，各自单位会站在各自角度考虑项目实施，有时会出现“两张皮”的现象，对牵头人的管理不认可，配合效率低。

(2) EPC 联合体招标过程趋于复杂。EPC 联合体各成员间既有合作的意愿，又有不合作的倾向，对于牵头单位的确定存在不同意见，联合体协议确定比较难、比较慢。

(3) 联合体项目团队建设难度大。项目部是松散性组织，没有独立的薪酬体系和统一的考核标准，项目部对每个人的收入没有决策权和分配权，人员管理、考核具有一定的难度。

(4) 牵头人本身存在管理缺陷。设计院转型做 EPC 承包商，自身缺乏进度控制、地方关系协调等管道项目重要管理力量，造成牵头人自身的被动局面。

## 6.3 有关建议

(1) 业主方配备精干高效的管理人员，成立高效运转的管理机构。

(2) 项目前期注重建章立制工作，制定切实可行、各方认同的运行规则。

(3) 业主要对 EPC 联合体协议进行审核把关，压实 EPC 联合体各成员单位在工程安全、质量管理中的连带责任，避免出现设计单位在管理中的“空档”现象。

(4) 业主方要进行强势管理，大型项目中的 EPC 承包商一般比较强势，要坚决避免削弱业主方指令执行力，造成管理上的本末倒置。

(5) 充分识别“五大控制”过程中的风险因素，采取有力措施进行规避。

(6) EPC 联合体合同中应明确有关工期实现的考核与奖罚条款，以便于业主抓实 EPC 联合体单位的工期责任。

(7) 进一步明晰五大控制相互关系，还要以辩证的思维分清安全、质量、进度、投资、合同的关系，安全比进度更重要，质量比成本更重要，合同决定投资。

(8) 鼓励设计院培养自己的项目管理人员。

## 7 结论

青宁管道自 2019 年 6 月初开工建设以来，各方在探索管理经验的过程中，通过不断磨合、加强沟通，管理理念成功从“E+P+C”向“EPC”转变，EPC 联合体建设管理模式有效运行，全体参建单位齐心协力推动项目又好又快建设，不断取得丰硕的阶段性建设成果，不断证明 EPC 联合体模式在长输管道建设过程中的可行性和适用性。

### 参考文献

[1] 代红玉.基于 EPC 模式的石油天然气管道工程项目管理研究[J].化工管理，2017(5)：188.

[2] 许玉东.工程建设项目 EPC 联合体管理模式探讨[J].新疆石油科技，2014(1)：74-76.

[3] 石亚军，陈修瑾，张兆付.油气管道工程项目组织与管理模式探讨[J].企业改革与管理，2018(20)：25-26.

[4] 罗茜.基于联合体模式的 EPC 项目风险分析[J].低碳世界，2019(4)：321-322.

[5] 安发全.EPC 联合体项目“融合式”新型管理模式的应用[J].石油化工建设，2019(4)：20-21.

[6] 王延龙.试论 EPC 管理模式在长输管道工程建设中的应用[J].化工管理，2020(4)：22-23.

# 青宁输气管道项目EPC总承包管理探索

柳志伟　张　晨　何能彬　李仁辉

（中国石油化工股份有限公司青宁天然气管道分公司）

**摘　要**　在市场经济发展的推动下，EPC总承包模式的设计、采购、施工行业的融合和一体化已成为工程建设发展的大趋势。但由于相关主体及体制的主、客观因素，使得国内EPC工程总承包模式在推行过程仍然存在许多难以自行解决的问题，此时就需要业主方在项目建设过程中实时针对管理过程的弱点及问题不断采取合理的管理措施。本文论述了由于国内总承包商主、客观因素导致的EPC总承包模式在管理过程中产生的典型问题，总结青宁输气管道项目建设过程业主方针对各类问题采取的管理措施，为今后类似的EPC总承包项目建设过程管理提供借鉴。

**关键词**　EPC总承包；业主；管理；措施

## 前言

EPC(Engineering Procurement Construction)总承包模式是建设工程管理模式(CM)和设计的完美结合，可达到缩短工期、降低投资的目的，在西方发达国家被广泛采用[1-2]。为深化我国工程项目组建方式改革，提高管理水平、建设质量及投资效益，调整建设相关企业的经营结构，提高国际市场的竞争力，自20世纪80年代起，政府部门对工程总承包进行了大力的推广，在石化、化工、建筑等行业不断开展试点，至今已有近40年的发展和积累，取得了可观的成绩[3-6]。但由于相关主体及体制的主、客观因素，使得国内EPC工程总承包模式在推行过程中仍然存在许多难以自行解决的问题[3-6]，此时就需要业主方在项目建设过程实时发现管理过程的弱点及问题，并不断采取合理的硬性、柔性管理措施。在保证项目建设可以按照计划保质保量完成的同时，让该模式的优势达到最大化，实现最初选择EPC总承包管理模式的初衷。

青宁输气管道工程是中国石化首条全线推行的以EPC总承包管理模式建设的大口径长输天然气管道，业主管理过程创新提出“1234”的管理方针，科学设置管理构架，形成符合国情具有中国特色的EPC总承包项目管理模式，建设过程“快、准、稳”，创造了青宁速度，充分发挥了EPC总承包模式的优势。本文在此论述了由于国内总承包商主、客观因素导致的EPC总承包模式在管理过程中产生的典型问题，总结青宁输气管道项目建设过程业主方针对各类问题采取的管理措施，为今后类似的EPC总承包项目建设过程管理提供借鉴。

## 1　EPC总承包模式管理过程普遍存在的问题

笔者通过对大量国有工程项目的考察并结合实践体会，总结发现工程总承包由于自身组织和体系的不健全、内部运行机制的不合理、功能的不匹配、复合型人才匮乏等原因，导致大多数国内的总承包商对于 EPC 总承包的管理模式并未进行全面深入的研究，并没有真正地理解和把握运行规律，加上传统管理模式和习惯势力的制约和影响，导致总承包商在管理过程中内部业务相互脱节，产生了诸多问题[7-13]，在各个环节中均有体现。下面按照设计、采购和施工三个环节对具体问题进行详细说明。

## 1.1 设计环节

（1）勘察不到位，图纸无法满足现场施工需求。很多承包商为了节省工期，在前期勘探这一重要环节未做到深入实地，更有甚者直接省略这一步骤，只为设计部门提供简略的施工地质资料，外加设计工作者并未深入施工现场，最终凭借自身经验进行设计，导致设计图纸与施工环境相距甚远，施工队伍无法顺利开工作业。

（2）设计图纸审核程序复杂，周期过长。在 EPC 总承包管理模式下，为保证图纸质量，在图纸审核过程中审核标准及程序十分繁琐，需按照程序由各个部门逐层审核，使得内部审核过程会消耗大量的时间，当图纸存在设计缺陷返工时，更是拉长了出图周期，致使很多项目建设过程出现了施工方等图纸的情况。设计变更审核过程也存在同样的问题，在影响建设进度的同时，也造成了人力、物力资源的浪费。

## 1.2 采购环节

（1）物资报审计划与实际需求不匹配。由于承包商内部运行机制的不合理，其企业内部设计、采购和施工各部门未形成有机的整体，而在 EPC 总承包项目开展过程，设计、采购和施工各个环节是交叉进行的，通常在基础设计结束后即开始制订采购计划，进而开展施工，由于 EPC 总承包内部各个部门间无法形成有效的互通，致使报审计划中的物资与实际需求种类不符、数量赶不上施工进度需求，或到货时间滞后，造成不必要的浪费，影响工程进度。

（2）生产过程缺乏有效的物资质量管理机制。物资在厂家生产过程中、出厂后缺乏有效的质量管控机制，物资生产后，被直接送至物资中转站或施工现场，物资质量将严重影响工程质量。

（3）验收程序不健全。目前针对 EPC 总承包模式下的工程项目，大部分总承包商都未建立具体的验收标准，而验收人员的自身资质参差不齐，对于国家的规范标准了解不足，在检验物资设备时，没有详细的评价标准作为参考，无法准确判定物资的合格与否。

## 1.3 施工环节

（1）权责不明的现象严重。在施工过程中，由于总承包商基础管理能力薄弱，导致 EPC 主体、监理和第三方 HSSE 间存在职责交叉，责任划分不明确，各有机组成不能很好地履行自身职责，推卸责任的情况不时发生。

（2）质量管理体系存在漏洞。由于总承包商的自身组织和体系的不健全，复合型人才匮乏，人员配备有限，体系存在漏洞，致使施工过程的质量监管不到位，监理和第三方 HSSE 无法发挥应有的作用，忽略影响施工质量的关键因素，影响施工质量。

# 2 青宁输气管道项目管理措施

为减少因工程总承包商主观和客观因素导致的 EPC 总承包模式管理过程产生的以上问题，在青宁输气管道项目建设过程中建立以下项目管理构架，充分发挥了业主方的管控作用，形成“以业主为中心，EPC 联合体为主力，监理、检测、第三方服务为助力”的管理模式，以“管理＋服务”为宗旨，业主的各个部门技术人员深入 EPC 总承包模式的各个环节，以问题为导向，缩短管理流程，以刚柔并济的管理手段，将设计、采购、施工有效融合，减少因工程总承包商自身因素而产生的不必要问题。在保证项目建设按照计划保质保量完成的同时，使 EPC 总承包模式的优势达到最大化，实现最初选择 EPC 总承包管理模式的初衷。

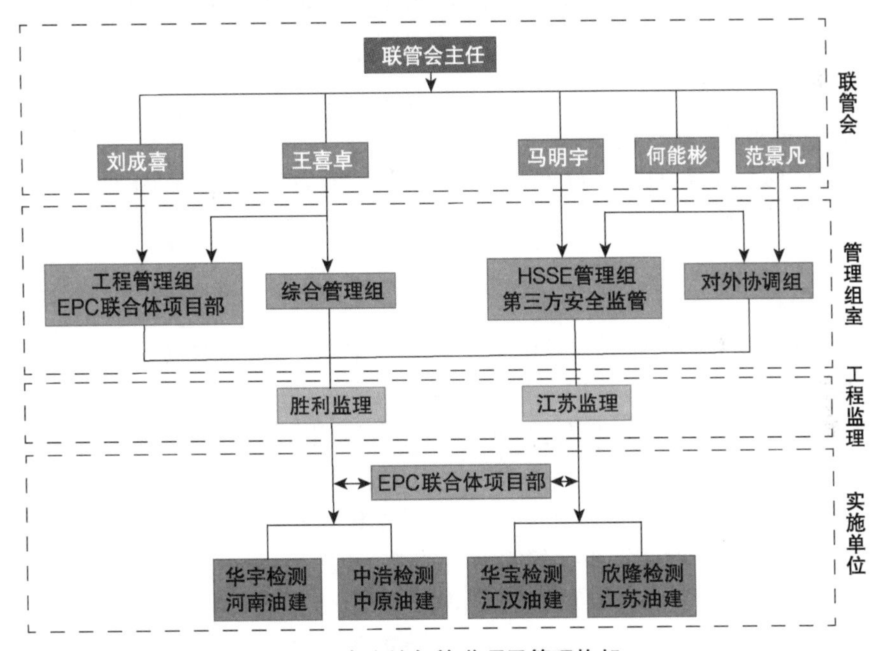


图 1 青宁输气管道项目管理构架

青宁输气管道 EPC 总承包模式已经历近一年的探索与实践，业主方采取了一系列的管理措施，不断完善各施工阶段的管理体系，通过不断磨合，参建各方对工程的管理理念与认知逐渐趋于一致，过程当中积累了许多宝贵经验。

## 2.1 设计环节管理措施

(1) 组织增设设计勘查确认流程。适当调整设计周期，要求设计人员深入现场，在整体设计过程中，与勘察、外协等相关部门实时沟通。设计结束后，要求由设计方提出申请，业主组织，设计、外协、监理和第三方 HSSE 深入现场确认，以确保设计的合理性。

(2) 简化审核程序。在图纸审核制度健全的前提下，简化图纸审核流程，由业主组织，总承包方、施工方、监理方和第三方 HSSE 方相关人员集中线下审核，找出问题，确定整改方案，各方审核通过后，再走线上内部审核流程，确保图纸审核高质高效。设计变更程序，同样采取“圆桌变更”线下集中审核先行的方式，有效减少了返工次数，缩短了整个流程的审核时间，提高设计出图效率。

### 2.2 采购环节管理措施

(1) 采购报审计划采取会审制。在 EPC 总承包的物资部门制订采购计划时，要求采取会审制，由总承包方组织，监理、施工方、业主相关部门负责人到场，联合对报审计划进行评审。以避免由于部门间的协调不足，造成报审物资浪费或计划不及时而影响施工进度。在施工过程中，通过每周一次的监理例会及月度例会，依据各施工单位的现场需求，以及物资中转库的物资剩余量，对项目物资进行合理调配，以确保特殊工况下重点区段施工的顺利进行，保证项目整体施工进度和过程安全。

(2) 第三方专业机构驻场监造。为保证项目整体质量，物料是相当关键的一环，采取了第三方专业机构驻场监造的方式，从钢板开始到物资生产的各个环节进行监管监造，对生产的产品进行检验，不允许不合格产品出厂，以保证从源头实现质量管控。

(3) 完善物资验收制度。督促协助总承包商建立具体的验收标准，由物资中转站专职人员在物资进场时初步审核，再采取业主、EPC 联合体、监理联合验收的方式，对关键物资进行分批次的质量抽检，通过对进场的材料、设备的检验，将不符合标准的物资淘汰，为工程质量的提升提供保障。

### 2.3 施工环节管理措施

(1) 明确权责划分。明确管理责任方即为 EPC 总承包单位，协助总承包单位健全相应的责任制度、合理的组织结构，将项目管理职责落实到人，对于交叉部分，业主适时介入，突出 EPC 总承包牵头作用，健全协调机制，协同各单位部门共同管理，实现各方资源的最大化利用。

(2) 质量管理活动持续性开展。要求 EPC 总承包商成立专门的质量管理部门，同业主方的质量部门、监理单位对施工单位的施工质量进行统筹管理。在建设过程中，根据不同阶段质量控制要点开展质量管理活动，针对施工现场"低老坏"现象整改不力的情况，业主方开展了"低老坏"专项整治活动。收集制作了 100 个需要解决的质量和安全问题清单 PPT，由业主和监理深入施工单位进行集中宣讲，促进现场各项管理水平不断提高。

## 3 总结

在工程项目建设管理逐渐向 EPC 总承包模式转变的大趋势下，国内 EPC 工程总承包模式推行过程仍然存在许多因相关主体及体制因素导致的一系列问题，此时就需要业主方在项目建设过程中实时发现管理过程的弱点及问题，并不断地采取合理的硬性、柔性管理措施予以应对。

青宁输气管道工程在 EPC 总承包管理模式下的建设过程中建立了合理的项目管理构架，充分发挥了业主方的管控作用，通过有效的管控手段及措施，有效地减少了因工程总承包商的自身欠缺导致的 EPC 总承包模式管理过程产生的问题，形成了以"业主为中心，EPC 联合体为主力，监理、检测、第三方 HSSE 服务为支撑"的符合国情具有中国特色的 EPC 总承包项目管理模式。在此管理模式下，使 EPC 总承包模式的优势达到最大化，建设过程安全、质量全面受控，提前三个月完成集团公司部署的 350 km 年度建设任务，实现了最初选择 EPC 总承包管理模式的初衷，对今后工程项目中业主对 EPC 总承包模式的管理有较好的借鉴意义。

## 参考文献

[1] 郑晓龙.EPC 总承包管理模式下的质量管理要点[J].居舍，2018(1)：148.

[2] 中国建筑业协会工程项目管理委员会.关于建筑业企业开展工程总承包和项目管理的调研报告[R].北京：中国建筑业协会，2005.

[3] 唐文建. 基于 MC-CIM 模型的以设计为主体的工程总承包项目风险管理研究[D].成都：西南交通大学，2014.

[4] 李世超.浅谈 EPC 总承包管理模式下的质量管理要点[J].中国标准化，2017(4)：78.

[5] 张卫晓.EPC 总承包模式下的项目管理要点分析[J].山西建筑，2017，43(3)：241-242.

[6] 何继义，陈平.关于水利水电工程 EPC 总承包项目实施阶段安全管理要点的探讨[J].浙江水利科技，2019，47(2)：57-59.

[7] 周仁清.EPC 总承包管理存在的问题与对策[J].石油化工建设，2006，28(2)：10-13.

[8] 向佐新.EPC 总承包项目群管理与实践要点研究[J].化工管理，2017(19)：164.

[9] 李如春，郑新.基于 EPC 总承包模式下的石油化工项目管理研究[J].化肥设计，2019，57(1)：58-61.

[10] 严章搏. EPC 总承包模式下市政工程项目质量管理研究[D].南昌：华东交通大学，2017.

[11] 陈雁高，徐建军，唐孝林，等.杨房沟水电站 EPC 总承包管理实践[J].人民长江，2018，49(24)：12-16.

[12] 杨立强.充分发挥以设计为主体的工程总承包优势[J].石油化工管理干部学院学报，2004，6(4)：17-20.

[13] 吴兵，常宏，黄高优.兰银线 EPC 总承包模式下质量管理的探索[J].石油工程建设，2009，35(S2)：26-29.

# 青宁输气管道工程 EPC 联合体模式应用与实践

程振华　刘冬林　周利强　管荣昌
（中石化中原石油工程设计有限公司）

**摘　要**　青宁输气管道工程是中国石化首条全线推行 EPC 联合体管理模式的长输天然气管道工程，本文论述了组建 EPC 联合体的要素，EPC 联合体的组织架构与管理模式，从发挥设计在工程总承包中的主导作用，强强联合的专业化作用，E、P、C 深度交叉融合管理，建设各阶段设计、采办、施工之间的有效衔接等方面的应用与实践，阐述了设计单位牵头的 EPC 联合体总承包管理模式的优势，提升了工程建设的质量、安全和经济效益，是未来工程总承包业务发展的主要表现形式，为今后类似的 EPC 总承包项目建设管理模式提供了借鉴。

**关键词**　管道工程；EPC 总承包；联合体协议；EPC 联合体项目部

## 前言

青宁输气管道工程（以下简称青宁项目）起自山东青岛的山东 LNG 接收站，终于江苏仪征的川气东送南京支线南京输气站，与川气东送南京支线相连，线路全长 531 km，管径 1 016 mm，设计压力 10.0 MPa，建设 11 座输气站、22 座阀室。管道途经山东、江苏 2 省、7 个地市、15 个县区。

中石化中原石油工程设计有限公司（以下简称中原设计）作为牵头人与四家油建施工单位组成 EPC 联合体中标青宁项目 EPC 二标段，该标段线路全长约 324 km，沿线设阀室 14 座，分输站 6 座。根据联合体协议，中原设计负责设计、采购，四家施工单位组建各自区域施工项目部，负责本区段施工，并对各自施工区段内的施工、进度、质量和 HSSE 等负责。联合体各方独立核算、自负盈亏。

## 1　EPC 联合体模式的优势

EPC 联合体总承包模式能够发挥联合体成员单位各自的技术与管理优势，能够实现项目管理组织内部信息有效互通，联合体成员相互协作，设计、采办、施工深度交叉，平行推进，有效完成项目的成本、进度、质量和安全目标[1]。EPC 联合体模式通过在青宁项目上的应用与实践，主要体现在一体化、专业化、风险共担和利益共享等方面的优势。

### 1.1　一体化的优势

在项目投标阶段，EPC 联合体成员通过共同研究招标文件、合同条款、现场考察、项目运行风险分析、项目管理文件编制等方式,建立"一切为了安全、一切服从质量、一切围绕进度"的理念,统一联合体思想认识、凝心聚力,提高服务意识和契约精神。

在项目实施过程中,联合体各方突破传统的 E+P+C 的管理理念,在充分发挥 E、P、C 各自优势的同时,发挥 E、P、C 深度交叉、深度融合的一体化优势,在项目实施的不同阶段,进行 EP、EC、PC 交叉融合管理,EPC 联合体成员之间联动协调运作,有效完成项目的成本、进度、质量和安全目标。

### 1.2 专业化的优势

设计作为联合体牵头单位的优点为有利于提高工程质量、控制投资、缩短建设周期和提高项目管理水平[2]。首先从设计的角度对设计方案的先进性、科学合理性和项目的总投资、总工期等进行严格的审核和充分论证,对项目的质量、成本、工期等控制和后期运营进行有效控制。同时,设计牵头施工单位一起对工程难点进行现场踏勘,做到设计与施工深度集合,在满足相关规范的前提下,融入合理的施工建议,优化施工图设计,将施工的难度及成本也作为重要考虑因素,多方权衡,使设计更加合理,施工操作更加简便,从而达到降成本、缩工期、保质量的目标。

### 1.3 风险共担、利益共享的优势

通过 EPC 联合体的模式,设计和施工单位充分发挥各自在设计、采购、施工、外协等环节的优势,降低施工管理较为薄弱的不利因素。在项目投标前,由设计主导与施工单位共同分析项目风险点及合理的规避或减轻措施,确定双方的合作方式,在双方合作协议达成一致后,组成 EPC 联合体开展投标工作。中标后的 EPC 联合体对所承包的设计、设备材料采办、施工、HSSE、质量、进度、费用及合同执行等全过程负责,进一步降低总承包实施风险,充分发挥了 EPC 承包团队的整体优势。

## 2 组建 EPC 联合体的要素

通过国内外 EPC 总承包的成功运作经验分析,组织保障、专业化分工与合作界面清晰、管理架构与管理模式相近、企业文化相近等是组建 ECP 联合体的前提与关键要素。中石化石油工程建设有限公司是由三家设计单位、多家油建和建筑施工单位组建的石油工程建设的专业化公司,本工程 EPC 联合体由隶属于同一公司旗下的中原设计作为牵头人与四家油建施工单位共同组建而成。

### 2.1 组织保障

中石化石油工程建设公司从高层为青宁输气管道 EPC 项目设立了领导小组和协调小组,为项目实施过程中的管理和技术提供支持。协调组常驻项目现场,及时协调项目实施过程中各联合体成员之间的问题,提供组织保障。

### 2.2 专业化分工与合作界面清晰

通过采取签订联合体协议的方式,构建清晰的分工及合作界面,有效规避项目运行过程

中推诿、扯皮现象的发生，充分发挥联合体各单位在工程建设中的优势和特长，确保项目的高效运行。

### 2.3 管理架构与管理模式

建立精简、高效的项目管理组织机构，由中原设计牵头与各联合体成员共同组建 EPC 联合体项目部，统筹协调和管理项目的实施。中原设计组建项目设计团队，负责详细勘察、设计工作的实施，其他各联合体成员单位组建施工项目部，负责各自区域施工工作的实施。

统一制定项目管理体系文件，确保各联合体成员单位在本项目中管理的制度化、规范化、程序化。

### 2.4 企业文化

全面打造"五个工程"(围绕统筹计划和节点工期打造"正点工程"，围绕技术质量打造"精品工程"，围绕现场监督打造"安全工程"，围绕合作共赢打造"和谐工程"，围绕廉洁示范打造"阳光工程")，把工程建设成"中石化优质工程"，争创"国家优质工程"。

## 3 青宁项目 EPC 联合体管理模式

### 3.1 构建联合体组织机构、组建高度融合的项目管理团队

青宁管道 EPC 联合体项目部机构设置分为项目部领导层、管理部门和项目分部三个层级，由联合体各方共同组成，见图 1。

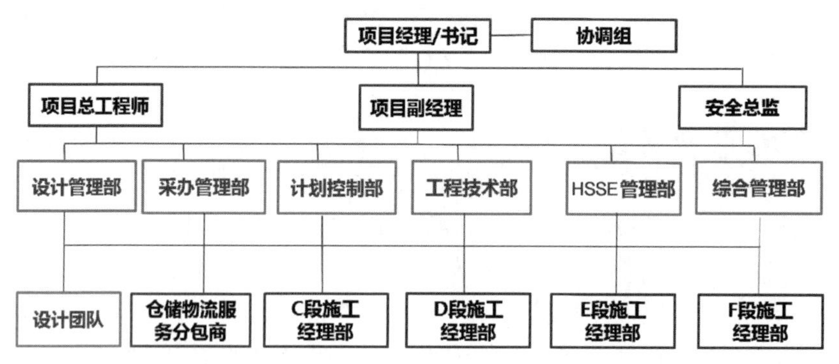


图 1 青宁输气管道工程 EPC 二标段 EPC 联合体项目部组织结构图

### 3.2 签订联合体协议，明确工作界面和责任

在确定青宁输气管道 EPC 二标段联合体的组织机构后，为明确各方在工作上的责任与义务，牵头人组织 EPC 联合体成员共同商讨，最终以通过签订联合体协议的方式来划分工作界面、责任界面，充分发挥各家单位在工程建设中的长处。

#### 3.2.1 主要工作界面

EPC 联合体牵头人负责项目详细勘察设计、主要乙供物资的采购、铁路穿越、林地协调等工作；各联合体成员负责各自施工区段内的施工、部分乙供物资材料、征地协调等工作。

#### 3.2.2 主要责任界面

联合体各方承担各自工作范围内的一切工作，并对其安全、进度、质量、廉洁、稳定等负全部责任。因其中一方行为和失误造成另一方或几方损失的，由其承担全部责任。

### 3.3 建立统一的质量、HSSE 管理体系，保证工程质量和规避安全风险

EPC 联合体项目部组织各施工项目部共同编制项目质量和 HSSE 管理体系文件，进一步理顺关系，明确职责与权限，协调各部门之间的关系，使各项质量和 HSSE 管理活动能够顺利、有效地实施。通过对项目所涉质量文件的识别和梳理，确定项目质量体系文件按 5 层设定。通过项目质量计划指导项目质量和 HSSE 管理体系的运行。

### 3.4 建立全过程、全方位运作协调机制，实现工程建设各方无缝衔接

项目部组织编制设计、HSSE 等管理文件 51 个，形成一套完整的 EPC 项目管理体系文件。项目部编制了《青宁输气管道工程网络运行计划》，从设计、采购、施工三大主线，明确一般管道焊接、顶管穿越、定向转穿越、站场及阀室施工过程中的关键节点及关键线路，每个关键点制定了相对应的协作措施。

通过 EPC 联合体项目部的系列创新管理，在整个建设周期，对设计、采购、施工等进行了高效统一的管理，充分发挥了设计引领作用，促进了技术进步，有效地控制了成本。通过设计、采办、施工三方的密切配合、合理交叉、相互支持，降低了施工难度，缩短了工期，降低了工程成本，保障了工程质量。

### 3.5 建立共享的动态数字化运行管理平台，促进工程建设的提速

通过中线桩维护模块的应用，在施工变更和管材、热煨的采购量总体把控方面发挥作用，相比传统的长输管道施工管理，线路走向能准确反映现场实际情况，管材、热煨采购总量更易实时把控，减少了管材和热煨余料，降低了采购成本。

## 4 EPC 联合体模式在青宁项目的应用与实践

### 4.1 充分发挥设计为主导的龙头作用

设计作为项目管理的龙头，对于进度管理、成本控制起至关重要的作用。设计与采购、施工的合理交叉是工期控制的主要保证。

在组织机构设置上，联合体项目部将公司设计团队融入项目团队管理，牵头人通过积极组织，设计团队提前完成了统筹网络计划各节点相关施工图设计工作。设计团队于 2019 年 3 月底提供了终版中线桩图纸；4 月份完成了一般线路的施工图设计，为施工单位施工动员、前期工农关系协调、临时征地、放线、清表等工作创造了有利条件；5 月至 6 月初完成了顶管和定向钻施工图设计，图纸的及时交付为施工单位施工可行性研究编制、专项施工方案编制报审、施工报建手续等奠定了坚实基础。施工开工时间比统筹计划提前一个月，缩短了项目总工期。

图纸的及时交付和主管材保供到位，施工单位人机具调配稳步进行，避免了窝工。通过

设计与施工的融合协调，降低了施工单位的运作成本。

## 4.2 充分发挥建设各阶段 EP、EC、PC 之间融合衔接作用，发挥 EPC 整体优势

### 4.2.1 设计与采办的有效衔接

采办在 EPC 工程总承包项目中，对设计和施工起承上启下的作用，能提高整体工程的质量，缩短工期，节省投资。在 EPC 联合体模式下，把采购纳入设计程序，采购可随着设计的进展而能够较早地开始，并按统筹计划有条不紊地陆续开展采购活动。

项目中标后，主管材采办工作与施工图设计、施工前期准备工作平行推进。施工图中线桩确定后先行实施 30%的主管材采购，确保开工物资需求。随着施工测量放线、清表工作的进展，主管材点对点交付各施工区段沿线布管和临时堆管点，与施工前期准备平行推进，缩短了工期。

确定长输管道每批主管材的采购数量和规格是项复杂工作，需要动态考虑设计、施工等方面的数据，决策过程充分体现了 EPC 总承包管理模式的优势，设计与采购、施工实现实时无缝沟通，采办部及时掌握主管材的设计进度和现场施工消耗数据，确保实现本标段主管材保供的前提下，工程余料得到有效控制。

站场物资采购纳入设计统一管理，根据设计进度及施工顺序确定采购进度，先关键设备，后一般设备，再 70%、85%、100%材料；设计负责确认制造厂商图纸，保证施工图纸安装尺寸与到货设备一致，既保证了采购质量，又和施工进度合理搭接，缩短了建设周期。

### 4.2.2 设计与施工的有效衔接

通过设计优化产生的价值提高工程效益，是节省工程费用的主要因素。设计团队始终贯彻方便施工、节约成本的原则，同时要求采购和施工团队对设计的合理性、经济合理性进行审核反馈，提出优化建议，最大限度地减少设计变更。

在项目控制性工程高邮湖连续 7 条定向钻穿越设计时，设计团队和施工方多次深入高邮湖现场勘察，充分考虑施工期受窗口期(每年 10 月底至次年 5 月)短、桃花汛(每年 3 月至 4 月)影响，以及滩区管线埋设深、地下水位高、管材运输困难等影响因素，多方案对比论证，在总穿越长度不变条件下，采用增加定向钻长度、减少滩区直埋管线长度、缩短基坑连头长度方案，基坑连头长度控制在 50 m 以内，通过方案综合对比分析，虽然增加定向钻长度增加了工程造价，但减少滩区直埋管线大大减少了围堰、钢板桩支护、定点降水、开挖连头等工程费及施工措施费用，施工周期缩短，安全风险降低，综合效益显著提高。

在施工图设计中，通过现场踏勘等过程与施工单位紧密沟通，通过施工方经验协助优化设计，减少不必要的图纸升版和设计变更，有利于现场施工连续性和进度安排，也有利于避免不必要的二次采购和材料浪费，既降低了成本又保障了施工质量和进度。

设计方案和施工作业方式及外协工作有机结合，适当调整中线桩位置避开障碍物，在工农关系复杂区段、外协难度大的河流等地方，采用定向钻优化作业方式，尽管直接工程费增加了，但节约了工农关系费，缩短了工期，综合效益提高了。

### 4.2.3 采办与施工的有效衔接

采办和施工的衔接主要是采购计划和施工计划的衔接。标段内施工区段多，在同时开工情况下，各类工程物资消耗速度快且不均衡，保供压力大。为保证项目主管材的有序供应，EPC 联合体项目部定期组织协调设计、采办、施工单位，根据现场施工总体情况和施工

进度提出物资需求计划，采办部及时进行请购下单。充分利用中转站、现场堆管点，点对点交付等调节功能，项目部通过针对性的催交催运工作，形成科学合理的催交工作流程和制度，确保各管厂的生产发运接替有序，现场各种规格主管材库存充足，为施工单位提供有力的物资保障。

# 5 项目阶段性运行效果

## 5.1 创造了天然气长输管道的建设的“青宁速度”

青宁项目从2019年3月19日试验段开工以来，联合体各方在业主“以业主为中心，EPC联合体为主力，依托监理、检测、第三方服务”的管理理念指导下，在探索管理经验的过程中，通过不断磨合、加强沟通，联合体各成员管理理念成功从“E＋P＋C”向“EPC”转变，EPC联合体建设管理模式有效运行。在设计图纸提前，主材保供到位，施工组织有效的前提下，联合体各方团结协作，共同努力，各项工作稳步推进。截至2019年12月31日，青宁输气管道工程EPC二标段设计工作完成了99.6%，采办工作完成了86%，线路、施工完成了68.12%，站场施工图设计和主管材采购完成了关门工作；项目安全开工288天，累计安全人工时248.05万人工时，焊接一次合格率达99.65%以上。超出集团公司年度建设计划任务42%，工期较统筹网络控制计划提前两个月，创造了天然气长输管道建设的“青宁速度”。

## 5.2 提升了天然气长输管道的建设的质量

青宁输气管道工程EPC二标段自开工建设以来，已实现项目总体进度77%，各项指标全面受控，得到了质监站、业主、监理的一致好评，其中质量指标完成情况见表1。

表1 质量指标完成对比表

| 类别 | 项目 | 合同目标 | 完成情况 |
|---|---|---|---|
| 设计 | 质量合格率 | 100% | 100% |
| 采购 | 质量合格率 | 100% | 100% |
| 施工 | 工程检测齐全准确率 | 100% | 100% |
| | 焊接一次合格率 | 96%以上 | 99.65%，一级口占比80% |
| | 管道埋深一次合格率 | 100% | 100% |

## 5.3 形成了中石化长输管道以设计公司牵头的EPC联合体运作模式

中原设计通过EPC联合体的模式充分发挥设计、采购环节的优势，降低施工管理较为薄弱的不利因素，在项目投标前先确定与施工单位的合作方式，在双方合作协议达成一致后，组成EPC联合体开展投标工作。中标后的EPC联合体对所承包的设计、设备材料采办、施工、HSSE、质量、进度、费用及合同执行等全过程负责，进一步降低总承包实施风险，充分发挥了EPC承包团队的整体优势。在项目实际运作上按实施过程和专业化实行矩阵式管理，接受业主项目管理部门和监理单位的监督。

青宁项目的顺利实施，充分证明 EPC 总承包管理模式同样适用于上游板块的地面工程建设，以设计牵头的 EPC 联合体管理模式是目前地面工程建设管理中最适用的工程管理模式。

### 5.4 打造了 EPC 联合体运作管理团体

中原设计与四家油建施工单位统筹考虑人员的配给，从各单位抽调了一批有资质、技术好、懂管理的人员组建了 EPC 项目管理团队和施工管理团队。EPC 联合体项目部根据项目管理组织机构及工作内容，制定人力资源需求计划，明确所需岗位、数量、分工。通过青宁输气管道工程运行过程中的磨合，目前已处于高效运行阶段。

### 5.5 减少业主协调的工作量

传统的“E＋P＋C”模式，业主需根据项目需要签多个合同，同时协调设计、采办及施工单位，点多、面广、事情杂，项目投资控制压力大。

采用“EPC”模式后，业主只需与 EPC 总承包商签订一个合同，大量降低了业主项目部的协调管理工作量，业主对项目投资控制的压力由 EPC 总承包商承担。由 EPC 总承包商负责项目的设计、采办和施工工作，内部沟通更加便利，相互支持程度更高，有利于项目目标的实现，提高业主的满意度。

### 5.6 节约成本和提高社会效益

通过设计人员的合理优化，青宁项目消化处理集团公司以往长输管道项目工程余料超过 20 km。在采购工作的具体实施过程中，设计、采办及施工高效协调，通过实时掌握相关项目工程余料的实际情况，严控质量关，明确各类物资的复检要求，提前考虑预留一定的采购额度以消化使用工程余料等手段，将以往项目的工程余料加以充分利用。

## 6 结语

青宁输气管道工程是中国石化首条全线推行设计单位牵头 EPC 联合体管理模式的长输天然气管道建设项目，在业主创新管理提出“1234”的管理方针指导下，科学设置管理构架，EPC 联合体秉承“以服务业主为中心，发挥 EPC 联合体优势”管理理念，形成符合中国国情具有中国特色的 EPC 总承包项目管理模式。设计单位牵头的 EPC 联合体总承包模式，是未来工程总承包业务发展的一种主要表现形式，青宁管道项目建设的实践与应用，为今后类似的 EPC 总承包项目建设管理模式提供了借鉴。

### 参考文献

[1] 唐焕集，昌伟伟. 基于博弈论的 EPC 联合体内部行为分析[J].山西建筑，2017(6)：254-255.

[2] 杨国宏. 以设计为龙头的 EPC 项目管理问题研究[J].中国工程咨询，2018(9)：72-75.

# 青宁输气管道工程 EPC 联合体中的设计管理

高锦跃　朱永辉　王颖华　刘瑞华

（中石化中原石油工程设计有限公司）

**摘　要**　结合青宁输气管道工程 EPC 联合体总承包项目，阐述 EPC 项目中设计管理的主要工作，总结指出在 EPC 联合体模式下的设计团队管理、设计计划管理、设计过程管理和技术支持管理等工作的开展方式及应用成效，分析设计部门在 EPC 项目中的“龙头”作用和设计管理对 EPC 项目管理的影响，突显 EPC 项目管理模式的优势。

**关键词**　青宁输气管道；EPC；联合体；设计管理；项目管理

## 前言

随着石油石化系统管道工程建设市场的迅猛扩张，项目管理模式不断创新突破，运作机制逐步规范高效。中石化以往管道项目多是建设单位牵头以“E＋P＋C”的项目管理模式运行，青宁输气管道工程是中石化首条全线 EPC 联合体管理模式下的长输管道，中石化中原石油工程设计有限公司（以下简称中原设计）作为牵头人，与中石化河南、中原、江汉、江苏四家油建单位组成 EPC 联合体，中标了青宁输气管道工程 EPC 二标段，并对项目的设计（含项目详细设计技术拿总）、采购负责，对施工、质量、安全进行协调管理。

青宁输气管道起自山东青岛的山东 LNG 接收站，终于江苏仪征的川气东送南京支线南京输气站，与川气东送南京支线相连，线路全长 531 km，管径为 1 016 mm，设计压力 10 MPa，建设 11 座输气站、22 座阀室，建设工期 610 天（含详细设计）。管道口径大、压力高，沿线水网密布，河流沟渠众多，尤其 EPC 二标段，323.68 km 线路中定向钻穿越达 100 余处，其中高邮湖七处连续定向钻穿越总长近 8 km，而且需避开每年 5 月至 10 月的汛期施工。复杂的建设条件、繁多的建设内容、紧张的建设周期以及全生命周期数字化管道的建设要求，面临工程建设中的这些挑战，需要充分发挥设计在 EPC 中的先导和核心作用，通过科学合理的设计管理，按时保质提交设计成果，为采办、施工提供及时可靠的技术支持，为项目优质高效运行创造条件。

## 1　设计团队管理

项目运行首先要确定组织机构和人员，中原设计青宁管道 EPC 项目部中的设计团队管理实现了从单位部门控制模式向矩阵管理方式转变，在保留本单位既有专业所室设置的同时，增加项目经理及设计经理的管理和考核权限（如图 1 所示），同时采取集中办公形式，使项目部能够对设计团队进行直接管理，有利于对进度、质量的控制，也便于项目组成员间的联络和协调，及时处理有关问题和矛盾，提高整体工作效率。

EPC 项目中，设计工作的性质不尽相同，图纸设计、数字化集成、技术答疑、采办配合、现场服务等工作均有各自的特点，结合长输管道工程建设点多、线长、面广的实际情况，在团队的人员构成上，不仅需要依靠各专业具有丰富工程实践经验的专家型人才，也需要吸收年轻工程师形成后备力量，并根据各专业工作性质统筹考虑，以确保根据不同的项目进展，派遣合格的设计人员为项目提供技术和人力支持。

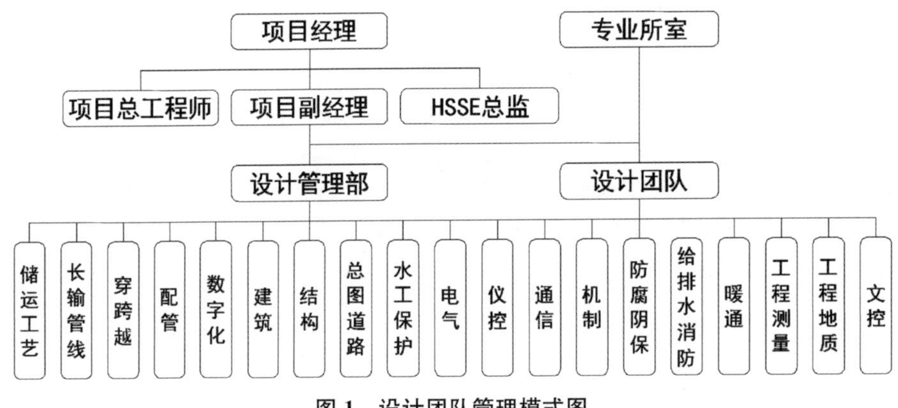


图 1　设计团队管理模式图

## 2　设计计划管理

EPC 项目中设计工作的组织更多的是 EPC 内部设计与采办的界面、与施工的界面、与计划控制的界面，以及外部与建设单位和其他相关方的界面，对设计工作的要求也随之提高：首先，需对设计方案进行优化和详细设计进度进行控制，最优的设计方案和设计进度是项目优质运行的基础；其次，在设计开展过程中要兼顾采办进展，设计图纸和物资保障是施工的前提，这便要求设计、采办工作同步开展；再次，密切配合施工，根据项目施工计划安排和现场实际条件，优先提供具备施工条件的设计蓝图，并在施工过程中及时处理现场变更，避免因图纸滞后影响工程进度；最后，做到设计、采办、施工充分融合，不论哪一环节出现问题或变更，通常需要通过设计牵头组织各方及时调整原有计划安排，尽可能消除变化影响或将影响降至最低。

针对 EPC 项目中对设计工作的这些要求，在设计策划阶段便综合考虑各项因素，制订详细的设计执行计划，明确设计目标、设计范围、设计分工、设计原则、质量控制、进度控制等关键控制点，注重设计与采购、施工、费控的配合节点与界面关系，为设计工作开展确定方向[1]。

## 3　设计过程管理

在青宁管道 EPC 项目运行中，高度重视项目设计的过程管理，从设计方案确认、设计校审及评审、设计信息管理等每一项设计工作，均提出明确的要求并严格执行，确保设计本质安全。

## 3.1 设计方案确认

在项目投标阶段，通过充分研究招标文件，明确项目总体目标，设计人员同采购、施工人员深入研讨项目技术方案及可优化点，对工程实施过程中的风险进行预判，确立科学的技术方案和合理的报价体系，以实现中标和中标后的利益最大化。

进入实施阶段，以工程总进度计划为基础，编制详细的设计执行计划后，首先确定设计输入文件，包括设计基础资料，合同/招投标文件，设计任务书，前期规划、批复，批准的上阶段设计文件等；有关法律、法规要求，包含产品质量方面的要求和节能、环保、安全、职业卫生和健康以及“三同时”等方面的要求；与项目设计有关专业采用的适用版本的主要标准、规范、规程；项目环境、安全、职业卫生、水土保持等各专项评价结果；类似设计的成功或需改进的信息；项目特殊的技术要求等。根据设计计划和输入文件，作为设计拿总单位，为加强项目技术管理，保证项目整体技术方案的合理、完整和统一，组织各专业编制了项目详细设计统一技术规定、通用技术要求和典型图等。设计人员第一时间深入现场，结合工程实际和既定的优化点，充分考虑物资供应、施工工期、施工难度、外协风险、工程造价等因素，将可能对工程质量、安全、进度、投资等造成影响的设计因素提前进行规避，优化总体技术方案，确定完善、合理的设计方案。

在线路设计中，提前将拟定中线坐标提交施工方，结合施工单位现场放线和外协影响等因素对路由进行局部优化，减少了施工阶段的现场变更。高邮湖七条连续定向钻穿越受河流汛期的影响，只有每年 11 月到次年 4 月为施工窗口期，针对高邮湖区段优先进行详勘详测和定向钻穿越详细设计，为在第一窗口期内顺利完成两条定向钻穿越（共计约1.2 km）和一条光缆套管穿越（约 2 km）创造了条件，为后续定向钻穿越积累了经验。在站场阀室设计中，积极采纳天然气分公司标准化设计，标准化一致性达 95%；站场阀室设计采用 Smart Plant 集成设计软件，实现工艺、自控、电气、结构等专业集成，实时同步各专业设计内容，实现在三维软件中校验二维 PID 与三维模型，确保二、三维数据一致，并首次实现总图、工艺、自控、电气、建筑、结构、设备、给排水、消防等全专业三维模型覆盖，能够进行全专业模型碰撞检查，实现 100%无碰撞，减少施工中设计变更，从而缩短施工工期，也为后续数字化模型交付奠定了基础。

## 3.2 设计校审及评审

设计文件的质量是工程本质安全的前提，在设计阶段，严格对设计策划、设计输入、设计验证、设计会签、设计评审、设计输出质量控制点的控制，确保设计输入、设计输出的数据正确性和可靠性；注重设计技术方案的优化评审，确保项目设计路线正确，技术方案先进可靠。青宁项目中，各专业设计负责人对本专业设计技术方案从可行性、可靠性、先进性等方面组织所级评审；重大工艺技术方案、设计成果均组织了公司级审查。通过严格贯彻执行公司质量方针和项目质量体系文件的相关规定，保证项目设计符合《质量管理体系　要求》(GB/T 19001—2016)的要求，确保满足设计输入的要求，能够为采购、施工提供准确的信息和要求。

针对高邮湖连续定向钻穿越这一项目控制性工程，组织公司岩土、结构、线路、穿跨越等专业人员多次讨论穿越方案，通过咨询中石油、中石化定向钻穿越技术专家，并和当地河务部门、防洪评价单位、施工单位多次现场踏勘，优化穿越位置，先后经过公司级审查、石油工程建设公司审查、天然气分公司审查，最终确定了“长钻短挖”的穿越方案，减少了滩区高水位地段开挖距离，施工难度大大减小，降低了汛期对施工工期的影响风险，为控制性工程能够按期完工提供了保障。

### 3.3 设计信息管理

对于在项目运作过程中产生的大量文件、图纸和资料，为满足工程管理的要求，设计文件信息控制以“过程控制文件的真实性、准确性、规范性、专业性、完整性、流转高效性，交工文件的整体性、系统性、移交及时性”为重心[2]，贯穿项目建设的全生命周期，实现文件信息的规范化和科学化管理，为项目平稳顺畅运行、交工文件的规范移交和设计成果的数字化交付提供基础保证。

为实现设计内容数字化交付的整体性、系统性和移交的及时性，为规范数字化交付过程，划分数字化交付内容与范围，明确数字化交付各参与方职责，根据《石油化工工程数字化交付标准》确定了以下六方面基础规定：(1)工厂分解结构；(2)类库；(3)工厂对象编号规定；(4)文档命名和编号规定；(5)交付物规定；(6)质量审核规定。文件控制部门作为项目管理过程中各相关方沟通管理的主要信息纽带，在项目开始前，建立了完整的文件控制管理体系，包括科学准确的文控管理项目策划、全面的规章制度、高效的项目运作流程和完善的项目文控管理系统，组织项目参与人员认真学习掌握文控管理程序，将数据资料进行结构化重整、格式转换、热点内容提取入库，加载到统一的设计成果数字化交付平台——“项目集成管理平台”，充分发挥数据集成优势，保证过程文件及时齐全收集归档。在资料交接过程中，无论是项目部内部还是与业主、施工等外部单位之间，均做好文件交接记录，确保文件资料去向的可追溯性。通过信息的收集、统筹和传递等工作，使各部门能够顺畅沟通、统一行动，并提供客观证据，保留管理痕迹，积累宝贵的项目管理经验。

## 4 技术支持管理

EPC 总承包模式的最大优势是实现了设计、采办、施工的无缝连接和有序配合，减少了各部门各环节之间的协调，设计作为 EPC 中的核心，如何实现设计同采购、施工的充分融合，是 EPC 项目管理成功与否的关键。

### 4.1 物资采购技术支持

EPC 总承包中设计对物资采购技术的支持主要包括：各类采购物资技术要求和技术交流、招投标文件技术咨询、供货商技术答疑、技术协议签署、供货商设计边界条件审查、供货商技术文件审查、设备生产制造过程临检和物资请购文件提报。

在项目开展初期，采办部门便编制了物资采购计划，设计人员结合采购计划和采购周期要求，在设计过程中，做到设计和采办同步开展，优先提交现场施工急需设备材料的物资采购技术文件(技术规格书、数据表等)和请购文件，并配合采办部门编制物资采购招标文件中的技术要求等内容，配合完成物资采购过程中与供货商的技术交流、技术答疑、招标技术审查和技术协议签署等工作。

### 4.2 现场施工技术服务

提交设计成果后，根据业主、监理、施工等单位的施工图初审意见，组织相关专业技术人员对审查意见进行分析讨论，同时结合工程项目具体特点编制现场技术交底方案，完成施工图会审和设计交底。技术交底方案主要内容包括：建设项目概况，勘察设计文件执行的主要标准规范，对现场施工的主要要求；施工图设计文件的构成，设计文件编码规定和索引规定，设计文件中所采用的图例符号的工程含义；工艺流程和主要设备，项目的主要工程量；建设项目外部接口关系；对设计遗留问题或留待现场处理问题的说明；其他在项目勘察设计过程中需专项说明的问题；对建设单位和参建单位提出问题的答复或解释。通过技术交底，使施工方充分了解项目建设内容和特点，尤其是建设过程中的难点和风险点，便于施工单位提前采取有效措施，保证施工进度和质量。

结合现场施工进度需要，派遣熟悉项目的专业技术人员进行现场施工技术服务，技术服务工作包括：及时处理因现场实际条件、施工方案或物资供应等问题导致的设计变更；协助完成同地方政府、各相关产权单位的技术对接；发现并修正施工图中的设计错误；参与施工指导、投产试用和竣工验收等。同时，设计技术服务人员配合工程技术部门参与到施工管理中，结合现场实际情况，有效控制施工变更，并根据现场变更进行持续设计交底，确保施工与设计的一致性，为后续竣工图编制奠定良好基础。

### 4.3 设计与采办、施工动态联动

作为 EPC 联合体的牵头单位，充分发挥设计单位在设计、采购中的技术优势，做到设计、采办、施工等各个环节深度融合，避免了以往因设计和采办、施工脱节而导致的协调不畅或推诿、扯皮等问题。在青宁项目运行中，始终发挥设计的“龙头”作用，设计图纸提前到位，现场变更及时处理，均为物资采购和现场施工奠定了坚实基础；以设计牵头，对主管材、热煨弯头、混凝土套管、平衡压袋等主要物资需求进行实时更新，整合采办、施工、费控等各板块信息，形成定期沟通机制，达成对工程变更的快速反应，实现项目任务的扁平管理和动态联动，极大地缩短了信息传递链条，避免了由于不同层级、不同板块沟通不畅而带来资金成本和工期成本浪费[3]。主管材作为管道建设的最重要物资，需求量大、费用高，为保障现场施工进度，必须提前供应到位，在主管材分批采购工程中，设计根据现场变更情况实时更新各种规格管材的需求总量，施工根据近期施工计划提交管材需求计划，通过统筹三方数据，确定各规格管材的当期下单采购量。EPC 二标段管材共分五批完成采购，既保证了现场的焊接进度要求，又避免了因变更与采购信息不同步而产生大量余料，实现了项目进度和经营效益的双赢。

## 5 结语

EPC 是一种先进的项目运行管理模式，其最大的优点就是由工程总承包企业或联合体对整个工程项目建设进行整体构思、全面安排、协调运行、前后衔接和系统化管理，大大缩短工程建设周期，节约项目投资，符合建设规律和社会化大生产的要求。在青宁输气管道工程 EPC 联合体项目管理实操过程中，充分发挥设计的“龙头”作用，通过科学的设计管理，确保

了设计成果的按时交付和全过程的优质技术支持，打造了一支全专业数字化协同设计和密切配合采购施工的设计团队，项目自开工建设半年以来，实现施工安全零事故，焊接一次合格率达 99.6%以上，主体焊接突破 500 km，超年度建设任务 42%，创造了长输管道建设的“青宁速度”。

## 参考文献

[1] 俞豪君. 浅谈电力工程 EPC 总承包设计管理[J].机电信息，2019(33)：170-171.
[2] 邵甜甜. 浅谈火电 EPC 模式下的项目文件控制环节与方法[J]. 办公室业务，2015(8)：11.
[3] 尤丁剑，徐华祥，田学运. 把握设计龙头创新管理模式打造海外工程设计管理核心竞争力[J]. 建筑工程技术与设计，2018(34)：2973-2974.

# 青宁输气管道工程EPC联合体采办管理工作探析

王　昆　庞怡可　赵建伟
（中石化中原石油工程设计有限公司）

**摘　要**　本文以青宁输气管道工程的采办管理实际工作为例，针对主管材采购、物资招标组织运作以及物资采购数据管理等重点工作进行介绍，总结在这些重点工作中采取的优秀工作方法，促进公司EPC总承包项目采办管理体系的完善，进一步提升中原设计公司的EPC总承包项目管理能力。

**关键词**　总承包项目；物资采购；管理方法

## 前言

在青宁输气管道工程（以下简称青宁项目）的执行过程中，项目采办团队积极开展工作，克服各种困难，物资采购工作运行平稳，按计划完成本阶段的各项工作，取得良好的成绩，为公司打造长输管道EPC总承包项目的管理品牌做出了贡献。本文对青宁项目采办管理工作进行阶段总结，重点介绍项目执行过程中各种优秀的工作措施及实际工作效果，争取将相关工作方法标准化和制度化，有利于公司形成完整的EPC总承包项目采办管理工作体系，为公司后续总承包项目的运行提供指导。

## 1　项目物资采购的特点

青宁项目为典型的天然气长输管道工程，工程本身具有线路长、站点多、过程管理复杂等特点，因业主单位的特殊要求及集团公司物资管理制度文件的规定等因素，青宁项目物资采购工作又具有其自身的特点，整个采办管理工作的执行都紧密围绕这些特点开展。

### 1.1　采购金额创公司纪录，采购工作量完整

青宁项目物资采购费用总计约15亿元，采购金额巨大，创造中原设计公司的新纪录。业主除保留项目前期所需的主管材、后期生产准备物资及抢维修物资，其余物资全部交由EPC总承包单位组织采购，包括主管材、工艺阀门等重要物资，项目采购工作量非常完整，特别是主管材采购，是业主单位首次整体交由EPC总承包单位实施采购。为了做好工程物资到场后管理，青宁项目制定了详细的仓储物流接报检实施细则，从物资到货接收、出入库管理、物资检验等各方面系统地对各项工作进行规定。同时配备充足的现场接报检人员、仓储管理人员，确保物资中转库和现场物资到货管理的各项工作顺畅运行。在积累了有效的

管理经验的同时，也培养了一批高素质的项目管理人才，采购管理水平再上新台阶。

### 1.2 承担天然气分公司工程余料去库存任务

按照业主单位的要求，青宁项目肩负消化处理集团公司以往长输管道项目工程余料的重任，根据初步统计各项目剩余主管材超过 20 km。在采购工作的具体实施过程中，必须实时掌握相关项目工程余料的实际情况，做好工程余料的质量管控工作，明确各类物资的复检要求，提前考虑预留一定的采购额度以消化使用工程余料，在一定程度上加大了项目采办管理工作的复杂程度。

### 1.3 统筹协调整个项目物资招标工作

根据集团公司物资管理制度的要求，项目所需站控系统、通信安防系统等全线系统性物资以及旋风分离器、过滤分离器、电气设备等重要物资，必须进行公开招标。青宁输气管道工程分为两个 EPC 总承包标段，为保证项目后期整体运行功能可靠，必须统一两个 EPC 标段物资的技术要求及供应商，同时汇总全线物资的招标额度争取有利的价格，确定中原设计公司作为项目拿总单位，统一负责整个项目的全线系统性物资以及重要物资的框架协议招标工作，通过组织框架协议招标的形式确定统一的供应商及采购价格，其他 EPC 总承包单位直接执行框架协议。

## 2 项目采办管理工作的创新措施

### 2.1 创新项目物资招标组织形式

青宁项目的物资采购主体包括 2 家 EPC 单位以及 6 家施工单位，各自单独采购必然造成设备品牌及价格的差异，由于无法汇总项目物资需求，影响招标的竞争力和吸引力，为避免以往项目各采购主体分散招标的弊端，经过与业主沟通，确认中原设计公司作为拿总单位，统筹其他 EPC 单位的物资需求，负责组织项目全线系统物资和重要物资的框架协议招标工作，通过框架协议招标确定统一的供应商及采购价格，其他 EPC 单位、施工单位按照框架协议招标结果直接下达采购订单。这是首次在大型长输管道项目中由 EPC 单位统筹整个项目重要物资的招标工作。这种全新的项目招标组织方式可以实现三方面的利好：首先，优化资源配置，避免在同一工程中多个采购单位各自重复招标，减少招标工作量及采办人力资源投入。其次，提升项目集采效益。通过这种方式汇总整个项目物资需求，增加招标的竞争力，有利于实现项目物资质量及效益双提升。最后，显著优化后期运维管理。实现全线物资生产商供应、安装、调试的统一性，有利于业主的投运、运维管理，降低协调成本，提升业主满意度。

### 2.2 科学策划主管材保供工作

主管材的采购及保供是长输管道项目采办管理的关键工作，需要综合考虑设计数量、施工消耗、现场变更、供货周期等相关数据及变化情况。在项目初期，要考虑避免超量采购产生工程余料，又要尽可能扩大采购数量，满足工程施工进度的需要。在项目后期，根据现场施工变更情况及时调整各标段主管材的采购需求数据，尽量减少工程余料。

青宁项目除业主单位先期采购部分主管材外，大部分主管材采购工作均由 EPC 单位负责组织实施。根据集团公司物资管理制度的规定，长输管道项目主管材属于集团公司直接采购物资，项目部负责提报需求计划，集团公司物资装备部负责组织实施招标采购，涉及钢板采购及钢管委托加工业务。经过与集团公司物资装备部沟通交流，考虑钢板生产周期及钢管厂产能情况，主管材供货周期通常为 60 天。

为保证项目主管材的有序供应，项目部充分发挥 EPC 管理模式的优势，保证设计、采办部门密切沟通，随时掌握主管材的设计进度及变化情况，制定科学的采购策略来保证实现采购目标。

## 2.3 规范各项采购方式的操作程序

青宁项目物资采购方式主要包括公开招标、执行框架协议与委托总部直接采购三种方式。项目正式启动后，在总结公司以往总承包项目的工作经验后，中原设计 EPC 采办部结合青宁项目物资采购的特点，认真梳理各个环节的工作内容，编制操作说明文件及各类模板文件，涵盖提报请购文件、编制招标委托单、框架协议商品上架、填写采购合同编制等工作环节，力争实现采购工作的标准化和模板化，提高每个标包的工作效率，进而加快整个项目的物资采购进度，保证现场施工的物资需求。

### 2.3.1 公开招标

公开招标的审批层级多，从提报招标委托单到发布中标通知书，整个招标过程通常需要 40 天。公开招标还需要考虑维护评标办法、招标失败以及澄清答疑等各项工作。青宁项目投资金额大，大多数采购标包的金额都达到公开招标标准。首先，采办部提前整理同类物资的评标办法和资质审查项，便于和业主进行沟通，减少大量的招标准备时间，为快速完成物资采购招标提供保障。其次，编制招标委托单模板文件，对付款方式及进度、重要商务条款、技术要求、费用构成等内容进行统一规定，减少业务人员的编制时间。

### 2.3.2 执行框架协议采购

按照业主单位的要求，集团公司框架协议或其他企业框架协议已经涵盖的物资，必须采取执行框架协议采购的方式。在项目启动阶段，采办部提前整理相关物资的框架协议文件，与设计部密切沟通，逐项梳理框架协议的覆盖程度，核实是否满足青宁项目的设计要求，保证在收到正式需求计划后第一时间完成下达采购订单。

### 2.3.3 总部直接采购物资

青宁项目的工艺阀门、站控系统等重要物资均属于集团公司总部直接采购范围，项目部加强和集团公司物资装备部各国际事业公司的沟通，提前了解招标委托的要求，积极配合支持各国际事业公司开展工作，重要物资正式招标前，多次参加技术文件审查会和招标澄清答疑会，力争一次开标成功，尽量避免出现招标失败的情形。

## 2.4 高度重视物资数据的标准化管理

物资采购工作涉及诸多数据统计以及各类报表、报告的编制工作，相关工作将占用大量人力和时间，经常出现汇总数据困难。青宁项目参建单位众多，数据信息管理方面的工作任务更为繁重，为保证数据统计的准确性和及时性，切实提升项目物资采购数据管理水平，采办部统一报表格式,实现数据统计的标准化。长输管道项目主要关注招标完成情况,物资到场情况,采购进度等方面的数据。在项目执行过程中,中原设计公司作为拿总单位,牵头编制各类统计报表模板,涵盖物资招标情况、物资到场数据、采购完成情况等各方面工作。数据统计是项目采办管理的重要基础工作,为各类报表和汇报材料的编制工作提供依据。以《物资到场情况统计台账》为例,中原设计采购部统一各家施工单位的报表格式,明确各项信息的填报规范,强制要求使用中石化物料标准代码,确保物资识别的唯一性,作为基础数据来源,为主要报表的自动更新奠定基础。

### 2.5 坚持打造廉洁阳光工程

廉洁阳光是物资采购工作的基本要求,执行一票否决制,就如同安全工作对于整个工程的意义,这是项目物资采购工作的红线。项目部坚持定期组织内部会议,强调廉洁作风,积极与公司级纪检监察部门沟通交流,按照各级监督部门的要求,组织开展形式多样的廉洁教育活动,确保集团公司重点工程物资采购工作的有序运行。

集团公司物资装备部大力推行各类信息化平台实现公开招标,为物资采购工作的廉政建设提供了有力保证,促使公开招标的理念深入各级监管部门,公开招标就是廉洁阳光工程的保证。对于青宁项目的物资采购,严格执行应招尽招、能招尽招。以青宁项目潜水排污泵招标为例,该物资的采购概算金额为 20 万元,招标公告发布后,积极采取各种措施,实现小额物资的公开框架协议招标。

## 3 项目采办管理措施的应用效果

### 3.1 实施全新招标组织方式,提升项目整体效益

中原设计公司作为项目拿总单位完成物资招标任务,截至 2019 年 12 月,成功组织公开招标 21 次,先后完成海底光缆、调压撬、计量撬、过滤分离器、旋风分离器、通信及安防系统等重要物资的招标工作,成功签订企业框架协议 28 个,各项重点物资的招标进度都大幅度提前,为项目其他采购单位完成物资采购工作提供坚实的基础。通过这种全新的物资招标组织形式,实现了预期的三大利好作用,证明中原设计公司的采办团队有能力按照业主要求完成项目全线重点物资的招标工作,为将来实现在大型长输管道项目中更进一步贯彻 EPC 总承包管理模式提供了支持。

### 3.2 科学策划圆满完成主管材保供任务

项目部先后提报五个批次的主管材需求计划,累计采购各类型主管材 236 km,其中从其他项目调拨主管材 18 km。特别是提报第一批主管材需求计划共计 190 km,在部分完成线路工程设计的情况下,科学分析各方的数据,决定各规格型号主管材的采购数量。由于提报及时,集团公司物资装备部可全力协调生产保供,实现主管材在 2019 年 5 月 26 日开始到达施工现场的目标,比原计划完成时间提前 1 个月,确保项目物资采购工作的“开门红”。通过合理安排各钢管厂的供应节点,实现主管材供应的有序接替,EPC 采购第一批主管材持续供应至 2019 年 9 月底,在供货高峰期,现场存放各类型主管材接近 100 km,完全满足施

工现场需求，为项目初期各施工单位全力投入资源赶工提供物资支持。

项目部主管材采购完成消化处理天然气分公司工程余料的既定目标，未发生超过主合同约定剩余主管材指标的情况，标志着中原设计公司圆满完成本 EPC 标段的主管材采购及保供工作。通过青宁项目主管材采购工作的实施，充分证明 EPC 总承包模式的独特优势，在这种项目管理模式下，可以实现设计与采购实时沟通交流，采办部编制专门的数据统计报表，及时汇总分析各方的数据，科学合理地确定每批主管材的采购数量和规格，有效控制工程余料，相较于以往非 EPC 总承包项目的主管材采购模式，是一种很大的进步。

### 3.3 采办管理标准化有效提升工作效率

通过在采办执行过程的各种标准化措施，实现主要数据类报表的自动汇总更新。该类型报表主要是物资到场统计报表、主管材采购数据报表等，以物资基础统计数据为依据，通过有效使用软件功能，确保主要报表数据可实现自动汇总、实时更新；可根据各方面工作的具体要求，筛选所需的各类型数据；实现快速统计每周和月度物资累计到场数据；快速计算实际完成工作进度等功能，极大地提升了长输管道项目复杂数据的管理水平。此外采办部还高度重视数据可视化展示，积极采用各种曲线或图形方式展示复杂的数据，以直观和生动的形式向业主进行各类汇报，便于业主通过数据掌握物资采购进度。

### 3.4 规范操作程序实现快速采购

在项目采办工作执行过程中，针对公开招标、执行框架协议与委托总部直接采购三种采购方式，提前策划，分别采取有针对性的措施，大幅度提高物资采购工作效率。中原设计 EPC 采办部在最短的时间内完成大部分物资标包的招标工作，确保物资尽早进入生产制造阶段。根据最新的物资制造进度统计情况，目前项目整体物资到场进度较原计划提前接近 3 个月，完全满足项目工期的要求。

## 4 结语

在集团公司相关部门及业主单位的大力支持下，青宁项目的物资采购工作取得了一定的成绩。中原设计公司作为项目的拿总单位以及 EPC 联合体的牵头单位，承担项目物资采购的统筹协调工作，针对项目的特点，在执行过程中采取了很多有效的管理方法。总承包项目的采办管理工作贯穿于工程建设的全过程，是一项复杂的体系，涵盖团队建设、管理制度、质量控制、进度管理等多个方面，中原设计公司将进一步系统总结青宁项目的采办管理经验，力争形成公司层面的总承包项目采办管理体系，打造一支执行力强的采办团队，为更好地执行总承包项目奠定坚实的基础！

### 参考文献

[1] 陈锴，连可.项目管理全寿命周期中前期项目策划管理的实施与价值讨论[J].消费导刊，2018(3)：265-266.

[2] 李长虹.油气田地面建设总承包项目物资总体招标采购方案策划[J].招标采购管理，2016(12)：52-54.

[3] 贺青.项目前期策划过程中的成本控制建议研究论述[J]. 企业文化(下旬刊)，2016(10)：174-175.

# 青宁输气管道工程<br>EPC联合体精细化施工管控实践分析

刘成喜　管荣昌　马成才　温超月
（中石化中原石油工程设计有限公司）

**摘　要**　为了实现EPC联合体总承包项目施工进度、质量、HSSE、成本等合同约定的目标，本文依托青宁输气管道工程实践，介绍EPC联合体总承包项目施工管控中主要难点、采取的主要做法及取得的效果，为后续项目提供借鉴和参考。

**关键词**　EPC；联合体；项目；施工管理；一体化；WBS

## 前言

EPC联合体总承包项目的施工管控的重点是通过建立项目施工管理体系，落实施工管理职责，对施工实施过程中各个环节进行有效控制，实现合同约定的施工质量、HSSE、进度等目标。现阶段，EPC联合体总承包项目施工管理中力争避免在联合体间管理指令不清、职责不清，管理体系文件缺失、不全或脱离实际，施工管控不到位等现象，造成管理杂乱无章，施工质量、HSSE、进度、成本目标无法实现。本文依托青宁输气管道工程EPC联合体总承包项目施工管控实践，从项目施工管控中的主要难点入手，阐述了项目施工管控中主要做法及取得的效果。

## 1　项目背景

青宁输气管道工程全线采用EPC联合体总承包模式，划分两个EPC标段，其中EPC二标段工程地处江苏省沭阳至仪征地段，线路长度约324 km，设站场6座、阀室14座，由中原设计公司牵头与四家施工单位组成联合体中标承揽了EPC二标段建设任务。该标段具有跨度大、参建队伍多、作业面多、流动性大等工程建设特点。

## 2　项目施工管控难点

结合EPC项目及青宁输气管道工程的特点，项目在施工管控方面主要存在以下难点：

### 2.1　施工管理框架搭建面临的挑战

项目参建单位多、施工机组多、施工管理内容多，若不建立有效的施工管理框架，则会导致施工管理职责不清，施工指令混乱、沟通无序，施工进度、质量、HSSE、成本等控制杂乱无章。

### 2.2 项目施工管理体系文件制订面临的挑战

项目由五家单位组成 EPC 联合体，如何搭建统一施工管理平台，制订出各方认可、切实可行的 EPC 项目施工管理体系文件并确保有效运行，是项目施工管理中面临的主要挑战。

### 2.3 一体化运作面临的挑战

发挥 EPC 联合体“一体化”优势，做到施工与设计、采办的充分融合，确保项目优质、高效运行，是各方期待的焦点问题。

### 2.4 项目结构复杂面临的挑战

项目路由长、穿越多、涉及专业多等，如何有效开展施工进度、质量、HSSE、成本管控，确保各项指标实现，是项目施工管理的核心问题。

## 3 项目施工管控的主要做法

围绕项目施工管控中的难点，项目在实施过程中主要采取了以下做法：

### 3.1 构建纵向分级、横向分类的施工管理框架

纵向分级，即针对 EPC 联合体的各管理机构进行纵向的管理层级划分；横向分类，即针对划分的管理层级逐一进行横向的工作内容分配。项目中依据联合体分工，构建的纵向分级、横向分类的施工管理框架（如图 1 所示）。

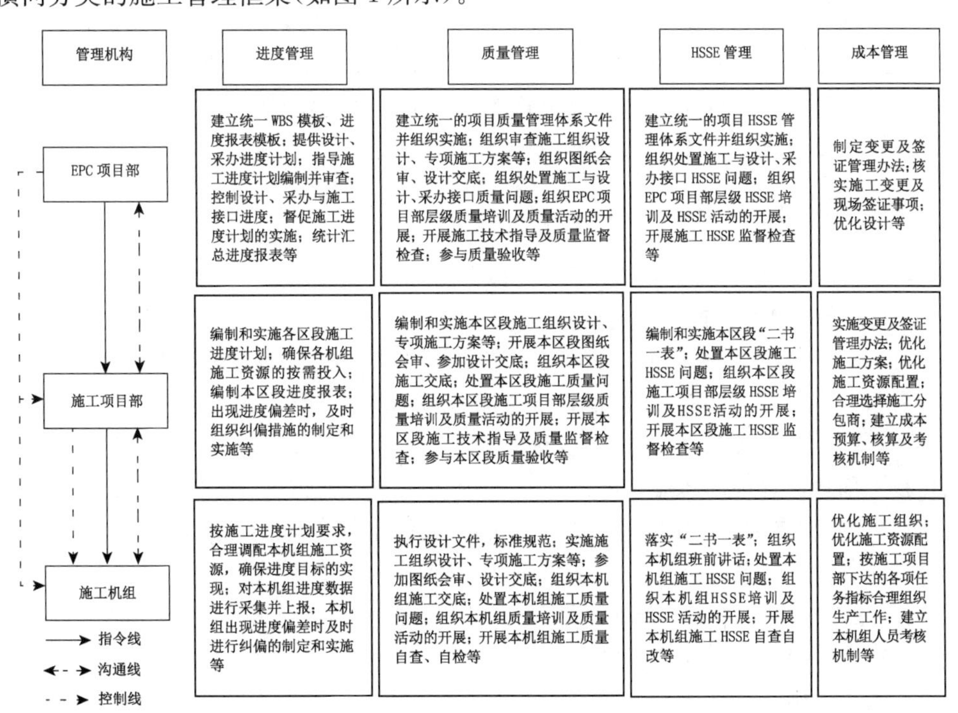


图 1 施工管理框架图

通过构建施工管理框架图，明确了：

(1) 指令关系：EPC 联合体项目部→施工项目部→施工机组的指令关系，确保指令的单一性，避免多头管理。

(2) 沟通关系：EPC 联合体项目部与施工项目部之间双向沟通，施工项目部与施工机组之间双向沟通，EPC 联合体项目部与施工机组之间原则上不进行直接沟通。

(3) 控制关系：EPC 联合体项目部对施工项目部、施工机组可进行进度、质量、HSSE、成本等方面的指导、监督检查等，施工项目部对施工机组可进行进度、质量、HSSE、成本等方面的指导、监督检查等。

(4) 主要管理分工：在进度、质量、HSSE、成本管控方面进行了细致的分工，有效地减少了管理重叠、管理空缺等。

## 3.2 建立统一的施工管理体系文件

项目施工管理体系文件是联合体各方开展施工管理的基础，包括施工进度管理、质量管理、HSSE 管理、成本管理等方面的各类文件。

(1) 在进度管理方面，EPC 联合体项目部制定了统筹控制计划、施工进度计划管理规定、进度报表管理规定等，各施工项目部制定了施工资源管理办法、纠偏管理办法等。

(2) 在质量管理方面，EPC 联合体项目部制定了项目质量计划、施工执行计划、项目创优计划、施工组织设计编制模板及审批流程、专项方案编制模板及审批流程、施工交工技术文件编码规则、焊缝编码规则、单项(单位)工程划分等文件，各施工项目部制定了施工组织设计、专项施工方案、质量检验计划、焊接作业指导书、补口作业指导书等文件。

(3) 在 HSSE 管理方面，EPC 联合体项目部制定了 HSSE 管理手册、HSSE 程序文件、HSSE 管理制度、重大危害因素清单、重要环境因素清单、重大风险管控方案、重大风险动态管控表等文件，各施工项目部制定了 HSSE 作业指导书、HSSE 作业计划书、HSSE 检查表等文件。

(4) 在成本管理方面，EPC 联合体项目部制定了设计优化管理办法、变更及签证管理办法；各施工项目部制定了成本预算、核算及考核办法。

## 3.3 采用一体化运作理念进行施工管控

充分发挥 EPC 联合体优势，做好施工与设计、采办的深度融合。

### 3.3.1 施工与设计融合方面

施工提前介入施工图的审查，确保设计文件的可执行性。在高邮湖连续定向钻穿越设计、新沂河“背靠背”定向钻穿越设计、仪征复杂地段设计上，设计人员多次与施工技术人员现场对接设计方案，并逐步优化，以减少施工难度、降低施工成本；在站场、阀室工程施工图出版前，施工项目部提前介入施工图的审查工作并提出改进建议，针对采纳的建议，设计人员在 0 版施工图中体现，确保了设计文件更切合实际，更加合理。

根据施工的进度安排，分批开展图纸设计、图纸会审及设计交底工作，确保施工的按期开工及施工连续性。本标段工程定向钻穿越 110 余条，设计工作量大，根据施工的外协进展情况，由各施工项目部分批提出图纸需求计划，设计人员根据图纸需求计划有序地安排图纸设计工作，确保了施工工作的正常开展。

针对现场涉及的设计变更，由施工项目部提出设计变更方案，设计代表第一时间进行现场核实和对接,并最终确定更优的变更方案。

### 3.3.2 施工与采办融合方面

采办人员定期发布物资到场计划,施工项目部根据物资到场计划可提前调整施工部署,避免窝工现象的发生;针对施工急需的物资,采办人员第一时间采取标段内调配或厂家催交催运措施,保证施工的顺利进行;为减少中转站至现场运输环节的费用支出及降低安全风险,采办人员积极协调物质的直抵现场工作;针对需厂家指导安装调试的设备,由施工项目部提出厂家服务需求计划,采办人员根据需求计划及时协调厂家到场服务;针对物资质量问题,采办人员也是第一时间协调厂家进行处置。

通过施工与设计、采办的深度融合,确保了施工的连续性,加快了项目建设进度。

### 3.3.3 采用 WBS 方法进行施工管控

项目路由长、穿越多、涉及专业多,为更好地开展施工管控工作,项目中采用了工作分解结构(WBS)方法将长距离线路分解成小单元进行管理,使管理更具体、更有效。项目工作分解结构(WBS)示意图,如图 2 所示。

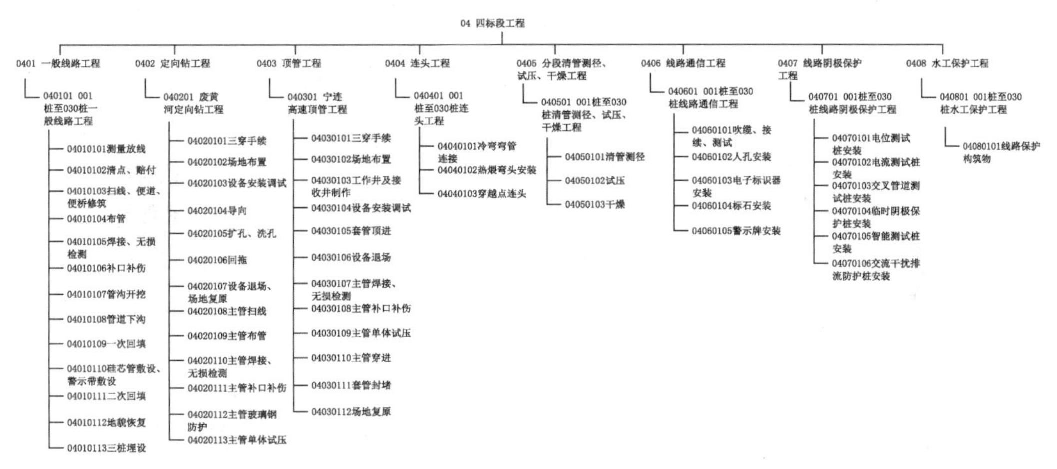


图 2 工作分解结构(WBS)示意图

#### 1) 施工进度管控

通过 P6 计划编制软件,进行 WBS 底层单元(即工序)的工期安排,进而形成项目施工四级进度计划(如图 3 所示),使进度管理更具体、更易操作。

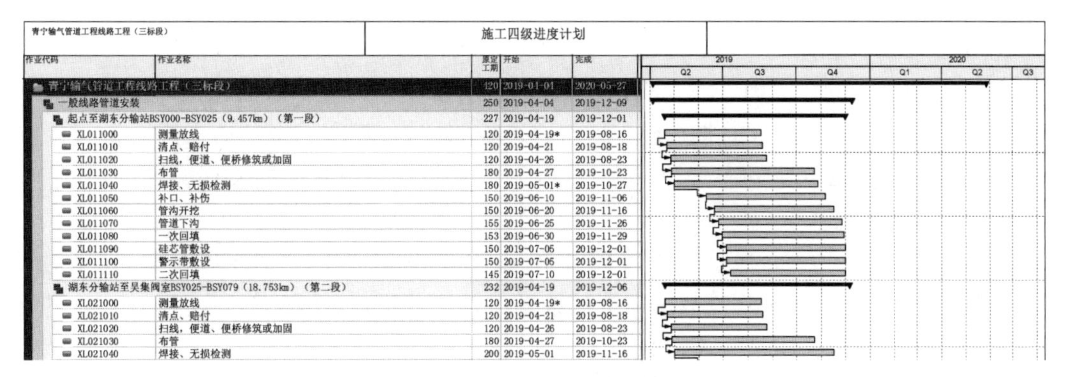
青宁输气管道工程线路工程(三标段)　施工四级进度计划

| 作业代码 | 作业名称 | 原定工期 | 开始 | 完成 |
|---|---|---|---|---|
| 青宁输气管道工程线路工程(三标段) | | 420 | 2019-01-04 | 2020-05-27 |
| 一般线路管道安装 | | 250 | 2019-04-04 | 2019-12-09 |
| 起点至湖东分输站BSY000-BSY025(9.457km)(第一段) | | 227 | 2019-04-19 | 2019-12-01 |
| XL011000 | 测量放线 | 120 | 2019-04-19* | 2019-08-16 |
| XL011010 | 清点、赔付 | 120 | 2019-04-21 | 2019-08-18 |
| XL011020 | 扫线,便道、便桥修筑或加固 | 120 | 2019-04-26 | 2019-08-23 |
| XL011030 | 布管 | 180 | 2019-04-27 | 2019-10-23 |
| XL011040 | 焊接、无损检测 | 180 | 2019-05-01* | 2019-10-27 |
| XL011050 | 补口、补伤 | 150 | 2019-06-10 | 2019-11-06 |
| XL011060 | 管沟开挖 | 150 | 2019-06-20 | 2019-11-16 |
| XL011070 | 管道下沟 | 155 | 2019-06-25 | 2019-11-26 |
| XL011080 | 一次回填 | 153 | 2019-06-30 | 2019-11-29 |
| XL011090 | 硅芯管敷设 | 150 | 2019-07-05 | 2019-12-01 |
| XL011100 | 警示带敷设 | 150 | 2019-07-05 | 2019-12-01 |
| XL011110 | 二次回填 | 145 | 2019-07-10 | 2019-12-01 |
| 湖东分输站至吴集阀室BSY025-BSY079(18.753km)(第二段) | | 232 | 2019-04-19 | 2019-12-06 |
| XL021000 | 测量放线 | 120 | 2019-04-19* | 2019-08-16 |
| XL021010 | 清点、赔付 | 120 | 2019-04-21 | 2019-08-18 |
| XL021020 | 扫线,便道、便桥修筑或加固 | 120 | 2019-04-26 | 2019-08-23 |
| XL021030 | 布管 | 180 | 2019-04-27 | 2019-10-23 |
| XL021040 | 焊接、无损检测 | 200 | 2019-05-01 | 2019-11-16 |



图 3 施工四级进度计划(截图)

利用 Excel 软件，对 WBS 增加权重、工程量等因素，制作形象进度统计表（如图 4 所示），定期（每周、每月）对底层单元的数据进行采集，生成项目的形象进度，使管理者能够时刻把控现场进展情况。

**2）施工质量管控**

在施工质量管控方面，针对 WBS 的底层单元（即工序），进行质量控制点识别、质量风险分析、质量预防措施的制定等。结合施工四级进度控制计划，制作质量动态管控表（如图 5 所示），对质量实施动态管控。

线路工程形象进度统计表

| 一级结构 | | 二级结构 | | | 三级结构 | | | 四级结构 | | | | | | | 形象进度 | | |
|---|---|---|---|---|---|---|---|---|---|---|---|---|---|---|---|---|---|
| 编码 | 名称 | 编码 | 名称 | 权重% | 编码 | 名称 | 权重% | 编码 | 名称 | 权重% | 单位 | 设计量 | 完成量 | 完成百分比% | 三级结构 | 二级结构 | 一级结构 |
| 04 | 四标段 | 0401 | 一般线路工程 | | 040101 | 001桩至030桩一般线路工程 | | 04010101 | 测量放线 | | | | | | | | |
| | | | | | | | | 04010102 | 清单、赔付 | | | | | | | | |
| | | | | | | | | 04010103 | 扫线、便道、便桥修筑 | | | | | | | | |
| | | | | | | | | 04010104 | 布管 | | | | | | | | |
| | | | | | | | | 04010105 | 焊接、无损检测 | | | | | | | | |
| | | | | | | | | 04010106 | 补口、补伤 | | | | | | | | |
| | | | | | | | | 04010107 | 管沟开挖 | | | | | | | | |
| | | | | | | | | 04010108 | 管道下沟 | | | | | | | | |
| | | | | | | | | 04010109 | 一次回填 | | | | | | | | |
| | | | | | | | | 04010110 | 硅芯管敷设、警示带敷设 | | | | | | | | |
| | | | | | | | | 04010111 | 二次回填 | | | | | | | | |
| | | | | | | | | 04010112 | 地貌恢复 | | | | | | | | |
| | | | | | | | | 04010113 | 三桩埋设 | | | | | | | | |
| | | | | | … | … | | … | … | | | | | | | | |
| | | 0402 | 定向钻工程 | | 040201 | 废黄河定向钻工程 | | 04020101 | 三穿手续 | | | | | | | | |
| | | | | | | | | 04020102 | 场地布置 | | | | | | | | |
| | | | | | | | | 04020103 | 设备安装调试 | | | | | | | | |
| | | | | | | | | 04020104 | 导向 | | | | | | | | |
| | | | | | | | | 04020105 | 扩孔、洗孔 | | | | | | | | |

图 4　线路工程形象进度统计表（示意）

线路工程质量动态管控表

| 一级结构 | | 二级结构 | | 三级结构 | | 四级结构 | | 质量控制点 | 质量风险分析 | 预防措施 | 施工日期 | | | | | | | | | | | | | | |
|---|---|---|---|---|---|---|---|---|---|---|---|---|---|---|---|---|---|---|---|---|---|---|---|---|---|
| 编码 | 名称 | 编码 | 名称 | 编码 | 名称 | 编码 | 名称 | | | | 4月 | 5月 | 6月 | 7月 | 8月 | 9月 | 10月 | 11月 | 12月 | 1月 | 2月 | 3月 | 4月 | 5月 | 6月 |
| 04 | 四标段 | 0401 | 一般线路工程 | 040101 | 001桩至030桩一般线路工程 | 04010101 | 测量放线 | B | 不按图施工、测量偏差大 | 加强路由复测 | | | | | | | | | | | | | | | |
| | | | | | | 04010102 | 清单、赔付 | C | / | / | | | | | | | | | | | | | | | |
| | | | | | | 04010103 | 扫线、便道、便桥修筑 | C | 超作业带扫线 | 边桩及灰线控制 | | | | | | | | | | | | | | | |
| | | | | | | 04010104 | 布管 | B | 管道规格与设计不符 | 按图施工，加强现场核查 | | | | | | | | | | | | | | | |
| | | | | | | 04010105 | 焊接、无损检测 | A | 不按工艺施工 | 按规程施工，加强工艺纪律检查 | | | | | | | | | | | | | | | |
| | | | | | | 04010106 | 补口、补伤 | B | 不按工艺施工 | 按规程施工，加强工艺纪律检查 | | | | | | | | | | | | | | | |
| | | | | | | 04010107 | 管沟开挖 | B | 开挖深度不够、沟底不平整、放坡过小 | 按图施工，加强开挖过程监督检查 | | | | | | | | | | | | | | | |
| | | | | | | 04010108 | 管道下沟 | B | 沟内积水、杂物等清理不干净；下沟方式不当，引起管道应力集中或变形 | 做好下沟前检查工作；管道下沟要制订专项方案，加强方案执行情况检查 | | | | | | | | | | | | | | | |
| | | | | | | 04010109 | 一次回填 | B | 回填材料不满足要求，造成防腐层损坏 | 回填前加强回填材料检查，加强点火花漏点检查 | | | | | | | | | | | | | | | |

图 5　线路工程质量动态管控表（示意）

**3）施工 HSSE 管控**

在施工 HSSE 管控方面，针对 WBS 的底层单元（即工序），进行 HSSE 风险分析、HSSE 风险管控措施的制定等。同时根据施工四级进度控制计划，制作 HSSE 动态管控表（如图 6 所示），对施工 HSSE 实施动态管控。

**4）施工成本管控**

在施工成本管控方面，也可以针对 WBS 的底层单元（即工序）进行成本测算，定期对成本消耗数据进行采集，通过测算数据与消耗数据的对比分析，找出偏差，制定有针对性的管控措施，确保成本受控。

线路工程HSSE动态管控表

| 一级结构 | | 二级结构 | | 三级结构 | | 四级结构 | | 风险分析 | 风险度 | 消减措施 | 施工日期 | | | | | | | | | | | | | | |
|---|---|---|---|---|---|---|---|---|---|---|---|---|---|---|---|---|---|---|---|---|---|---|---|---|---|
| 编码 | 名称 | 编码 | 名称 | 编码 | 名称 | 编码 | 名称 | | | | 4月 | 5月 | 6月 | 7月 | 8月 | 9月 | 10月 | 11月 | 12月 | 1月 | 2月 | 3月 | 4月 | 5月 | 6月 |
| 04 | 四标段 | 0401 | 一般线路工程 | 040101 | 001桩至030桩一般线路工程 | 04010101 | 测量放线 | 交通事故、溺水、毒蛇咬伤 | 9 | 遵守交通管理规定，水域作业佩戴救生衣，劳保穿戴整齐 | | | | | | | | | | | | | | | |
| | | | | | | 04010102 | 清单、赔付 | / | / | / | | | | | | | | | | | | | | | |
| | | | | | | 04010103 | 扫线、便道、便桥修筑 | 设备侧翻，超作业带扫线，现有构筑物损坏 | 9 | 按规程操作设备，在控制线范围内作业，做好现有构筑物的调查及保护 | | | | | | | | | | | | | | | |
| | | | | | | 04010104 | 布管 | 不按规程操作设备，造成管道防腐层或管口损坏，布管过程中人员伤害 | 15 | 按规程操作设备，做好吊带的捆绑，做好吊装及行走过程的指挥 | | | | | | | | | | | | | | | |

图 6　线路工程 HSSE 动态管控表(示意)

## 4　项目施工管控的阶段性成果

通过 EPC 联合体纵向分级、横向分类的施工管理框架的搭建，统一的施工管理体系文件的制定，“一体化”运作理念及 WBS 方法的应用，并辅以常规的施工管理方法，使项目施工管控取得了阶段性成果。其一，确保了施工的进度、质量、安全、成本等处于受控状态，实现了 256 万工时无事故；其二，2019 年度施工进度比计划提前 30 余天，创造了天然气长输管道的建设的“青宁速度”；其三，工程检测齐全准确率达 100%，管道埋深一次合格率达 100%，焊接一次合格率达 99.65%，提升了施工质量。

## 5　结语

通过青宁输气管道工程 EPC 联合体项目精细化的施工管控，阶段性地实现了合同约定的施工进度、质量、HSSE 等目标，打造了一支优秀的 EPC 项目施工管理团队，建立了一套完整的 EPC 项目施工管理体系，为后续类似项目提供了参考和借鉴。

### 参考文献

[1] 中华人民共和国住房和城乡建设部.建设项目工程总承包管理规范：GB/T 50358—2017[S].北京：中国建筑工业出版社，2017.

[2] 范云龙，朱星宇.EPC 工程总承包项目管理手册及实践[M].北京：清华大学出版社，2016.

# 联合体模式下的 EPC 项目风险管理

魏学迪

（中石化石油工程设计有限公司）

**摘　要**　工程总承包模式是目前国家大力提倡的工程建设模式，这一模式对工程总承包单位的综合实力提出了更高的要求。部分工程总承包单位为了增强自身设计或者施工方面的能力，组成联合体进行承包。在联合体能力得到增强的同时，也面临着由此带来的一些风险。本文结合实际案例对联合体模式下 EPC 项目所面临的风险进行深入分析，并提出风险应对建议，以期为联合体 EPC 项目的执行提供借鉴。

**关键词**　EPC 项目；联合体；风险管理

## 前言

在工程项目大型化、复杂化、投资额越来越高的趋势下，联合体模式可以通过多方合作以少量资源谋求更大利益，特别在承接大型 EPC 工程项目时承包单位往往愿意采用这一合作方式。但联合体所面临的风险也是复杂多样的。本文结合国内一些学者的研究成果，结合实际案例对联合体模式下的 EPC 项目所面临的各类风险进行识别和分析。

## 1　联合体定义和分类

根据我国《招投标法》第三十一条和《建筑法》第二十七条的规定，联合体是指由两个或两个以上法人组成的以一个投标人的身份进行共同投标（即联合投标）并在中标后共同对项目履约负责的非法人型临时性组织。在联合体组建过程中，各方通过签订联合体协议（又称共同投标协议）来明确各方拟承担的工作和责任。如果联合体中标，则联合体各方依据联合体协议和项目合同共同完成中标项目，项目验收合格并成功移交后联合体解散；如果联合体未中标，则联合体直接解散。

联合体在组建过程中打破了原有的组织边界，从传统的多个组织转变为融合组织。各联合体成员单位共同组建联合体项目部，来自不同联合体成员企业的人员交叉配置于联合体项目部的各个部门中，以联合体协议和联合体项目部规章制度为依据，对整个 EPC 工程履行管理职责。本文所引用案例的组织结构如图 1 所示。

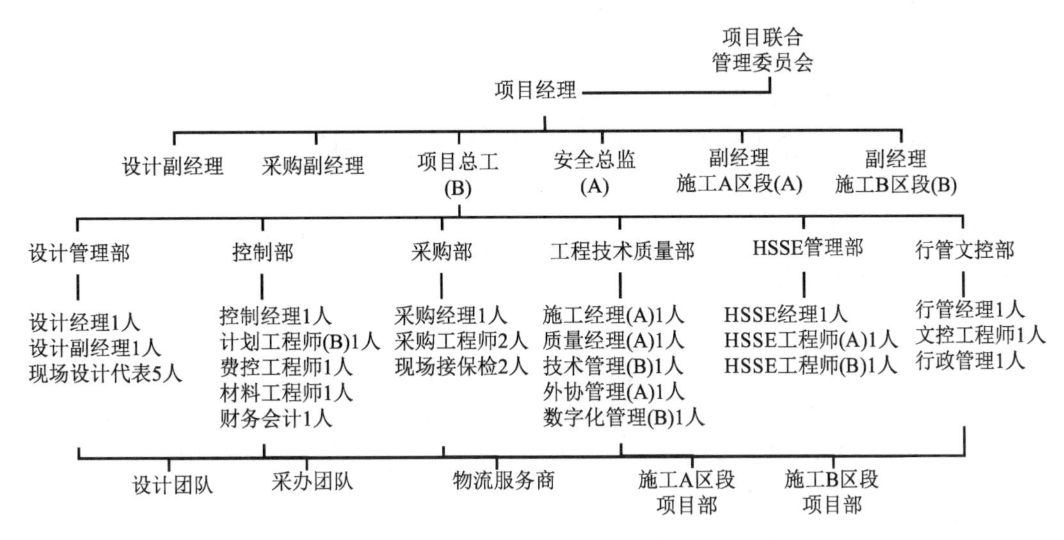


**图 1　青宁输气管道项目 EPC 一标段项目组织结构图**

## 2　联合体模式下的风险因素分析

### 2.1　案例简介

青宁输气管道工程总承包项目由中石化石油工程设计有限公司(以下简称“SPE 公司”)与国内某两家大型施工企业(以下简称“A 公司”和“B 公司”)共同组建 EPC 承包商联合体负责实施其第一标段的建设,该标段总合同额约 15.68 亿元,属于大型油气管道项目。SPE 公司具有石油天然气行业甲级资质、压力管道设计 GA1 级资质,A、B 公司均具有压力管道安装 GA1 甲级资质以及相应的施工总承包资质。按照双方签订的联合体合作协议,SPE 公司为联合体的牵头方,负责 EPC 项目实施的统筹计划及整体管理,详细工程设计、设备采购、部分特殊材料采购,参与现场安全、施工及质量管理;A、B 公司负责组织实施现场施工、征地协调等工作,参与项目整体统筹管理。

根据联合体合作协议的约定,SPE、A、B 公司这种联合体合作形式具有以下特点:

(1) 双方有明确的内部分工和合同界面的划分,约定了详细的利益分配制度和分配比例,对于承担的连带责任制定了详细约定并建立了内部追偿机制。

(2) 各成员组建各自管理团队的同时,共同组成联合体管理团队,并且按照联合体协议约定指派相应的专业工程师担任联合体管理团队成员。另外由三家单位的公司领导出面成立项目联合管理委员会,协调解决联合体项目部有争议的问题。

(3) 指定 SPE 单位为联合体牵头方,负责联合体项目部的管理以及与业主事项的沟通联络,由联合体成员单位承担联合体项目部的日常运行费用。

(4) 双方按照协议约定各自履行责任,为其他成员提供协作帮助的同时,相互约束,相互负责。

## 2.2 风险因素分析

联合体模式能够发挥出联合体的整体优势,实现资源的高度共享和信息的有效传递,节约资源,创造更多的经济效益和社会效益,在规模大、工作内容复杂、工序交叉且相互影响的项目中尤为适用。但联合体的成员来自联合体参与各方,其行为仍保留原组织的特点,并在组织内部决策过程中代表原组织的利益参与博弈,这也使得联合体在管理上存在诸多难点和面临较独特的风险因素。

### 2.2.1 组织风险

按照联合体合作协议,SPE、A、B 公司共同组建联合体项目部进行项目实施,各方虽然按照工作分工配备了相应的专业人员,但从组织体系上来说仍然是相对独立的运行状态。SPE 公司指定的项目经理作为项目的第一责任人,对于 A、B 公司指定的 EPC 联合体项目部副经理,在项目执行过程中无法充分行使权力,特别是在有公司利益冲突时,很难对来自 A、B 公司的人员进行有效管理及约束。各方企业的管理文化差异,以及对总承包模式的认知差异也是造成这种问题的主要原因。但联合体成员往往更多地关心自身利益,无法实现相互制约,并且也不会主动对项目负责,致使联合体组织结构流于形式,蕴藏风险。

### 2.2.2 内部管理风险

联合体各方共同与业主签订工程总承包合同,并对业主承担连带责任,由原来的"甲—乙—丙"三方递进关系转变为"甲—乙"两方关系。设计单位与施工单位从分包关系转变为同等关系。SPE 公司作为指定的联合体牵头方,虽然对 A、B 公司建安费进度款的支付过程有审核权限,但对资金支付过程没有实质控制权,造成 SPE 公司对于工程施工过程缺乏有效的控制手段,导致当设计与施工理念冲突时,设计的"龙头"作用无法凸显,甚至被动向施工妥协的情况。

### 2.2.3 工期风险

按照常规项目周期,这类大型天然气管道项目的建设周期一般在 24~36 个月左右,但业主方在合同中要求 18 个月建成交付,实际开工后更是提出了 14 个月交工的挑战目标。从而造成项目实施过程中设计、采购、施工的深度交叉。边设计、边报批、边优化、边施工,在施工图还不完全的情况下,工程总承包联合体承担着很大的工期和费用风险。作为传统的施工企业,A、B 公司在施工组织、计划编制等方面对设计、采购工作的基本周期和时间要求考虑不充分。工期目标、材料计划的严肃性不足,施工随意性大。现场延绵 200 多公里,设计分段出图,管材分批到货,很多时候是有图纸和管材的地方不施工,反而着急施工没有图纸和管材的地方。一旦进度计划有所拖延则将责任推脱给设计图纸或者管材提供不及时等原因。倘若最终工期目标无法实现,作为牵头方和承担前期设计、采购工作的 SPE 公司将承担大部分的工期延误责任,相对地,A、B 公司的责任则显得较少。

### 2.2.4 资金风险

整个标段总投资 15.38 亿元,设计费、设备材料费、建安工程费、外协费等各单位根据工作分工按概算切块包干使用,并由业主方按进度款申请批复金额直接支付至 SPE、A 公司和 B 公司的账号中。在资金计划不充足的情况下,三家单位在争取资金方面就成了竞争关系。

#### 2.2.5 财务风险

根据联合体协议，联合体成员独自承担各自的财务成本和人工成本。联合体项目部的管理费由各成员单位根据合同额按比例上交后包干使用。如果出现任何一方工期拖延，或者联合体运行费用控制不严格，就会出现费用超支或者亏损的风险。

#### 2.2.6 上级公司干预风险

由于SPE、A、B公司属于同一个集团公司下属的子公司，联合体内部无法解决的问题，往往通过双方上级公司的高层领导沟通协商解决。这在一定程度上有助于推进项目执行，但也正是因为上级公司的过多干预而极大削弱了联合体项目部的决策权，不利于项目层面的运作。

## 3 联合体模式下的风险控制对策

尽管联合体各方通过联合体协议对工作和责任进行了约定，但由于上述诸多因素，仍然存在着很多风险因素。本文对联合体模式下的风险控制及应对措施提出如下建议。

### 3.1 细化完善联合体协议条款

联合体协议是联合体开展工作的基础，也是规范约束联合体成员个体行为的基本依据。联合体协议中应明确各方的工作范围及分工界面，各自承担的责任和义务，指定联合体牵头方以及项目第一责任人，确定主导从属关系，同时明确各项具体工作的主责方；明确联合体项目部组织结构及岗位设置，确定各个岗位的人员来源以及能力水平要求；明确各项费用的分摊比例及方式，工程款项支付方式，以及财税费用的分摊及缴纳原则；明确可能存在的各类风险以及化解应对手段，解决联合体内部纠纷的处理程序。联合体协议及EPC合同签订后，由联合体牵头方组织其成员进行联合体协议以及EPC合同的集中交底，按照EPC合同确认联合体各方的工作内容及范围、工作界面，分解工作目标，细化工作任务，落实主责方。由联合体牵头方牵头组建联合体项目部，并正式任命项目经理及主要岗位人员，各方派驻满足要求的专业管理人员进入项目部，接受项目经理的统一领导，同时编制项目工作程序文件，确定项目工作流程以及联合体内部审批流转程序。

### 3.2 优化联合体组织结构

为了强化联合体成员间的沟通联络，成立由各方高层领导共同组成的联合体领导小组，旨在协调联合体成员间的协作关系，解决矛盾冲突，为项目排忧解难，但不应干涉项目内部决策。联合体项目部是整个联合体组织结构中的核心管理层，工作上对联合体领导小组负责，同时是联合体各成员共同的项目代言人和与外部相关方沟通协调的唯一工作接口。联合体成员按照工作分工在联合体项目部的范围及权责约束下组建各自的作业层组织结构，接受联合体项目部的统一协调和管理。联合体各方均应派出一名全权代表进入联合体项目部。这名全权代表除承担联合体项目部正常分配的项目工作外，还担负着协调自己所在公司与联合体项目部之间人员、资源关系的任务，同时与项目经理一同对己方人员进行绩效考核，并将考核结果反馈回所在公司职能部门，从而体现出项目部对于各方人员的控制力及约束力。

### 3.3 建立联合体成员考核机制

联合体成员对于联合体项目部的支持力度、协作程度对项目执行起到至关重要的作用。为加强各方之间的有效协作及制约，建议引入对联合体成员的考核机制，从企业资源投入情况、企业专有资源共享程度、企业对项目事务的干预程度、企业对联合体的忠诚度等方面进行考核，从目标利润中扣除联合体各方按照协议比例独享的利润部分外单独分出部分利润按照考核结果进行重新分配，以此提高联合体成员的积极性，更好地为联合体项目服务。对于项目风险，联合体成员需要按照工作分工自担相应的风险，还需要共担部分风险，比如工期风险、资金风险以及业主方面引起的风险、国家政策变化引起的风险等，以免联合体成员之间相互推责、相互扯皮，从而降低了联合体的执行效率。

### 3.4 提高牵头单位对设计和施工的整合能力

设计能力是工程总承包单位区别于施工总承包单位的显著特征。工程总承包的出发点是整合设计和施工，通过设计优化提高项目适用性、降低施工难度、节约项目投资。所以工程总承包项目应该在项目设计阶段对设计方案进行充分可施工性分析，提高工程经济性，降低项目实施风险。

## 4 结语

该项目在实际运行中取得了较好效果，进度超前、质量达标、风险可控，三家联合体成员单位发挥出了 1+1+1>3 的功效。本文结合项目实况，对联合体模式所面临的各类风险进行了简略的分析、总结和建议，希望能对于其他联合体项目的执行起到一定的借鉴作用。

**参考文献**

[1] 张世阳，刘博，周超.设计-施工联合体组织模式存在问题及对策分析[J].住宅与房地产，2018(36)：15.
[2] 洪英杰，李升.以联合体模式进行 EPC 投标的优劣分析[J].建筑设计管理，2019，36(9)：38-40.
[3] 李习清，辛浩田.契约型联合体模式下的 EPC 项目风险管理探讨[J].建筑经济，2015，36(11)：37-40.
[4] 王运宏，唐文哲，雷振，等.紧密型工程总承包联合体管理案例研究[J].建筑经济，2019，40(10)：82-86.
[5] 住房和城乡建设部.住房和城乡建设部关于进一步推进工程总承包发展的若干意见[EB/OL].(2016-05-20)[2020-4-15].http://www.mohurd.gov.cn/wjfb/2016061t20160601-227671.html.
[6] 罗甲生，李博，王孟钧.设计施工联合体模式的理论探讨与实证分析[J].建筑经济，2005(4)：64-67.

# 青宁输气管道EPC一标段联合体模式创新实践

郭新辉　程　君

（中石化石油工程设计有限公司）

**摘　要**　为解决国内长输管道建设中EPC总分包模式施工管理脱节的问题，业主在青宁输气管道工程首推EPC联合体模式，由设计单位牵头施工单位组成EPC联合体，共同与业主签署EPC合同，业主管理可深入工程建设各个环节及施工现场各个工序。EPC一标段联合体突出EPC项目部整体管理功能和强调联合体各单位主体责任，创新细化联合体内部组织机构、管理体系、工作分工、责任义务、费用划分、变更索赔等管理规定，摸索优化以进度计划为管理主线、以现场施工为服务主体和以"大党建"为项目文化等管理特色。EPC一标段2019年运行绩效显示，该模式既体现了EPC固有优势，又减少了EPC总分包模式下总、分包方之间的冲突，在业主的综合统筹管理下，达到强强联合、优势互补、互相支持配合初衷，提前完成全年建设目标任务。EPC联合体模式值得继续推广应用和不断完善。

**关键词**　青宁输气管道；EPC；联合体模式；整体管理；主体责任；管理规定；管理特色

## 前言

青宁输气管道工程是国家第一批天然气基础设施互联互通重点项目，该工程EPC一标段线路全长207.32 km，管径1 016 mm，材质L485M，设计压力10 MPa。沿线布置5座站场和8个阀室。定向钻穿越31处，顶管穿越150处，铁路穿越12处。管道纵跨山东省青岛、日照、临沂和江苏省连云港共2省4市7县(区)。

近年来，在中石化长输管道建设中一般采用设计单位总包+施工单位分包的EPC总分包模式。但在市场竞争机制不充分、EPC管理经验不成熟的系统内大环境下，硬性套用EPC总分包模式，容易出现施工分包管理脱节的被动局面，主要表现为：EPC内部设计总包方与施工分包方难以有效融合；长输管道工程施工变更申请多，涉及费用大，确认周期长，易造成工程延期和结算困难；因为总分包合同界面的存在，业主对施工的管理要求难以快速落实到位。

为破局EPC总分包模式的弊端，激发施工单位主动性，用活EPC模式优势，业主在青宁输气管道工程首次创新采用EPC联合体模式，由设计单位牵头施工单位组成EPC联合体，共同与业主签署EPC合同，业主管理可深入工程建设各个环节及施工现场各个工序，EPC联合体内部突出EPC项目部整体管理功能和强调联合体各单位主体责任。

## 1　组织机构

EPC联合体各方为共同的乙方，大家均为平等的承包商，不存在EPC总分包模式中管理和被管理的合同关系，因此设计单位作为牵头人对联合体成员管控力较弱，作为各方共同派人组成的 EPC 项目部同样管控力偏弱，为松散型项目部。因此，项目部的人员选派、部门设置和管理定位对于项目的顺利执行至关重要。EPC 一标段 3 家联合体单位（1 家设计单位＋2 家施工单位）共同派人组成联合体项目部（图 1），负责项目整体管理，即建立管理体系、统筹目标管理、对内协调督促和对外与业主沟通，对整个项目实施负总责。

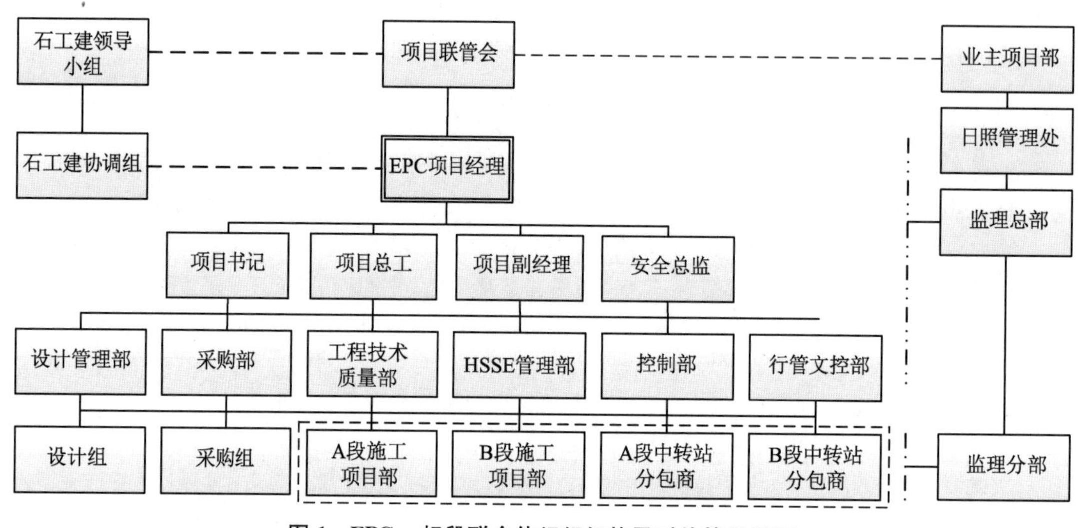


**图 1 EPC 一标段联合体组织机构及对外管理界面**

EPC 项目部实行三级管理，分别为决策层、管理层及执行层。决策层对全项目进行领导和管理，是项目实施的综合协调管理核心，负责项目重大事项决策和协调。决策层即项目领导班子设项目经理 1 人，书记 1 人，分管设计、采购、施工副经理各 1 人，项目总工、安全总监各 1 人，另有兼职施工副经理 2 人担任各自施工项目部项目经理，总计 9 人。决策层中 EPC 项目经理的选派尤为重要，需要具有丰富的总承包项目管理经验、大局意识、团结合作意识和统筹沟通协调能力，能够站在公平、公正的角度协调处理项目实施过程中出现的问题。

管理层根据专业分设六个部门，分别为设计管理部、采购部、工程技术质量部、HSSE 管理部、控制部、行管文控部。按照分工接受决策层领导，负责各部门业务，上对决策层负责，下对联合体成员项目部（组）实施指导、检查、监督。设计部、采购部、控制部、行管文控部管理人员主要由设计单位派出，侧重于现场施工管理的工程技术质量部、HSSE 管理部由施工单位派出。

执行层除牵头人负责的勘察设计、采购外，主要是联合体中两家施工单位各自组成的现场施工项目部，该项目部组织机构健全、人员配置齐全，负责各自施工区段的外协、进度、质量、安全、费用等各项工作。

EPC 项目部管理人员共 33 人，其中设计单位 22 人（不含公司总部的设计及集中采购人员），两家施工单位 11 人。施工单位派至 EPC 项目部人员除项目副经理兼职外，其余均为专职，按照各自岗位职责代表 EPC 项目部进行项目实施过程中的各项管理工作。通过磨合，各方派出的管理人员均能够尽职履责，沟通交流顺畅，实现了优势互补、强强联合、紧密融合、协同工作，互相学习，互相包容，达到了联合的效果。

EPC 联合体成立项目联管会，由联合体各单位公司领导和各家项目经理组成。EPC 项目经理按需向联管会汇报工作，并组织落实联管会决策。

## 2 管理体系

得益于业主在青宁输气管道工程引入 EPC 联合体模式，在实施过程形成“以业主为中心，EPC 联合体为主力，监理、检测、第三方服务为支撑”的项目管理格局，践行全过程、全方位的项目管理内容，贯彻重点突出、阶段推进的“1234”工作思路，充分发挥业主独有的地位和资源优势统筹项目主要目标、指引关键活动和直接协调解决突出问题，为 EPC 联合体模式的顺利推行创造了良好的整体环境，有力弥补了 EPC 联合体模式松散型组织的不足，EPC 一标段联合体得以突出 EPC 项目部整体管理功能和调动联合体各单位主体责任，并创新细化、优化完善管理体系和具体做法。

由于 EPC 项目部由各方共同派人组建，各单位管理理念、管理制度和管理体系各不相同，为加强 EPC 项目部的统筹管理及沟通协调，明确岗位职责、工作流程、管理规定等，项目部基于牵头设计单位的项目管理体系，统一项目整体管理规范；主体责任方项目部(组)基于各自成熟的项目执行体系，专业化项目具体实施文件(图 2)。

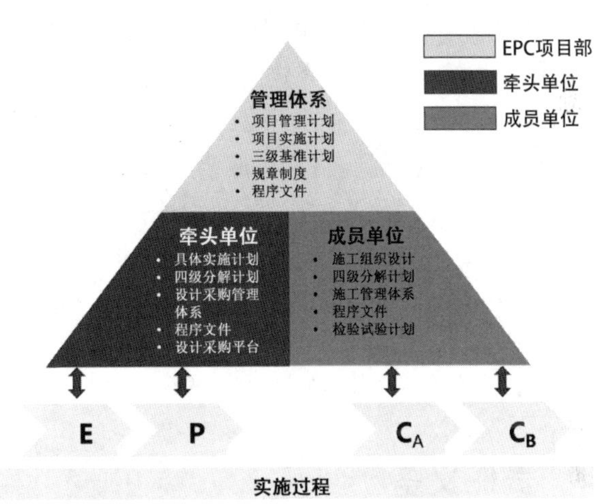


图 2　EPC 一标段联合体管理体系构成

其中，依托设计单位《项目管理规定》和具体管理办法，编制了：①《项目管理计划》和《项目实施计划》2 个 EPC 管理纲领性文件[1]；②32 个部门和岗位职责；③35 个管理制度和程序文件，内容覆盖项目管理各阶段和各要素。

## 3 工作分工

EPC 一标段联合体内部工作分工遵循主体责任清晰和整体管理集中的原则，设计单位作为牵头人，主体负责项目设计及采购，并牵头组成 EPC 项目部；两家施工单位作为联合体成员，主体负责项目的施工及外协，并配合组成 EPC 项目部；三方派人组成的 EPC 项目部主体负责整体管理。

### 3.1 联合体牵头人工作范围

(1) 属于牵头人所负责的管理工作。

(2) 负责项目的详细设计(含竣工图出版)。

(3) 牵头人采购物资在配送中转站、阀门试压站发货给联合体成员前的采购、催交催运、检验、物流、接收、仓储和发货装车(牵头人采购物资直达现场的至卸货前)、结算支付、余料回收、协调厂商现场服务。

(4) 提供征地所需的设计图纸等技术文件,以及为施工技术、外协征地和试运投产等提供设计技术服务。

## 3.2 联合体成员工作范围

分别负责线路各区段的工程施工、外协,将物资从中转站、阀门试压站拉运至现场或施工点的运输以及直达现场的牵头人采购物资(包括业主先期采购物资)的卸车、接收检验、仓储与发放,联合体成员采购物资的采购、催交催运、检验、物流、接收、仓储、结算支付,以及试运和投产保驾等。具体为:

(1) 工程施工:按承包合同中约定的线路、站场阀室及附属工程的施工、试压、清管干燥、电仪和设备校核调试、线路水工保护、地貌恢复、数字化管道录入和交付等全部施工内容,以及为施工所需而修建的临时道路和设施。

(2) 外协:工程永久征地、临时用地和林地等报批手续办理(除业主负责办理外),与各级地方政府主管部门召开协调会、协商征地的补偿费用标准、临时用地补偿、林地使用补偿、"三穿"手续办理及通过权补偿、管道标记补偿,施工用地的划界、清点和赔付,负责地貌恢复和土地复垦。

(3) 其他工作内容:仪表计量检测或标定、物资现场的开箱验收、物资保管保养、单体调试、投产保驾、工程交工、专项验收、工程保修、现场安保、余料回收至中转站和竣工资料编制归档等。

# 4 责任义务

EPC 一标段联合体三家单位共同与业主签署 EPC 合同,在各自工作范围内对业主负责,同时又根据合同约定承担一定的连带责任。三方以联合体的信誉和利益为重,根据 EPC 总承包合同和联合体项目操作协议的要求,完成各自工作范围内的一切工作,并在各自工作范围内承担安全、进度、质量、廉洁、稳定等全部责任。联合体各方为自己的行为和失误以及所造成的后果对另两方或第三方单独完全负责,由于一方的玩忽职守或故意行为使另一方(或两方)遭受损失或发生了费用,由责任方承担。

## 4.1 联合体牵头人责任义务

(1) 负责委派 EPC 项目经理以及操作协议所指定的项目管理人员。

(2) 负责己方工作范围内容的组织实施。

(3) EPC 项目部定期组织召开项目运行协调会,对各联合体成员现场的进度、外协、质量、HSSE 等工作进行统计汇总,出现问题及时上报业主或联管会协调解决。

(4) 根据各联合体成员的施工进度,对联合体成员申请的进度款进行审核。

(5) 配合业主对联合体成员最终的结算金额进行审核。

## 4.2 联合体成员责任义务

(1) 负责己方工作范围内容的组织实施。

(2) 按操作协议要求,派出本方应派的合格的管理人员,并承担相应费用。

(3) 接受牵头人的管理,并提供相应的资料。

# 5 费用划分

## 5.1 管理费用

EPC 联合体各方各自承担其派出到 EPC 项目部的管理人员的工资、奖金、补助费用,其余 EPC 项目部管理费用如现场办公、食宿、交通等由 EPC 项目部负责。

各联合体成员根据 EPC 合同中建筑安装工程费计取约定比例,作为 EPC 项目部运行费。

## 5.2 工程价款

(1) 联合体各方各自设立专项账号以收取业主付款,并保证专款专用。

(2) 各联合体成员作为 EPC 项目运行费的计提部分,计入牵头人合同额,由业主在各联合体成员每笔付款中进行财务处理,直接向牵头人付款。

(3) HSSE 费用按照相关规定计提,由联合体成员各自管理,相应 HSSE 责任和义务由各方各自承担。

## 5.3 保险税务

(1) 联合体各方应根据 EPC 合同中的保险要求,单独给自己的机械设备和人员等办理保险。

(2) 联合体各方应按国家的税法及税收规定各自为其所得部分交纳为项目执行发生的一切税款。

(3) 联合体成员采购物资的结算按照 EPC 合同相关付款约定执行。

# 6 变更索赔

鉴于在长输管道工程 EPC 总分包模式中,施工变更确认成为总分包关系紧张和工程延期的一项主要原因,在青宁输气管道 EPC 联合体模式中,通过提前约定和建立程序,较好地规避了内部冲突和规范了变更程序。

(1) 联合体各方按照操作协议规定,承担各自工作范围内 EPC 合同的相关风险,执行 EPC 合同的变更条件,原则上各方之间不得互相索赔。

(2) 在办理工程变更、签证与索赔过程中,需 EPC 项目部签字的资料不作为各方实际向 EPC 项目部或项目牵头人的变更、签证与索赔依据。

(3) 按照合同及签证“先签再干”原则,如遇特殊情况,各方应保留充分证据。

(4) 针对性编制《施工单位发起变更办理流程》(图 3)和模板文件。

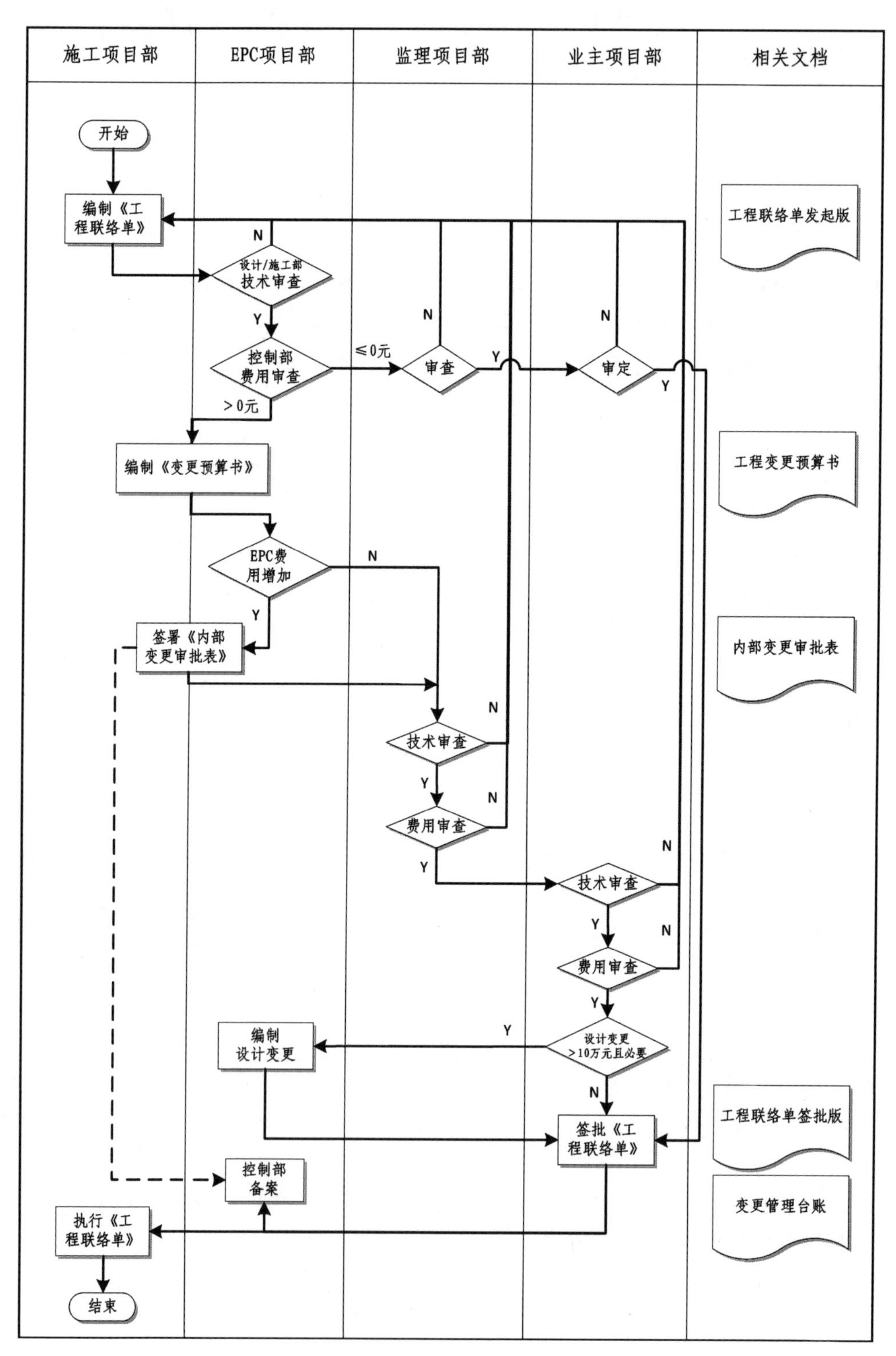


图 3　施工单位发起变更办理流程

# 7 管理特色

## 7.1 以进度计划为管理主线

工期要求紧,是青宁输气管道工程的一大特点,为此,EPC 项目部在项目管理中坚持以进度计划为管理主线。

根据业主《总体统筹控制计划》,结合设计、采购进度和施工需求,编制:

(1) EPC 一标段总体进度计划:精选 36 个里程碑和活动,突显了 8 项关键工作。

(2) 三级进度计划:作为进度基准,明确了各施工段关键路径和外协征地潜在风险。

(3) 进度计量系统:为计划、进度量化管理创造了条件。

按照业主要求的年、季、月、周、日计划体系和内容模版,及时填报、定期更新,强化过程跟踪,严格执行"月计划、周控制、日落实",细化时间表、任务图、尾项清单,倒排工期、挂图作战,快速有序推进工程建设。

以 EPC 项目部为主,不定期组织联合体三方现场联席会,定期准备和参加由业主组织的日碰头会、周监理会和月工程会,检查计划完成情况,调整下一步工作计划,制定赶工措施,落实人材机资源和技术方案,保障整体计划的实现。

## 7.2 以现场施工为服务主体

为充分体现 EPC 模式设计、采购和施工深度融合的优势和价值,EPC 项目部将现场施工确定为整体管理和设计、采购的服务主体。

(1) 发挥 EPC 联合体优势,将施工工作前置:在投标报价阶段,施工单位参与全程工作,审查设计技术方案合理性,提前完成施工组织设计等工作,一旦中标即可开始工作;不需要按照施工分包程序,上报分包方案审批、组织招投标、签订分包合同等工作,减少管理环节、节约管理成本、缩短项目工期。

(2) 设计过程中施工单位可参与方案技术讨论,提前进行设计优化,有利于节省、控制投资。

(3) 设计单位派驻现场设计代表会积极主动加大施工阶段的设计配合和技术指导,发现问题随时协调解决,并在节点验收、危险性较大分部分项工程施工、隐蔽工程验收、竣工验收等重要环节,驻场指导和配合施工单位的工作,保障工程质量安全。

(4) 发挥设计单位牵头人综合统筹作用和设计龙头优势,重点协调和及时提供施工所需设计图纸和设备材料,将设计、采购及施工紧密衔接、高度融合,根据现场实际情况,尤其是征租地、外协手续办理、施工资源调度,分批出图、分批采购,合理交叉,同步实施,大大缩短工期。

## 7.3 以"大党建"为项目文化

中国特色项目管理的生命力,就在于把党的建设融入工程管理的各个环节,为工程建设注入持续强大的创新动力、创新活力及创新实力[2]。

通过创新管理模式,充分发挥党建工作对工程建设的引领推动作用。始终坚持党的建设与工程建设同频共振，构建“大党建”项目文化，成立甲乙方联合党工委，建立工作机制，凝聚形成攻坚克难的强大合力。同时，积极参加业主组织的劳动竞赛，为高效推进工程建设提供强大精神动力。

EPC 项目部成员由联合体各单位根据分工派出，共同负责项目运行，由于各企业的文化、管理方式不同，个人综合能力和素质也不同，大家为共同目标走到一起，在项目部党建文化熏陶下，很快相互适应理解，形成新的合力，有效解决 EPC 总分包模式下设计单位缺乏施工管理人才和施工单位缺少整体管理及设计技术人才的问题。

# 8 实施效果

青宁输气管道工程 EPC 一标段联合体项目自 2019 年 4 月份签订合同，得益于 EPC 联合体模式的创新实施，既体现 EPC 模式固有管理优势，又减少 EPC 总分包模式总、分包方之间在一些利益和管理职责界面等方面的冲突，在业主的综合统筹管理下，联合体各方在各自工作和职责范围积极主动作为，为一个共同目标形成合力努力前行，达到了强强联合、优势互补、互相支持配合的初衷。

截至 2019 年 12 月 31 日，施工图设计全部完成，采购完成 70%，线路焊接 188 km，站场、阀室场平全面启动，现场施工安全零事故，管道焊接一次合格率达 99%以上，其中一级口占比达 85%以上，各项工作平稳有序高效运行；提前 36 天实现天然气分公司“大干三个月，全面完成年度生产经营任务”劳动竞赛目标，提前 3 个月完成中石化集团公司部署的 2019 年工程建设任务，创下了“青宁速度”。

# 9 下一步建议

工程项目采用 EPC 模式的优点毋庸置疑，已实施多年，也是国家大力倡导的一种管理模式。集团公司内的很多项目采用 EPC 总分包模式，较少采用 EPC 联合体模式，长输管道建设项目上采用 EPC 联合体模式，本项目尚属首次，运行管理缺乏成熟的实操经验。在青宁管道项目上一段时间的实践虽然取得较好效果，但也是业主、联合体各方、监理等各方共同努力、紧密协作的结果，是参建各方目标一致、理念一致、步调一致、相向而行的结果，是实施过程中各种向好因素的综合体现，同时也暴露出松散型组织有时“两张皮”、概算不包括 EPC 管理费、EPC 项目部成员待遇不平衡等问题或隐患，值得和需要继续在推广应用中创新尝试、逐渐完善，为后续项目提供可借鉴的经验教训，不断提高工程建设项目管理水平。

## 参考文献

[1] 中华人民共和国住房和城乡建设部.建设项目工程总承包管理规范(GB/T 50358—2017)[S].北京：中国建筑工业出版社，2017.

[2] 姜昌亮.中俄东线天然气管道工程管理与技术创新[J].油气储运，2020，39(2)：121-129.

# 青宁输气管道工程 EPC 联合体模式下质量管理

刘成喜　高锦跃　王利畏　刘晓伟
（中石化中原石油工程设计有限公司）

**摘　要**　EPC 联合体总承包项目管理模式已经成为大型工程项目承包的重要方式之一，在具体的实施过程中如何更好地开展质量管理，是确保项目质量目标实现的关键。本文从青宁输气管道工程实践，介绍了 EPC 联合体总承包项目质量管理中的主要难点、采取的主要做法及取得的效果，为后续项目提供借鉴和参考。

**关键词**　EPC；联合体；项目；质量管理；实践

## 前言

EPC 联合体总承包项目的质量管理主要是建立项目质量管理体系，落实项目各部门及参与人员的质量职责，通过对项目设计、采购、施工实施过程中各个环节的有效质量管控，实现合同约定的质量目标。现阶段，EPC 联合体总承包项目质量管理中力争避免在联合体间、部门间质量管理职责不清，岗位分工不明确，质量管理体系文件缺失、不全或脱离实际，设计、采购、施工质量管控不到位等现象，造成质量管理杂乱无章，质量目标无法实现。本文依托青宁输气管道工程 EPC 联合体总承包项目质量管理实践，从项目质量管理中的主要难点入手，阐述了项目质量管理中主要做法及取得的效果。

## 1　项目背景

青宁输气管道起自山东青岛的山东 LNG 接收站，终于江苏仪征的川气东送南京支线南京输气站，与川气东送南京支线相连，线路全长约 531 km，设计压力为 10.0 MPa，管线规格为 $\phi$1 016 mm×17.5/21/26.2/30.4 mm，管道主材为螺旋缝和直缝埋弧焊钢管，管道材质为 L485M。沿线设站场 11 座，阀室 22 座。

工程全线采用 EPC 联合体总承包模式，划分两个 EPC 标段，我公司牵头与四家施工单位组成联合体承揽该工程 EPC 二标段的设计（E）、采购（P）、施工（C）任务，对工程建设质量全面负责。EPC 二标段地处江苏省沭阳至仪征地段，线路长度约 324 km，设站场 6 座，阀室 14 座。我公司主要负责标段内的设计及主体物资的采购工作，并对工作范围内的进度、质量、HSSE 等负责；四家施工单位主要负责各自标段内的施工及部分物资的采购工作，并对工作范围内的进度、质量、HSSE 等负责。

# 2 项目质量管理难点

青宁输气管道工程在项目质量管理方面主要存在以下难点：

## 2.1 目前的组织机构不统一造成的挑战

(1) 项目参建单位多，若项目质量管理组织机构设立不统一，个别单位存在机构配置不合理、质量管理职责及分工不明确等现象，不能保证质量目标的实现。

(2) 项目所需人力资源多，如何优质高效地配置人力资源，是保证项目质量的关键。

## 2.2 管线路由长、穿越多、水网多、危大工程多等造成的挑战

(1) 项目设计路由长、定向钻及顶管专项设计多、站场及阀室设计涉及专业多，尤其涉及高邮湖连续定向钻设计、仪征工业园区复杂地段设计等，如何保证设计方案可行、设计接口质量可控及可施工性等，是设计质量控制方面的主要难点。

(2) 项目物资采购量大，如何确保提报的采购需求计划准确、选择的供货商合格、制造的产品满足设计及规范要求、使用的物资质量合格等，是采购质量控制方面的主要难点。

(3) 项目线路地形条件复杂、水网多、穿越多、涉及的危大工程多，如何保证各工序施工质量满足设计及规范要求，是施工质量控制方面的主要难点。

## 2.3 一体化运作各环节衔接方面面临的挑战

项目由五家单位组成 EPC 联合体，如何搭建一体化质量管理平台，制定出统一的、切实可行的 EPC 项目质量管理体系文件并确保有效运行，是项目质量管理中面临的主要挑战。

## 2.4 分包商多造成的挑战

项目分包商多、作业面广、流动性大，如何确保分包商的施工质量，是分包商质量管理的主要难点。

# 3 项目质量管理的主要做法

项目质量目标为设计质量合格率达到 100%，采购质量合格率达到 100%，工程检测齐全准确率达到 100%，焊接一次合格率达到 96%以上，管道埋深一次合格率达到 100%，单位工程质量验收合格率达到 100%，竣工资料准确率达到 100%，投产试运一次成功，创中国石油化工集团公司优质工程，争创国家优质工程。

围绕项目质量目标及质量管理中的难点，项目在实施过程中主要采取了以下做法：

## 3.1 整体谋划，建立统一的项目质量管理组织机构

依据项目总体管理组织机构，建立了项目经理统筹协调，质量经理总体管控，设计经理、采办经理、施工项目经理分体管控及分体负责的质量管理组织机构（如图 1 所示）。根据组织机构的设置，建立了岗位质量职责分工表（如表 1 所示）及 RASCI 责任分配矩阵表（如

表 2 所示）。通过“1 图 2 表”的制定，明确了参与项目各方的人员质量管理职责，同时各岗位之间能够有效地协同工作，更好地发挥质量管理效率。

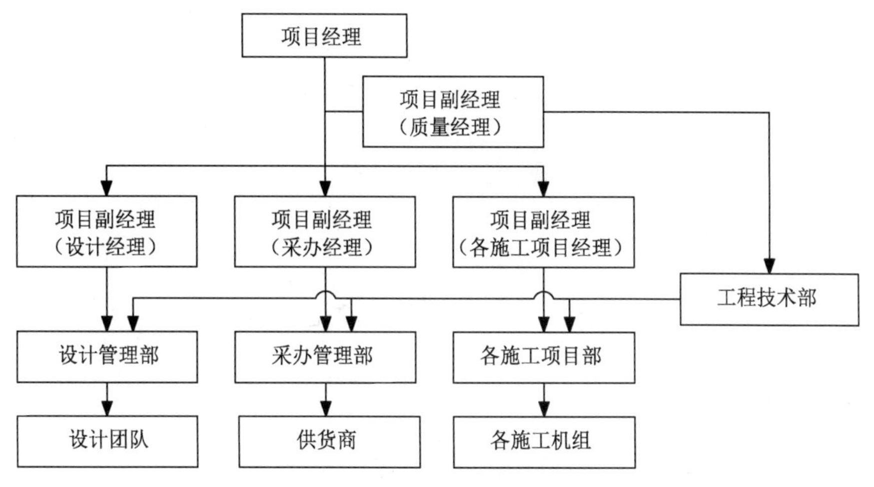


**图 1　项目质量管理组织机构**

**表 1　岗位职责分工表**

| 岗位 | 主要质量职责 |
| --- | --- |
| 项目经理 | 统筹协调项目管理工作的正常开展，确保设计、采购、施工质量目标的实现 |
| 质量经理 | 建立健全项目质量管理体系，协调和确保项目质量管理体系的有效运行。负责组织项目执行计划、项目质量计划、施工执行计划的编制，负责组织项目施工统一技术、质量标准的制定 |
| 设计经理 | 组织设计执行计划的编制，按照公司及项目质量管理体系的要求组织设计工作的开展，组织设计质量问题的处理 |
| 采办经理 | 组织采购执行计划的编制，按照公司及项目质量管理体系的要求组织采办工作的开展，组织采办质量问题的处理 |
| 施工项目经理 | 组织施工组织设计、方案等的编制，按照施工企业及项目质量管理体系的要求组织施工工作的开展，组织施工质量问题的处理 |
| 工程技术部 | 在质量经理的领导下，负责项目质量管理体系文件的制定、宣贯和监督实施，牵头完成项目实施计划、项目质量计划、施工执行计划的编制，负责项目施工统一技术、质量标准的制定，协调设计、采办、施工及其接口质量问题的处理 |
| 设计管理部 | 在设计经理的领导下，负责设计执行计划的编制，配合工程技术部完成项目实施计划、项目质量计划的编制，负责协调设计工作的正常开展，负责设计质量问题的处理 |
| 采办管理部 | 在采办经理的领导下，负责采购执行计划的编制，配合工程技术部完成项目实施计划、项目质量计划的编制，负责采办工作的实施，负责采办质量问题的处理 |
| 施工项目部 | 在施工项目经理的领导下，负责施工组织设计、方案等编制，配合工程技术部完成项目实施计划、项目质量计划、施工执行计划的编制，负责施工工作的实施，负责施工质量问题的处理，对施工质量负责 |
| 设计团队 | 严格按照国家、行业、中国石化相关标准规范的规定和公司质量管理体系文件的要求，开展施工图设计工作，做好质量自控，对设计质量负责 |
| 施工机组 | 在施工项目部的组织下，严格按照设计文件、标准规范及项目管理要求开展施工工作，做好质量自控，对施工质量负责 |
| 供货商 | 严格按照买方及相关标准规范的要求，提供合格的产品，对产品的质量负责 |

表 2 项目质量管理 RASCI 责任分配矩阵(部分)

| 序号 | 质量管理内容 | 责任单位 | | | | | | | | | | | | | | | |
|---|---|---|---|---|---|---|---|---|---|---|---|---|---|---|---|---|---|
| | | 联合体牵头人 | | | | | | | | | 联合体成员 | | | | 外部 | | |
| | | 公司 | 项目经理 | 质量经理 | 设计经理 | 采办经理 | 工程技术部 | 设计管理部 | 采办管理部 | 设计团队 | 公司 | 施工项目经理 | 施工项目部 | 施工机组 | 供货商 | 监理 | 业主 |
| 1 | 质量方针、目标 | | | | | | | | | | | | | | | | |
| 1.1 | 质量方针确定 | R | | | | | | | | | | | | | | | |
| 1.2 | 质量目标确定 | | | | | | | | | | | | | | | | R |
| 2 | 质量管理组织结构建立 | | | | | | | | | | | | | | | | |
| 2.1 | 质量管理组织结构图 | | A | R | S | S | | | | | | S | | | | I | I |
| 2.2 | 职责分工 | | A | R | S | S | | | | | | S | | | | I | I |
| 2.3 | 项目经理、质量经理、设计经理、采办经理配置 | R | | | | | | | | | | | | | | I | A |
| 2.4 | 施工项目经理配置 | I | I | | | | | | | | R | | | | | I | A |
| 2.5 | 工程技术部资源配置 | A | A | R | I | I | | | | | | I | I | | | I | I |
| | 以下略 | | | | | | | | | | | | | | | | |

注:R 负责,A 批准,S 协助,C 咨询,I 通知。

## 3.2 精挑细选,组建融合式质量管理团队

优质的团队,是创建精品工程的基础。项目前期,根据项目管理组织机构及工作内容,制订人力资源需求计划,明确所需岗位、数量、分工、资质及业绩要求等,由我公司及四家施工单位统筹考虑人员的配给。我公司从文 23 储气库 EPC 项目、国家危险化学品濮阳基地 EPC 项目、中天合创 EPC 项目上抽调了一批有资质、技术好、懂管理的人员组建了 EPC 项目管理团队,从各专业所抽调了一批有资质、经验足、业绩好的设计人员组建了设计团队;各施工单位从鄂安沧管道、天津 LNG 管道、日濮洛管道、新气管道等项目上选派了一批有资质、施工经验丰富的人员组建了施工团队。

## 3.3 精细策划,建立了各参建单位认同的项目质量管理体系文件

项目质量体系文件是项目质量管理和质量保证的重要基础,是为了进一步理顺关系,明确职责与权限,协调各部门之间的关系,使各项质量活动能够顺利、有效地实施。通过对项目所涉质量文件的识别和梳理,确定项目质量体系文件按 5 个层级设定,如图 2 所示。

项目质量计划是项目质量管理的总体策划,指导着项目质量体系的运行。在 EPC 联合体模式下,项目质量计划要依据公司的质量体系文件编制,同时要充分考虑集团公司“3557”管理体系文件及业主、各联合体单位的质量体系文件的要求,确保项目质量计划切实可行。

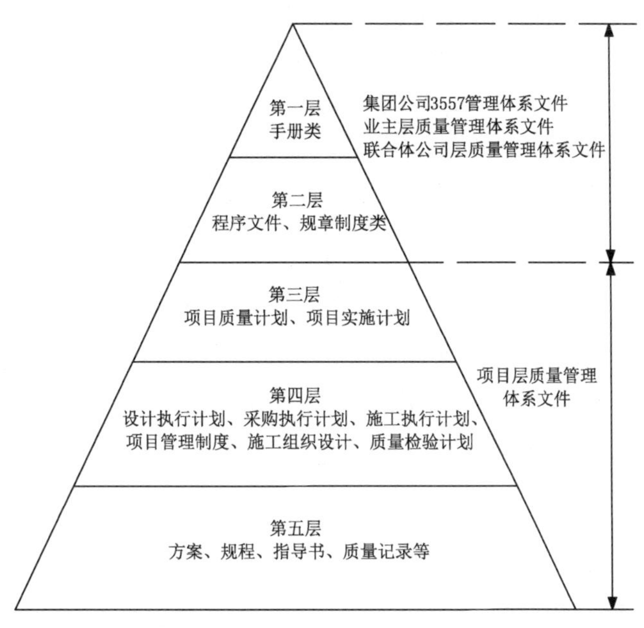


**图 2　质量管理体系文件层级图**

项目先后制订了项目质量计划、项目实施计划、设计执行计划、采购执行计划、施工执行计划、施工组织设计、质量检验计划、专项施工方案、焊接工艺规程、焊接作业指导书、补口工艺规程、补口作业指导书、焊缝编码规则、交工文件编码规程等各类文件。

## 3.4　精心设计,从源头控制工程质量

设计是工程的灵魂,是质量的龙头,只有具备优秀的设计,才能创建优质的工程。在设计质量管控上,项目主要采取了以下做法:

一是严格按照国家及行业标准开展设计;严格按照公司质量体系文件的要求对设计输入、设计验证、设计会签、设计评审、设计输出质量控制点进行控制,确保设计输入、设计输出数据的正确性和可靠性。

二是针对站场、阀室开展集成化设计,采用 Smart Plant 集成设计软件,实现工艺、自控、电气、结构等专业集成,实时同步各专业设计内容,项目设计数据源为 PID,在三维软件中进行二维 PID 与三维模型校验,确保二、三维数据一致;开展全专业建模,涵盖总图、工艺、自控、电气、结构、设备、给排水、建构筑物、消防等专业,实现三维模型全专业覆盖,多次进行全专业模型碰撞检查,实现100%无碰撞,减少施工中设计变更,从而缩短施工工期(集成建模效果图见图 3)。

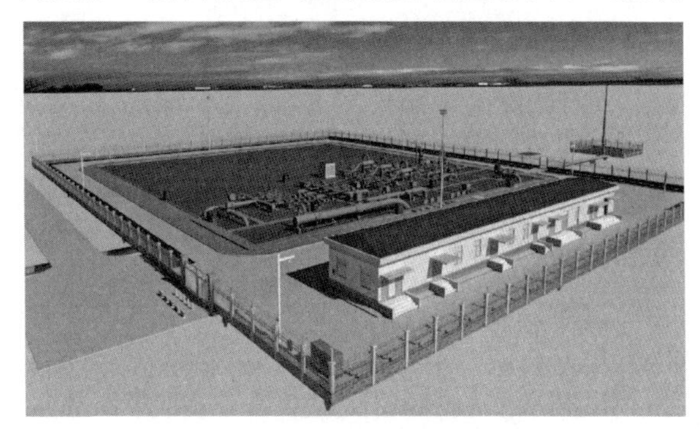

**图 3　某站场集成建模效果图**

三是建立各层级设计评审、审查制度,一般设计文件严格执行自校、校对、审核、审定流程,对于重要设计文件,如总图布置、工艺流程、重要设备选型、复

杂地段设计等执行所审、公司级评审流程；高邮湖连续穿越长度为 8.3 km，受施工窗口期影响，高邮湖穿越为项目控制性工程，设计人员多次现场勘察，优化设计方案，主办专业所及公司也多次组织设计方案评审会，选择最优的设计方案，业主也组织了行业专家对设计方案及施工方案进行了审查，最终确定7次定向钻穿越设计方案，单条最长的穿越长度为2 007 m。

四是严格执行图纸会审及设计交底制度，结合EPC项目设计与施工深度交叉的特点，项目中图纸会审及设计交底工作，采用了分批次、分阶段开展，即完成一批图纸、交接一批、会审一批、交底一批。

五是建立设计变更管理制度，针对每处设计变更，均由设计代表到现场进行问题核实，保证了变更的严肃性及确保变更文件的可执行性。设计总体质量控制流程框图如图4所示。

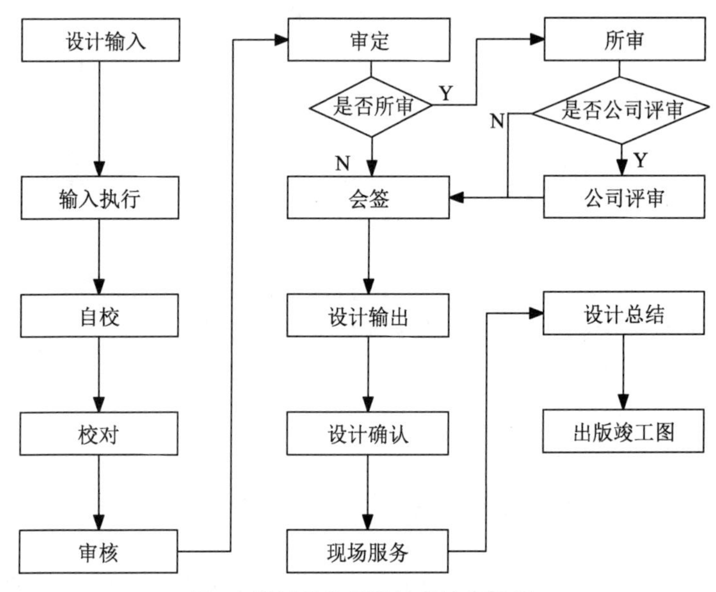


图4 设计总体质量控制流程框图

## 3.5 严格管控，确保物资采购及仓储物流质量

物资是构成工程实体的主要部分，物资质量的好坏，影响着后续的运行安全。在物资质量管控上，项目主要采取了以下做法：

一是严抓采购计划的编制，为确保物资规格、型号、性能参数及数量等满足设计要求，项目上所有物资的采购技术文件(技术规格书、数据表等)和请购文件均由设计人员完成。

二是选择合格供货商，从源头上确保所供物资质量。本项目对于集团公司或业主已签订框架协议的物资执行框架协议采购，其他物资严格执行“应招必招、能招尽招”原则，采用综合评标法进行招标采购。

三是严格技术协议的签订，所有设备中标后均由业主、设计、供应商进行三方技术协议审查及签署工作。

四是严格执行物资入场监造制度，严格遵照《中国石化物资供应过程控制管理办法》，将项目物资划分为A、B、C三类，分类开展质量控制工作。其中，A类物资主要指长周期、关键设备材料,实施第三方监造;B 类物资指主要设备,实施关键点检验和出厂检验;C 类物资指一般材料和设备,实施工程抽查和进场验收。针对项目主管材、热煨弯头、静设备、阀门、混凝土套管等物资,采购经理多次组织人员开展了入场巡检工作,保证了物资质量。

五是加强中转站、现场物资的管理,项目设专人对中转站分包商及现场物资进行管理,重点落实接报检、不合格品、入库、仓储、出库等管理是否按规定执行,每月定期组织一次综合检查。采办总体质量控制流程框图如图 5 所示。

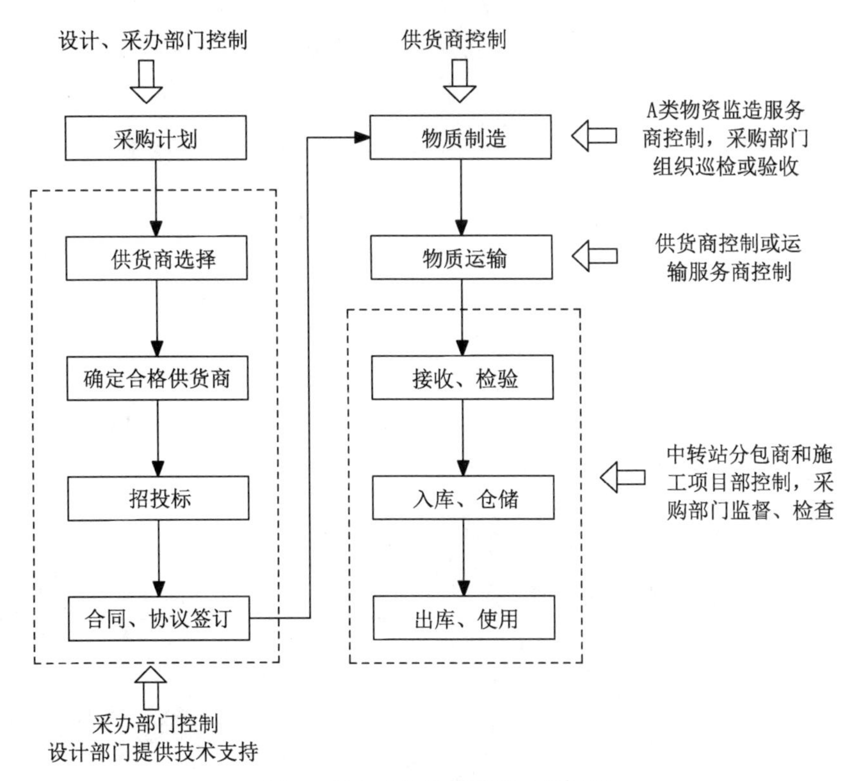


图 5　采办总体质量控制流程框图

## 3.6　严抓细管,确保施工质量

施工是工程实体质量的制造者,是质量管理中的关键和最难控制环节。在施工质量管控上,项目主要采取了以下做法:

一是加强施工质保体系人员管理,入场实施资格报审制,在岗实施钉钉打卡制,变更履行审批制;加强特殊工种、特种设备、计量器具管理,实施入场报验制,电焊工、防腐工实施上岗考核制。

二是注重施工组织设计、危大方案、重大方案管理。项目制定了统一的施工组织设计、专项施工方案编制模板及审查流程;对项目上危大工程进行了识别,出具了危大工程识别清单(如图 6 所示);对 EPC 联合体高级工程师进行了识别,建立了项目危大工程施工方案审查专家库,对危大工程施工方案与业主、监理建立了联审机制;对于超规模危大工程施工方案及高邮湖连续定向钻穿越及超过 1 km 定向钻穿越重大施工方案组织了专家论证。

| 工程名称 | | 青宁输气管理工程 | 单位工程名称 | 青宁输气管道工程线路工程(六标段) | |
|---|---|---|---|---|---|
| 序号 | 级别 | 类别 | 描述 | 部位 | 备注 |
| 1 | B | 穿跨越工程 | 顶管操作坑深 4.98 m | BGU210-BGU211 | 水泥路(305县道) |
| 2 | A | 穿跨越工程 | 顶管操作坑深 6.96 m | BGU225-BGU226 | S333省道(在建) |
| 3 | B | 穿跨越工程 | 顶管操作坑深 3.5 m | BGU234-BGU235 | 水泥路(永和路) |
| 4 | A | 穿跨越工程 | 顶管操作坑深 5.1 m | BGU238-BGU239 | 水泥路(307县道) |
| 5 | B | 穿跨越工程 | 顶管操作坑深 4.6 m | BGU242-BGU243 | 沥青路(八支渠路) |
| 6 | B | 穿跨越工程 | 顶管操作坑深 3.62 m | BGU243-BGU244 | G2京沪高速 |
| 7 | B | 穿跨越工程 | 顶管操作坑深 3.8 m | BGU251-BGU252 | 水泥路(明灯路) |

图 6　危大工程识别清单(部分)

三是规范施工交底活动。开工前开展总体交底活动;专业工程作业前,进行专业工程交底活动;专项工程作业前,开展专项方案交底活动。

四是推行样板引路制,项目创建了焊接作业、补口作业、开挖作业、回填作业等样板,规范了方案编制及审批、施工交底、施工执行、质量验收、过程资料编制等过程。图 7 为焊接作业样板实施过程、图 8 为补口作业样板实施过程。

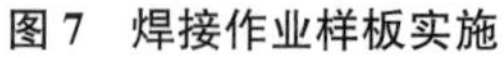

图 7　焊接作业样板实施

图 8　补口作业样板实施

五是建立质量监督检查及考核机制,确保施工质量受控。中石化质监总站、中石化天然气分公司、石油工程建设公司(简称石工建)质量监督中心、联合体公司职能部门多次到项目现场进行质量监督检查和指导;质监站、业主每月组织一次联合检查和评比,监理、EPC 联合体内部每日开展日常巡检工作;施工项目部建立了奖惩机制,并每月组织一次施工机组和分包商的考核评比工作等。通过内、外部质量监督检查及考核工作的开展,确保了工程质量的持续提升。

六是严控质量验收环节。项目制定了质量检验计划编制模板,统一了质量控制点划分、单位工程划分,补充了组对焊接、焊缝外观检查等自检记录表格等,为项目质量体系的有效运行提供了坚实基础;严格执行质量验收程序,A 级质量控制点实施业主、监理、EPC 联合体三方控制,B 级控制点实施监理、EPC 联合体两方控制,对 C 级控制点实施 EPC 联合体内部控制,检验批、分项工程、分部工程、单位工程严格按标准规范要求的验收程序进行控制。施工总体质量控制流程框图如图 9 所示。

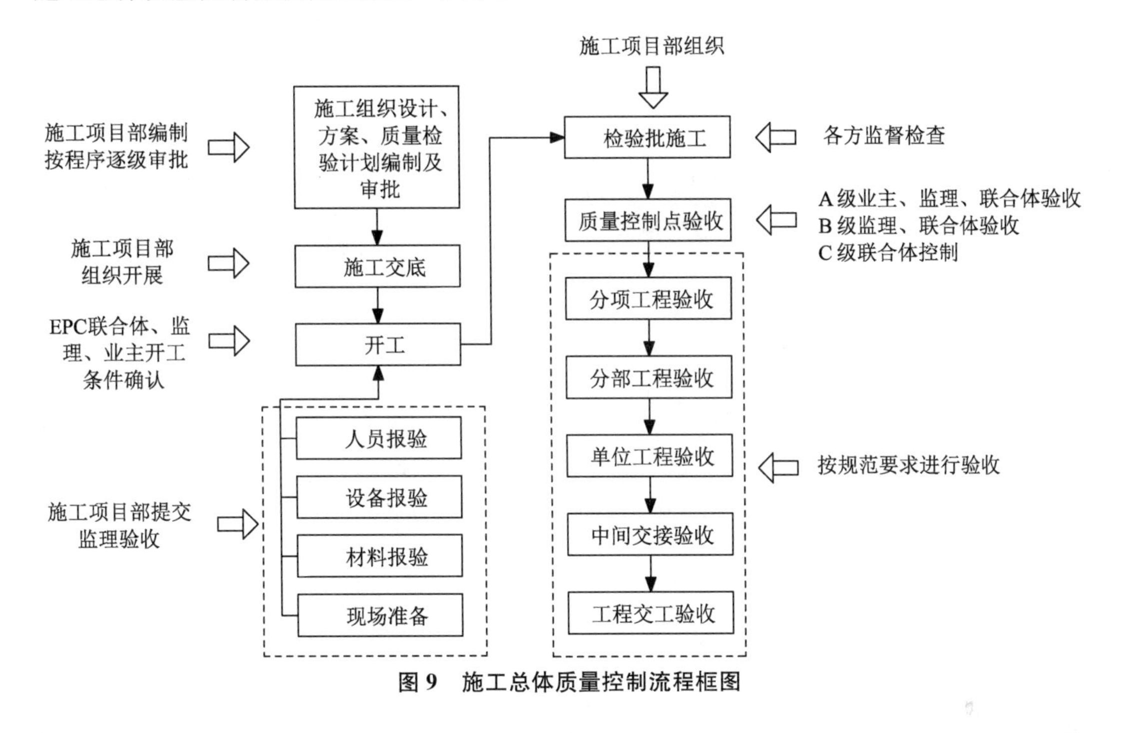


图 9 施工总体质量控制流程框图

### 3.7 开展质量活动,提高全员的质量意识

我公司先后组织开展了长输管道质量管理、管道焊接质量控制、定向钻穿越技术等质量专题培训,根据公司的统筹安排项目上先后开展了“质量日”“质量月”活动,同时在项目上实时地开展了质量管理制度、标准规范的宣贯学习,焊接、补口质量问题分析会等。上述质量活动的开展提高了全员的质量意识、促进了项目质量管理水平及实体质量的整体提升。

### 3.8 建立多沟通渠道,促进 EPC“一体化”优势的发挥,提升工程质量

项目建立了周例会、月例会及专题协调会制度,确保设计、采办、施工工作的顺畅沟通,专业质量问题及接口质量问题的及时处理;同时利用智能化平台、微信群、钉钉群进行质量信息、指令的传达和共享,确保沟通顺畅。

## 4 项目质量管理取得的效果

青宁输气管道工程 EPC 二标段自开工建设以来,五家联合体单位以“一家人、一条心、一股劲,一切为了安全、一切服从质量、一切围绕进度”的理念,全面加强合作,充分发挥设计、采办、施工“一体化”管理的优势,狠抓质量、安全、成本“精细化”管控,努力把该项目打造成国家优质工程。目前已实现项目总体进度 74%,各项指标全面受控,得到了质监站、业主、监理的一致好评,其中质量指标完成情况如表 3 所示。

表 3 质量指标完成对比表

| 类别 | 项目 | 合同目标 | 完成情况 |
|---|---|---|---|
| 设计 | 质量合格率 | 100% | 100% |
| 采购 | 质量合格率 | 100% | 100% |
| 施工 | 工程检测齐全准确率 | 100% | 100% |
| | 焊接一次合格率 | 96%以上 | 99.65%,一级口占比 80% |
| | 管道埋深一次合格率 | 100% | 100% |

# 5 结语

通过项目前期的精心策划,以及设计、采办、施工过程的精细化管理,阶段性地实现了合同约定的质量目标,打造了一支优秀的 EPC 项目质量管理团队,建立了一套完整的 EPC 项目质量管理体系,确保了青宁输气管道工程现阶段的建设质量。

## 参考文献

[1] 中华人民共和国住房和城乡建设部.建设项目工程总承包管理规范:GB/T 50358—2017[S].北京:中国建筑工业出版社,2017.
[2] 范云龙,朱星宇.EPC 工程总承包项目管理手册及实践[M].北京:清华大学出版社,2016.
[3] 李代国.EPC 总承包模式下的工程项目管理模式的探讨[J].工程管理,2016(3):28-30.

# EPC联合体模式下长输管道建设质量管理研究

申芳林　陈锋利
（中国石油化工股份有限公司青宁天然气管道分公司）

**摘　要**　青宁输气管道工程作为国内首个EPC联合体项目，为进一步提升建设单位质量管理水平，针对项目特点，通过提升管理理念，建立有效质量管理体系，紧抓管沟开挖、焊接、防腐补口、管沟回填等关键工序，和一次焊接合格率、一级口率、防腐补口合格率等关键指标，同时引入第四方质量监测，全面实现了质量可控和质量管理水平的提升，并为今后EPC联合体模式下质量管理提供参考与指导。

**关键词**　联合体；质量管理；全过程管理；一次焊接合格率；一级口率

## 前言

质量是工程有效性的主要体现，更是体现项目管理水平的重要标准，质量不仅对使用寿命、工作效率产生深远影响，而且对管道的安全有着根本性影响。目前，在国内管道建设的过程中，建设单位采用过PMC、EPC、E＋P＋C等多种建设模式，通过建立质量组织和质量管理体系，采用多种质量管理手段，实现质量可控。青宁输气管道工程作为国内首个全线推行EPC联合体管理模式的项目，在没有EPC联合体模式下质量管理经验可参考的情况下，建设单位如何做好质量管控，怎样在质量上为工程建设和运营增值成为一个难题。

本文在简述青宁管道EPC联合体基本情况的基础上，从质量管理体系、质量责任、全过程控制、关键点控制等方面阐述了质量管理措施，并通过焊接质量、补口质量、回填质量等数据验证了质量管理的科学性、有效性。

## 1　项目概况

青宁管道全长531 km，设计压力10 MPa，管径1 016 mm，设计输量$7.2\times10^{9}$ $m^{3}$/a，全线设置输气站场11座，阀室22座，项目总投资73.07亿元。管道起点为青岛市董家口山东LNG接收站，终点为仪征市青山镇川气东送南京输气站，途经山东省青岛市、日照市、临沂市和江苏省连云港市、宿迁市、淮安市、扬州市等2省、7地市、15县区。

青宁管道项目全线为设计＋施工的EPC联合体标段，全线共两个EPC联合体，该项目各标段情况如表1所示。EPC联合体一标段由胜利设计院和胜利油建、十建公司三家单位组成，负责青岛至连云港段建设，工程内容包含207.32 km主管线和5座站场、8座阀室；EPC联合体二标段由中原设计院和河南油建、中原油建、江汉油建、江苏油建五家单位组成,负责宿迁至扬州段建设,工程内容包含 323.68 km 主管线和 6 座站场、14 座阀室。两个 EPC 联合体牵头单位分别为胜利设计院和中原设计院。该项目组织机构如图 1 所示。

**表 1 EPC 联合体各标段情况**

| EPC 标段 | 施工单位 | 长度/km | 站 场 | 阀室 | 所经地市 |
|---|---|---|---|---|---|
| 胜利设计院 | 胜利油建 | 117.50 | 泊里分输站<br>岚山分输站 | 海青阀室、河山阀室、城关阀室、高兴阀室、巨峰阀室 | 青岛市、日照市、临沂市 |
| | 十建公司 | 89.82 | 柘汪分输清管站、赣榆分输站、连云港分输站 | 金山阀室、墩尚阀室、平明阀室 | 连云港市 |
| 中原设计院 | 河南油建 | 62.81 | 宿迁分输清管站 | 湖东阀室、吴集阀室、周集阀室、 | 宿迁市 |
| | 中原油建 | 84.58 | 淮安分输站 | 成集阀室、王兴阀室、钦工阀室 | 淮安市 |
| | 江汉油建 | 86.90 | 宝应分输清管站<br>高邮分输站 | 曹甸阀室、鲁垛阀室、周山阀室 | 扬州市(宝应县、高邮市) |
| | 江苏油建 | 89.39 | 扬州分输站<br>南京末站 | 车逻阀室、郭集阀室、送桥阀室、大仪阀室、陈集阀室 | 扬州市(高邮市、邗江区、仪征市) |

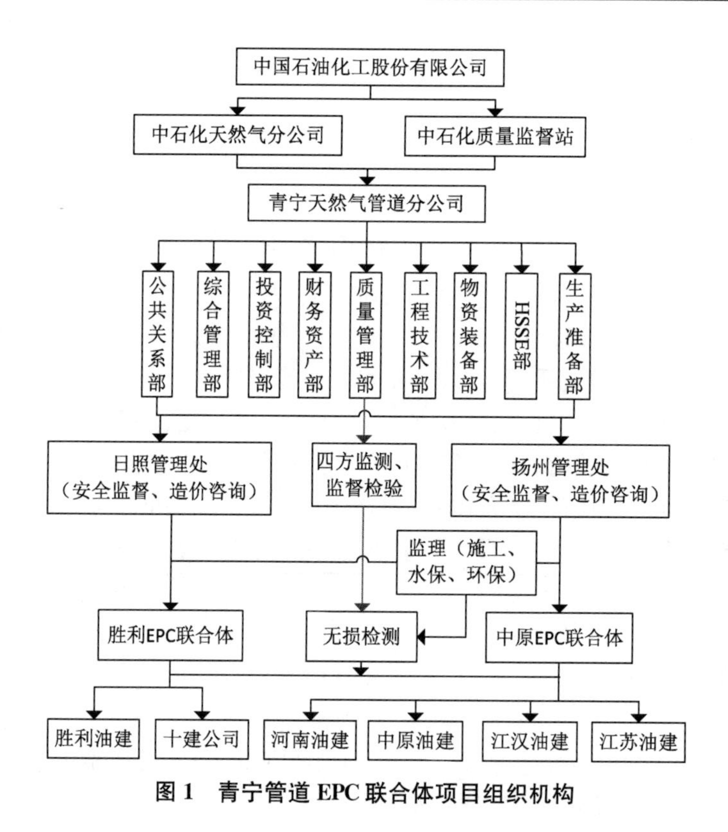


**图 1 青宁管道 EPC 联合体项目组织机构**

## 2 质量方针和管理理念

质量管理方针对质量管理具有重要指导意义,青宁输气管道工程立项后,确立了“质量永远领先一步”的方针，突出质量地位，把质量管理放在项目管理的引领位置。

质量管理理念对质量管理中的激励、凝聚、规范具有重要作用。为进一步提升建设单位质量管理水平，项目部提出“计划质量、齐抓共管、持续改进、精细化＋个性化管理”的理念，要求质量管理部门制订好质量管理计划，全员都是质量管理的责任人，质量管理精益求精，实现精细化和个性化管理。

# 3 管理措施

## 3.1 建立质量管理体系

质量管理体系的建立和有效运行对质量目标的实现具有基础作用。青宁管道项目部按照 EPC 联合体管理模式和质量管理目标建立健全组织机构和建章立制[1]。

### 3.1.1 建立健全组织机构

工程质量体系包括实施工程质量的组织机构、职责、程序、过程及资源[2-4]。为切实明确质量责任制，建立有效的质量责任体系，一是组建覆盖设计、采购、监造、施工及分包商的工程质量保证网络，确保工程全过程质量受控；二是成立了以项目部领导为首、项目部各部门参与的质量管理委员会，实现质量齐抓共管；三是引入第四方监测单位，加强无损检测单位复评。通过建设有效的质量管理机构，明确各层级、各部门、各单位质量管理职责，履行质量管理义务，从组织上保证了工程质量。青宁管道质量管理组织机构如图 2 所示。

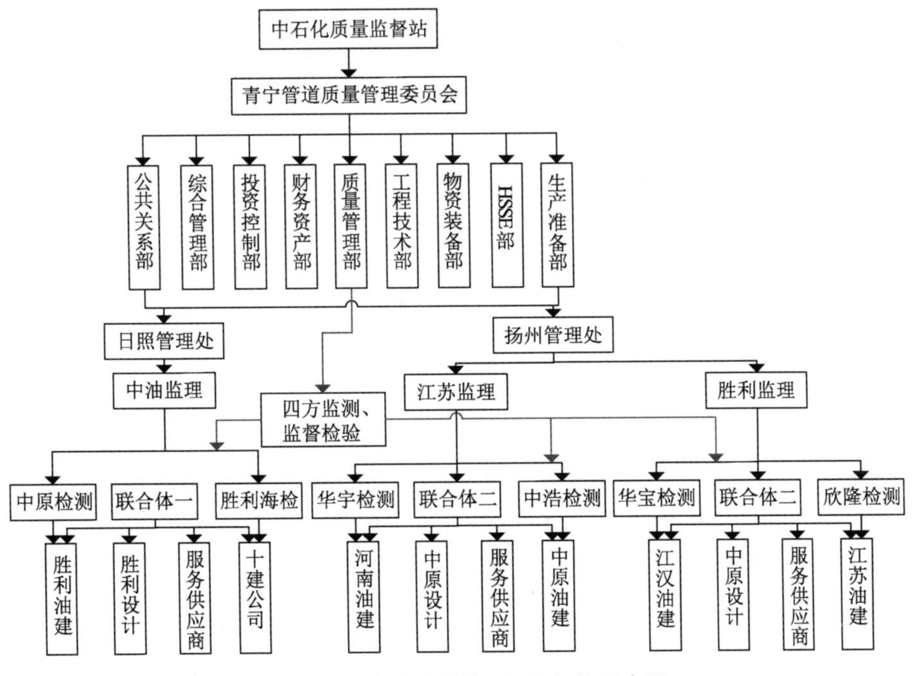


图 2 青宁管道质量管理组织机构示意图

### 3.1.2 建章立制

完善的制度是质量管理的有效保证，为强化制度建设，一是构建四个层次的文件系统，包括 1 本纲领性《质量管理手册》、26 项程序文件、14 项作业文件和 1 套质量记录相关表格，明确质量方针、质量目标和质量管理原则；二是组织编写了质量管理办法、质量计划、施工质量首件样板管理规定、现场焊口力学性能试验管理规定、无损检测管理办法、承包商防腐补口质量管理规定、工程创优管理办法等 16 项制度办法，保障质量管理程序文件和质量管理手册有效运行；三是组织承包商按照中石化"3557"管理体系和项目部质量管理建立各自质量管理体系，并纳入项目部质量管理体系，实现规范化管理。

## 3.2 落实质量责任

为有效落实各方责任，保证工程质量，一是项目推行质量管理责任制，明确各部门、各岗位的主要负责人为质量管理的第一责任人，把质量目标层层分解到工程管理的每个层次和每名员工，开工前五方责任主体签署质量终身责任承诺书；二是将质量管理纳入项目考核体系，以强化制度执行为抓手，增强执行力，确保各项规章制度、程序文件落实到位，实现质量管理规范化运行。

### 3.2.1 充分发挥监理的监管作用

监理是代业主管理机构，承担着业主与 EPC 联合体、检测机构的沟通功能，对项目质量的提高有着重要的协调作用、控制作用、桥梁作用和管理作用[5]。为切实有效发挥监理的监管作用，一是选择优秀的监理队伍，加强合同控制，实行人工单价合同，根据派遣人员资格选择人工单价，按照考勤结果据实支付工程款；二是加强人员和机具入场、《监理规划》《实施细则》审核，禁止不符合合同要求的人员、机具入场；三是严格强化监理人员管理，控制人员变更；四是组织质量监督、监督检验、监测开展月度检查，重点审查监理日志、旁站记录、程序等关键点，对履职不力单位实行整改、扣款等，对人员进行整改、清退；五是定期组织监理互检，取长补短，共同提高。

### 3.2.2 加强检测单位的检测

为进一步规范无损检测管理，提高焊接质量，一是依照《无损检测 超声检测 相控阵超声检测方法》(GB/T 32563—2016)检测规范，所有焊口采用 RT 和 PAUT 100%检测，狠抓连头、变壁厚、三穿、返修焊口；二是无损检测单位 100%月度互检、季度互检，是否存在漏评、误判、雷同片、假片、代签等现象。

### 3.2.3 发挥监检、四方监测专业优势

一是委托石油化工工程质量监督总站对压力管道安装工程参建各方责任主体的质量行为进行监督检验和工程实体质量监督检验，通过抽检、月度检查等方式，发现问题 300 余项；同时，严格把关压力管道水压试验报验工作。二是委托中石化工程质量监测有限公司对无损检测单位开展四方监测，重点检查底片的漏评、误评、质量、资料等。按照合同要求，具体抽检和复评如表 2 所示。

表 2 监测工作内容

| 单位 | 项目 | | | |
|---|---|---|---|---|
| | RT 复评 | PAUT 复评 | RT、PAUT 抽检 | 站场抽检 |
| 张(口) | 18 000 | 9 000 | 320 | 80 |

#### 3.2.4 强化施工单位质量主体责任

施工单位是完成实体工程的主要参与者，其工作质量、工程质量直接关乎着整个项目的质量，要从人、机、环、料、法等方面对施工单位进行管控[6]。

一是严审人员和设备机具。开工前按照合同对入场人员进行符合性、真实性审核[7]，施工中严控人员变更，管理人员变更率不高于 10%，同时禁止以低资格人员替换高资格人员，同时紧抓焊工考试，考试合格后方能入场。

二是严控焊接工艺。开工前项目部组织监理、施工、设计单位审核《焊接工艺评定方案》《中石化青宁输气管道工程焊接工艺规程》，并组织 EPC 联合体、监理、检测单位召开了宣贯会，实施过程中根据《X70、X80 钢级管道焊接管理规定》对规程进行完善[8-10]，确保焊接规程与现场施工相符。

三是加强施工方案审核。按照中石化《3557 管理体系》和《危险性较大的分部分项工程安全管理规定》(住建部〔2018〕37 号)要求，对施工方案的进度、技术、安全、资源开展重点审核，并在项目部审批后施工。针对“三穿”施工方案和危大施工方案，由监理组织审核会，重点审查技术方案可行性，由分部审批后实施；超过一定规模的危大方案，由施工单位邀请专家、勘察设计人员、建设单位人员等论证方案内容是否完整、可行，方案计算书和验算依据、施工图是否符合有关标准规范，方案是否满足现场实际情况，并能够确保施工安全，由项目部审批后实施。

四是严控焊接作业过程。实行百道口考核制，确保焊工技能合格；严格按照焊机工艺开展作业，突出连头、金口、“三穿”等重点部位的控制。

#### 3.2.5 履行建设单位第一责任人职责

项目部积极履行第一责任人职责，实行全员、全过程、全方位管理。一是从前期可研优化到设计优化、施工管理、验收实现全过程管理；二是发挥齐抓共管优势，从物资采购、设计、施工等方面实现全面管理；三是实行全员参与质量管理原则，广泛征集参建人员意见，通过 QC(质量控制)小组、质量专题会等形式征集意见。

### 3.3 坚持全过程质量控制

项目从前期到建设期、投产期，包括项目决策、勘察设计、物资采购、施工等，自筹备组开展前期工作起，就注重全过程质量控制。

#### 3.3.1 决策阶段质量控制

决策正确性关乎建设、投用质量。一是严把可研关，选定中原设计院开展可行性研究报告工作，结合各项评价结果、专家审查会意见、国家及地方政策，对市场多次调研优化，不断优化管道路由、技术方案、经济性，注重采用新技术、新材料、新设备、新工艺；二是加强核准申报审核，项目部、天然气分公司、中石化总部先后组织专家审查会，对规划符合性、技术方案、经济指标、资金落实、评估报告结果进行审查，保证前期阶段质量。

#### 3.3.2 勘察设计质量控制

设计质量是项目质量的根本，一是勘查质量管控，重点审查详细勘查报告的地质条件和存在问题，结合工程设计、施工条件，以及地基处理、支护、降水等工程要求，进行技术论证和评价，提出解决岩土区域(山东段)建议，并提出水网区域(江苏段)工程施工指导性意见；二是严把设计关，项目部、公司规划部、集团公司先后组织三次专家审查，不断优化设计质量，站场由 13 座调整为 11 座，阀室由 20 座增加到 22 座，投资由 77.26 亿降为 73 亿；三是强化图纸会审和设计交底，保证设计与施工融合；四是严控设计变更，由项目部组织论证变更技术方案、经济指标、工期等，项目部审批后实施变更。

### 3.3.3 物资采购质量控制

物资质量是工程质量的物质保障，青宁项目采用乙供模式。一是对于关键设备材料或有特殊要求的设备材料，组织监造人员到生产厂家进行现场监造，确保物资质量和生产进度满足现场施工要求；二是加强物资进场验收、保管、存放管理工作，严把材料入场关，坚持四方共同开箱验收，现场交接，针对不符合设计要求的物资，坚决予以退货。

### 3.3.4 施工质量控制

长输管道施工主要包括线路焊接、防腐补口、管沟开挖、下沟回填、连头施工、清管试压等，做好工序质量控制至关重要[11-12]。

一是严抓施工过程管理，严格按照设计、规范制度施工，保证各项施工措施落实到位，尤其是冬季施工、恶劣天气施工，严把隐蔽工程质量，验收不合格或未经验收的，不得隐蔽或开展后续工序施工；二是严把焊接关，强化焊接工艺规程、焊接工艺卡执行力度，加强监理人员现场旁站或平行检验，严控焊接过程控制参数；三是组织无损检测开展月度、季度互检；四是做好检查整改关，项目部联合质量监督总站共同开展质量监督、压力管道监检综合质量检查，对施工单位、无损检测单位、监理单位、EPC 总承包商进行了全面检查，针对检查出的问题，下发问题通报，明确了整改时间和整改责任人，督促落实整改形成闭环。

### 3.3.5 做好关键工序和冬季施工管控

面对地质条件复杂、水网密布、三穿工作量大的挑战，设立 A、B、C 三级质量控制点，严抓焊接、管沟开挖及回填、防腐补口、水压试验、连头等关键工序的施工质量，建立问题台账，组织质量专题会，对质量不合格的机组停工整改，对不合格人员实行整改或退场，并将问题上传中石化承包商考核系统。

为加强冬季施工质量控制，一是严把施工方案关，分部审批《冬季施工方案》后施工，严惩无方案施工现象；二是严格落实冬季施工方案各项措施，从保温棚配置、焊前预热、管沟开挖和回填、试压等方面规范施工行为[13-14]。

## 3.4 质量管理方式多样化

质量管理多样化不但有助于提高质量管理水平，还有助于提高管理的积极性。一是将党建与质量管理充分融合，充分发挥党建对工程引领的推动作用，将党建与工程建设同频共振，成立甲乙双方联合党工委，发挥党员先锋模范作用，开展“比学赶帮超”活动；二是组织“不忘初心争先锋、筑梦青宁立新功”劳动竞赛，在保证焊接一次合格率不低于 99%的情况下，实现一级口比例不低于 80%，定期对焊接合格率、一级口占比进行评比，形成“比学赶帮超”的良好氛围；三是推行首件样板制，创集团公司优质工程，以样板引领实现质量创优，以创优推行样板制；四是加强承包商质量考核，质量部建立专门质量考核和奖惩体系，对各参建单位从人员、机具、质量管理、创优等方面进行考核，并将质量问题上传中石化承包商考核系统。五是引入第四方监测，委托中石化工程质量监测有限公司对无损检测单位的质量管理进行检测，重点审查雷同片、假片、误判、漏评等情况。

# 4 项目质量控制情况

坚持全过程、全方位、全员控制，通过建立健全质量体系，从“人机环料法”等质量因素入手，青宁项目质量在可控的前期下，得到全面提升，41 个机组 180 天焊接 500 km，管道累计一次焊接合格率达到 99.70%，累计一级焊口合格率达到 78.50%，防腐补口合格率达到 99.99%。主要质量数据见表 3、表 4、表 5、表 6。

**表 3 各项指标累计完成情况**

| 项目 | 6 月 | 7 月 | 8 月 | 9 月 | 10 月 | 11 月 | 12 月 |
|---|---|---|---|---|---|---|---|
| 焊接一次合格率 | 99.50% | 99.67% | 99.67% | 99.68% | 99.66% | 99.67% | 99.70% |
| 一级口率 | 65.65% | 69.59% | 71.69% | 73.87% | 75.22% | 76.94% | 78.50% |
| 防腐补口 | 100% | 100% | 100% | 100% | 99.99% | 99.99% | 99.99% |

如表 3 所示，从 6 月至 12 月，焊接一次合格率都在 99.50%以上，一级口率稳步提升，从 6 月份的 65.65%提升至 12 月份的 78.50%；防腐补口合格率基本为 100%。

**表 4 累计焊接一次合格率**

| 单位 | 6 月 | 7 月 | 8 月 | 9 月 | 10 月 | 11 月 | 12 月 |
|---|---|---|---|---|---|---|---|
| 胜利油建 | 99.80% | 99.80% | 99.76% | 99.77% | 99.77% | 99.70% | 99.69% |
| 十建公司 | 99.70% | 99.86% | 99.71% | 99.71% | 99.71% | 99.69% | 99.70% |
| 河南油建 | 99.60% | 99.73% | 99.73% | 99.63% | 99.67% | 99.67% | 99.68% |
| 中原油建 | 99.40% | 99.51% | 99.48% | 99.50% | 99.52% | 99.48% | 99.60% |
| 江汉油建 | 99.75% | 99.79% | 99.80% | 99.81% | 99.75% | 99.77% | 99.76% |
| 江苏油建 | 99.81% | 99.51% | 99.59% | 99.62% | 99.24% | 99.65% | 99.70% |

如表 4 所示，从 6 月至 12 月，各施工单位累计一次合格率都在 99%以上，除江苏油建小范围浮动外，剩余五家施工单位都保持平稳。

**表 5 累计一级口率**

| 单位 | 6 月 | 7 月 | 8 月 | 9 月 | 10 月 | 11 月 | 12 月 |
|---|---|---|---|---|---|---|---|
| 胜利油建 | 68.25% | 70.40% | 77.52% | 80.28% | 81.55% | 85.44% | 86.42% |
| 十建公司 | 63.28% | 79.01% | 71.72% | 72.22% | 73.94% | 74.59% | 76.52% |
| 河南油建 | 62.15% | 65.55% | 65.55% | 69.72% | 70.32% | 71.38% | 74.68% |
| 中原油建 | 73.23% | 76.34% | 78.25% | 80.91% | 84.92% | 84.95% | 85.21% |
| 江汉油建 | 45.25% | 48.01% | 56.18% | 61.98% | 64.60% | 64.48% | 68.52% |
| 江苏油建 | 65.76% | 75.11% | 76.45% | 75.67% | 75.34% | 76.46% | 77.67% |

在一级口率上，如表 5 所示，各施工单位一级口率都在稳步提升，目前只有胜利油建、中

原油建一级口率在 80%以上。

**表 6 累计防腐补口合格率**

| 单位 | 6 月 | 7 月 | 8 月 | 9 月 | 10 月 | 11 月 | 12 月 |
|---|---|---|---|---|---|---|---|
| 胜利油建 | 100% | 100% | 100% | 100% | 100% | 100% | 100% |
| 十建公司 | 100% | 100% | 100% | 100% | 99.93% | 99.95% | 99.99% |
| 河南油建 | 100% | 100% | 100% | 100% | 100% | 100% | 100% |
| 中原油建 | 100% | 100% | 100% | 100% | 100% | 100% | 100% |
| 江汉油建 | 100% | 100% | 100% | 100% | 100% | 100% | 100% |
| 江苏油建 | 100% | 100% | 100% | 100% | 100% | 100% | 100% |

如表 6 所示，六家施工单位防腐补口合格率都表现良好，五家防腐合格率达到 100%。

## 5 展望

在下一步工作中，青宁管道将重点关注一级口率的提高、创部优工程和站场施工质量，在规范化的基础上追求精细化，保证青宁管道质量稳步提升、精益求精。

### 参考文献

[1] 董连江，丁鹤铭，张东浩.中俄原油管道二线工程项目施工管理模式[J].油气储运，2018，37(1)：80-86.
[2] 王大鹏.科洛尼尔管道油品质量管理经验与启示[J].油气储运，2018，37(3)：291-294.
[3] 沈庚民.长输油气管道工程建设项目的 PMC 管理模式[J].油气储运，2013，32(3)：283-286.
[4] 何泽亮.工程监理在建设项目中作用探讨[J].山东工业技术，2017(1)：90-92.
[5] 吕玉宏.油气长输管道工程质量管理分析[J].石油工业技术监督，2010，26(11)：24-26.
[6] 李迎祥，张文静，李亚军，等.国际管道项目质量管理工作分析：以缅泰天然气长输管道工程为例[J].石油天然气学报，2018，36(8)：383-387.
[7] 王华良.基于 EPC 模式的天然气长输管道施工质量管理研究[J].中国标准化，2019(4)：122-124.
[8] 张金宏.石油天然气管道施工质量管理的几点探讨[J].化工管理，2018(20)：97-98.
[9] 王冰怀，崔建业.EPC 总承包管理模式下的质量管理要点：以西气东输二线工程为例[J].石油天然气学报，2013，35(4)：164-168.
[10] 李进，王永军，崔进杰，等.论 EPC 总承包长输油气管道工程交工验收不符合项整改管理[J].石油天然气学报，2018，40(3)：120-125.
[11] 李龙，洪悦.油气田长输管道焊接质量控制[J].中国石油和化工标准与质量，2017，37(12)：13-14.
[12] 周郭平，王勇为.管道焊接质量控制[J].施工技术，2013(s1)：241-243.
[13] 宫键.天然气管道工程施工建设质量管理探讨[J].化工管理，2016(25)：149.
[14] 裴全斌，闫文灿.天然气长输管道天然气质量管理现状及建议[J].工业计量，2018(3)：22-25.

# 青宁输气管道工程 EPC 联合体模式下安全管理控制

崔友坤　杨　振　吴　昂　马明宇

（中石化中原石油工程设计有限公司）

**摘　要**　采用联合体模式进行 EPC 项目建设是目前工程建设推行的一种管理模式，但中石化天然气大口径管道工程建设 EPC 联合体模式尚属首次，在联合体模式下，各联合体成员因其安全主体责任的划分，业主、第三方 HSSE 监管与 EPC 联合体之间对承包合同、联合体协议条款理解差异，导致其对安全管理的态度、方式均不相同，本文结合青宁输气管道工程简述如何开展 EPC 联合体项目安全管理与控制，以降低项目 HSSE 风险，实现重大风险动态可控，确保生产安全。

**关键词**　EPC 联合体；大口径输气管道；安全风险管控

## 前言

青宁天然气输气管道工程起点位于山东青岛市黄岛区的山东 LNG 接收站，终点位于江苏仪征市的南京末站，线路全长 531 km，管径 1 016 mm，设计压力 10.0 MPa，站场 11 座，阀室 22 座，河流定向钻穿越 106 处，铁路穿越 18 处，高速公路穿越 13 处，其他高等级公路穿越 65 处，全线划分为 2 个 EPC 标段。2 个 EPC 标段均采用设计牵头的松散型联合体模式，联合体成员出于共同利益的基础上，通过组建非法人性质的联合体组织项目的实施，仅以项目实施为单一目的，自主经营、独立核算、自负盈亏，承担自己合同范围内的安全风险和与己相关的不可预见风险。其优势在于能够充分发挥设计、施工单位优势，实现强强联合和优势互补，既增加 EPC 之间、联合体各成员之间竞争力，又能明晰联合体各成员单位之间的合作关系、主体责任。

## 1　EPC 联合体 HSSE 管理现状分析

（1）虽然联合体各成员单位签订有联合体协议，明确了对各自合同范围内承担主体责任，但设计单位作为联合体牵头人与施工单位仍然存在安全职责定位不清、安全责任界面不清晰、安全监管的深度不好把控等问题。

（2）长输管线施工点多、线长、面广，一般是由线路工程和站场工程组成，沿线地质条件和环境存在很大的差异，施工复杂，安全监督管理难度大。

（3）设计牵头单位缺少在施工一线历练的项目管理人员，工程设计常常与施工融合不够。

（4）采办物流环节风险识别不到位，对承运商管控力度较弱。

(5) 分包商(机组)履约能力差,不同程度存在资源配置能力不足、技术力量薄弱、作业人员安全素质低、安全意识淡薄、班组安全管理能力差、现场“低老坏”屡禁不止的问题,增加了现场安全管理的难度。[1]

# 2 发挥 EPC 优势,加强组织引领,推动全员尽责

## 2.1 推行各方融合管理,加强天然气长输管道安全施工

天然气长输管道项目建设应该以安全为核心因素,并且在施工中严格管控,以管理提高工程的整体质量,才能保障天然气长输管道项目建设安全管理能够符合我国相关规定,这也与建设方、监理方、联合体各成员的目标一致。因此,在联合体各方为松散式联合时,建设单位牵头,监理、联合体各成员共同组建安全联管会,融合管理,相互沟通、配合,信息共享,充分调动各方安全监管力量,落实其安全监管责任,从而使各方的安全管理切实发挥出其应有作用,共同管控施工现场。同时,这也是克服天然气长输管道建设项目点多、线长、面广、施工区域安全监管难以全覆盖的重要方式。

## 2.2 构建安全管理体系

安全生产管理是一个系统性、综合性的管理,其管理的内容涉及长输管道项目建设的各个环节。因此,在安全管理中必须坚持“安全第一,预防为主,综合治理”的方针,依据国家法律法规和中石化相关管理制度,根据现场的实际情况,制定符合项目实际的安全制度、计划、程序文件和措施,完善安全生产管理体系和检查体系,并遵循 PDCA 程序保持持续更新,加强施工作业安全管理。

### 2.2.1 制定安全管理目标

天然气长输管道项目建设伊始,首先应依据公司总体发展目标制定项目安全管理目标,包括生产安全事故控制指标、安全生产隐患治理目标,以及安全生产、文明施工管理目标等,安全管理目标应量化;其次安全管理目标应分解到各相关职能部门和岗位,并定期进行考核。[2]

### 2.2.2 安全管理的内容

(1) 制定安全管理制度及程序文件。

(2) 建立健全安全管理组织体系。

(3) 安全管理计划和实施。

(4) 安全管理业绩考核。

(5) 安全管理业绩总结。

### 2.2.3 应急救援

(1) 组织编制有针对性的应急救援预案。

(2) 定期检验和评估现场事故应急救援预案和程序的有效程度,并及时修正。

(3) 建立外部沟通联络机制。

## 2.3 配备足够的专职安全管理人员,提升安全管理人员专业素养

安全管理人员作为保证天然气长输管道建设安全生产的核心力量,对项目的安全生产

负有重大的管理责任，建设项目安全管理人员在满足《中华人民共和国安全生产法》的基本要求下，应按照项目的实际情况配备安全管理人员，并规范分包商入门安全门槛，在招投标阶段对安全管理人员提出具体要求，确保每个施工机组配备一名合格的专职安全员，并体现在其合同中，从源头约束分包商加强自身安全管理力量建设。

专职安全管理人员要求：

(1) 安全管理人员配备年轻化、文化素质高，接受新事物能力强。

(2) 安全生产管理工作专业性强，必须具备安全生产知识和管理能力。

(3) 安全管理人员需要有较好的语言沟通能力和工作协调能力。

(4) 安全管理人员责任心要强，认真负责做好安全生产管理工作。

(5) 提高安全管理人员的地位，拥有与其所承担的责任相匹配的权力，避免发生“有令不行、有禁不止”的现象。

(6) 提高工资福利待遇，保证安全管理人员的稳定性。

安全管理人员的素质高低决定着项目发生事故概率的大小，天然气长输管道建设项目安全管理部门定期组织安全管理人员专项培训，不断丰富其安全知识，提高安全技能，增强安全意识，同时加强现场安全管理人员履职情况检查考核，并建立可操作性强的奖惩制度。

## 2.4 建立风险识别、评价及管控机制，动态管控重大风险

天然气长输管道建设项目距离长，时间跨度大，如何有效做到风险事前预防就显得至关重要。其建设项目部应规范安全风险管理，针对各工序可能存在的安全风险、危害因素以及重大危险源，全面辨识，将风险控制在隐患形成之前，把可能导致的后果限制在可防、可控范围之内，有效提升安全保障能力。

青宁项目建设初期，切实落实中石化安全风险管理制度，依据工程所在环境、地质条件及施工内容，利用工作危害分析(JHA)法系统分析工程中存在的重大风险因素，并根据评价结果编制重大风险评估表，制定详细的风险管控流程和管控方案，同时依据施工进度总计划，将相关作业活动、存在的重大风险及重大风险出现的时间、地点以不同的等级采用图表的形式表现出来，使各施工阶段重大风险更加直观明确，动态管控重大风险。

## 2.5 发挥设计龙头作用，提前规避各种风险

设计是工程建设的龙头，是采购和施工的基础，具有主导作用。设计阶段应做好本质安全设计，防患于未然，要按照法律法规和工程建设强制性标准进行设计，防止因设计不合理导致生产安全事故的发生，策划时要开展 HSSE 分析并提出明确的 HSSE 目标和要求，同时按照建设项目“三同时”要求对项目安全设施、环境保护设施、职业病防护、消防和节能设计同时进行设计。

设计过程中的风险管控重点在于要严格遵守相关部门批准的建设项目安全条件审查或安全评价、环境影响评价、职业病危害预评价、地震安全性评估、地质灾害危险性评估、压覆矿产资源评估、水土保持方案书、节能评估、社会风险分析等审查及批复(备案)文件的要求，逐条响应和落实各项评价中的建议和措施，优化线路走向及站场位置，保证管道本质安全，做好环境保护，防止水土流失，注重劳动安全卫生。

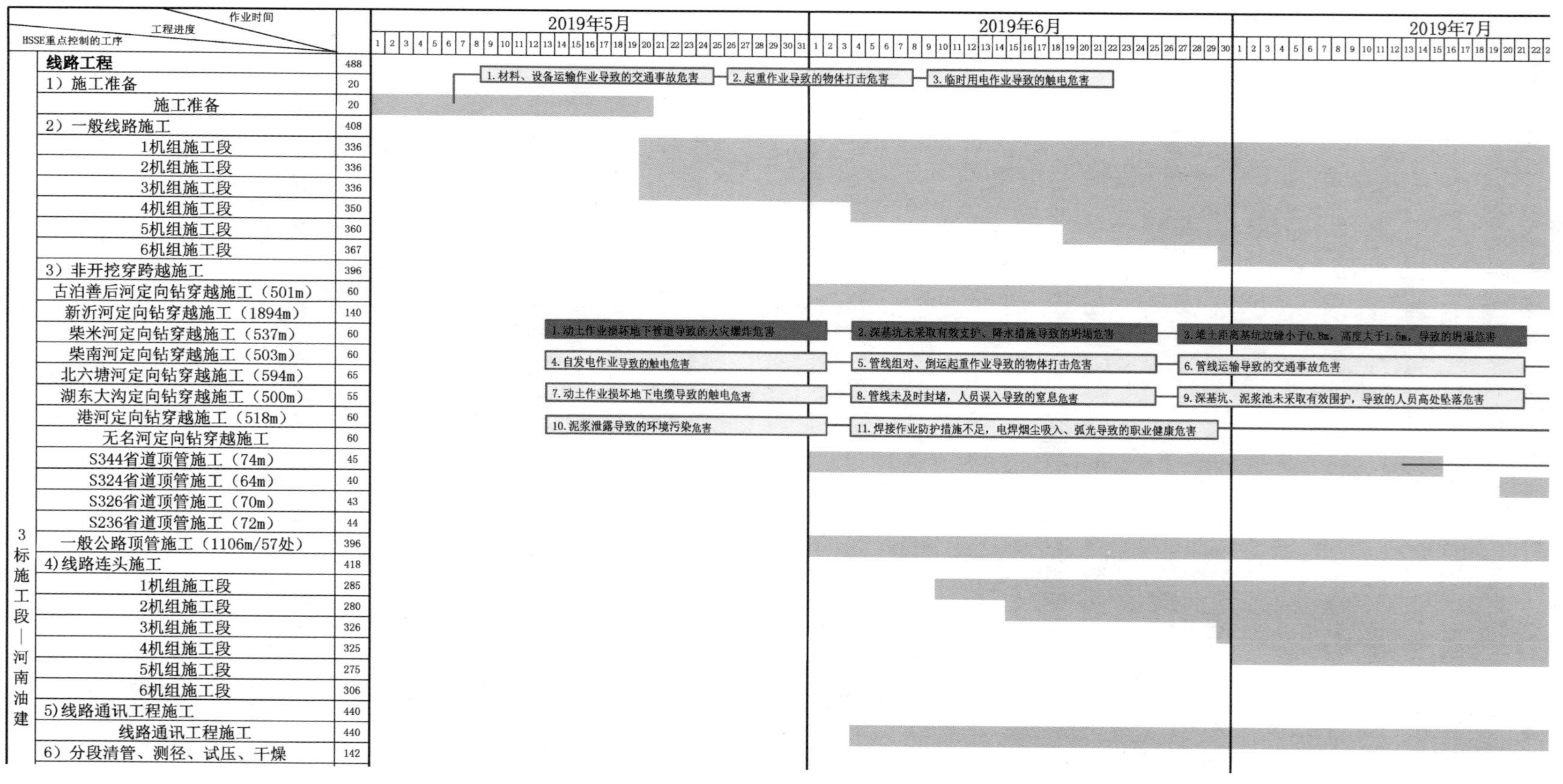


图 1 重大风险动态管控表（截图）

EPC 项目部要发挥协调作用，强化设计校审，在设计交底时对安全设计示意图、关键部位、关键环节的安全防范要点做出说明，认真组织图纸会审，尽可能在施工前规避各种风险。

另外，根据相关规范的要求，进行治安风险的识别和分析，针对工程不同治安风险等级，对站场采取增加防冲撞装置、增加围墙高度、配备视频监控系统、入侵报警系统、电子巡查系统等治安防范措施，保证工程在特殊时期下的安全、平稳运行，减少第三方有意破坏造成的人员伤亡、经济损失。

## 2.6 强化物资风险管控，消除采办过程隐患

(1) 供应商招标前，应优先选择中石化网内且已获得 QHSE 管理体系认证证书的合格供应商。

(2) 采购合同中应明确供应商合同范围内质量、运输、装卸等 HSSE 要求、具体措施及应承担的安全主体责任，并签订安全协议，协议中列明供应商对承运商应尽的监管义务(承运商、驾驶员、承运车辆相关安全条件确认等)，确保合同货物在运输过程中的安全。

(3) 针对超限和有危险性的设备和材料，应在采购合同中列明安全条款，并监督供应商审查承运商提交的货物运输方案的可行性、可靠性和安全性以及相关安全措施，必要时，在运输过程中进行跟踪监督。[3]

(4) 在催交、验证等过程中应按照生产厂家 HSSE 管理要求保护人员安全。

(5) 采购的施工物资应严格履行报检程序，检查相关质量和 HSSE 证明，有可能影响安全或造成污染的材料，需放置在指定地点，并应有安全可靠的包装或醒目的标识。

## 2.7 切实抓好安全教育工作，从实际出发，提高全员安全技能

由于天然气长输管道建设的规模不断扩大，所以建立一套健全的安全教育培训规划是非常必要的，设置的教育安全培训要具备长期性与全面系统性，还需要各参建方结合自身的生产需要设置培训计划，在实际的培训中，各个时期的培训要和实际工作情况进行有机的融合，开展不同形式、不同规模、不同工种及不同层次的安全教育，做到突出重点，容易实施，还要在培训完成后，对参加教育的人员进行考核测评工作，以便更好地去了解参建人员在培训后的安全知识与技能的掌握程度，就能知道其接受程度以及效果，随时进行完善并补充安全教育培训的内容和计划，使得教育培训更加合理化、科学化、实用化。

## 2.8 落实分包商监督管理，确保现场施工安全

历年来，分包商具有事故发生概率大、同类事故占比高的特点，也是安全监管的难点和重点，就目前分包商现状，应采取以下监管措施：

(1) 督促施工单位开展分包商入场 HSSE 条件确认，落实分包商资质、关键岗位人员安全资格、特种作业人员及特种设备操作人员作业资格等。

(2) 联合业主、监理开展开工 HSSE 等条件确认，查验机组“一长三员”到岗履职情况、关键人员持证上岗情况、设备报验情况，以及标准化现场设置等。

(3) 监督检查直接作业环节许可票证办理、安全防护措施落实及监护人员到岗履职情况，必要时现场监督旁站。

(4) 建立健全分包商奖罚考核机制，严格执行违章人员离岗培训制度，规范分包商安全

行为。

### 2.9 加强施工作业现场安全检查,落实相应安全防护措施

加强施工作业现场安全检查,落实各项安全防护措施,使每位员工都能够防微杜渐,防患于未然,把安全事故消灭在萌芽状态,真正做到"事前预防"。

安全检查形式分为日常巡检、周安全检查、专项安全检查等。

(1) 日常巡检:是对现场安全状态的动态控制,识别危险状态和突发问题,及时采取纠正措施,是安全检查的主要方式和重要组成部分。

(2) 周安全检查:是由监理单位、总承包单位以及施工单位安全管理人员参加的综合检查,每周一次。

(3) 专项安全检查:是对现场某一特定的操作和设备进行的检查。

通过检查和监督及时发现事故隐患,及时整改,把事故消灭在萌芽状态,在安全生产工作上真正发挥它的实际作用,有必要做好以下几点:

(1) 安全检查不能敷衍了事,外行凑数。

(2) 检查过程要深入细致,严肃认真。

(3) 要对查出的事故隐患及时进行整改,绝不能有始无终,查而不纠。

(4) 贵在坚持,安全全检查是一项经常性的工作,不能"三天打鱼,两天晒网",更不能搞形式主义。

(5) 安全检查工作不能放任自流,置之不理。

## 3 取得的成效

青宁输气管道项目建设以业主为中心,推行融合管理,发挥设计的龙头作用,各联合体成员相互依托、相互促进,充分体现了"安全第一、预防为主、综合治理"的管理理念,不仅超额完成了年度建设进度目标,而且确保了全年安全生产无事故。

## 4 结语

EPC 联合体是当前工程建设普遍采用的模式,在联合体模式下,联合体各成员单位因主体责任的划分,缺少足够紧密的组织架构,不易建立清晰的内部管理架构。设计院作为联合体牵头方因管理界面复杂,需付出更多精力配合现场技术服务,投入相当多的资源开展项目安全管理,承担更大的风险。虽然本项目取得了很好的成效,但因为合同关系等多种原因很难有效开展对联合体施工单位的牵头管控作用,然而,对设计院转型发展总包业务而言,是培养工程项目管理能力、锻炼项目管理人才的重要途径,为今后自主开展总包业务积累经验,打下良好的基础。

### 参考文献

[1] 韩海荣,王岩.EPC 工程总承包项目全过程安全管理模式研究[J].市政技术,2019,37(3):258-261.
[2] 程伟.建筑施工安全生产管理简析[J].中国房地产业,2011(12):106.
[3] 陈木胜.长化院国投罗钾项目 EPC 总承包模式应用研究[D].长沙:中南大学,2014.

# 青宁输气管道工程EPC联合体全过程投资控制

田成功[1] 苗慧慧[1] 孙丽霞[1] 刘 莉[2]

（1. 中石化中原石油工程设计有限公司 2. 中国石油化工股份有限公司青宁天然气管道分公司）

**摘 要** 随着现代项目管理的不断创新和发展，越来越多的大型工程采用EPC联合体总承包的运行模式。在EPC联合体项目实施过程中，投资控制贯穿于项目的全生命周期，是项目管理的核心内容，也是项目利润的重要来源。本文以青宁输气管道工程为例，从EPC项目前期决策、设计、采办、施工、结算等全过程的各个环节阐述投资控制的要点和措施，以便于更好地促进项目管理效率的提升和投资费用的全面优化，为国家管网公司成立后新形势下石油工程建设公司更好地承揽类似项目提供一定的经验和参考。

**关键词** 输气管道工程；EPC联合体；全过程；投资控制

## 前言

青宁输气管道工程线路全长531 km，设计输量$7.2\times10^{9}$ $m^{3}/a$，设计压力10.0 MPa，主管径1 016 mm，途经山东、江苏2省、7地市、15县区。由中石化中原设计公司牵头，与中石化河南油建、中原油建、江汉油建、江苏油建四家施工企业组成EPC联合体，于2019年5月1日中标该项目第二标段（江苏省沭阳至仪征段，长度约324 km，设站场6座，阀室14座）。在EPC联合体管理模式下，本项目商务标报价、合同价款确定、全过程成本测算管理，以及设计、采办、施工、结算等各个环节均采取多项投资及费用控制措施，取得了显著效果，极大地促进了中原设计公司EPC水平的提升，有力地推动了中原设计公司由传统功能单一的设计院向综合性工程公司的转型升级。

## 1 EPC联合体投资控制概述

### 1.1 投资控制的含义

投资控制是现代工程项目管理的一项重要内容。随着越来越多的大型项目采用EPC联合体总承包运行模式，投资控制的内涵越来越广泛。对于EPC联合体项目，投资控制是指自前期合理确定商务标报价开始，到合同签订时的费用优化、合同签订后的全面成本测算管理，再到项目实施过程中设计、采办、施工环节的成本管理，最后到以工程竣工结算管理为终点的全过程、全方位费用控制。

### 1.2 EPC 联合体的优势

EPC 联合体模式作为一种创新型项目运行管理模式，在青宁输气管道工程中实践应用，其一体化、专业化、效益最大化等诸多优势得以凸显。第一，由于项目在石油工程建设公司的总体框架内运行，做到了财务体系统一、管理架构统一、质量体系和标准体系统一，有利于充分发挥石油工程建设公司（简称石工建）的组织保障和协调作用。第二，联合体内设计单位和施工单位均具有相关石油天然气行业的甲级资质，强强联合，有利于打造优质工程。第三，EPC 联合体成员之间风险共担、利益分成的运行管理模式，有效摊薄了长周期、高投资额的长输管道项目的投资风险，促进了石工建层面的效益最大化。

### 1.3 EPC 联合体投资控制的重要意义

投资控制是现代项目管理的核心内容，也是项目利润的重要来源。以 EPC 联合体模式运行的建设项目，往往具有工程量大、专业化要求高、工期紧张等特点，对其运行全过程进行投资和费用控制，有利于在决策阶段做出正确的投资决策；在中标后对成本费用全面掌握，在设计、采办、施工、结算阶段促进项目管理和运行效率的全面提升，且有利于扩大联合体内部成员分工与合作的协同效应，为整个项目带来巨大的正效益。因此，在 EPC 联合体模式下，全过程的投资控制对项目的健康运行具有重大的意义。

## 2 EPC 联合体全过程投资控制

EPC 联合体投资控制贯穿于项目生命周期全过程，包括投资决策期合理确定商务标报价，合同签订管理，标后全面成本测算管理，以及设计、采办、施工及竣工结算投资控制等。在每个阶段均采取多项有效措施，以保证投资控制目标的实现和项目的健康运行。

### 2.1 商务标报价控制

在投标阶段，逐项认真研读招标文件的每一条款，理清建设单位要求，对需要业主澄清的问题逐项列表，并将其作为投标文件的组成部分；针对商务标报价特点进行细分，落实联合体主体责任；提前会同油建公司做好踏勘，充分了解施工现场地理位置、自然条件、地质地貌及其他影响投标报价的各种因素。在编制商务报价文件过程中，逐项响应招标文件的所有要求，如定额、计（组）价方式等，所有分部分项工程等费用均按照招标文件的要求逐项列表并汇总，将单项投标费用及总投标费用控制在拦标价内；充分考虑完成设计、采购、施工、联合试运转、竣工验收等可能发生的所有费用，重点考虑工程实施期间一切可能发生的风险费用及各类措施费用，避免因任何忽视或误解而导致的索赔。最终，对商务报价明细进行整合、优化后，于 2019 年 3 月 29 日投出，在三家投标单位中总分位列第一，顺利中标。

### 2.2 合同价款确定

充分考虑项目的直接费（如设备材料费，施工过程中的人、材、机费用）；间接费（如项目管理费等）以及风险、利润等，确定合理的合同价款。

（1）在设备材料采办合同签订时，利用不同的付款方式争取优惠的付款金额。如对不同物资及费用类型采用不同的预付款比例，对中石化直采物资、进口物资等采取一次性支付货款 100%等，争取价格折扣；对 EPC 联合体内部采办合同，严格把关审核，发现问题及时沟通调整，确保采办分包合同付款方式等条款尽可能与主合同形成“背靠背”。在施工合同谈判过程中，根据现场条件变化，及时对接，配合建设单位做好合同条款争议问题的澄清，优化项目施工进度，确立了合理的直接费用。

(2) 发挥石工建一体化管理优势，通过人员优化、集中办公等措施，创新管理模式，压缩两级管理成本。最终，项目管理费等间接费用降低 0.5 个百分点。

(3) 制定了详细的风险控制措施，随着实际情况的变化进一步细化调整，最终将不可预见费由 5%降低至 4%，压缩了风险控制费用。

(4) 明确合同专用条款中合同内价款及合同外价款的结算方式，明确总价合同中不同取费合同的签订方式，对合同实施期间出现的最新国家政策性文件及时响应。如国务院、集团公司和天然气分公司下发《关于做好清理拖欠民营企业账款工作的补充通知》后，项目部及时下发《天然气青宁管道工单》(财务〔2019〕5 号文)，明确质保金由 5%调整为 3%。

最终，通过合理的费用控制及优化措施，联合体与建设单位针对该标段签订了总价款为 26 亿元的 EPC 合同。

## 2.3 全过程成本测算与管理

项目中标后，项目部人员采取单项目考核、单项目管理的模式，完成全成本测算管理，制定出先进、合理的成本控制目标。首先，根据合同规定的工作范围，制定 WBS(Work Breakdown Structure)分解，将整个工作范围包括设计成本、采办成本、施工成本等按纵向分级，横向分类的模式，重新进行组织与定义，分解成更小、更易管理的单元。以施工工作为例，其纵向被分为 4 个层级，分别是第二标段—各专业—各区间—各工序。同时每一层级又被横向分解为十几个子项，如图 1 所示。

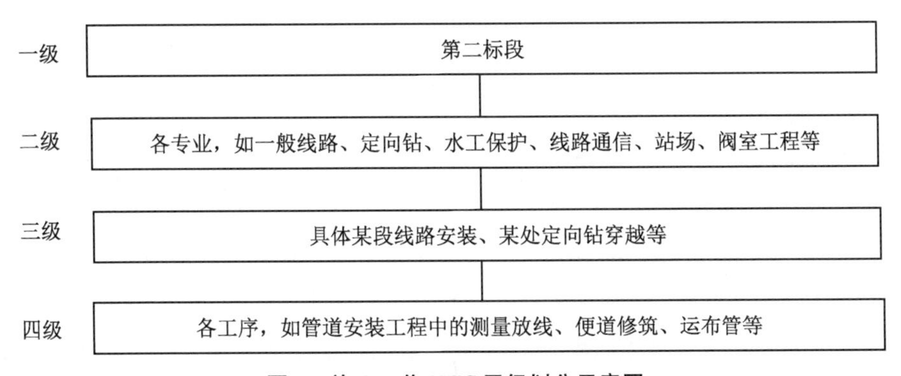


**图 1 施工工作 WBS 层级划分示意图**

根据项目工作全过程的 WBS 分解，及时编制了标后预算，计算每段时间内累积的费用总和，形成项目整个生命期内的费用累计曲线，作为项目执行阶段费用计划、费用控制和资金管理的基准，并将预算分配到各分部分项工作中，编制项目的控制成本，以及年度、季度、月度费用计划，跟踪监测项目费用支出情况，分析各种影响因素，编制费用报告，进行变更和调整。定期进行实际值与目标值的比较，找出偏差，分析原因，及时采取有效措施，以保证费用控制目标的实现。

通过项目工作全过程的 WBS 分解，优化了资源的配置，将 WBS 结果逐项落实到联合体协议中，明确各个主体责任，分别进行控制。在保证工期、质量和安全的前提下，工程费控制在比中标价下浮 20%、管理费控制在比中标价下浮 30%的目标范围内。

## 2.4 设计、采办、施工全过程投资控制

### 2.4.1 设计过程中的投资控制

中原设计公司在对 EPC 联合体项目的管控中，基本思路是将整个 EPC 过程作为整体，理清投标、设计、采办、施工、结算等环节各类投资影响因素的相互作用，站在总体高度，从全局角度总揽 EPC 各阶段的投资优化及控制措施。

设计是整个 EPC 的基础环节，将直接影响到后续采办和施工工作的开展。设计过程中的投资控制措施主要有以下几项：

**1）提高设计效率，缩短设计周期**

（1）组建专业化设计团队

青宁管道工程设计工作量大、工期紧张、专业化要求高。在前期投标阶段，中原设计就组建了一支专业化的设计、管理团队，并在中标后迅速补充精兵强将。青宁项目部设计、管理团队共 65 人，财务、绩效实行独立核算，并实行单项目考核与精细化管理。项目部下设设计管理部、工程技术部、采办管理部、综合管理部、HSSE 管理部、计划控制部六个部门，其中设计管理部 25 人，采办管理部 12 人，其他部门共 20 人。各部门职责分工如图 2 所示。

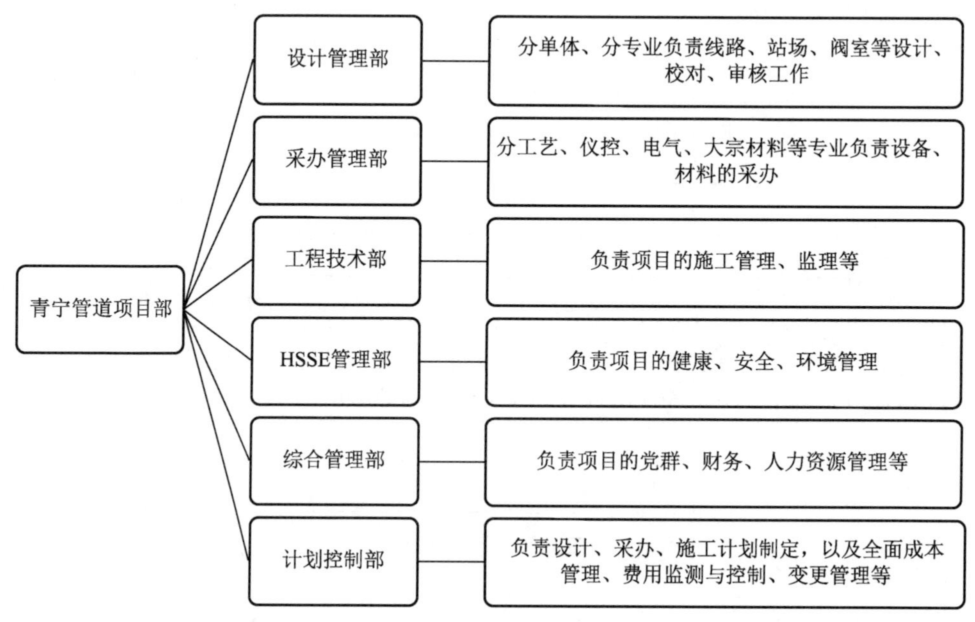


**图 2 青宁管道项目团队示意图**

团队中 60%以上的成员具有各类注册工程师资格，70%以上具有专业技术资格高级职称，大部分为具有长输管道工程丰富设计经验的专家、老将。大家分工明确，配合默契，为设计工作优质、高效地推进提供了强有力的保障，有效地节约了设计成本费用。

(2) 组建全专业设计协同平台

项目部成立后，依托中原设计公司已有的综合业务管理信息系统，迅速组建了统一的全专业设计协同平台，将设计工作模块分解为线路、站场等单体以及工艺、仪控、电气、总图、建筑结构等专业，所有专业从策划、输入、资料互提、图纸校对审核到存档等设计工作的全部阶段均通过协同平台在线上完成。同时，在扬州设置项目部管理机构，在宝应设置前线办公基地，项目部所有设计人员集中办公，并与施工单位及建设单位紧密结合，方便及时根据现场条件优化调整设计。在郑州本部17楼，同样设立青宁项目集中办公场所，方便各专业设计人员及时交流，加快设计进度。通过全专业协同设计平台，实现了专业设计上的无缝衔接，极大地提升了设计效率，有效地控制了设计管理成本。

(3) 充分运用标准化设计

以中原设计公司近几年承担中石化天然气分公司的鄂安沧输气管道一期工程、天津LNG输气干线工程、中海油海西天然气管网一期工程，以及其他地方性管网公司的江西省天然气管网工程、山东LNG管道工程等大型综合性长输管道工程项目为依据，充分借鉴相似环境条件下线路、阀室、站场的设备选型、材料参数、施工措施等，形成标准化、模块化设计，既缩短了设计周期，又减少了后续设备采购和施工难度。

在站场与阀室的设计中，以中石化天然气分公司《天然气长输管道标准化设计文件》(2018)为依据，根据输气首站、分输站、上输清管站、分输清管站、末站不同的任务和功能，确定合适的工艺流程，合理选择主要设备。对于功能相似、分输量相差不大的站场尽量选择参数相似的设备。如选择口径、压力一致的计量、调压撬、分离器等。通过标准化设计，节约近200人工时，节约工程费用近1 000万元，较好地解决了长输管道项目设计周期短、专业化水平要求高的矛盾。

**2) 详细设计阶段合理确定各专业工作量**

详细设计阶段，在认真做好勘察测量的基础上，结合地方发展需求及沿线各地市发展规划，考虑地形、地质、供气点位置、人文、交通、生态环境等条件，合理优化路由，尽量避开施工难度较大和不良工程地质段；减少与天然和人工障碍物交叉，以减少热煨弯管用量及线路保护工程量等；与铁路、公路及河道的规划建设相协调，利用现有公路作为施工便道，以方便运输、降低生产维护费用；在勘察测量工作中，将人工勘测改为无人机航测；在穿跨越设计时，充分考虑穿越铁路、大型河流、林区、经济作物区、鱼塘及与其他建(构)筑物交叉穿越等难点，合理选择隧道、箱涵、定向钻、顶管等施工方式。在局部困难段、现场情况发生变化段(如大中型穿跨越、规划区、人口密集区等)，结合实际进行调整。在一般管段设计时，根据地勘资料，分桩号确定土石方计算区间，结合管沟尺寸及施工方式，确定管沟土石方量。与施工单位进行充分技术交流，根据沿线实际情况统计出不同地质条件沟上焊、沟下焊长度。

与联合体中的其他四家施工单位积极沟通，在详细设计阶段充分考虑桥排及管道连头机组转移、倒流管制作安装、连续水塘施工、抽水机排水、筑土围堰、打拔钢板桩等措施费，做到不漏项。针对长输管道项目与地方政府协调程序复杂、专项评价及验收费用种类多等特点，在设计过程中，及时与发改委、国土资源局、交通局等多个相关部门保持沟通。

**3) 设计向采办适当延伸**

(1) 优化钢材及主要设备材料选型，为节约采办费用奠定基础

在EPC联合体运行模式下，设计可以及时向采办延伸，从而更及时、更高效地为采办服

务。通过主要设备材料选型的优化，直接促进采办费用的节约，达到立竿见影的效果。

本工程属于线路长，口径大，压力高的长输管道项目，线路管材购置费往往占到整个工程概算的 30%以上，管材及钢级的选择成为制约后期采办费用的关键因素之一。通过综合考虑无缝、螺旋缝埋弧焊、直缝埋弧焊、高频电阻焊等各种钢管的生产难度、性能优缺点，一般线路采用成本低，工艺成熟，国内供货商多，供货周期短的螺旋缝埋弧焊钢管；穿跨越等特殊地段及热煨、冷弯弯管采用焊缝少，焊接质量高，但生产成本高，国内供货商少，产能有限的直缝埋弧焊钢管。对于钢级，虽然 L450 钢管每吨单价比 L485 低 200～300 元，但由于其壁厚增加，用钢量相应增加 2 万 t，抵消了每吨单价缺口。因此选择了更经济的 L485 钢级，节约管材采购费 2 300 万元。

对于站场、阀室中的其他配套设备材料，同样通过将流量计前的强制密封球阀改为普通球阀、DN800 以上进口执行机构改为国产、SCADA 在线仿真系统改为离线模拟系统、取消南京末站硫化氢分析仪、取消调控中心 DLP 大屏、取消光纤预警系统、降低厂区照明光源功率等措施，进行设计优化。通过设计向采办适当延伸，更好地为采办服务。

(2) 设计、采办同步、交叉进行

与传统项目设计、采办、施工职责往往分散在不同的单位不同，在由 EPC 联合体承揽的青宁管道项目中，中原设计公司可以发挥提前谋划、统筹管理的优势，在主要关键设备核心参数确定后，第一时间提供详细的技术规格书及配套采办文件，由采办部门向厂商询价，做到设计、采办同步、交叉进行。一旦设计参数有所修改，设计人可及时提供最新的采办文件，由采办部门及时向厂商进行更新。同样，厂商也可直接向设计人员反馈意见，改变了传统项目运行模式下采办必须“等”设计的局面，从而减少了返工次数，大大缩短了长周期设备材料的采办周期。

**4) 施工单位提前介入，避免设计、施工脱节**

在 EPC 联合体运行模式下，设计不仅可以实现与采办的深度交叉，也可以实现与施工的有机融合，通过完善的设计资料指导采办和施工，根据施工中发现的问题及时调整设计，做到“边设计，边采购，边施工”。由于 EPC 联合体管理具有一体化和专业化的优势，对于线路安装、大型穿跨越等施工中的重、难点工作，施工单位可以从详细设计开始阶段就提前介入，编写施工组织计划，与设计人员及业主一起踏勘，提前掌握施工现场条件、注意事项等。与传统项目运行模式下，施工单位往往需等设计单位完成施工图设计后，拿到全套图纸才能组织施工相比，大大节约了沟通的时间成本，最大限度地避免了设计、施工的脱节。对于施工周期较长的大型长输管道项目来说，联合体内的施工单位在设计阶段提前介入，有利于缩短工期，增加项目利润空间。

### 2.4.2 采办过程中的投资控制

采办环节是关乎 EPC 项目利润的关键点之一。在采办环节，主要采取了以下控制措施。

**1) 实施策略采购**

实施创新型策略采办管理，由设计公司全面负责前端策划、采买实施、催交催运、现场物资交接、检验、保管等，改变了以往 EPC 项目现场物资管理需依托施工单位的尴尬局面；通过物流方案的统筹考虑和精密部署，有效减少了施工单位现场装卸、二次倒运费用，实现管材直达现场率达 88.33%；施工各标段管材均提前供应到场，未出现抢供。截至 2019 年 11

月，累计采购管材 327.21 km，采购总体进度较计划提前 90 日历天。大大节约了采办管理费用。

**2）推广集中采购**

在青宁项目中，推行采用拿总院负责全线物资的框架协议招标采购，其他单位按框架协议招标结果直接下达采购订单的新型 EPC 管理模式，实现了资源配置的优化，避免了石工建内部单位针对同一工程同一物资重复招标，节省采办人工时 150 日历天，同时通过招标过程的精密管控和优化后期运维管理，提升了集采效益，实现全线物资生产商供应、安装、调试的统一性，提升了业主满意度。

**3）防止采购标准过高**

严格按照设计给定的设备、主材及配件的参数、功能进行采购，针对本项目的客观条件，不盲目攀比同类工程，不盲目提高采购物资的设计标准。提高关键设备如 SCADA 系统、计量调压系统、执行机构等的国产化采购率，整个项目国产化采购率达到 95%以上。在必须采购进口设备的情况下，尽量实现设备配件及非核心配套的国产化。

**4）推广内部互供，积极消化余量**

大力推广内部互供。对于平衡压袋、电控一体化小屋、劳保物资等石工建内部单位的可供物资，优先向内部单位实施采购，实现互供金额 2 100 万元，不仅促进了采办价格的下降，而且实现了石工建内部各单位整体效益最大化。

提高请购量的准确性，采办及时与设计结合，核对物资供给与消耗清单，纠偏查漏补缺；及时跟进现场设计变更，杜绝重复采购和错采，从而最大限度地减少采购余量。对于不可避免的少许余量，则考虑在其他条件相似的项目中充分消化。同时，对集团公司内部以往长输管道项目的余料进行充分利用。截至 2019 年 11 月底，累计消化天津 LNG、鄂安沧等项目的库存主管材余料近 5 km，并计划对管件、弯管等其他余料进行调剂采购，有效地控制了采办金额。

**5）多渠道询价，保证充分竞争**

对于主要管材，选择与国内外大型石油天然气企业具有长期合作关系的优质供应商，通过争取折扣和有利的付款条件等方式降低大宗材料价格波动的风险。最终，青宁项目所需钢管由沙市钢管、宝钢钢管、玉龙钢管、番禺钢管、巨龙钢管等 5 家供货商共同供货；对于其他常规的重点设备，在设计上尽量围绕功能需要，减少特殊限制，以便充分调动市场竞争。选择 3～4 家资质优秀、技术过硬的供应商进行询价，价格做到宽备窄用。通过政府网站、广材网、工程造价信息网等及时掌握项目所在地的价格信息，提前做好材料采购计划，从而节约采办成本。

除总部直采、框架协议物资外，其余物资全部采用企业框架协议招标、易派客上线的采购模式，实现了全线企业框架协议物资采购率达 100%。截至 2019 年 11 月，已成功签订企业框架协议 28 个，包括分离器、收发球筒、阀门、调压、计量撬等多项主要物资，实现了市场的充分竞争。

### 2.4.3 施工过程中的投资控制

施工是 EPC 项目建设周期的末端环节之一。施工阶段的特点是周期长、控制面广、费用支付划分点多，应及时进行动态控制。对于青宁 EPC 联合体的牵头单位中原设计来说，该阶段投资控制的重点取决于设计、施工及采购的有效衔接、开工前的策划、优化的施工组织设计、可预见签证变更及不可预见的变更等。项目部人员及时根据业主要求、现场施工条件和内、外部管理需求从以下几个方面进行充分的事前控制：

**1）发挥联合体整体协调优势**

发挥 EPC 联合体整体协调优势和龙头作用，充分考虑设计、采购环节对施工的影响，及时编制进度计划，将设计节点和物资采购节点控制提前纳入项目计划监控体系，缩短项目施工周期；开工前积极组织业主和各参建单位进行图纸会审和技术交底，及时调整施工图纸，尽可能减少实施过程中各项不必要的费用。施工过程中对发现的问题积极与施工单位、建设单位协调、沟通，加强工程质量、进度及安全管理。

**2）做好施工单位管理**

充分发挥联合体一体化优势，按照中石化施工管理相关规定，做好与联合体内部单位施工合同的签订工作。施工合同线上备案，线上审批，建立台账、流水编号。及时对施工单位编制的施工方案进行审查，对施工单位二次分包的专业工作量如定向钻穿跨越、水工保护等进行监测。对于少数难度系数高的专业化工程，如高速铁路穿越的设计、施工、安全评价等，由中原设计公司直接进行分包，严格分包商和外部用工资格审查备案制度，选择中石化入网、石工建备案的合格分包商，并严格规定分包价款的支付节点及支付方式等，确保精细化管理，减少风险和费用。

**3）明确采办、施工现场工作界面划分**

明确现场采办管理与施工工作的界面划分，做到采办、施工的合理搭接。编制了项目物资采购工作界面文件，作为施工分包合同的附件和补充，重点明确物资卸车、到场复检、现场保管责任、现场物资交接以及安装工作内容。同时，设计图纸及技术规格书中明确约定现场重点设备的安装工作界面，与合同及界面划分文件保持一致。且在设计阶段估足现场交接的各项费用，避免漏项。

**4）严格控制变更及索赔**

加强变更管理。对施工单位编制的施工费用清单进行严格审核，重点审查了大型定向钻穿越、泥水平衡顶管、连片鱼塘及水网段施工费用，确保各项费用有据可依。严格控制变更数量，对于不得不发生的影响工程造价的重大变更，应尽可能控制在工程实施初期，使其对工程造价的影响降到最低。如在穿跨越工程中，部分区域因地方政府不允许采用开挖穿越方式而无法施工，项目部人员积极配合业主及相关单位重新踏勘，最终在满足施工质量和进度要求的前提下，改为定向钻穿越。

与监理部门紧密结合，随时监测施工进度及质量，确保项目施工工作在我公司的统筹掌控之中。加强项目总体管理，尽量避免发生建设单位或分包商因费用增加或工期延长而发生的索赔。

## 2.5 工程结算控制

工程结算阶段的投资控制属于事后控制，主要任务是做好工程资料整理、工程预结算及财务列支等，具体将包括以下几方面：

（1）做好各种交工资料、竣工图纸、设计变更单、增加工程量签证、预算书等过程资料的收集管理工作，及时与相关部门对接并提交；做好所有结算费用明细划分、剩余物资回收及财务费用列支等工作；详细了解合同中有关结算条款的内容，确保审查单位能够按合同条款准确计算结算价，尽快完成结算工作，确保资金及时回收。

(2) 明确涉及索赔与反索赔的工作内容，正确处理索赔与反索赔的关系，使竣工结算更加合理。

## 3 结论

青宁项目作为中原设计公司整合重组以来的第一个大型天然气输气管道项目，通过 EPC 联合体的组建，在项目管理中实行纵向分级、横向分类，压实责任主体，全面成本管理的模式，充分发挥了一体化、专业化的优势。从前期投标、合同价款确定、全面成本测算管理、设计、采办、施工，以及后期竣工结算等项目生命周期全过程，采取了各项措施合理优化投资，控制成本，最终，在前期决策阶段顺利中标，在施工图设计、采办、施工、竣工结算等阶段优化投资和各项费用近亿元，促进了项目的高效运行和石工建层面企业利益的最大化，为国家管网公司成立后我公司承揽更多类似 EPC 项目积累了宝贵的经验。

### 参考文献

[1] 王昆，程振华.浅谈 EPC 总承包项目的现场采办管理[J].中国化工贸易，2019，11(23)：42.
[2] 关绍泉.浅谈 EPC 总承包模式下的投资控制[J].价值工程，2012，31(1)：75.

# 青宁输气管道工程 EPC 联合体文控管理探讨

张 博 靳 涵 马 瑶
（中石化中原石油工程设计有限公司）

**摘 要** 青宁输气管道工程作为近年来集团公司重点大型长输管道建设项目，以中原设计公司为主导，与 4 家施工单位组成 EPC 联合体（二标段），共同承担设计、采办、施工等工作。本文对以中原设计公司为主导的 EPC 联合体模式下的文控管理工作的必要性和特点进行了探讨，提出了文控管理工作的主要措施和在项目建设中取得的成效。

**关键词** EPC 联合体；文控管理；数字化交付

## 前言

青宁输气管道工程地处经济发达的苏鲁地区，属于黄淮平原，线路全长 531 km，设计压力为 10.0 MPa，管径 1 016 mm，管道主材为螺旋缝和直缝埋弧焊钢管，管道材质为 L485M。该工程起始于山东青岛市黄岛区的山东 LNG 接收站，终止于江苏仪征市的南京末站，途经山东省青岛市、日照市、临沂市与江苏省连云港市、宿迁市、淮安市、扬州市等 2 省、7 个地市、15 个县区。中石化中原石油工程设计有限公司作为牵头单位，负责整个项目详细设计统一规定的编制，同时与河南油建、中原油建、江汉油建、江苏油建 4 家施工单位组成 EPC 联合体，承担了二标段从宿迁市至扬州市约 327 km 输气管道和 6 座站场、14 座阀室的设计、采办、施工等工作。

## 1 EPC 联合体文控管理的必要性

按照我国现行的《招标投标法》规定，两个以上法人或者其他组织组成一个联合体，以一个投标人的身份共同投标。在我国，联合体非独立法人，仅为临时机构，完成项目建设后，联合体自动解散。联合体中各个成员对招标人需承担连带法定责任。[1]

为明确联合体内部各参与方的责任和义务，保证项目平稳顺畅运行，除应签订《EPC 联合体协议》外，文控管理部门还应在联合体各参与方充分协商的基础上，建立完整的文件控制管理体系，包括科学准确的文控管理项目策划、周密的机构划分和任务明确（划分到每个项目参与人员）、全面的规章制度、高效的项目运作流程和完善的项目文控管理系统，以确保项目运行的准确性和流畅性，保证项目各参与方有章可循，过程文件及时齐全的收集归档。文控管理部门应在项目正式运行前，组织项目参与人员认真学习掌握文控管理程序，要求各参与方按程序办事，避免项目开始后出现混乱局面。

许多不了解文控工作的人都会错误地认为文控是管理技术含量低、工作乏味、没有创新、不具挑战性的一项工作，但是笔者经过长时间的亲身实践和学习总结，深刻认识到文控这项工作在整个项目实施过程中是不可或缺的，它是项目管理过程中各相关方沟通的主要信息纽带，贯穿于整个项目的始终，覆盖范围广泛[2]。

# 2 青宁输气管道工程 EPC 联合体文控管理措施

## 2.1 建立和完善文控管理信息化平台

为避免 EPC 联合体内部各参与方合作关系陷入困境，必须在项目开工前建立高效的信息沟通平台，降低合作成本。联合体各方工作内容和性质的不同导致了项目信息的不对称，要加强联合体各方的合作关系，必须利用现代技术手段搭建高效的信息沟通平台，同时建立正式的沟通协调机制，清除沟通障碍，降低合作成本。为此，中原设计公司针对 EPC 联合体模式，开发应用了一套《项目管理集成平台》，此平台主要集成了设计管理、采购管理、沟通管理、HSSE 管理、分包管理、综合管理和统计中心 7 大模块，联合体各成员在此平台共享项目信息，加强沟通交流，并完整、真实地保留沟通痕迹。此平台集成的项目统计分析功能，为项目管理人员实现科学决策和项目的进度控制、质量控制、成本控制奠定了基础。表 1 为青宁输气管道工程项目管理集成平台的结构组成。

表 1　青宁输气管道工程项目管理集成平台结构组成

| 序号 | 项目 | |
|---|---|---|
| 一 | 设计管理 | 设计启动 |
| | | 设计策划 |
| | | 进度检测 |
| | | 物料请购 |
| | | 设计变更 |
| | | 设计成果 |
| 二 | 采购管理 | 供应商管理 |
| | | 需求管理 |
| | | 采购策划 |
| | | 合同管理 |
| | | 催交监造 |
| | | 物流运输 |
| | | 甲供材料 |
| 三 | HSSE 管理 | HSSE 管理规定 |
| 四 | 分包管理 | 招标谈判 |

(续表)

| 序号 | 项目 | |
|---|---|---|
| 五 | 沟通管理 | 项目通讯录 |
| | | 收文管理 |
| | | 发文管理 |
| | | 会议纪要 |
| | | 工作联系单 |
| | | 通知公告 |
| | | 内部文件会签单 |
| | | 项目问题 |
| 六 | 综合管理 | 印章管理 |
| | | 财务管理 |
| | | 行政管理 |
| | | 文控管理 |
| | | 考勤管理 |
| | | 办公管理 |
| 七 | 统计中心 | 项目统计分析 |

联合体项目部文控管理部门的所有文控管理行为，全部在这个平台上进行，确保了项目建设期 EPC 管理过程资料录入的及时性、真实性、准确性和完整性。

## 2.2 充分发挥文控管理的纽带作用

文控管理人员通过信息的收集、统筹和传递等工作，使各部门能够顺畅地沟通意图、统一行动，并提供客观证据，保留管理痕迹，做到管理过程的可重复性和可追溯性，并积累宝贵的项目管理经验。

EPC 项目各参与方之间沟通协调不利，是项目各项工作滞后的关键原因。一个项目会涉及诸多方面、众多活动，因此离不开各方面的配合。在各参与方之间，文控管理人员是沟通的桥梁，一定要协调好各方关系，加强各部门间的沟通。作为项目文控管理人员，除了要掌握专业技能，提高业主素质外，还要善于观察，对各种信息有敏锐的洞察力，有负责任的工作态度，努力提高沟通协调能力。

## 2.3 文控管理的日常工作要点

文控管理人员主要负责文件、图纸和资料的收集、整理、分类、传递、跟催、保管、存档等工作。在项目实施过程中，文控管理人员必须认真学习掌握项目部各方面的制度，明确各类文件的收发流程及范围，理清不同文件的传递部门，避免产生文件传递错误、遗漏或不及时等现象；在文控管理人员的职责中，跟催是非常重要的环节，很多文控管理人员在文件发布之后就不管不问，缺少跟踪和催办，致使文件发布和执行的脱节，很多工作得不到落实，严重影响了项目的如期平稳运行；在各类文件和会议纪要中有明确时间节点的事项，文控管理人员应按部门、负责人、进度、计划完成时间和存在的问题等制作待办事项督查分解表，并按事项的轻重缓急，定时督促相关部门和负责人按期完成。

工程联络单作为项目部各部门之间及项目部与施工单位之间正式沟通的主要形式，被广泛使用，如何快速有效地处理工程联络单，成为非常重要的日常工作。文控管理人员应对每天收到的工程联络单按紧急程度进行分级管理，优先处理紧急事务，并做好登记台账，记录经办人、审核人、处理时间和处理意见等。对收到的所有工程联络单要一一处理销项，处理一件，登记一件，避免遗漏。

设计图纸作为工程施工的唯一依据，其重要性不言而喻，设计图纸资料的接收发放、归类整理、登记造册等工作是文控非常重要的工作。图纸资料应分系统、分单项工程、分专业规范整理，并使用 Excel 软件建立目录，使用超链接准确链接到各个文件，使文件查询和浏览更加方便、准确、快捷；对设计变更和升版等文件，应单独管理，并在文件台账中准确记录变更时间、版次和变更原因等信息，为后续设计文件的提交和准确指导施工提供依据；对作废的图纸，应尽快通知各相关部门，并及时回收登记，集中存放或销毁；文控管理人员要主动和工程技术部门沟通，及时了解各施工单位的施工进度和在施工中遇到的问题，并整理反馈给设计团队，这样对后续设计图纸的及时提交和设计质量的提高大有益处；文控管理人员应主动学习工程管理知识，熟悉工程的主要工序，了解各工序之间的关系，在各工序实施前，提前做好所需设计图纸的催交、整理和发放等工作，避免出现因设计图纸不到位而影响各工序之间衔接的现象；文控管理人员应主动跟踪各专业的设计进度，对进度滞后的专业有督促的义务。

物资的及时准确到场，是各施工工序能如期保质进行的前提。文控管理人员要根据工程实施的进度，向设计团队各专业及时催要施工所需工程物资的技术规格书、数据表、物资需求计划等文件；跟踪督促各专业对供应商提出的技术澄清及时进行答复，并真实完整地保留相关过程文件；及时督促各专业对施工单位提交的月度、临时物资需求计划进行审核确认，并及时招标、请购、下单，保证物资到场的及时性和准确性。

为响应集团公司智能化管道建设的总体部署，青宁输气管道分公司与中油龙慧北京信息技术分公司合作开发建立了青宁输气管道工程智能化管道平台，实现了公文下发、工程管控、变更管理、费控管理和智能化数据采集等关键项目的规范化、集成化管理，是 EPC 联合体各参与方与业主沟通的重要渠道。

## 2.4 数字化交付对文控管理工作的要求

《油气管道工程数字化系统设计规范》对数字化交付的定义为：在勘察测量阶段、设计阶段和施工阶段结束时，根据下游用户要求，将本阶段产生的数据以数据库或结构化数据文件的形式向下游传递的过程。数字化交付作为管道工程各阶段之间的纽带，是数字化建设的重要内容。

青宁输气管道工程数字化交付主要由线路系统成果交付和站场系统成果交付两大部分组成。其中线路部分包括：①可研阶段的管道工程（管道基础信息、站场信息、线路信息等）；②专项评价（环评、安评、地灾、地震等）；③总体设计、基础设计、详细设计阶段的管道工程（管道基础信息、站场信息、线路信息等）、外协成果（征地、林地等）、工程变更等；④地理数据

(管道及周边不同阶段不同比例的 DLG(数字线划图)、DEM(数字高程模型)、DOM(数字正射影像图)等);⑤前期阶段的项目规划报告;⑥(预)可研文件相关内容;⑦专项评价报告及批复意见;⑧地方政府批文和各种协议、核准要件等。站场部分包括:①数字化站场的数据管理;②数字化站场模型建立等。

为实现以上内容数字化交付的整体性、系统性和移交的及时性,为规范数字化交付过程,划分数字化交付内容与范围,明确数字化交付各参与方职责,我公司根据《石油化工工程数字化交付标准》确定了以下六方面基础规定:①工厂分解结构;②类库;③工厂对象编号规定;④文档命名和编号规定;⑤交付物规定;⑥质量审核规定。文控管理人员应在项目各阶段,树立成果资料收集归档意识,主动、规范、真实、完整地收集项目数据资料,将数据资料进行结构化重整、格式转换、热点内容提取入库,加载到统一的设计成果数字化交付平台。要充分发挥项目集成管理平台的数据集成优势,避免数据资料的遗漏和后期集中补充整理等问题。

## 3 文控管理取得的成效

青宁输气管道工程业主和 EPC 联合体管理团队,以文控管理的信息化与数字化为目标,建立了完整、规范的项目文控管理制度。本项目使用的项目集成管理平台和青宁输气管道工程智能化管道平台实现了项目建设期 EPC 管理过程资料录入的及时性、真实性、准确性和完整性,实现了公文下发、工程管控、变更管理、费控管理和智能化数据采集等关键项目的规范化、集成化管理,为项目平稳顺利运行提供了及时、可靠的文件资料支持。

## 4 结语

综上所述,在数字化交付成为大势所趋的背景下,利用现代技术手段搭建的信息化平台,高效地完成文件信息的汇集、传递、归档,实现联合体项目部内部及与外界的顺畅沟通,是 EPC 联合体文控管理工作的重点,也是整个项目平稳顺畅运行的基础和保障。

### 参考文献

[1] 吴锋.关于 EPC 项目中设计单位牵头联合体的管理分析[J].中国房地产业(下旬),2019,21(7):85-88.

[2] 林春杰,刘亮,李阳.论管道工程 EPC 总承包模式下的项目文控管理[J].人力资源管理,2015(9):227-228.

# 青宁输气管道工程 EPC 联合体党建工作实践与思考

纪云庆　焦蕊蕊　董剑峰

（中石化中原石油工程设计有限公司）

**摘　要**　EPC 项目党建工作具有一定特殊性，人员流动比较频繁、物资资源比较集中、稳定形势比较复杂，等等，给项目党建工作带来了一定的挑战。本文结合青宁输气管道工程党建工作实际，认真分析了 EPC 项目党建工作面临的新环境、新形势，对如何加强和改进 EPC 项目党建工作，从班子建设、工作机制等方面进行思考和探索，并对青宁输气管道工程 EPC 项目党建工作经验和体会进行了梳理和总结，为项目党建工作提供借鉴。

**关键词**　EPC 项目管理；党建工作；思考

## 前言

近年来，伴随着工程总承包的发展和企业的创新管理，中原设计公司逐渐向工程公司转型升级发展，承揽的 EPC 总承包市场份额逐年增加。EPC 项目的快速发展，给传统的、相对稳定的、以“单位党建”为基本单元的党建工作模式提出了挑战。我们在青宁项目党建工作实践中，认真分析党建工作的目标、方向，积极探索 EPC 项目党建工作方式、方法，在管理上提供保障、在责任上层层压实、在岗位上示范引领，为 EPC 项目的管理和发展提供了有力保障。

## 1　项目党建面临的新环境、新形势

### 1.1　机遇和风险并存

很多勘察设计单位逐渐向工程公司转型，业务从传统的设计、科研发展到以 EPC 总承包为主，产值所占比重逐年增加。从一些业主单位的角度考虑，也倾向于以 EPC 模式发包，以减轻负担、控制成本、分散风险，为 EPC 项目的发展提供了机遇。与此同时，EPC 项目往往对承包方的能力提出了更高的要求，设计、安全、进度、成本、质量、采办、廉洁等各个环节的管控情况，直接决定着 EPC 项目的风险和收益，大型的 EPC 项目面临的风险和不确定性也更大，给 EPC 项目的党建工作提出了更高的要求。近年来，中原设计公司承揽的 EPC 项目占产值的比例逐年快速提升，青宁管线项目合同额达到了 15.6 亿元，EPC 项目正在逐渐成为生产经营的焦点，党建工作也需要及时扭转角色、调整思路、加强管理。

### 1.2 流动性增大

随着业务市场和范围的扩大,工程设计和管理人员从以前的相对集中到现在的广泛分布到全国各个省市,人员流动频率和时间也有大幅增加。在青宁项目,管线全长531 km,途经山东、江苏2省、7个地市、15个县区,很多项目管理、专业设计人员、设计代表会在工程项目现场,甚至是条件艰苦的地方长期驻留。人员流动增大,往往会造成管理难以跟进,这就给队伍的稳定、人才的选拔培养、风险的控制提出了新的挑战。同时,也给员工的身体、心理及工作和生活环境带来不利影响。项目党建工作应该立足于外部项目实际,增加党组织与员工的沟通协调,拉近单位与个人的距离,做好员工的思想政治工作,提升项目应对不确定性影响的能力。

### 1.3 外部环境影响

一些外部EPC工程项目,其所在地的社会、生活、交通、经济、习惯、自然等环境因素,对工程的管理、运行有着非常直接的影响。青宁项目沿途穿越湖泊1个,河流81条,管道沿线水网密布、地质环境复杂,一方面会导致工程管理、风险控制、项目盈利等存在不确定因素,另一方面,安全环保质量要求高,项目管理难度大,具有点多、线长、面广的特点,也受到了中国石化、地方政府各级领导、各个部门的高度关注。项目设计、建设全程,参建人员必须高标准、严要求,不能出现安全、质量、环保等方面的问题,给项目管理人员带来了较大压力。

### 1.4 对党风廉政建设提出更高要求

工程项目建设领域有其特殊性,EPC合同金额大,人、财、物管理较为复杂,关系到业主、设计、施工、分包、采购等多个环节,牵涉到的利益多、环节多、周期长,并且不同项目管理模式也不同。尤其是以项目经理制和EPC总承包为特征的管理机制,对于工程建设中的招投标、投资控制、设备采购、工程变更、合同管理、分包管理等关键环节的自主权增加,各个环节牵涉人员多、岗位多、流程多,也就相应增加了违反廉政规定操作行为的风险。同时,工程建设项目的分包、劳动用工、当地关系协调等工作比较复杂,经济往来如果出现管理不善、处理不当,就会诱发不稳定因素。因此,党建思想政治工作也要立足于项目党风廉政建设目标,发挥好组织优势,提升基础管理水平,确保项目平稳、有效运行。

## 2 加强和改进项目党建工作

### 2.1 加强班子建设

一是选好配强项目党组织负责人。中原设计公司对青宁项目党建工作高度重视,为了建设优质工程项目,在青宁项目部党支部书记配备上,中原设计公司明确了一名担任过项目经理、具有丰富项目管理经验、既懂项目管理又懂党建管理的同志担任项目部党支部书记,同时,项目经理担任了党支部副书记,促进了党建与生产的深度融合、互促共进。二是加强项目班子建设。中原设计公司党委针对青宁项目部党建工作重点、项目的特点和易出问题的环节,进行有针对性的学习和教育。党委书记定期与项目党支部书记进行谈话,谈党建、谈稳定、谈廉洁、谈监督，讲清责任和义务，每季度听取项目部落实党建责任工作汇报，切实促进项目部党建发挥促生产、促稳定、解决实际问题的积极作用。三是抓好监督。中原设计公司组织项目部主要领导签订廉洁从业责任书，将建设廉洁项目的要求写入经营承包责任书中；纪委书记在项目开工伊始就组织项目部有关人员认真分析廉洁风险点，确保廉政监督与生产经营一起部署、一起考核、一起兑现。中原设计公司纪委加大对招投标、物资采购、合同签订、投资控制等方面工作的监督力度，规范工作的流程和权限，制定了项目廉政风险分析表，查找风险 20 余项，有针对性地进行了整改，将风险防范融入项目建设中的每一个过程，确保实现项目廉政建设目标。

## 2.2 履行党建职责

一是层层压实党建责任。对中原设计公司下达的党建工作目标，青宁管道项目部党支部认真分解了党建工作职责，明确了项目部副职领导的党建分工，层层组织签订了党建目标责任书。项目部党支部书记定期听取项目部班子成员的落实党建责任汇报，并对项目部班子成员落实党建责任情况进行督查指导。二是抓实党员目标责任。对普通党员，签订了党员目标管理责任书，根据党员的职责、分工、工作目标的不同，每名党员都明确了责任区，将党员的学习教育、联系群众功能延伸到基层和一线，发挥普通党员在引领和带动群众方面的积极作用；对个性目标，党支部紧密结合党员个人的生产经营职责进行分解，明确工作职责和内容，明确计划、措施和节点；年底对党员个性目标、共性目标完成情况进行认真总结，党员在组织生活会上进行认真自查，促进党员立足岗位履职尽责。

## 2.3 完善工作机制

一些单位的外部项目，因为地域分布、沟通不畅、时间较短、人员流动等原因，对基础工作不够重视，影响党支部工作成效。为了抓实党支部工作，青宁项目部在成立伊始就着手完善党支部工作机制。一是建立集体决策、民主决策机制。制定了《“三重一大”集体决策实施细则》，对“三重一大”上会事项制定了内容清单，从内容提报、前置程序、操作流程等方面，规范了议事和决策，先后对项目部《绩效考核办法》等重要事项进行了集体决策，充分发挥了民主集中制的制度优势，降低了决策风险。二是强化教育管理机制。党支部每个月根据上级安排和项目部工作实际，制定理论学习计划，明确学习内容和时长，并严格考勤通报，促进党员职工群众认真贯彻执行上级组织的发展战略，认清形势和任务，在促团结、促发展上形成共识。制定了《党务公开实施细则》《党员立项攻关实施办法》等规章制度，使党支部各项基础工作有章可循、规范有序。三是建立党建考核机制。针对项目部领导班子成员履责情况，明确项目管控、稳定廉政等具体的考核指标，抓好党建考核工作，使项目党建工作责任清晰、重点突出、目标明确。四是建立立功竞赛机制。党支部组织“提质提速提效立功竞赛”活动，对各部门项目管控的目标完成情况进行定期评比，成绩突出的进行表彰奖励，充分调动党员干部职工担当奉献、岗位建功的积极性和创造性，将党员的示范带头作用体现到业绩上、体现到项目建设上，全面提升项目管理成效。

## 2.4 党员示范带头

在一线基层党组织中，党员是推进项目建设的中坚力量，要创新方式、方法，激发党员在项目管理过程中的主动性和创造性，发挥好党员的示范和引领作用。一是开展立项攻关。把项目的管控目标分解后，写进立项攻关的任务、要求和标准中，明确攻关内容、攻关措施，每季度根据项目进展，对立项攻关完成情况进行对照检查，出现偏差及时纠正，通过立项攻关和持续改进，促进党员目标责任与项目管理深度融合。青宁管道高邮湖 7 条定向钻连续穿越，由于 5～10 月汛期影响，施工窗口期短，为保证预期投产目标，设计团队党员干部职工发挥带头作用，集中力量对穿越设计方案进行优化，通过加长定向钻长度减少滩区开挖长度、加大定向钻出土端斜率和相邻定向钻出入土点之间纵向错位等方式，从技术上保证了非汛期内完成 7 条定向钻、连头的施工任务。二是带头服务基层一线。青宁项目部党员干部职工与一线员工同吃同住同劳动，在困难面前坚持带头协调解决，共同改进项目管理、堵塞隐患漏洞；认真把握员工思想、主动谈心交心。共慰问项目部一线员工 5 次，帮助解决技术服务、沟通协调等方面难题 20 余项。在节假日期间，项目部主要领导带队深入现场进行安全巡检，对施工项目部开展专项安全检查，及时消除安全隐患。

## 2.5 加强宣传管理

作为重点工程项目，宣传工作是一个展示形象、树立品牌的良好窗口。青宁项目部在宣传工作中，加大支持力度，采取有效措施努力展示参建单位的良好形象。一是强化宣传力量。中原设计公司从党群工作部抽调宣传管理骨干人员到青宁项目部兼职，并购置无人机、照相机等配套器材，为宣传工作提供人员、设备方面的大力支持。二是依托上级网站媒介、驻地油田电视台和报社等宣传媒介，加大宣传报道力度，组织实施好里程碑节点、专题宣传片等深度宣传报道，提升项目的影响力。三是广泛搜集素材。项目部每周在工作例会上组织各部门上报项目宣传报道素材，挖掘先进事迹和典型，为宣传工作提供有效支撑。项目开始以来，通过微信公众号、新闻等宣传形式完成各类报道稿件 26 篇，其中《中原设计公司获得青宁天然气管道分公司第三季度承包商考核第一名》《青宁输气管道工程大口径长距离定向钻穿越施工方案获得评审通过》《青宁输气管道工程首钻穿越回拖成功》《中原设计公司连续中标四项工程》等通讯报道被中国石化报、石油工程建设公司网站选用刊登。

## 2.6 抓好主题教育

一是突出主题、强化学习。重点学习了《习近平关于“不忘初心、牢记使命”重要论述选编》、党章、党史、新中国史、《中国石化三十年》、集团公司领导党课和讲话、陈俊武先进事迹等重要材料。共发放学习材料书目 200 余册，一线上党课 8 人次，开展各类学习和讨论 20 余次，开展项目部主题教育微信知识竞赛答题活动 1 次，制作主题教育专题展板 22 块，组织主题教育“唱红歌”活动 1 次。二是做好调研，发现问题、解决问题。项目部班子成员人人身上有任务，明确了进度控制、安全质量、绩效兑现、技术支持、党建宣传、人文关怀等 7 个课题，先后组织召开项目调研座谈会 7 场次，收到调查问卷 30 余份，查找问题 8 项；认真召开组织生活会、对照党章党规找差距专题会，项目部班子成员检视个人问题 50 余项；制定了主题教育专项整改方案，采取整改措施 7 项，完善制度 4 项。三是坚持做到学、研、用相结合。在学习、调研、查摆的基础上，针对项目难点、重点，集中研讨文 23 储气库项目管理的好经验、好做法，将文 23 项目的重大风险动态管控表和重大风险作业监督旁站制度应用于青宁输气管道工程的 HSSE 管理中，取得较好效果，实现了“零伤害、零污染、零事故”的阶段性目标。

## 3 对 EPC 项目党建工作的思考

EPC 模式给党建工作提出了新的要求，在 EPC 项目中要充分激发基层党组织的凝聚力和战斗力，充分发挥党员的创造力和执行力，为项目建设提供强有力的保障。

一要坚持党的领导，坚定正确的政治方向，建设一个政治合格、团结协作、精于业务的项目领导班子，建设一个能力突出、精干高效、吃苦奉献的项目管理团队，是做好 EPC 项目的关键所在，是 EPC 项目党建工作的首要任务。

二要坚持党建创新与项目管理创新相结合，将建设优质、品牌、示范工程作为 EPC 项目部党组织和党员干部职工的“初心”和“使命”，把党建实践活动与项目的安全、质量、进度、费用、合同、廉洁主要控制目标结合起来，把党建责任的管理与项目管控的各个环节结合起来，是优质高效推进 EPC 项目建设的有效途径，更是发挥基层党组织战斗堡垒作用和党员先锋模范作用的必由之路。

三要坚持合作共赢，开展和谐共建，凝聚业主和 EPC 项目参与各方力量，在党建管理、立项攻关、主题党日、廉政建设等各方面开展联建联创，加深沟通协作，是提高项目管理效率、水平，提高业主满意度的有效途径。

### 参考文献

[1] 金钊.党支部工作就该这样干：图解[M].北京：中国言实出版社，2017.
[2] 洪向华.新时代高素质专业化干部队伍建设[M].北京：中共党史出版社，2018.
[3] 哲闻，张强.中国共产党组织工作教程[M].北京：党建读物出版社，2006.

# 论党建工作在青宁输气管道工程建设中的作用

高金庆
（中石化石油工程设计有限公司）

**摘 要** 为保障青宁输气管道工程项目运行，充分发挥党支部的战斗堡垒作用和党员先进模范作用，通过建立项目关联单位党建共建机制、实施党建引领与创新管理两措并举，将党建融入项目中心工作，推动项目建章立制、安全运行、劳动竞赛、廉洁从业及团队文化等工作，保障了青宁输气管道工程又好又快地推进，打造了一支廉洁和谐、团结高效、敢打敢拼的项目团队，创造了超计划节点和合同目标的“青宁速度”，为后续长输管道建设项目的党建工作提供了借鉴。

**关键词** 党建引领；创新管理；EPC联合体；项目团队；党建共建

## 前言

由中石化石油工程设计公司EPC总承包的青宁输气管道一标段线路总长207.32 km，途经山东青岛市、日照市、临沂市和江苏省连云港市2省、4市、7县（区）。项目部成立之初，项目临时党支部也同时建立起来。遵循“创新、创效、融合、提高”的工作思路，工程建设者始终怀着“不忘初心争先锋，筑梦青宁立新功”的热情，以优质服务为己任，创新管理，拼搏奉献，以高质量党建推动项目各项工作的开展，用实实在在的工作成绩擦亮胸前的党徽，让党旗飘扬在项目建设一线，保障项目安全平稳高效运行。

## 1 筑牢党支部战斗堡垒，保障项目安全平稳运行

党支部始终注重规范建设，夯实基础，强化沟通，完善工作机制，强化党小组建设，培育项目特色文化，队伍的战斗力和凝聚力不断加强，推进党建和项目工作融合发展，形成了“勇担当、敢作为、拼搏奉献在青宁”的良好局面。

### 1.1 夯实基础，筑牢战斗堡垒

针对EPC联合体项目部参建单位分散、相对独立、管理难度大的特点，党支部通过健全组织机构，划分工作界面，明确岗位职责等措施，实现项目统一管理；通过制定联合体项目管理制度、联席会议制度及事项督办机制，规范项目运行；修订联合体党支部工作制度，细化党支部及班子成员党建责任清单及工作措施，按照“党政同责、一岗双责”推进项目各项工作；真正形成“一条心、一股劲、一个目标、一家人”，较好地发挥出了联合体管理模式的优势。

### 1.2 完善机制，融入中心工作

坚持“围绕中心抓党建，抓好党建促发展”，把党建工作贯穿于工程项目建设全过程，确

保组织建设全覆盖;创新联合体项目党建管理新模式,先后建立青宁项目部党建共建机制,开展了以"融入项目中心工作,提升党建共建水平"为主题的党建共建活动,加强业主、监理、施工单位的沟通及交流,确保项目安全平稳运行;建立青宁项目部廉洁共建机制,发挥联合体成员各方监督作用,形成监督合力,实现廉洁共建、合规共赢,推动青宁输气管道工程依法合规建设、阳光廉洁运行。

### 1.3 培育文化,增强队伍凝聚力

EPC 联合体中人员来自不同单位,成分相对复杂,党支部及党小组注重做好项目部一人一事的思想工作,踏踏实实地了解和熟悉每个人特点,为每名员工制定合理的工作目标和岗位职责,培育了以"忘记我来自哪里,记住我现在的职责" "一个团队一条心、一个目标一起赢"为核心内容的"青宁筑梦"特色文化,培养员工队伍凝聚力,提升项目团队向心力,形成了"奉献在青宁、追梦在青宁、创效在青宁"的良好局面。

## 2 发挥党员先锋模范作用,立足项目开展创新创效

### 2.1 党员先锋,争当创效能手

为了"打造 EPC 工程建设铁军",项目部的党员们积极落实岗位职责,以超额完成任务为目标,把项目现场作为做合格党员的主战场,敢担当、善作为、树形象、争先锋,充分发挥了党员先锋模范带头作用,实现项目创新创效,提高项目经济效益。在道路施工直径 2.0 m 顶管过程中,党员刘海涛与设计人员不断沟通,了解设计意图,同时又与油建施工负责人讨论施工工艺,经过组织项目团队多次讨论,优化施工工艺、强化施工措施,最终将直径 2.0 m 的顶管规格改为 1.5 m,提高了施工效益,节省了大量资金;在项目平衡压块采购过程中,党员戴群及时协调设计、施工专业负责人,结合沿线地形、地下水位等情况,进行多次技术讨论,经反复论证并结合已建工程的成功经验,在满足工程施工条件下,将沿线管道平衡块改为平衡袋,节约了大量资金。

### 2.2 特色党小组,各司其职保进度

项目班子成员、党支部委员覆盖党小组,按照项目管控要求,设立安全质量责任党小组、外协进度促进党小组、设计采购保障党小组,结合项目业务发展需要,各党小组明确自身定位和专业主攻方向,形成特色化党小组,起到推进工程高质量党建工作的先锋表率作用,既是攻克项目施工重点、施工难点的党员突击队,又是破解项目重点、项目难点的党员攻关队,营造各特色党小组相互比拼、共同提高的良性竞争氛围。在河流定向钻施工过程中,工程技术党小组结合穿越河流地质条件及以往成功的工程施工经验,积极优化施工工艺,将原有不良地基的定向钻入土端和出土端都预埋钢套管的方案,优化为出土端先预埋钢套管以方便回拖,入土端根据穿越地质条件再具体确定施工方案,既减少了钢套管用量,节约了生产成本,又提高了施工效率,树立了 EPC 团队优质管理的良好形象。

# 3 党建引领，创新管理，打造项目建设“青宁速度”

## 3.1 创新管理，促进项目安全运行

青宁项目开工之初，结合项目管道口径大、线路长、三穿多、征地难、工程投资高等特点，项目部党支部针对性地确定了党建引领与创新管理两措并举的工作目标，并细化了各项保障措施；在工程建设中，创新 EPC 联合体管理模式，聚焦 EPC 项目部整体管理职能，充分发挥在设计采购施工各阶段综合协调和技术管理优势，以“出精品、创品牌、提高客户满意度”等专题活动为抓手，科学配置项目资源，强化项目全过程管控，克服现场线长点多、地质条件复杂、外协压力大、变更调整多等困难，强强联合，优势互补，全力推进工程进展，取得的成绩得到了业主高度评价。

## 3.2 开展竞赛，打造项目建设“青宁速度”

为满足合同目标和节点工期要求，激发参战员工的工作热情，掀起比干劲、赛贡献的高潮，EPC 项目部从项目开工伊始就实行劳动竞赛活动机制。2019 年 6 月，党支部及时组织开展“不忘初心争先锋，筑梦青宁立新功”劳动竞赛活动，一是结合竞赛目标细化保障措施，分解责任，传递压力，层层落实；二是把施工重点、施工难点作为党员突击队工作重点，强化施工部署；三是把重点环节作为党员专项攻关，强化运行节奏；四是把顶管作业安全管理、管道焊接质量控制等重要岗位，定为党员示范岗，赋予其责任与压力，发挥党员先锋模范带头作用，确保项目重点环节顺利运行。劳动竞赛取得了明显效果，在业主组织的二季度承包商综合考核中，EPC 项目部获得了综合评比第一名的好成绩。

# 4 健全制度，筑牢防控体系，打造廉洁工程

青宁项目合同额大，业务领域广，作业环节多，参建单位众多，外部接口人员结构复杂，廉洁风险点面广、量大。党支部从廉洁制度建设入手，推进廉政风险体系建设，打造廉洁工程。

## 4.1 落实“两个”责任，持续强化风险防控管理

严格项目“三重一大”事项决策制度，提高决策水平，堵塞管理漏洞，防范廉洁风险；明确责任主体和防控对象，运用调研谈话、信访监督、专项治理等手段，切实查找出青宁项目在重点业务、关键环节，尤其是涉及“六外”业务岗位中可能存在的廉洁风险隐患，制定防控措施，抓好风险预警和监控，筑牢防范化解廉洁风险的“防火墙”。

## 4.2 盯紧项目建设过程，持续加强重点环节的监督

结合青宁项目实际，加强以项目实施方案为重点的策划监督，签订项目目标责任书，全过程管控项目成本预算，实现对项目资源配置有效策划；加强以“五大控制”为重点的项目执行监督，确保项目进度、费用、合同、质量和安全科学合理；加强以合同、费用为核心的重点环

节监督，确保合同签订严格履行程序、各项费用规范入账，杜绝各类违规违纪现象；加强以“六外”业务为核心的重点业务监督，降低违规风险，坚决查处各种腐败行为，推动项目关键环节更加透明，项目管理更加规范。

### 4.3 紧抓廉洁警示教育，筑牢廉洁防控体系

项目党支部结合工程实际，组织全体员工观看反腐倡廉警示教育片、典型案例警示录，引导干部员工明纪律，知底线，不触碰红线；项目班子成员定期到责任区组织开展廉政党课、分析廉政风险，不断转变干部工作作风；组织开展“EPC 项目变更管理专项治理”“基层腐败专项治理”和“整治四风专项行动”等专项治理工作，使项目运行各环节都处于有效监督之下；积极推进廉政文化进项目、进现场，做好廉政文化标语，廉政警示牌，在联合体成员层面形成良好廉政文化氛围，展示良好的廉政外在形象，营造风清气正、干事创业的政治生态。

## 5 党建活动取得的效果

### 5.1 高质量党建推动项目各项工作的顺利开展

针对青宁输气管道项目建设特点，项目党支部针对性地确定了“设计优化支持、采购高效保障、外协快速推进、进度综合把握、工作标准夯实、业主放心满意”的工作目标，并细化了各项保障措施；以“项目管控攻坚战”“出精品、创品牌、提高客户满意度”等专题活动为抓手，通过发挥党支部的战斗堡垒作用、党员先进模范作用，科学配置项目资源，强化项目全过程管控，高质量党建推动项目各项工作的顺利开展，取得的成绩得到业主高度评价，创造了“青宁速度”。

### 5.2 创新 EPC 联合体管理模式，项目创新创效成果显著

项目部的党员带动员工，把项目现场作为做合格党员的主战场，充分发挥在设计、采购、施工各阶段综合协调和技术管理优势，敢担当、善作为，以“设计优化、采购创新、施工合理、工作标准化”为抓手，以超额完成任务指标为目标，创新管理，形成一套 EPC 联合体项目降本增效机制，实现项目创新创效，提高项目整体经济效益。

### 5.3 培养了一支经验丰富、综合能力强的 EPC 联合体管理团队

依托青宁输气管道联合体项目建设，通过制度建设、完善机制、选树典型、培育文化、强化培训等措施，实施党建引领与创新管理两措并举，使青宁输气管道项目管理人员素质大大提高，打造了一支有较强专业实力、有工程实践经验、适应 EPC 联合体项目管理的项目团队，较好地满足了青宁输气管道项目建设要求。

**参考文献**

[1] 沙建怀.加强和改进石油企业党建工作[J].现代企业，2006 (8)：61-62.
[2] 王万里.浅谈石油企业党建工作[J].管理观察，2010(19)：135-136.
[3] 段勇.关于新形势下做好基层党建工作的几点思考[J].山西煤炭管理干部学院学报，2011(4)：83-84.

# 论日照党支部在青宁管道建设期的作用

王　敏

（中国石油化工股份有限公司青宁天然气管道分公司）

**摘　要**　党支部是党的最基层组织，是基层单位统一领导和团结思想的核心组织。本文以青宁天然气管道分公司日照管理处党支部为基础，分析党支部在青宁管道工程建设期的作用，阐述了党支部的战斗堡垒效应，从而论证党支部在青宁管道建设期的重要性。

**关键词**　基层党支部；青宁管道；党建工作；在建设期的重要性

## 前言

党支部是党的组织体系中最基层的一级组织，是党在社会基层组织中的战斗堡垒，是党的全部工作和战斗力的基础，是党在社会基层单位中直接领导、参与、服务行政工作和经济工作的坚强核心。

加强国有企业党建工作，充分发挥基层党组织的作用，是巩固党的执政基础、完成党的执政使命的内在要求。在石油企业现阶段工作和发展中，基层党组织应强化制度建设，充分发挥理论政策优势；强化自身能力建设，充分发挥组织人才优势；强化稳定工作责任，充分发挥群众工作优势，为石油企业长久发展提供制度保障、组织保证和和谐稳定的环境[1]。

## 1　青宁管道工程项目概况和党支部建设情况

中石化天然气分公司青宁输气管道工程地处经济发达的苏鲁地区，属于黄淮平原，线路全长 531 km，设计压力为 10 MPa，管径 1 016 mm，管道主材为螺旋缝和直缝埋弧焊钢管，管道材质为 L485M。工程起自位于山东青岛黄岛区的山东 LNG 接收站，终至位于江苏仪征市的南京末站，途经山东省青岛市、日照市、临沂市和江苏省连云港市、宿迁市、淮安市、扬州市等 2 省、7 个地市、15 个县区。全线设 11 座站场，22 座阀室。

青宁管道在注册成立公司的同时，同步成立了机关第一党支部、机关第二党支部、扬州管理处党支部、日照管理处党支部，做到了有党员的地方就有党组织，有项目的地方就有党支部。通过基层党支部来发挥党的指引作用[2]，以党的优良传统和政治优势确保青宁管道工程建设准确的发展方向，也是新时期大型央企在党建工作中的担当作为和重要性举措。

工程建设期，日照管理处管辖的范围内有山东段与江苏连云港段约 207 km 线路。下属参建单位有 1 家监理单位（濮阳中油监理），1 家 EPC 联合体单位（胜利设计、胜利油建、十建公司），2 家检测单位（中原检测、胜利海检），3 家第三方单位，参建人员达 300 多人。在青宁管道日照管理处这样的基层管理单位设立党支部，不仅有利于聚人心、提士气、鼓干劲，更有利于在一些急难险重任务面前，发挥党支部迎难而上、把握正确方向的领头羊作用；更有利于发挥好党支部战斗堡垒作用和党员先锋模范作用，把党的政治领导力、思想引领力、群众组织力，转化成引领和带动青宁管道各参建单位共同建设的推动力，有利于为青宁管道安全、平稳、高效建设保驾护航。

# 2 青宁管道日照管理处党支部的日常工作

## 2.1 日照管理处党支部的建立和规范化

2019 年 4 月，青宁管道日照管理处党支部正式成立，以党章党规、党内条例、党的文件及上级党组织相关制度为标准依据，推进支部工作规范化；建立健全了支委会成员，明确支委会工作职责及支部书记、委员、党小组组长工作职责，认真组织开展好“三会一课”、政治理论学习、职工思想动态分析、民主评议党员、党费收缴等相关工作；健全了党支部基础档案资料，包括党支部人员基本信息档案，民主评议党员以及“党员活动日”等各项工作及活动记录；建设了党建阵地，创立创先争优等机制，进一步规范了党组织的各项工作，进一步激发了党组织整体活力，进一步发挥了党员先锋模范作用，推动工程项目建设安全、优质、高效开展。

## 2.2 日照管理处参加公司“不忘初心，牢记使命”学习

按照党中央和集团公司“不忘初心，牢记使命”主题教育安排，为深入学习贯彻习近平新时代中国特色社会主义思想，夯实党务工作人员基础业务能力，提升党员政治理论素养，激发党员争当先锋新动力，促进管道建设稳步推进，青宁管道公司举办了“不忘初心，牢记使命”党务知识培训班[3]。日照管理处党支部深入学习相关精神，并且在党支部和各参建单位着力宣传和落实“不忘初心，牢记使命”精神教育，发挥了党支部战斗堡垒作用和党员先锋模范作用，发扬了“有第一就争、见红旗就扛”的精神，为青宁天然气管道建设贡献力量。

## 2.3 日照管理处党支部多样化的组织生活

日照管理处党支部组织了丰富多彩的党员活动，让党员干部身心愉悦地参加党组织生活。第一，创新学习理论的形式。组织了理论研讨会、知识竞赛、观看教育影片等学习活动，并充分利用“学习强国”“学习强企”“奋进天然气”等方式自学，进一步增强党员学习的主动性、便捷性，进一步激发党支部的整体活力。第二，开展主题实践活动。积极开展“党员责任区”“党员示范岗”“党员先锋工程”等各种主题活动，激发党员先锋模范作用。第三，开展各类文体活动。开展歌咏比赛、演讲比赛、体育项目比赛活动、参观红色基地等文化体育活动，寓教于乐，融教育性、知识性、趣味性于一体，增强组织生活的吸引力和生机活力，进一步增强党支部凝聚力和战斗力。

# 3 青宁管道日照管理处党支部对工程建设的引领作用

青宁管道项目是国务院和国家能源局重点督办项目，这就需要充分发挥日照管理处党

支部的导向和引领作用，凝聚推动管道优质、高效建设共识，确保各参建单位与青宁管道公司及日照管理处同频共振。

### 3.1 日照管理处党支部对工程建设的政治引领

在日照管理处党支部的组织下，各参建单位牢固树立“党支部共建”意识，各参建单位项目部采取联合学习、相互研讨的方式，统一思想，领悟初心使命，形成共识，注重主题教育活动与各自标段工程建设实际情况相结合，引领全体参建员工共同奋斗，推动“不忘初心争先锋，筑梦青宁立新功”劳动竞赛，推进青宁天然气管道建设。

### 3.2 日照管理处党支部对工程建设的方向引领

在日照管理处党支部的组织下，按照中石化集团公司党组“天然气有效快速发展”以及中石化天然气分公司“两个三年、两个十年”战略部署，针对项目自身特点，党支部创新提出“1234”工作方针，为项目建设指明了方向，广泛凝聚了共识，统一了思想。日照管理处党支部不断强化“工程建设为中心，EPC 联合体为主力，监理、检测、第三方服务为支撑，创建国家优质工程”的管理格局，不断优化管理流程，加强承包商考核，营造“比学赶帮超”氛围，鼓舞各参建单位的信心与干劲。

### 3.3 日照管理处党支部对工程建设的品格引领

日照管理处党支部的各位党员领导干部首先做到了提高自身本领，率先垂范。坚持立足本职、专注工程建设，将岗位作为锻炼提高的最好舞台，努力把岗位工作做到一流，树立了样板权威，有力推动项目建设期各项决策部署落到实处。

## 4 青宁管道日照管理处党支部在攻坚克难、党风廉政和保障民生上的重要作用

### 4.1 日照管理处党支部在工程建设项目攻坚克难上的作用

日照管理处党支部以提升战斗力为关键，突出攻坚克难。砥砺奋进，真抓实干，勇于担当是支部战斗力的具体体现；敢啃硬骨头，善打硬仗是支部战斗力的具体实践。鉴于 A 标段地质条件复杂，B 标段新沭河定向钻长达 2 234 m，是全线最长、难度最大的定向钻，日照管理处党支部组织成立了付疃河双侧加套管定向钻和新沭河定向钻技术攻关小组，坚持抓好思想引领，积极发挥党支部领导和党员带头作用，克服了工作和生活的诸多困难，圆满完成了攻坚克难与急难险重任务，受到各方高度评价。

### 4.2 日照管理处党支部在工程建设项目党风廉政上的作用

在日照管理处党支部组织下，各参建单位党支部领导干部切实担负起落实党风廉政建设的领导责任，对党风廉政建设各项责任签字背书，规范权力的运行，推动全面从严治党和党风廉政建设向基层延伸，充分发挥了党支部监督执纪为工程建设项目保驾护航的重要作用。

### 4.3 日照管理处党支部在工程建设项目保障民生上的作用

当前拖欠农民工工资问题主要发生在工程建设领域，解决拖欠农民工工资问题，事关广大农民工切身利益，事关社会公平正义和社会和谐稳定。自青宁管道项目开工以来，日照管理处党支部全面贯彻党中央和公司关于农民工工资支付问题相关精神，在各参建单位项目部驻地显眼地方张贴农民工薪金问题举报电话，并将举报电话卡片下发到每个施工机组的工人手中。紧紧围绕保护农民工劳动所得，坚持标本兼治、综合治理，着力规范工资支付行为、强化监管责任，切实保障农民工劳动报酬权益，维护社会公平正义，推进工程项目健康发展，促进社会和谐稳定。

## 5 结语

在青宁管道的建设期，日照管理处党支部不断提高凝聚力、向心力和战斗力，充分发挥基层党组织的战斗堡垒作用和党员先锋模范作用，一方面团结广大员工和各参建单位，凝聚人心、服务项目、推动工程更加科学发展；另一方面使基层党建工作得到不断加强，锻炼了党员队伍，提高了党员整体素质，有利于青宁管道后续的生产运行工作。

日照管理处党支部在新形势、新常态下抓好了国企基层党建工作，以对各参建单位服务型党支部建设为抓手，强化党建责任意识，克服了其他基层党组织软弱涣散的通病，使石油国企党建工作向着科学化方向发展，促进了工程建设优质高效发展。由此可见，日照管理处党支部在青宁管道项目建设期有着决定性的重要地位和引领性作用。

**参考文献**

[1] 宁龙.浅谈石油企业基层党组织如何发挥政治核心作用[J].胜利油田党校学报，2015，28(1)：43-46.
[2] 李凤岐.浅谈发挥基层党支部的引领作用和党员的示范作用[J].科技与企业，2014(14)：327.
[3] 张贞梅.不忘初心，牢记使命，用十九大精神指引工作方向[J].智库时代，2017，114(15)：294-295.

# 打造基层党支部战斗堡垒，护航项目分部工程全面管理

王　俊　左治武　邢海宾

（中国石油化工股份有限公司青宁天然气管道分公司）

**摘　要**　本文分析了项目建设期新组建的基层党支部在开展党建工作中通常面临的突出问题，以及打造基层党支部战斗堡垒的重要意义，通过利用项目思维抓党建、利用党建思维促项目的青宁管道实践，总结提升党支部凝聚力、执行力的做法，为项目分部工程管理护航，全面完成项目建设目标任务。

**关键词**　基层党支部；战斗堡垒；项目分部；党建；工程管理

## 前言

国有企业坚持习近平新时代中国特色社会主义思想和党的十九大精神，筑牢"四个意识"，坚定"四个自信"，坚决做到"两个维护"，牢牢把握新时代党的建设总要求，推动全面从严治党向基层延伸，提升基层党组织组织力，推动基层党支部全面进步、全面过硬、全面夯实，把基层党组织建设成为宣传党的主张、贯彻党的决定、团结凝聚员工、服务项目建设的坚强战斗堡垒，是一项长期性、根本性的工作任务。青宁天然气管道分公司作为央企成员，打造基层党支部战斗堡垒，是护航项目建设取得全面性胜利的有效抓手和有力保障。

## 1　项目建设新组建基层党支部面临的突出问题

### 1.1　对党建工作重视程度不够

项目建设期的中心任务是安全、质量、进度、投资等控制管理，党支部很容易出现重发展、轻党建的倾向，片面地把工程建设任务当作首要任务，对党建工作缺乏系统深入的思考研究，没有形成自己的工作机制，甚至在工程建设任务压力较大的时候，"三会一课"等党建制度落实和学习效果都会受到影响。

### 1.2　党务工作者能力不强

项目建设期的党支部，党员来自不同的单位和专业领域，没有专岗的党务工作者，支委会成员也为兼岗，人员配置不足；兼职党务工作者业务不熟，对党建工作如何开展缺乏系统、专业的认识，基层党建工作水平不高，工作活力不强、办法不多，实战能力差。

### 1.3 党建工作质量不高

党支部党建工作基本为完成上级下达的“规定动作”,“自选动作”不多;学习方式单一,仅限于文件传达,管理制度也多为照搬照套;党组织活动与工会活动一起开展,党建工作形式不够丰富,缺乏创新和吸引力。

## 2 打造基层党支部战斗堡垒的重要意义

### 2.1 为国有企业强“根”铸“魂”

党的十九大报告明确指出:“要坚持党对一切工作的领导”,“提高党把方向、谋大局、定政策、促改革的能力和定力,确保党始终总揽全局、协调各方”。坚持党的领导、加强党的建设,是我国国有企业的光荣传统,是国有企业的“根”与“魂”,是我国国有企业的独特优势。

### 2.2 深入开展“双示范”党支部创建工作的职责所在

2018 年中国石化印发《集团公司党组成员所在党支部、联系党支部“双示范”创建实施意见》,要在全系统营造抓党建促发展、抓基层促发展的浓厚氛围。2019 年中国石化继续以党建引领公司发展新征程,大抓基层、大抓支部,深入开展“双示范”党支部创建工作。青宁管道分公司作为中国石化下属企业,按照集团公司要求,多措并举,推动基层党支部不断迈向标准化、规范化是义不容辞的职责。

### 2.3 推进党建与工程项目建设中心任务深度融合的迫切需求

青宁管道建设起点高,担负责任重大,更需要突出政治功能,切实发挥好党支部战斗堡垒作用和党员先锋模范作用,深化基层党建与工程项目建设中心任务高度融合,把党的政治领导力、思想引领力、群众组织力转化成引领和带动青宁管道建设的推动力,为青宁管道安全、平稳、高效建设保驾护航。

## 3 青宁管道基层党支部的实践

日照管理处党支部作为青宁管道建设伊始新组建的基层党支部,通过一系列有益的探索、尝试、调整、改进,查漏补缺,取长补短,以推进党建与工程项目建设中心任务深度融合为目标,利用项目思维抓党建,利用党建思维促项目,在政治功能过硬、基础工作过硬、本领能力过硬、工作业绩过硬、纪律作风过硬等五方面下功夫,进一步落实“三会一课”、主题党日等基本制度,稳步提升党支部的凝聚力、执行力,实现以高质量党建引领和保障项目建设顺利推进的总要求,党支部建设取得显著成效。

### 3.1 健全组织,统一思想,全面履行抓党建工作职责

青宁管道在中国石化长输管道建设中首次全线采用 EPC 联合体模式,工程建设开工伊始就直接进入高峰期,作业线长、面广、关键环节多、节奏快,对项目管理提出较高要求。党

支部思想高度统一，只有切实发挥党支部战斗堡垒作用和党员先锋模范作用，才能克服前进道路上的一道道难关。一是突出抓组织建设，增强支部凝聚力和战斗力。结合基层组织实际，配齐工会、共青团兼职负责人，强化组织保障；对照《党支部工作细则》《党支部"三会一课"制度》《规范开展"支部主题党日"活动》等办法，修订完善"三会一课"细则、联系服务群众等具体内容，促进组织活动规范化、制度化；从就业形势、成长通道、福利待遇等方面引导员工树立正确的成才观、事业观，凝聚岗位建功的共识。党支部树立"一盘棋"思想，坚持做到中心居中，各项工作全面推进，在原则问题上认识一致，在努力方向上目标一致，在处理棘手问题上态度一致，在抓工作落实上步调一致，主要精力向项目建设集中，各项工作也向项目建设聚焦。工作大胆干，总体不离线；小事敢负责，大事不包办；有成绩归集体，出问题书记承担。二是加强支部班子建设，发挥班子整体合力。把提高班子政治素质作为重点工作，坚持政治理论学习，加强集体研讨和个人自学，不断拓宽班子成员知识面，增强运用理论解决实际问题的能力、组织领导能力、驾驭全局能力；落实"两统一、三及时、四个不"管理理念，支部班子的示范作用影响力不断扩大，员工精神状态更加饱满；班子成员严格要求自己，在制度执行方面不打折扣，要求员工做到的，自身必须先做到，带头承包重点要害部位，关心尊重员工，设身处地为员工着想，做到不徇私，一碗水端平，树立党支部良好形象。三是落实人才培养机制，建设高素质员工队伍。要求党员干部做学习勤奋、素质过硬的表率，主动靠前，深入工程建设监督管理一线，发挥表率作用；通过强化竞争意识、危机意识，使员工深刻认识培训的重要意义，把被动学习变为主动学习；通过推荐参加公司或送外业务培训方式，逐步建成懂技术、善管理的专业队伍，加强内部切磋交流，促进共同提高，党员以身作则做好传、帮、带工作；鼓励员工注重日常积累和经验总结，积极参与业务交流、业务宣讲活动，全面提升自我综合素养。

### 3.2 中心融合，提升能力，有序推进各项工作落实

注重发挥党组织作用，以开展"打造一流党建、决胜项目建设"主题实践活动为抓手，推进党建与项目建设深度融合，着力提升管理处团队的资源统筹能力、工程建设能力、安全保障能力、管理创新能力、执行力，有效落实各项工作任务。一是强化政治教育，推进党建融入中心。理想信念是团队灵魂，结合"不忘初心、牢记使命"主题教育，突出全员化教育，面向全体员工，通过听取"时代楷模"陈俊武先进事迹报告会、观看《烈火英雄》电影、参观田明大师创新工作室、参与"与国旗合个影""对祖国说句话"等活动，抓好理想信念教育，大力传承石油精神、弘扬石化传统，引导员工从知行合一的角度，干字为先、实字托底，在担当中成长，推动基层风气向上向善。二是开展先锋工程，推进党建融入中心。围绕"党员先锋工程""不忘初心争先锋，筑梦青宁立新功"劳动竞赛、"大干三个月，全面完成年度生产经营目标"劳动竞赛等，积极搭建平台，引导党员立足岗位发挥先进性，开展"党员示范岗""党员责任区""党员项目攻关"等活动，激励党员带头开展管理创新攻关，全力确保管道建设安全平稳，为创造"青宁速度"做出积极贡献。三是发动全员参与，推进党建融入中心。建立管理处员工思想动态分析小组，及时掌握员工诉求，下心思找切入点，帮助员工缓解思想波动；建立意见箱、生活群等沟通渠道，与员工谈心谈话，帮助解决各类问题，增强员工主动沟通意识，解决员工向上沟通难的问题，以人为本理念深入人心；以"不忘初心、牢记使命"主题教育问题查摆、整顿软弱涣散基层党组织活动为契机，自觉接受监督，认真对待员工提出的问题，制定整改措

施并落实反馈,尊重员工、发挥员工主人翁精神;组建“志愿服务队”,重点帮扶解决民营企业工程款和农民工薪资拖欠问题,确保项目建设环境和谐稳定。

新沭河定向钻穿越单体长度 2 133 m,是青宁管道的最长单体穿越,也刷新中国石化管径为 1 016 mm 管道定向钻穿越最长纪录。管理处党支部把新沭河定向钻穿越列为党员项目攻关课题,成立新沭河定向钻穿越“党员先锋工程”领导小组,组织召开穿越施工方案审查专题会,分析设备选型、泥浆配比、导向控制、钻杆组合、回拖抗浮、解堵解卡等技术难点,不断优化、细化方案,逐一消除各项风险,加强现场监督、指导,严抓措施落实,奋战 160 天,于 2020 年 4 月 3 日一次性回拖成功,顺利完成该标段的控制性工程,为青宁管道按期贯通奠定了坚实的基础,形成技术论文一篇,锻炼了队伍,提升了管理,取得了较好效果。

### 3.3 严格自律,以身作则,真正发挥党员旗帜作用

基层党支部班子“身教重于言传”,“喊破嗓子不如做出样子”,注重日常,做到“三严三实”,培养和增强感召力和凝聚力。要始终保持清醒的头脑,严格遵守各项廉洁自律的规章制度,积极参加公司组织的各种警示教育活动,努力提高“免疫力”,谨言行、慎交友,做到抗得住诱惑,经得起考验。一是树立正确的权力观、利益观。能够严于律己、坚持原则,用好、管好手中权力,不做任何损公肥私、违法乱纪的事,做到自重、自省、自警、自励,经受住“四个考验”,防止“四个危险”。二是将自身形象与企业形象紧密相连。将日常工作规范与八小时以外监督结合起来,工作之时注重自身形象,工作之外注重维护管理处形象,严格落实中央八项规定精神和党风廉政责任制,带头排查岗位廉洁风险,班子成员互相监督制约权力。三是严以修身,慎独慎微。党支部成员自觉净化“朋友圈”“社交圈”“生活圈”,从管住自己的心、管住自己的手、管住自己的口做起,坚决杜绝微腐败问题,在就餐、休假等事务上坚决不搞特殊,带头坚守底线、不越红线,树立风清气正的鲜明导向。

管理处党支部凝心聚力抓党建,齐心协力谋发展,在项目建设期间辖区内 3 家单位被评为年度优秀承包商,为项目提前 3 个月完成集团公司年度任务目标、提前 1 个月完成上级单位年度任务目标作出巨大贡献,还有 1 人被上级党组织评为优秀党员,切实发挥出战斗堡垒作用。

## 4 结语

基层党组织是党在社会基层组织中的战斗堡垒,是党的全部工作和战斗力的基础。天然气管输国有企业基层党组织在新形势下工作开展的效果,直接影响到党的凝聚力、影响力、战斗力的充分发挥。结合企业实际,在加强政治建设、压实政治责任的同时,创新活动方式,实施“智慧党建”,多渠道充分激发基层党员活力,促进党建与中心任务的深入融合,以项目建设成果检验党建工作成效,是把基层党支部打造为战斗堡垒的有效途径。

### 参考文献

[1] 袁薪洋.国有企业基层党支部规范化标准化建设思考[J].新西部(下旬刊),2019(7):79.
[2] 陈静,张军,赵斌.如何发挥国有企业基层党支部战斗堡垒作用[J].现代国企研究,2017(6):257.
[3] 刘晓东.新时代加强国有企业党建工作的思考[J].现代企业,2019(6):44.

# 浅析如何围绕项目建设开展党建和思想政治工作

刘 红　柳志伟　李仁辉
（中国石油化工股份有限公司青宁天然气管道分公司）

**摘　要**　习近平总书记在国有企业党的建设重要论述中提到“要推动党建工作与生产经营深度融合，把党建工作成效转化为企业发展优势”，为新时代国有企业党的建设指明了方向。项目建设中党组织建设是党建工作和思想政治工作的基础，在现阶段项目建设呈现出主体多元化和形式多样化趋势的新形势下，项目建设中党建工作还面临着许多问题，对于项目建设中党建思想政治工作的开展，必须结合实际，适应新形势的要求，在解决项目建设党建问题的基础上，坚持人才队伍、思维方式、方式方法的创新，不断开阔项目建设中党建工作的发展空间。

**关键词**　项目建设；党建；思想政治；思考

## 1　现状分析

在当前青宁输气管道项目建设期间，党建工作、思想政治工作出现一些不容忽视的薄弱环节。主要表现在：有的工程建设周期短，项目处于临时性，人员编制属于动态型，党员流动性大，借聘党员多；党员教育管理存在阶段性空白，甚至造成有些党员游离在党组织之外；组织生活制度落实不够好。

在施工过程中，人员的不固定导致党支部工作的开展困难，正常的“三会一课”等组织制度难以执行。党组织作用发挥不够好，监督约束力度不够，影响了政治核心作用的发挥。

## 2　加强项目建设期党建工作的重要意义

### 2.1　加强项目建设期党建思想政治工作，是实现企业和谐稳定发展的重要前提

一是项目部党组织代表党对项目进行监管。党支部书记作为班子的主要成员，直接参与重大问题的决策。党组织掌握着项目部人、材、物的控制权和生产经营的指挥权。党组织要切实履行好职责，用党性原则去约束领导干部，对企业负责，对领导干部负责。二是项目党建工作是企业文化建设的重要组成部分，为企业发展提供强大的精神动力。三是项目党组织和党员分布在管道施工的第一线，遍布于各个施工机组，扎根在职工群众中，是联系群众、组织群众、促进建设的有生力量。

### 2.2　加强项目建设期党建思想政治工作，是发挥党组织政治核心作用的重要保证

一是项目部党组织是党的基层组织，是党的战斗力的基础，党的路线、方针、政策的贯彻

执行，是依靠党的基层组织去宣传和执行的。基层党组织切实履行好统一思想认识、组织学习教育和培训员工的职责，并通过在施工管理中不断提高员工的技术水平和综合素质，从而增强企业的核心竞争力。二是项目部人员流动分散，员工常年顾不上家，多数员工夫妻长期两地分居，文化生活单调枯燥，由此引发的思想问题层出不穷。这就需要党组织深入细致地做好思想教育工作，有针对性地做好思想政治工作。

### 2.3 加强项目建设期党建思想政治工作，是实现项目施工顺利进行的有力保障

项目党组织积极开展思想政治工作，有利于维护队伍稳定。工程项目的进度、安全、质量的管理，需要项目部党组织通过开展创建"党员先锋工程"发挥更大的作用。使党员责任更加明确，先锋模范作用更加突出。面临急难险重的特殊施工阶段，更需要发挥好党支部的战斗堡垒作用和党员的先锋模范作用。围绕施工项目的各个制约因素，积极开展协调和维稳工作，比如农民工薪金支付问题、征地拆迁补偿问题。

## 3 加强党建和思想政治工作的主要做法

长输管道建设大部分项目均分布在居住人口比较稀少、交通不太发达的地区。如何开展好项目的党建思想政治工作，没有太多的成熟经验可以借鉴。根据目前扬州管理处管道施工项目的特殊性，对项目建设中的党建思想政治工作主要做法如下：

### 3.1 落实各项制度，夯实规范支部建设

深入贯彻落实《中国共产党支部工作条例（试行）》，明确党支部工作目标、职责和相关制度。结合公司下发的党建工作考核标准，执行党支部考核细则。每季度一次检查、督导和指导，不断提升党建管理水平。切实抓好"三会一课""党员目标管理"制度的落实，结合党员的不同岗位提出不同的要求，定期检查党员的工作情况和发挥作用情况。严格坚持民主评议党员制度，通过评议，找准问题，解决问题，积极开展批评和自我批评，营造良好的民主评议氛围。在工作中，科学划分领导班子和施工单位的联系责任区。班子成员深入现场既要指导施工建设，又要帮助施工单位做好帮扶工作，解决实际问题。为了更好地指导党支部开展工作，公司党总支先后组织支部书记培训班、党务人员培训班，有针对性地详细讲解党建工作，并制作文本模板，标明注意事项，确保支部工作的规范化和标准化。

### 3.2 加强党员管理，培养高素质队伍

一是项目建设单位要建立健全相应的党员信息管理库。严格做好党员动态管理，保证每一位党员都能按时参加党内的各项活动。二是将德、能、勤、绩纳入党员考核中，统一对党员的考评标准，广泛吸纳员工群众的意见。三是在党员的教育上不断注入新的内容，坚持形式上的多样性，创新教育方式，达到形象、直观、感染力强的效果。四是高度重视和充分发挥党员在工程建设中的模范带头作用。党员带头开展群众性技术革新和合理化建议征集活动，充分调动和发挥广大员工群众的聪明才智。

### 3.3 创新活动载体,增强党组织活力

根据施工生产实际,以促进中心工作为中心,选好主题开展党内活动。制定开展活动的办法和措施,加大宣传力度,通过各种形式进行动员,把开展党内主题活动与中心工作紧密结合。建立考评机制,制定考核标准,定期进行考核通报。定期总结经验,选树先进典型。加大开展主题党日活动的宣传力度,通过新媒体积极宣传活动的先进做法和经验,形成示范作用,增强参建员工的向心力和凝聚力,促进项目各项目标的实现。

## 4 党建和思想政治工作成效

加强党的建设是做强做优做大国有企业的重要法宝。青宁输气管道作为国家重点工程项目,始终坚持党的领导,把党的建设和中心工作融合在一起,把党支部建在项目上,实行"一个支部一个特色",深度融合,把每个环节的党建工作抓具体、抓深入、抓落实:一是坚持党的领导,是筑牢党建与项目建设深度融合的根与魂;二是夯实党建基础,是打通党建与项目建设深度融合的最后"一公里"的前沿阵地;三是与项目文化相融合,促进项目建设与传播,是升华党建与项目建设深度融合的助推器。正是通过推进党建工作与中心工作、重点任务、日常工作有机统筹、深度融合、贯穿始终,青宁输气管道确保了党的领导,党旗在项目建设第一线飘扬。

## 5 结语

围绕项目建设开展党建和思想政治工作,要加强和改善项目建设期间的党建思想政治工作,使其在项目中发挥重要作用,就必须在完善机制、落实制度、创新方法等方面做好每一项工作,通过用思想工作教育人、用感情交流理解人、用先进典型激励人,打造一支技术过硬、有责任心、战斗力强的党员队伍,为项目建设和管理提供坚强后盾。

**参考文献**

[1] 陈世雄.新形势下做好项目党建工作的思考[J].新西部(中旬·理论),2014(8):55.
[2] 胡华光.加强和改进工程项目党建工作的思考[J].党史博采(理论版),2013(4):38,40.

# 创新管道建设期基层党支部工作模式，发挥党支部的引领作用

付文静　吴　晗
（中国石油化工股份有限公司青宁天然气管道分公司）

**摘　要**　基层党组织是党的重要组成部分，具有重要的基础性作用。在项目建设期间，如何创新基层党建工作模式，充分发挥党支部的引领作用，用党建的思维提升项目管理水平，本文对此做了一些探讨，并就如何创新提升基层党建工作，以及提升项目管理水平提供了一些思路。

**关键词**　基层；党支部；党建工作；创新；引领

## 前言

习近平总书记强调，开展“不忘初心、牢记使命”主题教育，要牢牢把握“守初心、担使命，找差距、抓落实”的总要求，努力实现理论学习有收获、思想政治受洗礼、干事创业敢担当、为民服务解难题、清正廉洁作表率的具体目标。具体到公司工程建设，积极推动管理处党建工作创新，提升管理处党建工作水平，发挥党支部的引领作用，全面推进工程项目，为2020年10月工程项目顺利投产保驾护航。

## 1　管理处党建工作现状

### 1.1　对党建工作重视程度不足

公司工程建设正处于关键时期，工程量大，工程质量要求高、工作任务重，难以投入足够的时间和精力到党建工作中。且重工程、轻党建的思维较为明显，普遍认为只有把工程建设中心工作做好，才是干好工作。因此，对党建工作重视程度不够。

### 1.2　人员不足，没有专职的党建工作人员

在管理处工程项目建设任务重、压力大的情况下，管理处人员也不够充足。管理处从事党建工作的人员均为兼职，没有专职的从事党建工作的人员，均是兼职从事党建方面工作，使得党建工作开展起来难度进一步加大。

### 1.3　管理处从事党建工作的人员水平不足

在没有配备专职从事党建工作的人员情况下，兼职从事党建工作的人员党建工作水平不足、经验不足，不能够很好地开展党建工作。

# 2 管理处党建工作创新的制约因素

## 2.1 创新工作理念不足的问题

基于管理处党建工作现状,党建工作大多满足于完成公司党总支安排的规定动作即可。想要创新首先要理念创新,只有这样,才能推动党建各方面创新。从当前情况来看,不注重形式创新与实质创新的关系,很多时候都是喊出一些口号,但仍换汤不换药,党建工作并没有实质性创新内容。

## 2.2 创新工作体系不足的问题

只有有实效的工作体系,才能确保党建工作更好开展。因而必须注重工作体系创新。目前管理处的党建工作没有形成体系,虽然每项工作都安排了人员负责,但基本都属于兼职人员,在开展党建工作过程中无法全身心投入,党建工作水平可想而知。且在开展党建工作方面缺乏有效的制度支撑,而且还存在着一定程度的"边缘化"问题,突出表现就是重视都在口头上,出现了忽视党建工作的真正开展等严重问题,没有将党建工作作为重要的支撑,创新动力不足也就成为必然现象。

## 2.3 存在工作载体创新不足的问题

管理处党支部作为党的基本组成单元,具有重要的基础作用。但目前管理处党建工作载体十分有限,很多时候都是按照上级党组织的要求开展一些党建方面的活动,缺少对党建工作载体的设计、融合和创新,认为只要严格按照上级的要求开展活动就可以了,认为作为基层单位最重要的是执行而不是创新,因而党建工作缺乏活力,党建工作载体相对较少。

# 3 创新管理处党建工作模式

在当前这种情况下,想要创新管理处党建工作,提升党建工作水平,充分发挥党支部的引领作用,就必须要适应形势发展需要,坚持问题导向,有针对性地解决存在的一些问题和不足,管理处一定要更加重视党建工作、一定要积极引导工作创新、一定要建立创新机制、一定要鼓励开展创新,只有这样,才能更好推动工作创新。

## 3.1 创新管理处党建工作理念

做好新形势下基层党建工作,最为重要的就是创新工作理念,这样才能使工作创新拥有良好的思想基础,否则根本无法取得实效。如何能创新党建工作理念呢?首先管理处党支部对党建工作给予更多的重视,从思想上转变"重工程、轻党建"的观念。其次是提高党建工作创新意识,正确处理好管理处党支部党建工作与项目建设的关系,尝试改变以往的党建工作方式,突出党建工作的政治属性,让党建工作更有"党味";丰富内容形式,让党建工作更有"鲜味";提升战斗品质,让党建工作更有"辣味";强化组织活力,让党建工作更有"情味",以此来提高党建工作者的重视程度及工作执行力,同时可以很好地提高全体党员同志的参与兴趣，反过来更好地创新党建工作，提升党建工作水平。

### 3.2 创新管理处党建工作体系

一是要大力加强组织体系创新，管理处党支部要紧紧围绕党中央及公司党总支的要求，健全和完善管理处党建组织机构，以便更好地开展党建工作。二是要大力加强党建制度建设，对于管理处已经形成机制的党建工作，以制度的形式固定下来，提升规范化水平，同时提升制度的执行水平，确保党建工作更具有成效。三是要积极推动党建工作职能的拓展和创新，把凝聚人力作为重要的基础、把化解矛盾作为重要的内容、把推动发展作为重要的目标，既要加大政策宣传力度，又要更好地维护职工权益，通过延伸党建工作的触角推动工作创新。

### 3.3 创新管理处党建工作载体

建设规范化党支部，要落实公司党总支的要求，通过开展党支部评比、党员积分管理等活动内容，建设规范型党支部，可以开会讨论“基层党建规范化建设”，加强对管理处党支部组织机构、体制机制、作用发挥等方面的考核和评比，推动规范化建设；解决党建工作中的实际问题，要把服务党员群体作为重要的内容，可以多组织一些具有针对性的服务活动等，同样可以推动党建工作创新。

## 4 结语

在新的形势下，一定要按照党中央的要求，积极探索基层党建工作创新的战略性举措，切实发挥基层党组织的重要作用，特别是要着眼于解决管理处党建工作理念、工作体系、工作载体创新不足的问题，积极探索、强化引导、注重务实、全力推动管理处党建工作理念、体系、载体创新。党建工作创新将成为基层单位的重要内容。鼓励创新，引领创新将成为一种趋势。基层党建工作创新将步入新阶段，取得新成效。

### 参考文献

[1] 张琦琦，宋新.浅谈在新形势下基层党建工作的特点与创新[J].赤子(上中旬)，2016(18)：6.
[2] 纪立鹏.新形势下基层党建工作创新模式的思考[J].东方企业文化，2015(22)：171.
[3] 张郴芝.新形势下基层党建工作创新研究[J].低碳世界，2015(32)：172-173.

# 践行初心使命　强化三位一体<br>全面提升项目管控

纪云庆　董剑峰　焦蕊蕊

（中石化中原石油工程设计有限公司）

**摘　要**　青宁输气管道工程是中原设计公司承担建设的一项重点工程。项目投资大、风险高、标准严、工期紧，给 EPC 项目党建管理带来了新的挑战。中原设计公司青宁输气管道工程 EPC 项目部党支部以“不忘初心、牢记使命”主题教育为平台，深入开展“一区一岗一示范”即“责任区、先锋岗、干部示范”三位一体管理，在质量、安全、进度等管理方面切实发挥了党支部的战斗堡垒作用和党员的先锋模范作用，有力地提升了项目管控水平。

**关键词**　党建；主题教育；党员管理；廉政建设；项目管控

## 前言

中原设计公司青宁输气管道工程 EPC 项目部在“不忘初心、牢记使命”主题教育工作中，创新主题教育活动载体，通过“一区一岗一示范”三位一体，促进主题教育融入项目管控、融入党员职责、融入能力提升，取得了较好的效果。

## 1　主题教育简况

青宁输气管道工程线路全长 531 km，途经山东、江苏 2 省、7 个地市、15 个县区，是国家确立的 2019 年天然气基础设施互联互通重点工程。沿途穿越湖泊 1 个，河流 81 条，管道沿线水网密布、地质环境复杂，安全环保质量要求高，项目管理难度大，具有点多、线长、面广的特点，也受到了中国石化、地方政府各级领导、各个部门的高度关注。为了确保项目按期、保质、安全运行，青宁输气管道 EPC 项目部党支部对“不忘初心、牢记使命”主题教育进行认真策划，紧密结合项目特点和项目管理的难点及重点、党员干部职工分布管理情况，通过“一区一岗一示范”即“责任区、先锋岗、干部示范”三位一体管理，把主题教育融入项目管控全过程，注重在关键环节发挥党员干部的先锋示范作用，实现了主题教育与工程管理的有机结合，促进了项目管理水平的提升。

## 2　主要做法

### 2.1　责任区

项目部党支部在第一时间制定了“不忘初心、牢记使命”主题教育实施方案，根据项目部班子、部门职能、现场服务等业务分工和人员分布的不同特点，划分了9个主题教育责任区，每个责任区明确一名党员负责组织责任区范围内的政治理论学习。党支部在抓好集中学习的同时，统一对责任区进行管理和指导，制订了详细的学习计划，每周明确学习内容和时长要求，明确交流研讨主题，在理论学习上实现了集中与分散相结合、机关与一线相结合。党支部每个月对各责任区学习情况进行督查，确保理论学习落到实处。重点学习了《习近平关于"不忘初心、牢记使命"重要论述选编》、党章、党史、新中国史、《中国石化三十年》、集团公司领导党课和讲话、陈俊武先进事迹等重要材料。共发放学习材料书目200余册，一线上党课8人次，开展各类学习和讨论20余次，开展主题教育微信知识竞赛答题活动1次，制作主题教育专题展板22块，组织主题教育"唱红歌"比赛1次。在主题教育学习中，坚持做到学、研、用相结合。HSSE管理责任区在学习过程中，党员骨干立足岗位学理论、学先进、学经验，强化党员干部职工的责任意识、使命意识、创优意识，在学习、调研、查摆的基础上，针对项目难点、重点，集中研讨以前中原设计公司EPC项目管理的好经验、好做法，将重大风险动态管控表和重大风险作业监督旁站等管理制度应用于青宁输气管道工程项目的HSSE管理中，取得较好效果，自2019年3月19日试验段进场至2020年1月8日连续安全开工296天，累计安全人工时256.02万人工时，实现了"零伤害、零污染、零事故"的阶段性目标。

## 2.2　先锋岗

在"不忘初心、牢记使命"主题教育中，为进一步激发党员的使命和责任意识，项目部党支部大力开展"先锋岗"创建工作，紧紧围绕青宁管道项目建设核心目标，对每名党员的岗位任务进行细化分解，明确工作任务的时间、要求、责任，逐条逐项落实到人。党支部同党员签订了目标责任书，党员签订了履职承诺书，激发自己的工作动力，接受干部职工监督。在此基础上，党支部制定了《党员立项攻关实施方案》，组织党员深入开展立项攻关活动，把项目的管控目标分解后，写进立项攻关的任务、要求和标准中，明确攻关内容、攻关措施，每季度根据项目进展，对立项攻关完成情况进行对照检查，出现偏差及时纠正，通过立项攻关和持续改进，促进党员目标责任与项目管理深度融合。项目开工前，在焊工培训中发现少数施工机组存在焊接一级片、一级口占比达不到业主要求的问题，项目部宝应前线的党员干部带头开展攻关，牵头业主单位、监理单位、无损检测单位、施工单位，分阶段分批次对焊工进行理论指导，现场邀请专家演练，召开质量分析会，理清原因、制订措施，在试件上练习，不达标不上项目施工，有效保证了项目质量目标的实现。项目部党支部组织"提质提速提效立功竞赛"活动，对各部门项目管控的进度等目标完成情况进行定期评比，充分调动党员干部职工担当奉献、岗位建功的积极性和创造性，全面提升项目管理成效。高邮湖7条定向钻连续穿越，由于5～10月汛期影响，施工窗口期短，为保证预期投产目标，设计团队党员干部职工发挥带头作用，集中力量对穿越设计方案进行优化，通过加长定向钻长度、减少滩区开挖长度、加大定向钻出土端斜率、相邻定向钻出入土点之间纵向错位等方式，从技术上保证了非汛期内完成7条定向钻、连头的施工任务。

## 2.3　干部示范

项目部党支部在主题教育工作中，充分发挥党员干部的示范带头作用。一是带头调研整改。项目部班子成员人人身上有任务，明确了进度控制、安全质量、绩效兑现、技术支持、党建宣传、人文关怀等 7 个课题，先后组织召开项目调研座谈会 7 场次，收到调查问卷 30 余份，查找问题 8 项；认真召开组织生活会、对照党章党规找差距专题会，项目部班子成员检视个人问题 50 余项；研究制定了主题教育整改方案，制定整改措施 7 项，完善制度 4 项。二是带头进一线。项目部班子成员与一线员工同吃同住同劳动，困难面前坚持带头协调解决，共同改进项目管理、堵塞隐患漏洞；认真把握员工思想、主动谈心交心。共慰问项目部一线员工 5 次，帮助解决技术服务、沟通协调等方面难题 20 余项。项目部主要领导牵头组织一线实战教学，对项目部员工进行 P6 软件培训，讲解 WBS 分解，制订审查进度计划；要求更适合线性项目计划管理的 TILOS 软件培训人员到一线，提升项目部员工项目管理水平。三是带头廉洁从业。项目部班子成员以建设廉洁项目为目标，签订廉洁从业承诺书 8 份；带头学习上级和业主“八项规定”及《实施细则》、分包管理、业务公开等党风廉政建设方面的规章制度，认真贯彻中石化石油工程建设公司《关于进一步严明业务招待有关纪律的通知》等文件精神；通过自查、互查，认真排查个人职责的廉洁风险，排查风险点 20 多处，填写青宁项目廉政风险分析表，为建设阳光工程打下良好基础。

# 3 主题教育成效显著

## 3.1 坚定了理想信念

通过理论学习和研讨活动，项目部党员干部职工自觉增强“四个意识”，坚定“四个自信”，做到“两个维护”，“在经济领域为党工作”的责任感和使命感进一步强化，建设规范、高效、优质工程的责任感和使命感进一步强化。

## 3.2 凝聚了高度共识

通过“不忘初心、牢记使命”主题教育，党员干部职工牢固树立“奉献石化、服务业主、建设青宁”的大局意识，在项目管理中遇到的问题和困难面前，设计、采办、质量、HSSE 主动协调，汇集参建单位各方力量，朝着一个目标、一个方向努力，展现了较好的精神面貌。

## 3.3 密切了干群关系

项目部领导班子开展调研座谈，与一线干部职工面对面交流，听取意见和建议；党员开展志愿服务和立项攻关，服务基层群众，主动查找问题，解决问题，助力发展解难题，在项目建设过程中的各个重要环节、重要节点中，发挥了示范带头作用，受到了群众的认可，密切了干群关系。

## 3.4 促进了项目管控

党员干部职工在主题教育工作中，集中力量解决管理和设计服务方面的问题，提升了项目管理水平。截至 2019 年 12 月 25 日，中原设计承担的二标段工程完成总体形象进度 74.4%，一般线路焊接完成 314 km，焊接一次合格率达到 99.64%，提前完成集团公司要求的建设任务；安全、质量无事故，项目建设高效规范、全面受控。

## 参考文献

[1] 冯俊,刘靖北.全国基层党建创新优秀案例[M].北京:党建读物出版社,2012.
[2] 陈文龙.中国石化基层党组织工作手册[M].北京:党建读物出版社,2015.
[3] 金钊.党支部工作就该这样干:图解[M].北京:中国言实出版社,2017.

# "不忘初心 牢记使命"教育成果

王 颖

(中石化第十建设有限公司)

**摘 要** "不忘初心、牢记使命"是党的十九大报告主题,在党和青宁输气管道工程分公司的正确领导之下,青宁输气管道工程项目部主要从四个方面响应落实党的号召,切实推动了"不忘初心、牢记使命"主题在青宁输气管道工程建设上的具体落实,充分阐述并论证了"不忘初心、牢记使命"教育主题对项目建设科学管理发展上的重要性。

**关键词** 思想建设;落实;责任到人;问题导向;科学用人

## 前言

"不忘初心、牢记使命"是党的十九大报告主题,是习近平总书记对广大共产党员的告诫,中国共产党人的使命就是为群众谋取幸福、为中华民族谋复兴。开展"不忘初心、牢记使命"是学习贯彻党的十九大报告精神的重要举措,是激励我们不断前行的动力。我们在青宁输气管道工程分公司的领导下,将"不忘初心、牢记使命"这一主题融入当前青宁输气管道工程建设当中,使"不忘初心、牢记使命"主题更加具体化、生动化,从而使我们建设单位的员工和队伍学有榜样、行有目标,并将其落到实际行动上,切实有效推动我们青宁输气管道工程建设顺利进行。

青宁输气管道工程起自山东青岛黄岛区山东 LNG 接收站,止于江苏仪征市南京末站,途经山东省青岛市、日照市、临沂市和江苏省连云港市、宿迁市、淮安市、扬州市等 2 省 7 地市,线路全长 531 km。其中青宁输气管道工程 EPC 联合体一标段 B 区段,线路全长 89.82 km,管线途径连云港市赣榆区、海州区、东海县,沿线设立柘汪分输清管站、赣榆分输站、连云港分输站共计 3 座,设立金山、墩尚、平明 RTU 阀室共计 3 座,累计定向钻穿越 14 条,顶管穿越 61 条。

管道途经处,多处地质地貌情况复杂,多为岩层段,且施工地段靠近沿海地区,冬、夏气候比较恶劣。其中 BHZ000-020 号桩,途经连云港市海州区港埠农场,其中就包含马河定向钻、连霍高速顶管、徐连铁路、陇海铁路顶管穿越,需要办理的手续跨越多个政府部门,其协调难度较之前其他区段要困难很多。

虽然工程建设难度异常,但是我们青宁输气管道工程项目部党支部通过不断地完善各项管理制度,如人员日常工作制度、考勤制度、车辆管理制度、印章管理制度、文件档案管理制度、办公用品购买及管理制度、卫生管理制度、食堂管理制度等其他详细管理制度,来共同达成"树口碑、争第一、拓市场、育人才"的科学建设管理目标。

我们中石化第十建设有限公司青宁输气管道工程项目部全体员工,在党和青宁输气管道工程分公司的正确领导之下,主要从以下几个方面响应落实党的号召,切实推动"不忘初心、牢记使命”主题在青宁输气管道工程建设上的具体落实。

## 1 牢固树立“不忘初心、牢记使命”思想

青宁管道工程项目部定期组织内部党建民主生活会，筑牢“坚定信念”的压舱之石，坚持正确政治方向；树牢“守初心、担使命、找差距、抓落实”的总要求。切实把党内政治生活严起来、实起来，使之成为解决问题和矛盾的“金钥匙”，锤炼党员干部党性的“大熔炉”，纯洁党风建设的“净化器”。

青宁输气管道工程项目部党支部始终把纪律和规矩挺在前面，立起来、严起来，以铁的心、铁的手腕，治“病树”、正“歪树”、拔“烂树”，坚决清除思想不正、腐败分子，营造项目部政治上的“青山绿水”，为走好新征程扫清“路障”。

以项目部经理张程程和党支部书记陶建明为首的班子领导时常提醒教育我们，一定要心存敬畏，手握戒尺，强化自我监督，校准思想之标，绷紧纪律之弦，调正行为之舵。切实做到“以上率下”，领导带头立标杆、做示范。

面对大是大非要敢于“亮剑”，面对矛盾要敢于迎难而上，面对危机能够挺身而出，面对错误能够敢于承担责任，面对项目上出现的歪风邪气能够敢于坚决斗争到底。要以“明知山有虎，偏向虎山行”的勇气和大刀阔斧、攻坚克难的定力，以“图难于其易，为大于其细”的智

慧运筹帷幄、总揽全局；要以“咬定青山不放松”的决心严明责任、狠抓落实。把大事做稳妥，把小事做细致，把分内的事做出高水平，把分外事做出高境界。

作为党的一分子，在党的领导之下，做事要有敢为人先的精气神、披荆斩棘的攻坚力量、至善至美的真本领。

管道工程建设过程中不可避免地会遭遇到各种问题和困难，其中新沭河定向钻是我们中石化第十建设公司长输管道建设过程中遇到的有史以来管径最大、长度最长的定向钻穿越工程，全长2.1 km。我们全体管理、技术人员通过不断的方案优化、技术攻坚、升级后勤保障，以及现场一线施工人员不畏严寒二十四小时不间断轮番值守，目前已经顺利完成光缆套管导向及回拖，下一道工序也在顺利有序进行当中。这是党和领导用实际行动告诉我们：困难要在一线解决，矛盾要在一线化解，感情要在一线联络，能力要在一线培养，作风要在一线磨炼，工作要在一线推进，精神要在一线宣贯。把一线当成自己的家，用心呵护，方可“和睦”。要在困难面前做定海神针，当中流砥柱，在困难面前，群众就有“主心骨”；危难关头群众就有“定星盘”；克难攻坚面前群众就有“凝聚力”。不管遇到任何艰难险阻、遭遇多少惊涛骇浪，通过我们领导与群众一块苦、一块干、一块过，凭借我们“逢山开路、遇水搭桥”的坚强意志，万众一心、众志成城，最终顺利圆满完成节点任务，并创历史新高。

## 2 严明责任、狠抓落实

百年大计，质量第一。质量是企业的生命，它决定着企业经济效益的高低，决定着企业在激烈的市场竞争中能否长远发展和生存。作为中石化第十建设公司的一员，时常将这句话牢记于心。这句话说起来不难，现场的每一位施工人员和管理者都能够耳熟能详，但执行起来可能千差万别、各有千秋，难的是一份责任使命和敬业精神，是一份长久的坚持。

企业在发展，工程在推进，大、小事物都要在精准施策上出实招、在精准推进上下实功、在精准帮扶上见实效。各施工机组无论在管理或是技术上遇到困难，需要帮扶的时候，我们项目部管理人员总能够在第一时间找准问题切入点，抓住落实问题的着力点，把握落实的落脚点顺利解决。使常在一线的施工队伍能够感受强大的管理和技术支撑而义无反顾保障质量与安全。

遇到问题不畏惧,突出问题抓关键,明确责任主体,试点创新求突破,强化督查抓落实。我们青宁输气管道工程项目部继每周五监理例会以后,每周六晚上七点组织全体管理人员及一线施工人员召开项目工程例会,在精神传达上做到体现一个“快”字,在具体工作上体现一个“实”字,在督办问责上体现一个“严”字。会上在科学部署上下功夫,在狠抓落实上做文章,会下在破解难点上找突破。

继 2019 年 10 月 24 日中国石油化工股份有限公司下发关于印发《X70、X80 钢级管道焊接管理规定(试行)》的通知后,我们青宁输气管道工程项目抓紧组织各相关管理人员和一线管理人员进行文件内容传达,并于 2019 年 11 月 5 日组织各机组焊接人员对新的焊接管理规定进行学习交流,确保后期所有管道焊接严格遵守新焊接工艺管理规定,后期工程部和其他相关部门对新的焊接工艺管理规定的落实情况通过各方面努力进行严格监督把控,确保每一处焊接质量。

## 3 坚持问题导向,解决问题担险不畏

工程建设问题千头万绪,矛盾错综复杂。面对问题和挑战我们一直坚持不以事小而不为,不以事杂而乱为,不以事急而盲为,不以事难而怕为。真正做到凝心聚力、统筹谋划、抓部署、抓统筹、抓方案、抓落实、抓督办,把宣传等关键环节衔接贯通,一个问题一个问题地跟进解决,一个节点一个节点地扎实推进,一个方案一个方案地有序推进。直至目前,现场施工已经进入“大干”阶段,时间紧、要求高、任务重,正是我们秉承坚持问题导向,朝着困难走,迎着困难上,真正遇到问题不回避,压力面前不闪躲,挑战面前不畏惧,才能够使我标段的施工进展得如此之“快、好、稳”。

施工过程当中我们常用发展的眼光发现问题、解决问题,督查看实效。对督查过程中发现的问题,我们认真研究梳理,分门别类列出问题清单,按轻重缓急研究解决问题,体现发展要求的同时,秉承历史成果,顺应时代之大趋势。

工作之余我们常做总结,既兼顾全面,又突出重点,既讲成绩,又说问题。取得成绩不骄傲、出现问题不急躁。与一线员工打成一片，心贴心地交流，解决“一层纸”的问题，送服务到基层，解决“一毫米”的问题，急员工所急，解决“一分钟”的问题。深入基层“观”风貌，倾听建议“闻”呼声，查员工需要。放下身段“问”计策，纳取民间良方，把准脉搏“切”症结，解决技术难题。

## 4 用人以公方得贤才

为政之要，惟在得人。习近平总书记在十九届中央政治局第十次集体学习时发表重要讲话，着眼党和国家事业发展全局，深刻把握治乱兴衰规律，鲜明提出坚持公正用人应该成为选人用人的根本要求，深刻回答了新时代“怎么用人”这个重大命题。做好新时代工程建设选人用人工作，必须牢牢把握坚持公正用人这一根本要求，着力建设忠诚、干净、担当的高素质的工程建设队伍。我们青宁输气管道工程项目也正是围绕此项纲领，大胆选用新一辈的技术人员，做到人岗相适，科学合理使用员工，把合适的人员放到合适的岗位上，用当其时、用其所长，不论资排辈、不比“出身”，平衡照顾。

常用科学激励方法，提高员工和队伍综合素质和能力，每周一次节点评比，每月一次总结大会，比质量、比技术、比规范、比速度、比服务。把荣誉刻在墙上，把福利送到手上，把关心暖到心窝上。

初心不因来路迢遥而改变，使命不因风雨坎坷而淡忘。青宁输气管道工程建设，我们一直用心在干。

### 参考文献

[1] 刘阳.中央“不忘初心、牢记使命”主题教育领导小组印发《关于开展第二批“不忘初心、牢记使命”主题教育的指导意见》[EB/OL].(2019-09-05)[2020-03-12].http://www.xinhuanet.com/politics/2019-09/05/c_1124965727.htm.

[2] 曾万明.坚持科学精准选人用人[EB/OL].(2019-09-04)[2020-03-15].http://www.djyj.cn/n1/2019/0904/c415738-31336560.html.

[3] 王吉全，胡洪林.滚石上山抓落实：写在山东省“担当作为、狠抓落实”工作动员大会召开之际[EB/OL].(2019-02-11)[2020-03-15].http://sd.people.com.cn/n2/2019/0211/c166192-32621671.html.

# 浅谈基层党组织青年人才队伍的培养建设

刘　红

（中国石油化工股份有限公司青宁天然气管道分公司）

**摘　要**　青年人才是企业发展的未来和希望，青年队伍素质高低决定着企业的兴衰成败，建设一支具有高度使命感和责任感、具有较强专业能力的员工队伍，是实现输气管道施工建设和运行保运的基础和保证。青宁输气管道扬州管理处党支部针对青年员工的主要特点，利用现有条件，创造良好的工作和生活环境，使青年员工能够具有比较强烈的归属感，能够充分感受到集体的温暖，建立良好健康的同事关系，弥补因长期与家人不能团聚而可能产生的孤独感，使青年更好地为企业发展贡献力量，实现企业发展与青年成才的良性互动。

**关键词**　基层党组织；青年人才；平台；培养

## 1　青年人才队伍的现状分析

青年员工是企业生产经营活动的主力军，是推动企业创新和发展的生力军和突击队，是企业中最有创造性和可塑性的核心力量，也是企业的未来与希望。现阶段青年队伍主要特点具体表现如下：

### 1.1　文化层次比较高

随着国家整体教育水平的不断提高，青年员工所受教育的程度及个人知识、视野、思维水平都得到了很大的提高。2019 年，管理处不断引入高学历人才，青年队伍的学历也不断提升，文化程度相对较高。目前，管理处共有员工 20 人（含借聘人员），35 岁以下青年员工有 7 人，占员工总数 35%，且 7 名青工全部具有全日制本科及以上学历。该数据表明，青年人才队伍的知识结构已明显改善，文化程度相对较高。

### 1.2　创新思维相对较强

当前，青年员工是 80 后、90 后，大多为独生子女。他们生活在社会高度开放、经济发展迅速、思想观念多样、行为比较自由的时代，思维敏捷，朝气蓬勃，创新思维较强。他们关注工程建设、职工收入、企业发展等情况，关注青宁管道施工难点与重点问题，并有自己的意见和想法，思想观念更新较快。

### 1.3　展现自我价值愿望强烈

对新入职的青年员工来说，经过了高校的专业学习，掌握了一定的理论知识，进入新组建的青宁输气管道后，更希望能够得到领导的重视，展现自我，实现自身价值。特别是刚参加工作两三年的青年员工，由于接触了长输管道的工程技术专业，熟悉了施工建设的各个关键环节，具有较强的生产和管理能力，因此渴望有更广阔的舞台，希望自己的付出能得到领导和同事的肯定。

## 2　青年人才培养的主要做法

针对管理处党支部青年队伍的主要特点，结合青年员工队伍现状，管理处的人才培养从提高综合素质和专业技能入手，统筹规划，狠抓落实，大力开展青年人才的培养工作，取得以下成效：

### 2.1　开展形势任务教育，建立畅通的沟通渠道

鼓励和引导青年员工通过各种渠道表达其对于工作和生活的建议和想法。利用出差、就餐以及工作之外的零星时间，与青年员工聊天，有意识地宣讲公司的制度和理念。了解青年员工对于各项工作的建议，了解青年员工的思想动态。同时，组织青年员工到江苏油田党性教育基地、田明劳模创新工作室、采油二厂崔庄联合站等参观学习，采取各种途径渗透企业文化和石油石化传统。

### 2.2　鼓励青年员工多参与，发挥青工的积极性

要实现公司的长期稳定发展，首先是培养传承石油精神的优秀人才队伍。为庆祝中华人民共和国成立 70 周年，唱响礼赞新中国、奋进新时代的青春主旋律，开展“我与祖国共奋进——国旗下的演讲”特别主题团日活动，做到 35 岁以下青年员工全体参与演讲。通过“我和我的祖国”征文、文艺调演、征集优秀课件等活动，鼓励青年员工总结提炼日常工作中的闪光点，形成稿件。引导青年员工主动思考，积极参与新闻宣传。通过选树身边的先进典型人物，以点带面，使青年员工能够实实在在地看到身边的榜样，使他们认识到自己与榜样并不遥远。

### 2.3　签订“师带徒”协议，助力工程建设

“师带徒”是石油石化行业发挥“传帮带”优良传统、加强人才培养的一项重要工作。青宁输气管道作为一家年轻的公司，青年员工多，从事新专业、新岗位的员工多。针对近三年新毕业及新转岗的青年员工，通过综合评定，确定了五对师徒，涉及工程技术岗、HSSE 管理岗、物资管理岗等岗位。选定的师傅，是管理处里具有良好职业道德，在所从事专业领域有比较深入的研究。真正做到相互学习、相互促进、相互提高的目的。通过两年的协议期，能够共同为管理处发展增砖添瓦。

### 2.4　搭建成长平台，提升青年员工创造力和创新力

坚持以创新能力培养为导向，搭建多个平台，积极促进青年人才不断提高运用新知识、新技术，围绕企业现代管理办法，提高经济效益。一是搭建“晚间小课堂”。针对站场阀室设计图纸及施工方案、生产准备 12 项制度，让每个青年员工都走向讲台，讲解设计图纸、生产准备制度、设备操作及维护、异常事故分析，在为青年员工提供技能培训的同时，实现了青年人才的自我成长。二是贯彻公司“不忘初心争先锋，筑梦青宁立新功”劳动竞赛活动要求，

以环焊缝质量控制为抓手，党支部成立了由党员带领的、青年员工组成的质量攻关小组。针对江汉油建一级片占比64.59%的现状，质量攻关小组对各个机组的二级片焊接缺陷进行统计、汇总、分析，找出了各机组质量缺陷类型及产生缺陷的主要原因，制定了相应的质量控制措施。截至目前江汉油建一级片占比达85%，焊缝质量得到明显提升。

# 3 青年人才培养的成效

一年来，由于管理处注重青宁人才培养与建设，取得了一定的成效，具体表现在以下几个方面：

## 3.1 专业技术结构层次高

目前在6位45岁以下员工中，2位获得高级工程师专业技术职称，1位获得工程师专业技术职称，2位获得助理师资格。合理的人才等级激励着人才成长培养，也激励了人才的创造热情。

## 3.2 创新创效能力增强

管理处结合公司项目的实际，针对施工难点、重点工序，成立攻关小组。2019年申报五小成果8项，由35岁以下青年员工申报的成果5项；征集合理化建议8项，由35岁以下青年员工提出的建议4项；青年员工在国家级期刊发表论文3篇，申请国家专利1项。由此表明，管理处的一些青年专业人才素质较好，已具备竞争实力。

## 3.3 学历层次较高

现在管理处45岁以下人员中，具有大学本科学历6人，具有研究生学历1人，有助于提高管理处生产建设水平，造就一批“懂业务、精技术、善经营、会管理”的技术人才队伍。

## 3.4 青年员工整体素质提升

管理处积极开展“部门业务宣讲”活动，青年员工制作课件3个。2名青年员工参加天然气分公司业务技能竞赛，促进业务技能提升。开展“师带徒”活动，为新毕业、新转岗的5名员工选配师傅，有针对性地培养，帮助员工成长成才。

# 4 青年人才培养策略

为加快青年人才的培养，需建设一支素养一流、业务技能一流、工作作风一流、岗位业绩一流的青年人才队伍，应因地制宜制定相应的培养策略，全面考虑各种需求。

## 4.1 建立完善人才成长通道体系

进一步畅通人才成长通道，建立健全以能力和业绩为重点的青年人才培养、选拔和考核机制。进一步拓宽发展空间，充分调动人才的积极性、主动性、创造性，不断增强人才队伍动力、活力和效力。结合公司员工队伍年轻，人员结构分层等实际情况，立足当前岗位实际，加强顶层设计，解决突出问题，在人才培养上实现更大突破。

## 4.2 建立体现人才劳动价值的薪酬制度

制定有效的薪酬分配制度，拉大岗位之间的差距，增强青年员工向上的工作劲头。建立向高层次、高技能和优秀人才倾斜的分配激励机制。多出台一些惠及青年员工的制度。

## 4.3 建立和谐的以人为本的企业文化

适时地组织青年员工茶话会、生日会、青年员工访谈、满意度调查等活动。既促进了青年员工之间的沟通交流、增进了青年员工之间的感情，又能丰富青年员工的业余文化生活，增强企业的凝聚力。

目前，青宁输气管道正处于建设后期，预计于 2020 年 10 月投产运行。综合型的青年人才越来越成为青宁输气管道发展的关键，对于将来国家东部沿海的输气管道运行也至关重要。因此，在新形势下，公司管理者及人力资源部门必须积极探索青年员工的培养发展机制，进而为国家管网公司的健康运行提供人才支撑。

## 参考文献

[1] 汪宁.加强青年科技人才培养的途径、成效与体会[J].农业科研经济管理，1996(2)：25-27.
[2] 祝湘陵，杨波，张强.中青年科技人才培养的途径[J].石油科技论坛，1997(4)：57-59.
[3] 金永刚.创新型人才培养的途径研究[C]//沈阳市科学技术协会.科技创新与产业发展(B卷)：第七届沈阳科学学术年会暨浑南高新技术产业发展论坛文集，2010：940-943.

# “不忘初心争先锋,筑梦青宁立新功”劳动竞赛一级口率提升案例

陈锋利　申芳林

(中国石油化工股份有限公司青宁天然气管道分公司)

**摘　要**　为进一步提升天然气长输管道质量管理水平,结合青宁管道质量管理经验,对一级口率提升的案例经验进行总结,统计分析了一级口实施效果,并指出不足之处,提出下一步工作打算,为以后天然气长输管道项目质量管理提供参考。

**关键词**　一级口;劳动竞赛;一次焊接合格率;一级口率

## 1　项目概况及进展

青宁管道工程地处经济发达的苏鲁地区,途经山东省青岛市、日照市、临沂市和江苏省连云港市、宿迁市、淮安市、扬州市等 2 省、7 地市、15 县区;管道全长 531 km,起点为山东青岛市董家口山东 LNG 接收站,与中国石化华北天然气管网连接,终点为江苏仪征市青山镇川气东送管道南京输气站,与中石化川气东送管网连通;管道设计压力 10 MPa,管径 1 016 mm,沿线设置输气站场 11 座、阀室 22 座、阴极保护站 6 座,设计年输气量 72 亿 $m^3$,项目总投资不含税 66.27 亿元,含税 73.07 亿元。

项目于 2019 年 6 月 5 日正式开工建设,按照统筹要求,2020 年 9 月 30 日,完成工程中交,2020 年 10 月 30 日,全线达到投产供气条件。截至 2019 年底,线路焊接 500 km,管沟回填 400 km,圆满完成天然气分公司下达的焊接 450 km 目标。

## 2　案例背景及意义

截至 2019 年底,天然气分公司累计建成独资或控股长输管道约 7 200 km,约占全国天然气管道总里程的 9.6%,主干管网输气能力约每年 514 亿 $m^3$,参股建成天然气长输管道 5 127 km。建设期间未发生质量事故,但随着运营时间的不断增长,在后期的投运、管道检测中陆续发现个别事故是由焊接原因引起。这些事故虽未造成人员伤害,但对建设期质量管理提出了更高的要求。因此,在保证焊接一次合格率的基础上,本着持续改进、精益求精的原则,青宁项目部提出了提升一级口率 80%的目标。

提升一级口率是贯彻“质量永远领先一步”方针的需要,通过提升一级口率,在保证焊接一次合格率的情况下,可全面提升焊缝质量,实现精细化管理的有效探索,进一步提高全员

质量意识，强化质量持续改进的理念。

提高一级口率是项目管理水平提升的主要体现，通过提高一级口率，体现了对项目管理更深层次的认识，是不断提升项目管理的主要体现，也为施工进度、安全提供有效保证。

提升一级口率是进一步为项目建设和投用增值的需要，通过提升一级口率，可有效延长使用寿命，提高投用期安全保障，进一步降低人员生命财产安全风险。

# 3 案例过程

2019 年 7 月，青宁项目部组织开展了“不忘初心争先锋，筑梦青宁立新功”劳动竞赛，围绕工程进度、质量、HSSE、费用管理四个方面开展“比学赶帮超”活动，要求焊接一次合格率不低于 96%，一级口率不低于 80%。质量部接到通知后，成立劳动竞赛质量小组，组织 2 个管理处、3 家监理单位、6 家施工单位、6 家检测单位对劳动竞赛质量实施方案进行了宣贯，要求施工单位成立 QC 小组，制定了焊接一次合格率、一级口率考核细则，每周、每月统计焊接一次合格率、一级口率，针对一级口率低于 80%的施工单位及其机组，要求管理处、监理、施工单位组织 QC 小组分析会，分析原因，制定措施。通过努力，目前各施工单位焊接一次合格率都在 99.50%以上，整体一级口率稳步提升，由 6 月份的 65%提升至 12 月份的 77.7%。

# 4 具体做法

为做好劳动竞赛中一级口率提升工作，质量部从全员质量意识、组织机构、QC 小组、实施过程等方面入手，加强焊接、检测过程管控，及时解决存在的问题，保证了一级口率评比工作稳步推进。

## 4.1 转变质量观念，提高质量意识

质量观念和员工的质量意识是质量管理的根本，在以往的工程中，多数只满足合同质量标准要求和创优需求，未对工程质量提出精细化、个性化要求，青宁项目部确立了“质量永远领先一步”的方针，树立持续改进、精益求精、天天“质量日”、月月“质量月”的理念。在质量月度例会上，向各参建单位宣贯质量目标、方针，传达提升一级口率的重要意义和实施方案，并要求各参建单位将此理念和提升一级口率相关工作传达至所有员工，实现了全员参与质量管理，进一步提高了全员质量意识，为质量工作的开展奠定思想基础[1-3]。

## 4.2 将党建工作融于一级口率评比

坚持党建引领质量管理的原则，充分发挥党员先锋模范带头作用，以党建促进质量管理，全过程融入质量管理工作。2019 年 7 月，党组织下发了《“不忘初心争先锋，筑梦青宁立新功”劳动竞赛方案》，明确劳动竞赛目标、职责、实施办法等。在质量过程管控方面，发挥参建单位党员、团员带头作用，EPC 联合体利用党员会议契机，展开质量管理工作讨论，同时党员带头成立 QC 小组，及时组织一级口问题分析会。项目部党总支与工会组织了一级口

率评比，每周、每月对6家施工单位的41个机组进行排名，在月度质量会议室通报一级口率排名，对月度排名前五的颁发流动红旗，对一级口率低于80%的机组和单位，一次低于80%的机组告知，连续两次低于80%的机组警告，连续三次低于80%的机组停工整顿，并清退相关焊工。

### 4.3 加强焊接管理人员和焊工管控

一是各管理处配备专门负责焊接、检测的负责人及相应专业人员；EPC联合体按专业配备质检员，且每个专业不少于1名，其中每个焊接机组均应配备1名焊接质检员，质检员必须经过专业培训取证后上岗；监理单位要配备满足现场需求的焊接材料、无损检测人员。二是严格焊工考试取证上岗制度，委托中原油田、胜利油田、江苏油田开展焊工取证考试[4]。由管理处、监理、EPC联合体全程跟踪焊工考试，并确认焊工考试和持证的真实性、有效性；施工单位建立焊工进出台账，对焊工个人信息、持证情况、施工记录等进行统计，并报监理单位。三是引入四方质量监测，对无损检测评片工作进行抽检和指导，提升无损检测评片质量。

### 4.4 加强焊接技术文件审核

一是严控焊接工艺相关文件。项目部先后审核了中原焊接中心编制的《焊接工艺评定方案》《预焊接工艺评定方案(PWPS)》《焊接工艺评定报告(PQR)》。按照《钢质管道焊接及验收》(GB/T 31032—2014)要求，焊评中心编制了《中石化青宁输气管道工程焊接工艺规程》，在规程中明确规定严禁隔夜焊，焊缝余高不得超过2 mm。根据现场情况和中石化《X70、X80钢级管道焊接管理规定》，项目部对规程进行4次完善，确保焊接规程与现场施工相符。二是对Ⅱ级及Ⅲ级高后果区、地质灾害风险较高或高等级地区、陡坡地段及变壁厚连接处等特殊地段[5]，要求施工单位单独编制焊接作业指导书和焊接工艺卡，从钢管和管件的几何尺寸、管口级配、坡口加工、运布管、组对、焊接、管沟开挖与回填、线路保护构筑物等方面制定有效具体措施，保证焊接质量。

### 4.5 加强现场焊接作业控制

一是实行百道口考核制，由监理组织实施，通过考核后方可开展焊接作业。考核通过后，机组焊工未经监理同意不得替换。二是做好施工细节管控。严禁管道强行组对，除连头和特殊地段，不得使用外对口器；焊接过程中严格执行工艺卡，禁止单嘴火焰预热，做好管口两端封堵，控制根焊与填充间隔时间[6]，冬季施工时做好焊缝缓冷措施；严控管道连头、金口焊接过程等。三是加强检查。切实落实施工单位自检，加强监理旁站、巡检，同时组织质检组、质量监督检验单位、四方质量监测单位人员对监理、EPC联合体、无损检测单位进行抽查，目前，共组织项目部级检查9次，查出问题600余项，整改率达100%。

### 4.6 组织一级口质量专题会议

一是项目部每月组织承包商召开质量专题会，质量部通报一级口率进展情况，并组织解决存在的问题。二是管理处、监理单位每周组织质量专题会，总结本周质量开展情况。对一级口率低的机组，从人、机、环、料、法等方面分析原因，并制定改进措施[7-9]。三是EPC联合体 QC 小组组织质量讨论会，利用鱼刺法对一级口率进行分析，消除不利因素。自开展一级口率评比后，项目部组织质量会 7 次，管理处、监理组织质量会近 60 次，EPC 联合体 QC 小组组织分析会超过 20 次。

### 4.7 严格落实一级口率考核制度

为保证劳动竞赛和一级口率有效推进，除质量考核体系外，项目部还建立了一级口率考核体系，对 41 个机组，每周统计一级口率，对本周低于 80％的机组进行预警，每月统计当月一级口率，对前五名机组进行表彰，对低于 80％的机组进行通报，对一次低于 80％的机组进行告知，对连续两次低于 80％的机组进行警告，对连续三次低于 80％的机组进行停工整顿，并清退相关焊工。

## 5 效果分析

通过以上措施，目前，管线焊接一次合格率达 99.67％，总体一级口率达 77.7％，6 家施工单位一级口率都稳步提升，其中中原油建、胜利油建一级口率都高于 85％，实体工程、外观质量可控。

表 1 2019 年 6—12 月焊接指标累计完成情况

| 项目 | 6 月 | 7 月 | 8 月 | 9 月 | 10 月 | 11 月 | 12 月 |
|---|---|---|---|---|---|---|---|
| 焊接一次合格率 | 99.50％ | 99.67％ | 99.67％ | 99.68％ | 99.66％ | 99.67％ | 99.70％ |
| 一级口率 | 65.65％ | 69.59％ | 71.69％ | 73.87％ | 75.22％ | 76.94％ | 78.50％ |

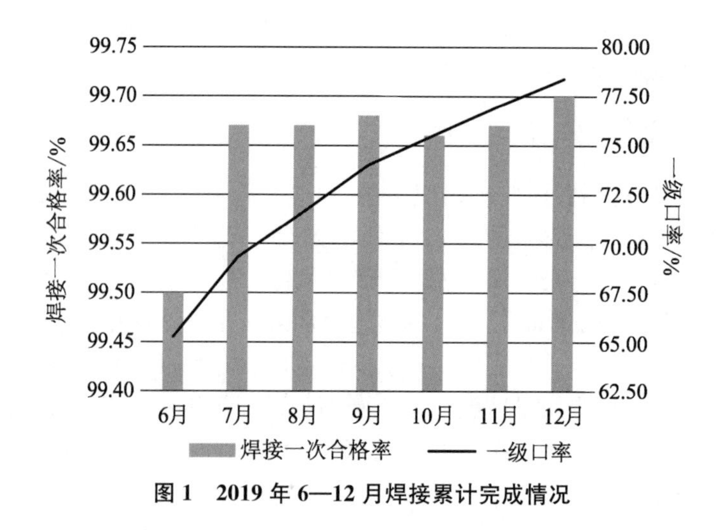


图 1 2019 年 6—12 月焊接累计完成情况

如表 1 所示，到 12 月份，累计焊接一次合格率达到 99.70％，一级口率达到 78.50％；如图 1 所示，焊接一次合格率和一级口率稳步提升。

表 2　2019 年 6—12 月累计焊接一次合格率

| 单位 | 6 月 | 7 月 | 8 月 | 9 月 | 10 月 | 11 月 | 12 月 |
|---|---|---|---|---|---|---|---|
| 胜利油建 | 99.80% | 99.80% | 99.76% | 99.77% | 99.77% | 99.70% | 99.69% |
| 十建公司 | 99.70% | 99.86% | 99.71% | 99.71% | 99.71% | 99.69% | 99.70% |
| 河南油建 | 99.60% | 99.73% | 99.73% | 99.63% | 99.67% | 99.67% | 99.68% |
| 中原油建 | 99.40% | 99.51% | 99.48% | 99.50% | 99.52% | 99.48% | 99.60% |
| 江汉油建 | 99.75% | 99.79% | 99.80% | 99.81% | 99.75% | 99.77% | 99.76% |
| 江苏油建 | 99.81% | 99.51% | 99.59% | 99.62% | 99.24% | 99.65% | 99.70% |

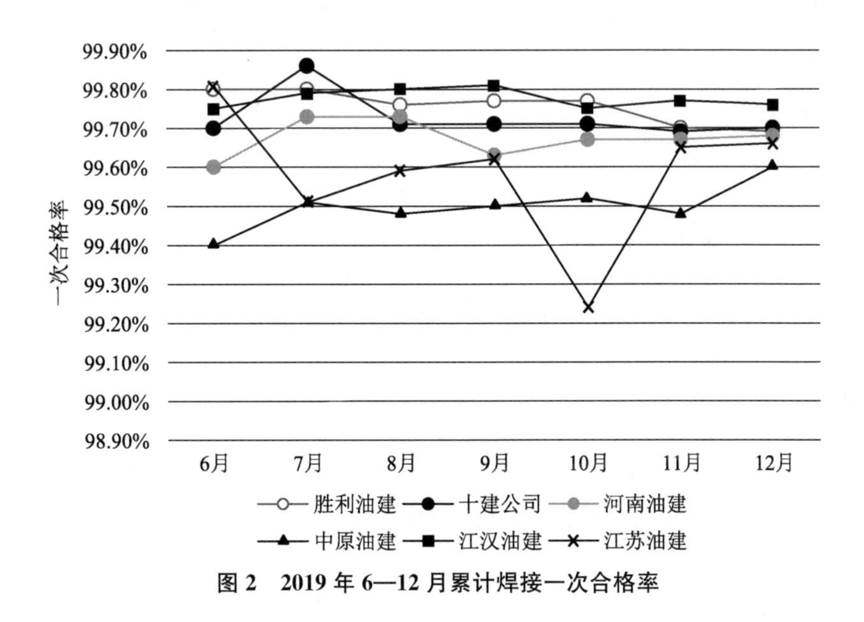


图 2　2019 年 6—12 月累计焊接一次合格率

如表 2、图 2 所示，各施工单位焊接一次合格率都超过 99.20%。

表 3　2019 年 6—12 月累计一级口率

| 单位 | 6 月 | 7 月 | 8 月 | 9 月 | 10 月 | 11 月 | 12 月 |
|---|---|---|---|---|---|---|---|
| 胜利油建 | 68.25% | 70.40% | 77.52% | 80.28% | 81.55% | 85.44% | 86.42% |
| 十建公司 | 63.28% | 79.01% | 71.72% | 72.22% | 73.94% | 74.59% | 76.52% |
| 河南油建 | 62.15% | 65.55% | 65.55% | 69.72% | 70.32% | 71.38% | 74.68% |
| 中原油建 | 73.23% | 76.34% | 78.25% | 80.91% | 84.92% | 84.95% | 85.21% |
| 江汉油建 | 45.25% | 48.01% | 56.18% | 61.98% | 64.60% | 64.48% | 68.52% |
| 江苏油建 | 65.76% | 75.11% | 76.45% | 75.67% | 75.34% | 76.46% | 77.67% |

如表 3、图 3 所示，各单位一级口稳步提升，中原油建、胜利油建一级口率高于 85%，江汉油建虽提升速度快，但起点低，总体一级口率不到 70%。

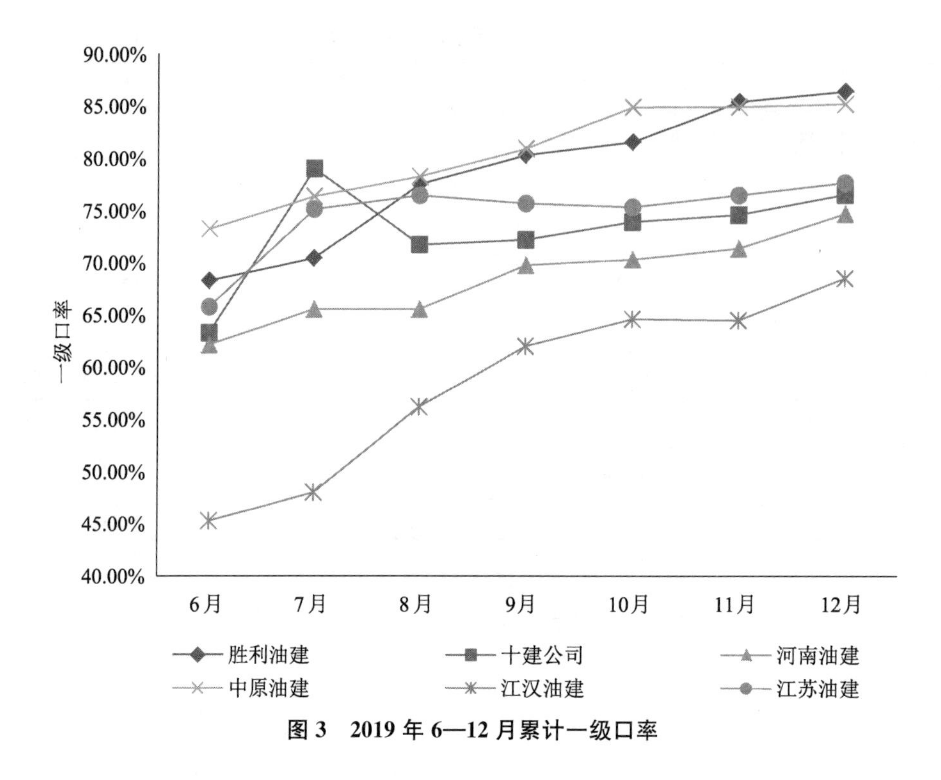


**图 3 2019 年 6—12 月累计一级口率**

# 6 问题及下一步计划

虽然一级口率稳步提升，但受新冠肺炎疫情影响，管线和站场施工滞后，预计 2020 年 4 月超过 80%，但还存在一些问题，需持续改进。

(1) 部分机组由于质量意识不强、技术能力不足、焊接方法不正确等原因，导致一级口率严重偏低。

(2) 施工合同中只约定焊接一次合格率为 96%，未约定一级口率，一级口率在实施上缺少合同约束力。

(3) 管线焊接工作进入收尾阶段，一级口率提升的空间有限，尤其是部分单位已基本完成线路焊接工作，但一级口率低于 80%，如江汉油建线路焊接达 99.8%，但一级口率为 68%。

(4) 部分施工单位一级口率起点低、提升速度慢或停滞不前，如江苏油建、河南油建、十建公司。

在下一步工作中，一是注重全员质量意识的提升；二是提前组织站场焊接工作，高标准要求一级口率，保证每个机组一级口率不低于 80%；三是以“比学赶帮超”为平台，以样板制为目标，开展专业间样板机组评比；四是加强质量考核，增加主要质量指标权重，突出质量关键点重要性。

## 参考文献

[1] 王大鹏.科洛尼尔管道油品质量管理经验与启示[J].油气储运，2018，3(37)：291-294.

[2] 沈庚民.长输油气管道工程建设项目的 PMC 管理模式[J].油气储运，2013(3)：66-69.
[3] 吕玉宏.油气长输管道工程质量管理分析[J].石油工业技术监督，2010，26(11)：24-26.
[4] 王华良.基于 EPC 模式的天然气长输管道施工质量管理研究[J].中国标准化，2015，540(4)：124-126.
[5] 张金宏.石油天然气管道施工质量管理的几点探讨[J].化工管理，2018，491(20)：103-104.
[6] 王冰怀，崔建业.EPC 总承包管理模式下的质量管理要点：以西气东输二线工程为例[J].石油天然气学报，2013，35(4)：164-168.
[7] 李龙，洪悦.油气田长输管道焊接质量控制[J].中国石油和化工标准与质量，2017，37(12)：13-14.
[8] 宫键.天然气管道工程施工建设质量管理探讨[J].化工管理，2016(25)：149.
[9] 裴全斌，闫文灿.天然气长输管道天然气质量管理现状及建议[J].工业计量，2018(3)：22-25.

# 智能化在青宁输气管道建设中的应用实践

崔国刚　王　军
（中石化石油工程设计有限公司）

**摘　要**　为加强青宁输气管道工程建设管理，规范工程建设管理程序，全面掌控工程建设管理情况，达成工程全过程管理的目标，在实施智能化管道工程过程中，开展了设计数字化交付、工程建设管理、施工数据采集应用实践。建立了数字化交付标准体系，搭建设计数字化交付平台的技术架构及集成架构，采用二三维地理信息技术、二维码、GPS技术研发了工程一体化管控平台及移动数据采集平台，系统涵盖了输气管工程建设的全过程，包括设计、施工、检测、监理的全过程管理，该系统为管道建设提供全面的数据支持，并辅助决策分析，从而提高管道建设管理水平，实现安全高效的管理，并为运营期的管道全生命周期管理及青宁管道数字孪生体的建设奠定数据基础。

**关键词**　长输管道；工程建设；数字化交付；地理信息

## 前言

根据《中长期油气管网规划》，到2025年全国油气管网规模将达到24万km，规划强调要"提高系统运行智能化水平，着力构建布局合理、覆盖广泛、外通内畅、安全高效的现代油气管网"，智能化管道建设受到越来越多人的关注。

目前对管道进行全生命周期管理的理念已深入人心，智能化管道建设正在逐步开展，智能化管道的实施从与工程建设同步过渡到与设计同步，在前期设计阶段即开始进行规范并进行合同约束，各个阶段逐步数字化，并且在每个阶段的数字化过程中，数字化的信息成果能够被集成和重复利用和回溯验证。工程设计、采购、施工阶段产生的工程数据是最基础、最真实的原始数据，是真正反映设计、施工的实际数据，如何收集、管理好这些工程数据，实现最终的数字化交付，是实现智能化管道的重要基石[1]。本文结合工程应用实践，初步探讨在长输管道数字化建设过程中的智能化技术的实现及应用问题，并初步探索设计期数据、施工数据的递延、回流及融合利用问题。

## 1　智能化管道的定义

近年来，石油石化行业开展智能化管道、数字化管道建设的项目越来越普遍，但目前行业内对智能化管道的定义和建设内容及深度还没有形成普遍共识。

中国石油对智能化管道的定义为在标准统一和数字化管道的基础上，以数据全面统一、感知交互可视、系统融合互联、供应精准匹配、运行智能高效、预测预警可控为特征，通过"端＋云＋大数据"体系架构集成管道全生命周期数据，提供智能分析和决策支持，用信息化手段实现管道的可视化、网络化、智能化管理，具有全方位感知、综合性预判、一体化管控、自适应优化的能力。

中国石化也进行了一些实践，提出在信息系统集中整合的基础上，借助云计算、物联网、大数据、移动互联网、人工智能等技术，建成资源优化输送、隐患自动识别、风险提前预警、设备预知维护、管线寿命预测、自动应急联动的智能化管道，提高管网运行效率，支撑油气管网“安全、绿色、低碳、科学”运营。

智能化管道的定义立意高、影响深远，在青宁输气管道上按照智能化管道的定义进行了部分应用与实践，借助二维码、GPS、移动互联等新一代信息技术为手段，为构建青宁管道的数字孪生(Digital Twin)搭建基础，覆盖管道工程建设的各个阶段，涵盖前期、设计、采购、施工及运维的全生命周期可视一体化综合管控，辅助提高管道管理水平。

## 2 总体架构

青宁智能化管道以数字化管道为基础，通过二三维地理信息技术、二维码、RFID、GPS技术等新一代信息技术与油气管道技术的深度融合，开展油气管道智能化建设，实现管道的全生命周期管理，助力油气管道高质量发展。按照中石化“六统一”原则，根据云计算的体系架构，明确了智能化管道建设内容，通过管道全生命周期数据的采集，提供智能分析和决策支持，实现管道的标准化、数字化、可视化、集成化、智能化管理，整体架构如图1所示。

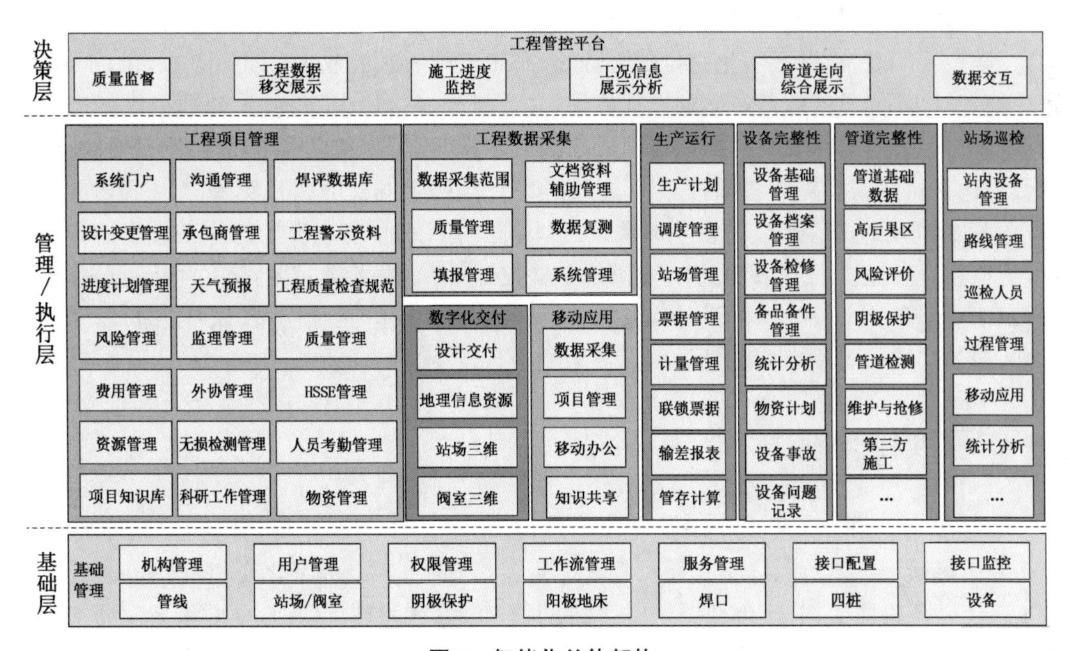


**图1 智能化总体架构**

## 3 数字化交付技术

广义的数字化交付涵盖工程建设的各个阶段，涵盖前期、设计、采购、施工及运维的全生命周期,努力打造“全数字链条”的交付体系。

标准规范作为智能化管道建设体系的“地基”和“框架”,是系统建设的基础和保证,能够保障整个工程数字化交付统一、有序和递延、复用。工程数字化标准的建立要从统一设计编码开始,建立工程分解结构、工作分解结构,以管道本体这一“实物”为基本载体,以管道从规划建设到投产运行直至运维报废各个阶段的业务活动为驱动要素,并以管道全生命周期的进展为时间轴,将不同业务活动的成果物逐项加载到管道“实物”上,建立统一的“管道数据模型”,以数据清单和文件清单为基础,建立数字化交付指南,统筹考虑设计数据与施工数据、运营数据的对齐,做到基于实体的数据交付粒度一致。

数字化交付平台主要解决数据的采集、使用问题,而标准作为系统建设的“基石”,依据标准进行信息系统的设计和建设,能确保各系统之间、系统内各应用功能之间的无缝集成和数据共享。在标准规范的基础上,以设计数据作为数字化交付的源头数据,开发设计数字化交付平台,以移动应用和采集系统为主要手段,以项目管理系统为保障,确保施工阶段的数据采集录入及数据的递延利用[2]。

在青宁智能化管道数字化交付实践过程中,交付工作的重要环节是协调各参建单位深度参与。而数据作为交付的最终成果,是智能化管道建设的重要基础,也是企业的重要资产。青宁智能化管道建设对于各阶段产生的数据进行统一的管理,伴随设计、施工、运营各阶段同步完成数据采集工作,形成青宁智能化管道全生命周期管理系统的基础数据中心,并随着管道的生命周期发展不断充实完善,最终形成涵盖管道全生命周期的数据资产。

设计数字化成果交付是智能化管道建设的源头,对智能化管道完整“数据链”的建设具有重要意义。通过设计数字化交付平台,向分布于不同地区的业主、设计单位提供统一的交付环境,承接不同设计软件产生的设计成果,并通过统一接口发布;将设计数据以标准透明的数据形式移交给数据中心,实现设计成果的数字化移交,达到多维度展现及全面移交。设计数字化交付数据涵盖了各阶段设计信息,包括管道、中线桩、管材、穿跨越、防腐、通信等45类信息,利用地图、图形、表格等形象、可视化地展示数据,实现设计与施工进度的叠加显示,为把控施工进度、质量提供了有效的监控手段。站场数字化交付系统通过解析Smart-Plant及CADWorks的设计成果,转换数据格式,保留三维模型、属性数据之间的关联性,基于三维GIS平台实现站场设计成果的交付、浏览及查阅[3]。

## 4 工程项目管理

平台按照“标准统一、关系清晰、数据一致、互联互通”的目标进行构建。在时间维度上,全面采集可研、基础设计、详细设计及建设期管道基础数据,以数字化交付理念贯通设计—施工—运营各阶段数据,实现数据统一存储、集中查询;在管理维度上,全面采集现场主要施工数据,并按照工程施工数字化成果作为管道“数字孪生体”的建立基础[4]。

以项目管理为基础,围绕中石化工程建设“3557”管理要求开展建设,着重体现进度、质量、合同、费用、HSSE等五大控制,建成了系统门户、进度计划、质量风险、沟通管理、资源管理、设计变更、监理管理、工程资料等16个覆盖工程建设项目管理全过程的功能模块,为项目管理提供决策支持,有效提高项目管理水平和工作效率。

门户主页作为项目管理系统的入口,为项目参建单位提供一个信息共享和发布的统一平台,项目参与者可以及时了解项目最新动态,如将监理、施工、检测单位关键人员签到情况,项目进展情况展示在系统门户中,解决信息孤岛,实现信息共享,同时设置审批流程及权限管理功能,保证有权限的人发布或看到对应的工程信息。

进度计划管理提供进度计划编制、实际进度填报、进度统计分析等功能。建立统一的计划分解结构,进行责任分解,有效提高计划编制的合理性和可执行性;统一填报内容,实现实际进度自下而上自动汇总,保障数据准确性;提供各类统计图表、形象进度偏差预警分析,实现管道工程精细化项目管理和业务协同一体化管理,确保进度管理工作全员、全过程、全方位的有效衔接和高效运转。

资源管理方面,建立青宁输气管道资源档案库,包括工程人员信息档案库、机具设备档案库,基于档案库,结合二维码识别技术,采集现场人员的实时行为信息,实现资源的动态管理,实现资源在项目上的全生命周期管理。

现场考勤部分能够满足监理单位全部人员,检测、施工关键人员进行签到,对现场关键人员进行管控,并根据监理考勤情况作为工程款的结算依据。

数据质量作为数据的"护身符",为保证数据录入质量,配套发布数据采集制度,并对采集方法及系统应用进行培训。为保证数据录入的及时性,每日统计、对比数据,定期或不定期现场复核数据,建立不合格数据台账等;为保证数据的准确性、完整性,充分利用所开发平台,施工采集数据与设计数据在线成图对比,监控数据偏差,及时发现错误数据及施工变更数据,现场检查、整改落实,形成 PDCA 闭环管理。数据采集主要包括采办数据、施工数据、检测数据、竣工测量数据及非结构化数据,通过数据采集 APP 扫描管材设备二维码、电子标签等技术,实现数据的自动采集、快速流转与在线审核[5]。

# 5 结语

青宁智能化管道创新应用"数据移交+专业衔接+作业规范"模式,利用二三维技术融合设计、采办、施工数据,建立"地物""数据"联系,实现"数据找物""物找数据"双向联动,达到可视化管控,实现用数据说话、用数据决策、用数据管理、用数据创新、呈现数据活力,但如何充分发掘数据的最大应用价值,如何建立"数字孪生体"的持续维护机制,指导管道的日常运营,是下一步要解决的关键问题。

## 参考文献

[1] 樊军锋.智能工厂数字化交付初探[J].石油化工自动化,2017,53(3):15-17.
[2] 寿海涛.数字化工厂与数字化交付[J].石油化工设计,2017,34(1):44-47.
[3] 魏巍.数字化工厂中的 IT 技术及信息系统结构[J].信息化建设,2015(8):116.
[4] 吴青.智慧炼化建设中工程项目全数字化交付探讨[J].无机盐工业,2018,50(5):1-6.
[5] 邹桐.工厂石化工程信息管理的探索[J].石油化工设计,2016,33(4):73-76.

# 青宁输气管道工程机载激光雷达航测技术

周义高　邱海滨
（中石化中原石油工程设计有限公司）

**摘　要**　激光雷达可以高精度、高准确度地获取目标的距离、速度等信息和实现目标成像，在工程测绘领域具有重要作用。本文首先介绍了青宁输气管道工程项目概况，根据项目工程测量的难点确定引用机载激光雷达航测技术；其次介绍机载激光雷达航测技术工作原理、三维数字化生产流程及三维数字化的测量成果展示；最后将机载激光雷达技术与传统航测技术相比较，并对激光雷达技术的未来发展趋势进行了展望。

**关键词**　激光雷达；三维；DEM；DOM；DLG

## 前言

青宁输气管道工程起自位于山东青岛市黄岛区的山东 LNG 接收站，终至位于江苏仪征市的南京末站，途经山东省青岛市、日照市、临沂市和江苏省连云港市、宿迁市、淮安市、扬州市等 2 省、7 个地市、15 个县区。线路全长 531 km，设计压力 10.0 MPa，管径 1 016 mm，管道主材为螺旋缝和直缝埋弧焊钢管，管道材质为 L485M。管道沿线设输气站场 11 座，阀室 22 座。沿线共有河流大中型穿越 40 处，铁路穿越 17 处，高速公路穿越 10 处，其他高等级公路穿越 37 处。该项目线长、面广，跨越山东、江苏两省，涉及平原、丘陵和水网地带，水网地带湖泊众多，特别是连续湖泊，如高邮湖，管道沿线河流、沟渠及鱼塘多，生态园区及现代农场多，地下埋藏物如油气管道、市政供水、排污管道及光缆、电缆多且复杂，特别在仪征化工园区尤其复杂。为保证测量进度，缩短周期，减少人工强度，结合目前国内外测量技术的发展现状和趋势，在青宁管道全线采用机载激光雷达航测技术。

## 1　机载激光雷达航测技术

机载激光雷达航测技术，就是一种把激光应用于回波测距和定向方面，并凭借着具体位置、径向速度及物体反射特性等信息来识别目标的技术。这种技术把先进的激光测距技术、高精度动态载体姿态测量技术、高精度动态 GPS 差分定位技术和计算机信息技术等有机整合在一起，成为近十年来摄影测量和遥感领域重大突破之一，更是当前最为成熟的三维航空遥感技术。机载激光雷达航测技术是一种主动式测量技术，可以快速测量和收集大范围的地表三维数据，具有可穿透植被、自动化程度高、精度较高、作业成本低等特点，可用于快速生产数字高程模型（DEM）、数字表面模型（DSM）和数字正射影像（DOM），也可用于管道三维建模、大型工程测量等多个方面。

机载激光雷达测量系统设备[1]主要包括三大部件：机载激光扫描仪、航空数码相机、定向定位系统 POS(包括全球定位系统 GPS 和惯性导航仪 IMU),其中机载激光扫描仪部件采集三维激光点云数据,在测量地形的同时记录回波强度及波形;航空数码相机部件拍摄采集航空影像数据;POS 系统部件测量设备在每一瞬间的空间位置和姿态,其中 GPS 确定空间位置,IMU 惯性导航仪测量仰俯角、侧滚角和航向角数据。

机载激光雷达航测工作原理如图 1 所示。

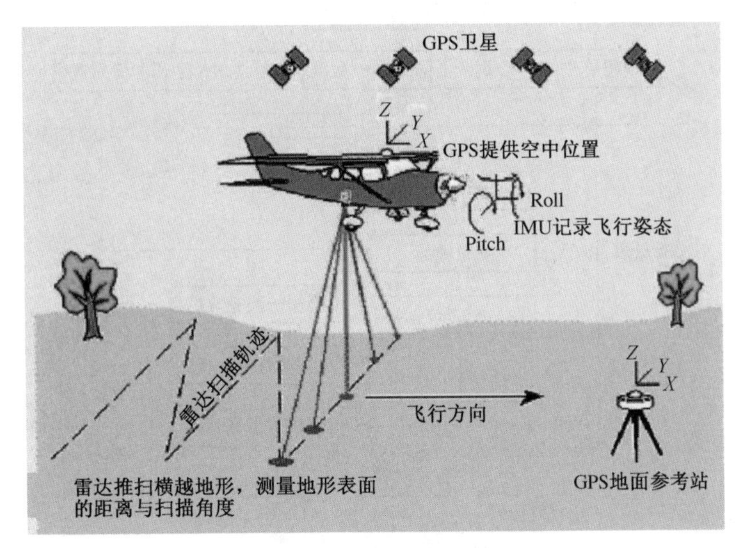


图 1　机载激光雷达航测工作原理

## 2　机载激光雷达航测技术生产流程

机载激光雷达航测作业的生产环节[2]主要包括四个环节:一是航摄准备,包括航摄设计、航摄踏勘、航飞权空域申请等;二是航空摄影数据采集;三是数据处理,包括数据预处理、激光数据分类等;四是数据产品的生产,包括数字高程模型(DEM)制作、数字线划图(DLG)制作、数字正射影像(DOM)制作、建筑物三维白模生产等。机载激光雷达航测作业的生产环节如图 2 所示。

### 2.1　航摄准备

青宁输气管道工程整个测区沿线横跨 2 个军事作战区,2 个民用机场,1 个军民共用机场,航测小组成员按相关规定和流程申请获得项目测区的空军参谋部、民航管理局、航管气象处等单位的空域使用权的批复,这是开展后续工作的前提条件。

### 2.2　航空摄影

航测小组进行测量时,严格按照技术设计的标准,将整个线路共计划分为 43 个分区,其中最短分区长 3 km,最长分区长 26 km,相邻测区重叠 500 m。

本项目使用有人直升机搭载 SZT-R1350 移动测量系统,进行外业数据采集。该测量系统可以实时监控飞行高度,达到仿地飞行效果,从而保证获取影像具有足够稳定的重叠

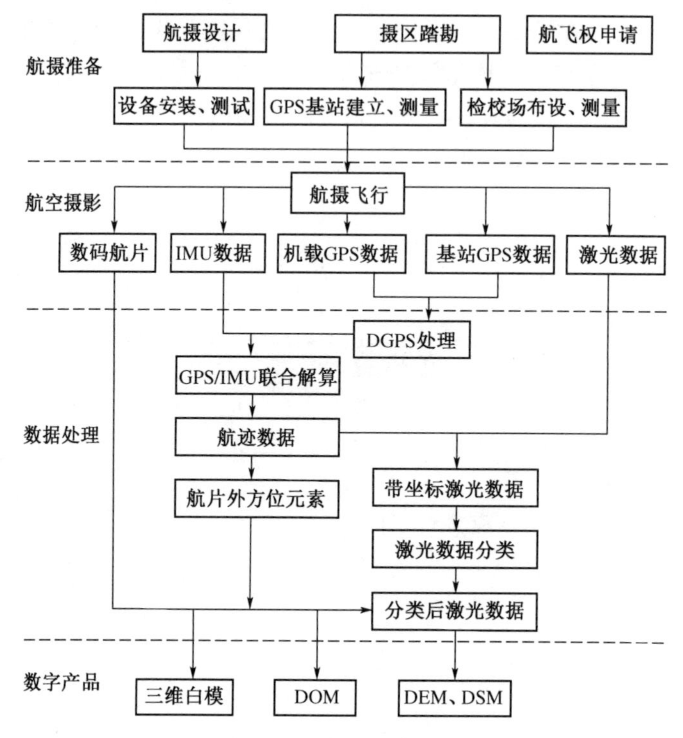


图2 机载激光雷达航测作业的生产环节

率。项目实施时实际飞行高度相对航高为600 m,激光扫描角度为90°,频率为100 kHz,扫描线速度设置为36 m/s,扫描带宽为1 200 m,航带间距为520 m,激光点云航带重叠率为57%,获取的激光点云密度为1.5点/$m^2$。满足1∶2 000激光雷达航测规范要求。

每个架次外业航测任务结束后,对获取的影像数据直接利用Capture One软件对影像数据进行查看浏览,具体检查内容为:影像片数统计,是否漏拍。然后基于专业软件ZtPointProcess快速实现对影像的完整覆盖检查。

## 2.3 数据处理

数据处理包括地面GPS基站和机载GPS的测量数据联合平差来确定飞机的飞行轨迹,激光点云三维空间坐标的计算,激光数据的噪声和异常值剔除,激光数据滤波,激光数据拼接,坐标转换,激光数据分类输出和影像数据的定向和镶嵌等工作。轨迹解算软件采用国际通用的轨迹解算软件Inertial Explorer;点云解算软件采用南方研发的点云解算软件ZtPointProcess;点云分类及DEM生产采用TerraSolid软件;内业成图软件采用广州南方三维激光科技有限公司研发的SouthLidar成图软件。

## 2.4 三维数字产品成果

利用分类后的三维激光点云和航空影像数据生成DEM、DOM、DLG等数据产品。

(1) 数字高程模型(DEM)成果如图3所示。

(2) 数字正射影像(DOM)成果如图4所示。

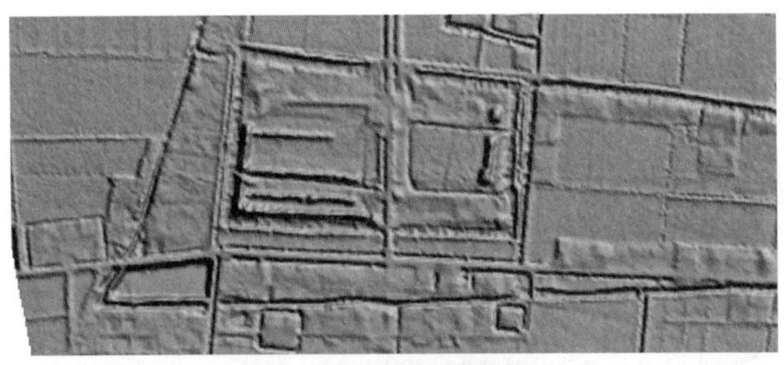

图 3　数字高程模型(DEM)

图 4　数字正射影像(DOM)

(3) 数字正射影像(DOM)、数字线划图(DLG)和管道纵面图等多图合一成果如图 5 所示。

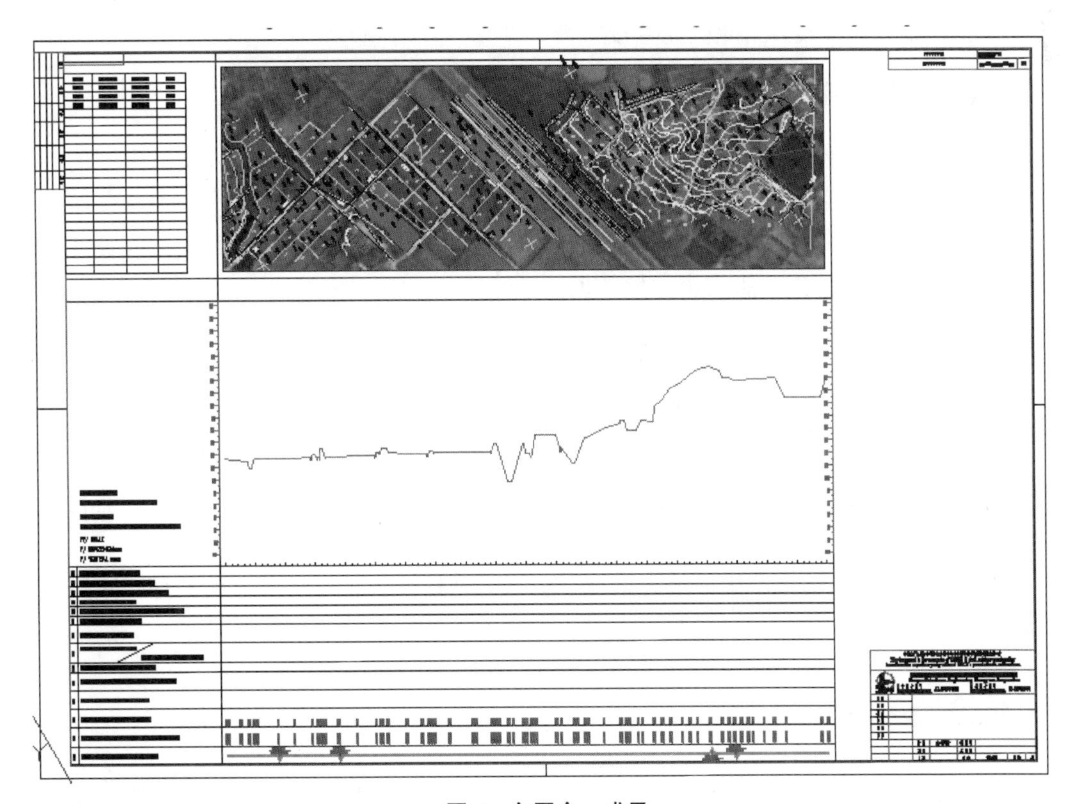

图 5　多图合一成果

## 3 机载激光雷达航测技术效果分析

青宁输气管道工程测量使用有人直升机搭载 SZT-R1350 移动测量系统进行，从精度、生产效率、工期、成果质量等方面显现优越性。

### 3.1 成果的整体精度与精细程度更高

三维激光点云数据都是由激光直接测量得到的，而传统航测本质上是依据有限几个像控点基于航测理论进行的拟合测量。

三维激光雷达系统采集原始点的密度平均每平方米可达到一个甚至十几个原始数据点，这是传统航测立体像对模拟技术采集或工程测量人工采集所无法比拟的。

高程测量精度比其他测绘方法要高，特别在对传统测量手段存在较大困难的树木植被覆盖地区，由于激光具有较强的穿透能力，能够获取更高精度的地形表面数据。

### 3.2 生产效率更高、工期相对较短

航飞高度较低，同时由于是主动发射激光脉冲进行测量，航飞时受天气的影响比传统航测较小，适合飞行天气多。

机载激光雷达航测技术只需要少量的人工野外测量工作，内业智能化、自动化生产水平较高。

没有外业像控点测量、空三加密的传统航测生产环节，生产周期缩短 35%左右。

基于三维激光点云数据能快速直接获得 DSM/DEM 等成果。

### 3.3 成果质量更有保障

三维激光雷达系统在现场就可以直接快速确定原始成果的质量情况，但是传统航测在现场无法直接确定原始成果的质量情况。

三维激光雷达系统是同时采集点云、数码影像等多源原始数据，这些数据之间彼此可以互验，而传统航测只采集单影像类原始数据。

### 3.4 三维数据化应用价值更加深远

数据的自动采集与处理，形成数字化、可视化的三维模型，为数字化设计和交付奠定基础。

基于真实环境的高精度建筑物三维模型、数字高程模型(DEM)、高分辨率正射影像图(DOM)成果是三维数据化管道核心的基础，三维激光雷达系统所生产的高精度三维成果产品，可以为此提供强大的技术支撑，并将给数据化管道建设带来深刻的变革与影响。

机载激光雷达航测技术优势可为设计、施工、三维数据化管道建设等提供有力的基础数据支撑。

## 4 结论

青宁输气管道工程测量项目工期紧张，作业时间有限，实际作业过程采取控制测量、机

载激光雷达外业数据采集、内业数据生产同时进行的作业模式，有效缩短了工期，提高了生产效率。

SZT-R1350 实时监测相对航高，采用定高飞行模式，同时对测区进行合理分区，有效避免单个测区最大高差大于 1/6 航高问题。

基站架设严格控制有效半径为 30 km 的规定，确保单架次数据飞行质量。

通过检校航线的飞行及检校参数的计算，确保航带间误差在限差范围内。

激光雷达技术是近十年来快速发展并得到广泛应用的测量手段，有着常规测量方法和传统航空摄影技术不可比拟的优势，随着技术的不断发展和普及，无论是在军事领域上还是国民经济建设上，激光雷达技术都会有广阔的发展前景。

## 参考文献

[1] 黄旭.机载激光雷达技术在送电线路设计中的应用[J].红水河，2009，28(1)：21-23.

[2] 韩改新.机载激光雷达(LIDAR)技术在铁路勘测设计中的应用探讨[J].铁道勘察，2008，34(3)：1-4.

# 青宁输气管道工程高邮湖连续定向钻勘察技术

杨进录　罗　华　尚小卫　卜满富

（中石化中原石油工程设计有限公司）

**摘　要**　通过对青宁输气管道工程高邮湖连续定向钻位置的地形地貌、区域地质、水文、定向钻穿越设计依据的介绍，针对工程需求与区域内已有地质资料分析，对以湖积黏性土为主的场地采取岩心钻取样结合标准贯入实验、土工实验等勘察手段，取得本场地连续定向钻两侧的连续地层岩心照片及地层物理力学性质参数，为定向钻的设计及施工提供了直观、详细的地层信息，为定向工程的顺利完成奠定了坚实的基础。

**关键词**　高邮湖；岩土工程；湖积黏性土；定向钻

## 1　高邮湖地形地质条件概述

### 1.1　地形地貌

青宁输气管道工程高邮湖连续定向钻穿越场地属冲积、湖积平原及河床地貌单元，周边沟渠密布，连续定向钻东、西两侧地形平坦开阔，均为水田，高邮湖内滩区种植一季小麦。

### 1.2　区域地质情况

高邮市境地质构造处于高邮凹陷的主体部位，高邮凹陷位于苏北盆地东台坳陷中部，自上第三系以来，高邮地区在新构造运动体制下，属苏北凹陷持续强烈沉降区，并多次受到来自东部海水的浸淹。穿越所处区域构造活动性不强，距离区域性活动断裂较远，场地区域稳定性相对较好。

场地属对建筑抗震一般地段，地震动峰值加速度为0.10$g$，抗震设防烈度为7度，设计地震分组为第二组。根据高邮县志记载，县境内历史上发生最高地震为4.9级。

根据区域地质资料及高邮湖区的初步勘察资料，本段50 m深度内地层均为第四系冲洪积及潟湖相和湖相沉积形成的黏土及粉质黏土，局部夹粉土、淤泥及淤泥质黏性土透镜体。

### 1.3　水文条件

青宁输气管道工程穿越河流基本情况见表1。

京杭大运河及深泓河均为人工开挖河流，为大型河流穿越，穿越段河床呈对称的“U”形，河床质均为黏土，通航等级为国家二级航道标准。

表 1　穿越河流一览表

| 序号 | 河流名称 | 起点里程/m | 终点里程/m | 河道宽度/m | 水深/m | 备注 |
|---|---|---|---|---|---|---|
| 1 | 京杭大运河 | 326 | 596 | 270 | 5.4 | 两侧有河堤 |
| 2 | 深泓河 | 1 068 | 1 225 | 157 | 6.3 | 两侧有河堤 |
| 3 | 庄台河 | 1 952 | 2 185 | 233 | 3.3 | 属淮河入江水道，只在庄台河左侧及杨庄河右侧有河堤 |
| 4 | 二桥河 | 2 757 | 2 797 | 40 | 5.6 | |
| 5 | 小港子河 | 3 070 | 3 107 | 37 | 2.3 | |
| 6 | 大管滩河 | 3 261 | 3 292 | 31 | 4.6 | |
| 7 | 王港河 | 4 022 | 4 128 | 106 | 3.8 | |
| 8 | 夹沟河 | 4 886 | 5 035 | 149 | 3.2 | |
| 9 | 杨庄河 | 5 742 | 7 404 | 1 662 | 2.2 | |

高邮湖(淮河入江水道)是淮河下游的主要排洪河道，设计泄洪能力为 12 000 $m^3/s$，可将淮河上中游 70%以上的洪水排泄入江。淮河入江水道先后进行了多次大规模整治及加固工程，水道两侧大堤沿线采用块石护坡。汛期、上游泄洪时洪水会淹没整个河道，枯水期在河道中形成 7 条河流(京杭大运河及深泓河除外)，河流之间为裸露漫滩，根据《中国石化青宁输气管道工程穿越京杭运河、淮河入江水道防洪评价报告》(2018 年 11 月)，淮河入江水道最大冲刷深度为 0 m。

# 2　工程需求与地质勘察分析

## 2.1　连续定向钻次数确定

京杭大运河及深泓河之间存在连片鱼塘，且两河穿越长度为 920 m，可合并采用一钻通过。淮河入江水道穿越位置宽度为 6 566 m，需要连续定向钻穿越，定向钻穿越次数(出、入土点)的合理选择是本工程的难点。现场情况见图 1。

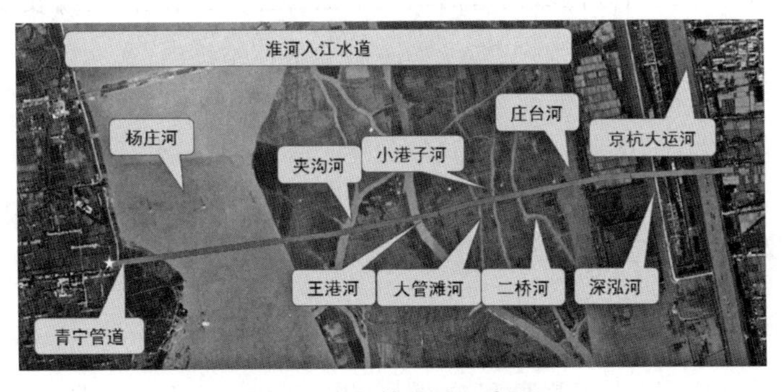


图 1　定向钻穿越示意图

### 2.1.1　确定定向钻穿越次数的影响因素

(1) 岸坡的不稳定：河道中 7 条河流(京杭大运河及深泓河除外)均属洪水冲刷形成，两侧均无人工加固堤岸，由于汛期泄洪时，河水瞬间流速增大，冲刷作用增强，再加上丰枯季河水位的涨跌作用，对岸坡有一定的冲刷破坏作用；

（2）施工场地：定向钻作业需要较大的作业场地；

（3）施工窗口期短：水利部淮河水利委员会提供的文件规定，施工窗口期为 11 月至次年 4 月；

（4）穿越地层：黏性土及粉土。

#### 2.1.2 定向钻穿越出入土点的选择原则

（1）定向钻穿越次数尽量减少，对间距较小的河流合并穿越；

（2）定向钻分界点尽量选择在宽阔的漫滩中间；

（3）定向钻出入土点距河流岸坡距离尽量大，定向钻连头距离尽量小。

#### 2.1.3 定向钻穿越方案

高邮湖（淮河入江水道）连续定向钻工程穿越方案的选取，是综合定向钻穿越次数的影响因素、定向钻穿越出入土点的选择原则、防洪评价部门的意见等各方面因素，最终确定采用 7 次穿越（京杭大运河及深泓河除外），各定向钻穿越长度、深度见表 2。

**表 2 高邮湖段连续定向钻穿越设计参数表**

| 序号 | 名称 | 长度/m | 深度/m | 备注 |
| --- | --- | --- | --- | --- |
| 1 | 京杭大运河＋深泓河 | 1 399.34 | 22.71 | |
| 2 | 庄台河 | 616.80 | 23.30 | |
| 3 | 二桥河＋小港子河＋大管滩河 | 978.37 | 25.89 | |
| 4 | 王港河 | 972.14 | 21.62 | |
| 5 | 夹沟河 | 973.69 | 22.89 | |
| 6 | 杨庄河 | 1 937.10 | 23.31 | |
| 7 | 淮河入江水道西大堤 | 479.74 | 20.06 | |

### 2.2 勘察入场条件分析

高邮湖（淮河入江水道）区内滩地，仅有简易土路通行，每年春汛、秋汛（5～9 月）整个滩地可能被洪水淹没，需采用船运方式进入，交通运输条件较差。

由于京杭大运河及高邮湖（淮河入江水道）湖区有船只来往，尤其是京杭大运河为重要的航运通道，勘察前需在河务管理部门（河务局及海事局）进行水上勘探的报审，取得河中勘察的备案手续及资格证后，由水务部门安排安全救护船只和设置水上来往船只的管制措施后，勘察单位采取严格的水上钻孔施工措施及安全措施后再进行钻探施工。

### 2.3 勘察技术要求

依据《油气田及管道岩土工程勘察规范》（GB 50568—2010）要求，本工程在穿越中线上、下游 20 m 处各布置 1 条勘探线，由于穿越段地层相对简单，勘探孔垂直投影到中线上的间距为 70～90 m，出入土点位置勘探孔深度为 15 m，其他勘探孔深度为 25～35 m，并满足定向钻深度要求。

陆上勘探孔测量定位采用一次多孔方式;水上勘探孔采用一孔一定位方式,并在勘探线与大堤交叉点处设置标志杆,两标志杆间应通视,随时通过标志杆检查水上作业平台的漂移情况。

取样及原位试验间距,在定向钻路由上下应加密。

钻机进场前,技术人员应根据钻孔布置图进行现场踏勘及钻孔布设,根据现场实际情况调整为最优方案,如发现有影响管道走向的不利情况,及时向设计人员和项目部反映。勘探点现场放置时,应避免因天气原因影响GPS放置钻孔的精度,尤其是水上、滩区等无参照物地段必须为天气晴朗时放置钻孔位置,雾天严禁勘探放孔。(GPS精度跟参数设置、天气均有关系,GPS现场钻孔放置时应与测量基准点或标志点进行坐标校核。)

钻机定位后,必须在钻孔位置处留有勘察位置坐标照片。

# 3 连续穿越勘察技术

在充分收集研究《青宁输气管道工程地震安全评价报告》《青宁输气管道工程地灾评价报告》《青宁输气管道工程防洪评价报告》及《高邮湖连续定向钻初步勘察报告》的基础上,本工程最后采用岩心钻钻探、原位测试和室内试验相结合的成熟的勘察技术方案,保证了勘察作业的顺利完成。

在取得河务部门的勘察作业批准后,综合考虑高邮湖(淮河入江水道)连续7钻定向钻设计方案、勘察规范的技术要求、勘察期间湖区水位,采用36个浮筒平台搭载钻机进行水上钻探,改装的XY-1型履带钻机进行滩区钻探的作业方案。

勘探作业之前,对定向钻穿越的出入土点位置进行核实,取得各相关部门确认无误后方可开展,若勘探之后再进行穿越中线变动,受已有勘探孔的限制,较为困难。

考虑因受多种因素影响,在实施中,定向钻穿越长度可能会发生变化,若定向钻长度加大,出入土点向外延伸,布置在出入土点处的勘探孔会发生冒浆事故,且孔深将不满足规范要求。本工程勘察实施时,出入土点的勘探点布置在穿越中线外20 m,勘探孔深与中间部位孔深相同。

在野外勘察作业结束、钻孔验收后,及时采用黏土球进行封孔处理。

# 4 勘察成果与效果分析

## 4.1 勘察成果

通过野外钻探资料、原位测试数据、土工试验数据的分析整理,查明了该场地的地层分布及各地层的物理力学参数,并根据地层分布情况及各土层的物理力学性质,给出合理的定向钻设计及施工的地质建议。

勘探深度内地层均为第四系冲洪积、湖积($Q_4^{al+l}$)地层,主要地层如下:

① 层素填土,仅分布在高邮湖区内的堤坝及道路两侧。主要成分为粉质黏土,少量碎石渣。

② 层黏土:灰黄—灰褐色,可塑—硬塑,土质不均匀,局部夹粉质黏土薄层,属中压缩性

地基土。场地内均有分布。

②₁粉质黏土:黄褐—灰褐色,可塑—硬塑,土质均匀,局部夹黏土薄层,属中—高压缩性地基土。呈透镜体状分布。

②₂层淤泥:灰色—灰黑色,流塑,局部夹粉质黏土及黏土薄层,属高压缩性地基土。呈透镜体状分布。

②₃淤泥质黏土:灰色,流塑—可塑,局部夹淤泥、黏土薄层,属高压缩性地基土。呈透镜体状分布。

③ 层粉质黏土:褐黄—褐灰色,可塑,土质不均匀,局部夹黏土薄层,属中压缩性地基土。场地内均有分布。

③₁层黏土:灰褐—灰黄色,可塑—硬塑,土质不均匀,局部夹粉质黏土薄层,属中压缩性地基土。呈透镜体状分布。

④ 层黏土:褐黄色,可塑—硬塑,土质不均匀,局部夹粉质黏土薄层中压缩性地基土。场地内均有分布,该层未揭穿。

④₁粉质黏土:褐黄色,硬塑—坚硬,局部夹黏土薄层,属低—中压缩性地基土。呈透镜体状分布。

④₂粉质黏土:浅灰—灰绿色,可塑—硬塑,土质不均匀,局部夹黏土薄层,属中压缩性地基土。呈透镜体状分布。

各层土层的岩土参数及指标见表 3。

**表 3 各层土层的岩土参数及指标**

| 岩土体单元 | 重度 $\gamma$/(kN/m³) | 塑性指数 | 液性指数 | 压缩系数 $a_{1-2}$/MPa⁻¹ | 压缩模量 $E_s$/MPa | 承载力特征值 $f_{ak}$/kPa | 黏聚力 $c$/kPa | 内摩擦角 $\varphi$/° | 极限侧阻力标准值 $q_{sik}$/kPa |
|---|---|---|---|---|---|---|---|---|---|
| ① 素填土 | | | | | 4.0 | 80 | | | |
| ② 黏土 | 19.1 | 18.5 | 0.42 | 0.38 | 5.1 | 120 | 33.6 | 8.0 | 70 |
| ②₁粉质黏土 | 19.6 | 16.0 | 0.34 | 0.34 | 5.6 | 140 | 36.4 | 9.7 | 75 |
| ②₂淤泥 | 15.6 | 25.0 | 1.24 | 1.75 | 2.1 | 50 | 9 | 2.1 | 38 |
| ②₃淤泥质黏土 | 18.2 | 18.7 | 0.92 | 0.74 | 3.3 | 80 | 10.5 | 5.4 | 28 |
| ③ 粉质黏土 | 19.1 | 16.6 | 0.40 | 0.32 | 6.2 | 150 | 36.3 | 10.6 | 70 |
| ③₁黏土 | 18.9 | 19.6 | 0.38 | 0.39 | 5.2 | 120 | 39 | 10.3 | 80 |
| ④ 黏土 | 18.8 | 17.6 | 0.42 | 0.32 | 6.4 | 170 | 36.9 | 9.4 | 70 |
| ④₁粉质黏土 | 19.4 | 15.7 | 0.31 | 0.28 | 6.7 | 180 | 44.2 | 12.2 | 80 |
| ④₂粉质黏土 | 19.6 | 15.0 | 0.36 | 0.25 | 7.3 | 180 | 41.8 | 11.2 | 80 |

## 4.2 定向钻穿越评价

### 4.2.1 定向钻穿越可行性评价

穿越段区域构造稳定,未发现不良地质作用、环境地质灾害及异常埋置物,穿越断面地层分布稳定,因此,穿越场地稳定,适宜定向钻穿越。地表下 35 m 深度内地层均为淤泥质黏性土、黏性土及粉土,均适宜进行定向钻穿越,穿越层位主要因素取决于设计穿越深度。

### 4.2.2 定向钻穿越施工评价

(1) 淮河入江水道汛期将被完全淹没,定向钻施工应避开雨季施工,并采取可靠的截排水措施。

(2) 淮河入江水道表层土力学性质差、土质软、易发生震陷,在摆放钻机设备之前,应预先进行加固处理,以防止施工中产生倾斜事故。

(3) 淤泥及淤泥质土段,易发生缩孔、坍塌现象,施工时宜增加泥浆的黏度及重度;由于该层土接近地表,抗冲切能力低,应采用小泵压,以防止穿孔冒浆事故。

(4) 硬塑—坚硬黏性土段,土质硬、力学性质好,抗切削能力强,应采用切削能力强的钻头并增加泵压施工。

(5) 软塑—可塑黏性土段,钻井速度过快,可能产生抱钻现象,应调整钻井速度及泥浆配比,并采取针对性的施工措施。

(6) 若河漫滩冲刷深度较大,定向钻接头部分需要在深基坑内进行,因此,在满足安装工艺的前提下,尽量减少基坑开挖的面积,应在勘探前确定开挖基坑的形状,并对基坑进行专门勘探与评价。

## 4.3 勘察效果分析

定向钻施工队伍根据地质报告提供的地层资料,针对性地采取了泥浆配比、泵压调整、钻头选择等施工措施,顺利完成高邮湖(淮河入江水道)连续定向钻中长 1.40 km 的京杭大运河、长 1.94 km 的杨庄河等全部 7 条定向钻的施工;定向钻穿越现场钻进过程中反映的土层情况与地质报告基本相符。

# 5 结论

本工程勘察方案的选取除依据《油气田及管道岩土工程勘察规范》外,还对青宁输气管道工程沿线的区域地质资料、地震安全评价报告、地质灾害评价报告、高邮湖(淮河入江水道)防洪评价报告及项目前期勘察报告进行了收集及整理,也考虑了项目实施的技术、安全、工期及勘察可实施性的综合结果。

通过高邮湖(淮河入江水道)连续定向钻勘察的实施及定向钻施工过程中反映的钻进信息,对于以湖积成因黏性土为主的地层,采用成熟的岩心钻钻进并交叉布置一定的原位测试孔的勘察技术,可取得对定向钻设计、施工有效的、直观的、详细的地层信息等地质资料。

## 参考文献

[1] 山东省地震工程研究院.青宁输气管道工程场地地震安全评估报告[R].2016.
[2] 北京中地华安地质勘察有限公司.青宁输气管道工程地质灾害危险性评估报告(江苏段)[R].2016.
[3] 江苏省水利勘测设计研究院有限公司.中国石化青宁输气管道工程穿越京杭运河、淮河入江水道防洪评价报告[R].2018.

# 青宁输气管道工程全专业协同数字化设计分析

吉俊毅　杜锡铭　王　力　徐　昊

（中石化中原石油工程设计有限公司）

**摘　要**　随着计算机技术与信息科学的发展，数字化设计已经成为行业发展趋势，大型项目均要求进行数字化设计与数字化交付。在青宁输气管道项目中，采用了全专业的协同设计、数字化设计。对青宁项目中的应用效果进行分析，结果表明通过青宁输气管道项目站场数字化设计的应用，为数字化交付奠定数据基础，提高了数据的准确性与设计标准化，减少了专业间碰撞，为站场运营提供可视化模型，取得了较好的应用效果。

**关键词**　长输管道；全专业协同设计；三维模型；数字化设计

## 前言

随着计算机技术与信息科学的发展，数字化设计技术逐渐趋于成熟，数字化设计已经成为行业发展趋势与必然要求。大型项目均要求进行数字化设计与数字化交付。国家住房和城乡建设部发布了《石油化工工程数字化交付标准》[1]，中石化也发布了企业标准《输气管道工程建设期数字化实施指南》[2]。对大型项目进行全生命周期的数字化管理已经成为主流的管理理念，设计作为所有数据的源头，可以指导后期采购、施工、运营等阶段的工作，为保证数据的可溯性、互通性，采用数字化设计对全生命周期的数字化管理具有十分重要的意义。在青宁输气管道项目中，采用数字化设计方式进行站场、阀室设计，从数据库建立到软件集成与协同，实现了站场全专业协同数字化设计并取得较好的效果。

## 1　全专业协同设计

### 1.1　软件集成与二次开发

我公司软件集成主要采用国际主流的 Smart Plant 集成设计软件，主要集成了 SPRD 材料数据库管理软件、SPPID 工艺设计软件、SPI 自控设计软件、Smart 3D 三维设计软件、Revit 建构筑物设计软件，并利用 Smart Plant Foundation 进行专业间数据传递与数据交互，实现全专业的协同设计。

SPPID 作为数据源头，将工艺数据传递给 Smart 3D、自控设计软件 SPI，既确保了数据源的唯一，也减少了下游专业录入数据的工作量。配管专业接收工艺专业数据，进行二维指导三维设计，确保了工艺 PID 与配管安装的一致性。自控专业接收工艺数据进行自控设计，并将设计成果发布至三维设计软件 Smart 3D 中进行三维设计。其他专业直接在 Smart 3D 中进行实体建模，在软件集成过程中，进行了多次二次开发，完成多专业数据流传递、报表定制、属性描述显示和关联关系提取等子模块的开发，形成了中原设计全专业三维协同设计平台(ZhongYuan Station Design Foundation，ZYSDF)。

## 1.2 协同设计

基于中原设计全专业三维建模协同设计平台，通过 Revit 软件进行总图、暖通、消防等专业设计；通过 Smart 3D 软件实现工艺、自控、电气、结构、设备、给排水、通信等专业三维建模[3-5]，最终在 Smart 3D 软件中集成，实现“所见即所建”的全专业三维模型。建模深度包括：①工艺管线及管线支吊架、设备及设备基础；②仪表设备、报警仪及按钮布置、桥架、详细电缆走向；③通信管道、手孔、监控前端等；④电气设备布置、高杆灯、桥架、电缆走向、接地网布置；⑤消防设施及管网；⑥给排水管线走向及给排水设施；⑦建筑物及室内设施布置；⑧操作平台及基础；⑨总图布置。

以青宁一个输气站场为例，站场模型参见图 1～图 3。

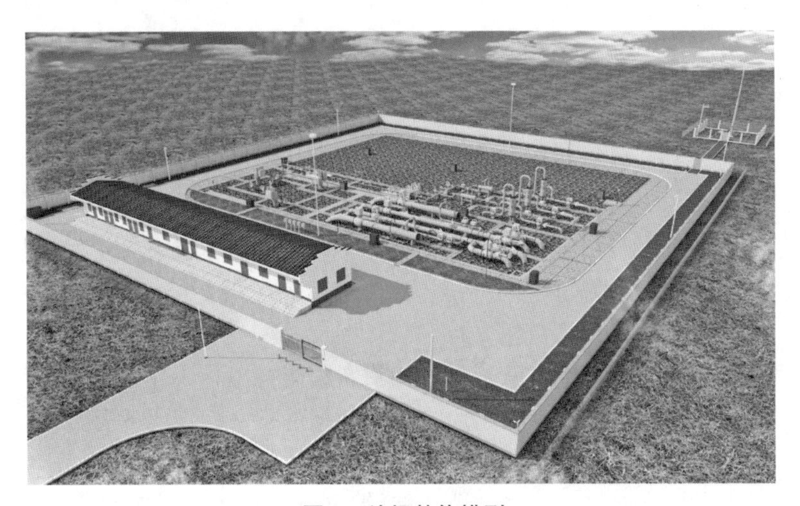

图 1　站场整体模型

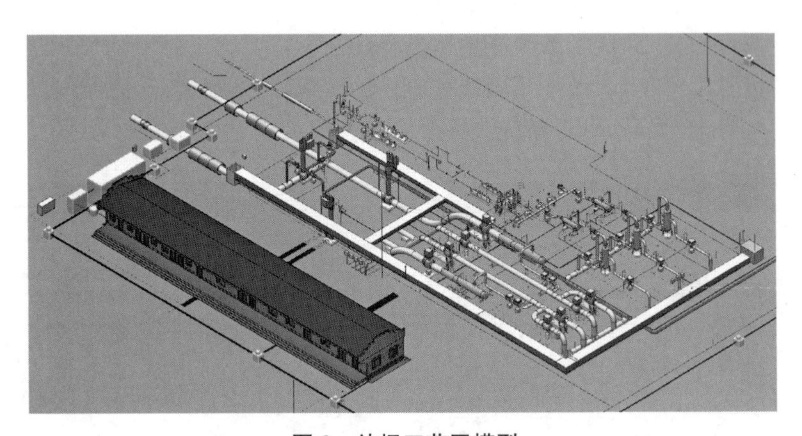

图 2　站场工艺区模型

为细化模型，电气、自控专业所有地下电缆均进行了 1∶1 的创建，模型的深度与细化程度达到行业领先水平。

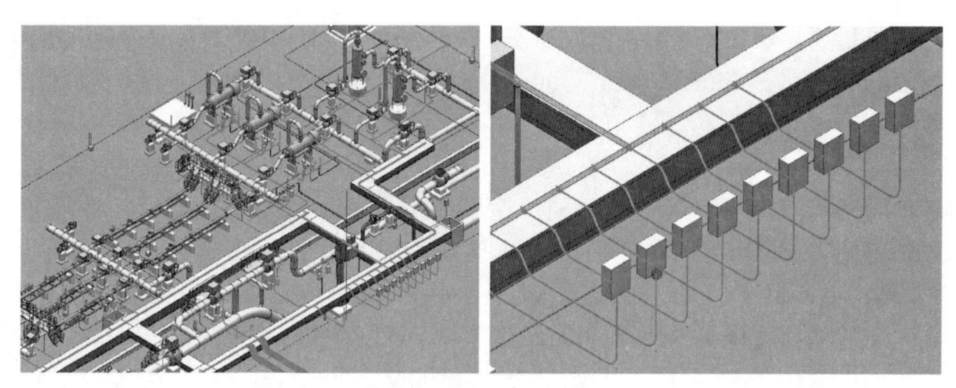

图 3　地下电缆模型

# 2　数字化设计

## 2.1　数据库的建立

数据库是集成设计与数字化交付的重要组成部分。目前业内主流的三维设计软件，包括 Intergraph 公司的 Smart 3D、CADWorx，以及 AVEVA 公司的 PDMS，都是通过管道等级驱动材料编码数据库进行三维模型设计。从数字化交付的角度来看，数据库是数字化平台最重要的数据来源，它既是设计阶段材料表、单管图等成果文件的数据基础，又为后续采购、材控、施工和运营维检修提供数据支撑。

目前公司已经完成了针对输气管道站场的材料编码标准化工作，形成了管道专业 17 个大类、42 个小类的材料编码 2 400 余条，包含尺寸数据的唯一标识码 6 万余条。基于上述成果，针对青宁输气管道项目，又进行了以下优化：

(1) 依据天然气长输管道标准化设计文件《输气管道工程站场材料等级表》，完善项目管道等级，优化项目数据描述；在满足三维配管建模需求的同时，实现了一物一码，赋予了三维模型具体的属性数据，完成了数字孪生体的构建。

(2) 优化阀门元件外形。结合厂家提供的阀门外形尺寸数据，优化元件外形，区分阀门不同的执行机构外形，提高碰撞检查的准确性，也使三维模型更加美观。(图 4、图 5)

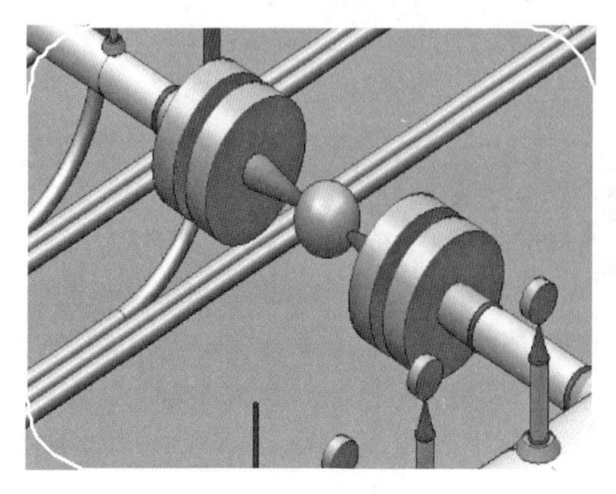

图 4　软件自带球阀外形

图 5　优化后球阀外形

(3) 优化建模规则,提高三维配管的设计质量和效率。设置最小直管段距离、螺栓长度取值等规则,实现规则对三维配管的自动校验,优化软件的料表统计功能。

### 2.2 数据驱动的设计模式

数字化设计是以数据库为基础,形成青宁管道数字化设计产品,包括设计模型、设计图纸与设计数据:(1)在数据库基础上,以数据及规则驱动形成图形模型数据库(MDB),并以三维模型展示,为业主提供全专业的三维模型,大大提高设计成果可视化程度。(2)设计成果具有数据信息,定制出图格式风格,通过数据提取生成二维安装图、单管图(ISO 图)、平面布置图等设计文件。通过编程开发定制材料表、工艺管段表、地上地下管道统计表及管架表等一系列报表,直接从软件中导出属性值,生成设计成果报表。(3)通过软件生成项目数字化交付所需的数据,为智能化管线提供数据基础。青宁项目数字化交付要求各专业提交数据 Excel 表格,数据 Excel 表格工作量繁重。配管、工艺、仪控、电气等专业涉及数字化交付模板 33 个,需要录入的数据量达上万条,如果按照以往人工录入的方式,至少需要一周时间。通过开发,利用 VBA、NET 等开发手段,将数据移交模版定制到集成设计软件中,可以一键生成各类数据移交模版,不仅方便统计信息,而且大大减少了人工录入的工作量和因人工录入出现的错误。

## 3 效果分析

通过长输管道站场数字化设计的应用,在青宁输气管道项目中具有以下几个优势:

### 3.1 提高设计质量

在数字化设计过程中,通过多专业的协同设计,提高了设计质量:(1)数据源唯一。由工艺专业发布工艺设计数据,下游专业接收,因此确保了下游专业工艺主要设计参数的准确性与一致性。同时,通过二维 PID 数据与配管三维数据的一致性校验,确保了配管安装数据与二维 PID 保持一致。(2)报表自动统计。通过二次开发定制数据报表,直接提取统计设备表、管段表、材料表、电缆表等,报表提取准确、快速。(3)出图模板标准化。通过定制出图模板,自动生成二维安装图,确保了不同设计人员出图风格保持一致,提高了设计标准化程度。材料表、管段表等报表均直接从软件提取数据,格式固定,确保了报表的规范统一。(4)优化建模规则。设置最小直管段距离、螺栓长度取值等规则,实现设计平台根据规则对三维配管自动校验,优化了料表的统计功能,提高三维配管的设计质量和效率。通过数字化设计,打破常规设计理念,与国际化设计接轨。

### 3.2 为采办和施工提供便利

通过全专业的三维建模,可以在设计期对模型进行碰撞检查,尤其是对地下隐蔽工程进行重点检查,主要是电缆沟与地下管网、地下电缆与管网、地下电缆与基础的碰撞,以及给排水与通信电缆的碰撞等。通过碰撞检查,各专业及时调整,减少施工过程中的改动,从而缩短施工工期。(图 6、图 7)

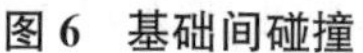

图 6　基础间碰撞

图 7　桥架与管道碰撞

### 3.3　数字化模型为站场运营提供可视化基础

三维数字化模型使每一项资产都有对应的数字副本，是实际站场的“数字孪生体”，提供了站场可视化的三维模型，并能展示埋地管道等所有信息，方便后期智能化运营的开发应用[6-8]。同时，数字化模型中，所有设备、管线均具有位号信息，可以查看、查询、定位、统计等，方便运营管理，为后期的运维提供可视化三维模型。

在三维模型基础上，可以设置人物漫游，可以直观地检查设计是否合理，阀门的安装高度、阀门的执行机构朝向和检维修空间是否符合实际操作需要。（图 8）

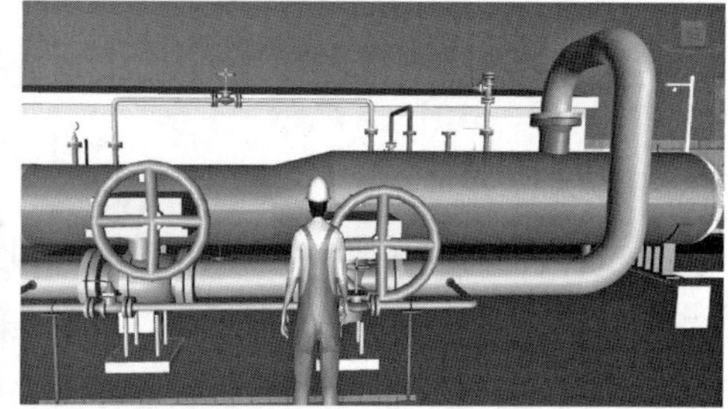

图 8　人物漫游检查模型

## 4　结论

在长输管道项目中，通过数字化协同设计方式进行站场阀室设计，数据驱动的设计方式，可以为项目数字化交付奠定数据基础；通过专业间的协同，保证数据源的唯一，提高了设计质量；通过全专业的模型创建，减少施工变更，同时也能为后期的运维提供可视化三维模型。在青宁项目中，通过数字化协同设计，取得了较好的设计效果，将继续在其他项目中推广应用。

### 参考文献

[1] 中华人民共和国住房和城乡建设部.石油化工工程数字化交付标准：GB/T 51296—2018[S].北京：中国计划出版社，2018.

[2] 中国石油化工股份有限公司天然气分公司.输气管道工程建设期数字化实施指南[S].2019.
[3] 韩超,勒国锋.Smart Plant 在油田地面三维工程设计中的应用[J].油气田地面工程,2011,30(6):73-74.
[4] 张文军.SPF设计集成在石油工程设计的应用[J].科学与财富,2017(34):13.
[5] 罗晓琳.三维工程设计软件在油田工程设计中的应用[J].油气田地面工程,2013,32(8):49-50.
[6] 蒋曼芳.基于石化企业数字化工厂技术研究[J].信息系统工程,2015(8):21-22.
[7] 闫婉,任玲,宋光红,等.数字化协同设计对智能油气田建设的支持[J].天然气与石油,2018,36(3):110-115.
[8] 黄靖丽.三维数字化技术在数字化工厂的应用[J].中国管理信息化,2018,21(1):55-57.

# 青宁输气管道工程站场工艺优化与标准化设计

赵保才　高明霞　魏　丹　申　阳

（中石化中原石油工程设计有限公司）

**摘　要**　青宁输气管道工程的站场工艺设计充分考虑工程特点，形成了适应反输的工艺流程，并对常规流程进行了优化，达到了满足用户需求、提高国产化率、节约投资、便于采购的目的。在平面布置、工艺流程上采用标准化设计以统一风格，同时又根据各站场的具体情况对标准化设计进行微调，实施了青宁输气管道工程站场差异化的标准化设计，并应用SPPID软件形成了标准化的数据库和模板，一方面保证了流程图绘制和数据传递的准确性和标准性，另一方面为公司今后的类似设计项目奠定了基础。

**关键词**　青宁输气管道工程；站场；工艺优化；标准化设计；差异

## 前言

青宁输气管道工程线路全长531 km，设计压力为10.0 MPa，管径1 016 mm。工程采用不增压输气工艺。

根据沿线市场分布情况和管道互联互通的需求，本工程设输气站场11座，其中分输站7座、分输清管站3座、末站1座。在站场设计中，设计人员根据工程特点确定站场功能，并对以往的站场流程进行了优化，形成了充分考虑反输的工艺流程；同时在平面布置确定和流程优化过程中形成了具有青宁特色的基于集成设计软件的标准化设计。

## 1　工艺流程优化

工艺流程的确定需要根据不同站场的功能有针对性地进行。分输站的主要功能为过滤分离和本地分输，分输清管站和末站较分输站多了清管功能[1]。沿线各站场的主要功能见表1。

**表1　各站场主要功能一览表**

| 站场 | 功能 | | | | |
|---|---|---|---|---|---|
| | 清管 | 旋风分离 | 过滤分离 | 本地分输 | 管网联通 |
| 泊里分输站 | | | √ | | √ |
| 岚山分输站 | | | √ | √ | √ |
| 柘汪分输清管站 | √ | √ | √ | √ | √ |

（续表）

| 站场 | 功能 | | | | |
|---|---|---|---|---|---|
| | 清管 | 旋风分离 | 过滤分离 | 本地分输 | 管网联通 |
| 赣榆分输站 | | | √ | √ | |
| 连云港分输站 | | | √ | √ | √ |
| 宿迁分输清管站 | √ | √ | √ | √ | |
| 淮安分输站 | | | √ | √ | √ |
| 宝应分输清管站 | √ | √ | √ | √ | |
| 高邮分输站 | | | √ | √ | √ |
| 扬州分输站 | | | √ | √ | √ |
| 南京末站 | √ | √ | √ | √ | √ |

## 1.1 常规流程概述

### 1.1.1 分输站

本工程在沿线有用户的地方设置分输站，对当地用户进行分输。上游来气一路经线路截断阀直接进入下游管道，另一路分输用气进站后先经过过滤分离器除去其中可能含有的液滴和杂质，然后通过超声波流量计进行贸易计量，经计量的天然气再调压至用户所需压力后出站输往用户。

### 1.1.2 分输清管站

分输清管站兼具分输和清管的功能。当无需清管时，分输清管站的流程与分输站一致；当需要清管时，上游来气先进入收球筒，之后进入旋风分离器除去其中的固体杂质，然后分成两路，一路经发球筒进入下游管线，另一路经过滤分离器、计量、调压设施分输给当地用户。

### 1.1.3 末站

末站是一条管道的终点，当不清管时，上游来气进站后经过过滤分离器、计量、调压全部输往用户；当清管时，上游来气先后进入收球筒和旋风分离器后进入分输流程。

## 1.2 流程优化

青宁输气管道工程由山东 LNG 和赣榆 LNG 共同供气，天然气输至南京末站后经过滤、计量、调压，全部输送至川气东送南京分输站进入川气东送管道系统，起到连通海外 LNG 气源与川气东送的作用，同时本工程在多个站场均预留互连互通接口，便于未来多个气源的互相调配。考虑到各干线相互连通后本工程管道内的气体流向很有可能发生变化，因此本工程在站场工艺流程设计时针对以往的常规流程进行了优化，使其能够满足反输清管的需要。由于是否考虑反输工况对分输站流程无影响，因此流程优化主要针对分输清管站和末站进行。

### 1.2.1 分输清管站

以宝应分输清管站流程为例，青宁流程通过在旋风分离区增加 3 个电动阀门来实现反输清管功能。青宁流程与通用流程的对比见图 1，图中右图里加粗的阀门即为增加的阀门。

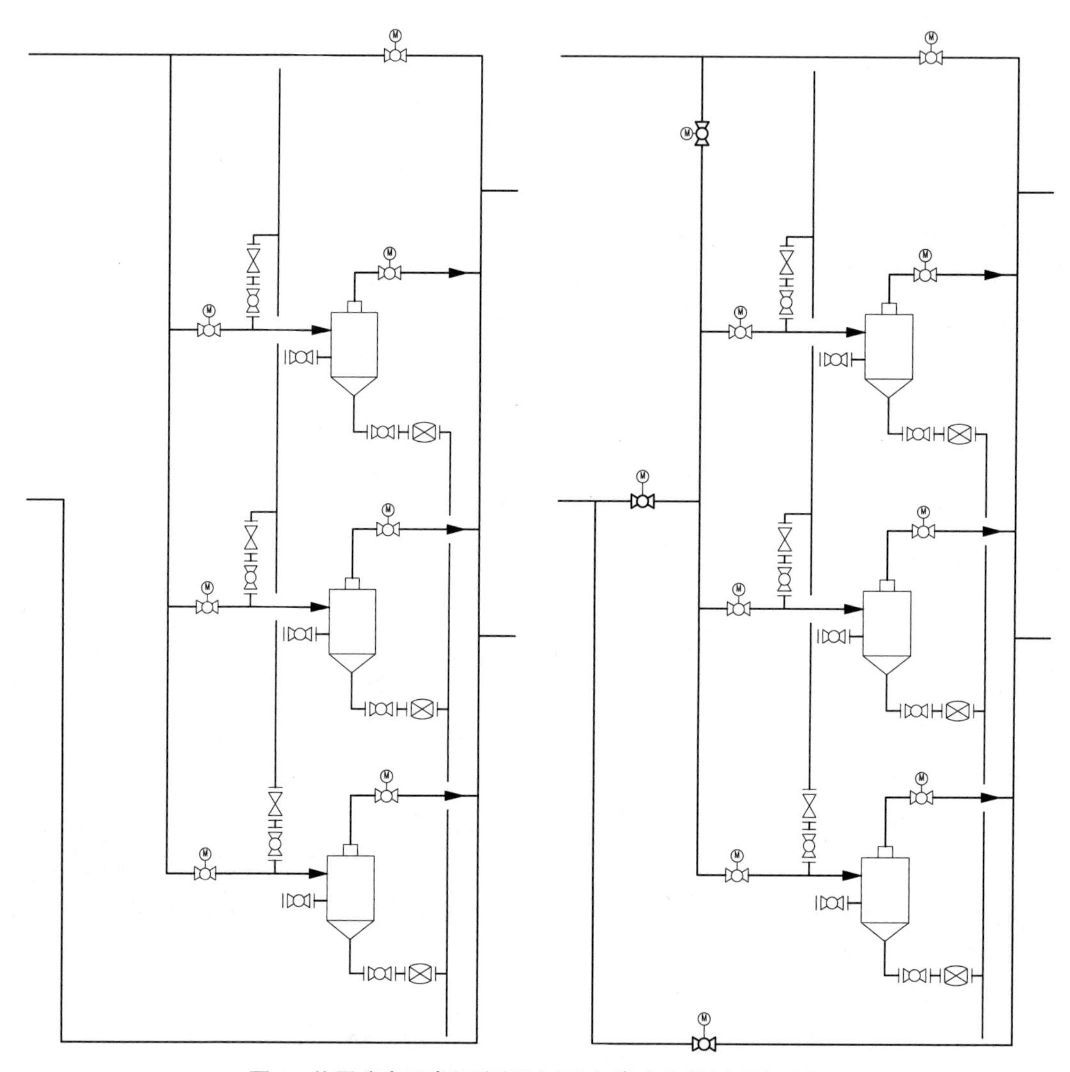

**图 1 旋风分离区常规流程(左图)与青宁流程(右图)对比**

优化后的宝应分输清管站的流程见图 2。正输清管时淮安分输站来天然气经 PR0101、阀 2、CC0201A/B/C、阀 3、PL0101 后输往下游高邮分输站；反输清管时高邮分输站来天然气经 PL0101、阀 4、CC0201A/B/C、阀 1、PR0101 后输往淮安分输站。

### 1.2.2 末站

通过在南京末站流程中增加越站管线以及进站至计量撬后的旁通管线来实现反输发球功能，优化后的流程见图 3。正输清管时天然气经收球筒、旋风分离器、过滤分离器、计量撬和调压撬调至 5.7 MPa 后输往川气东送南京末站；反输时从川气东送来的天然气经越站阀、过滤分离器、计量撬后通过旁通管线进入青宁线管道输往扬州分输站方向。

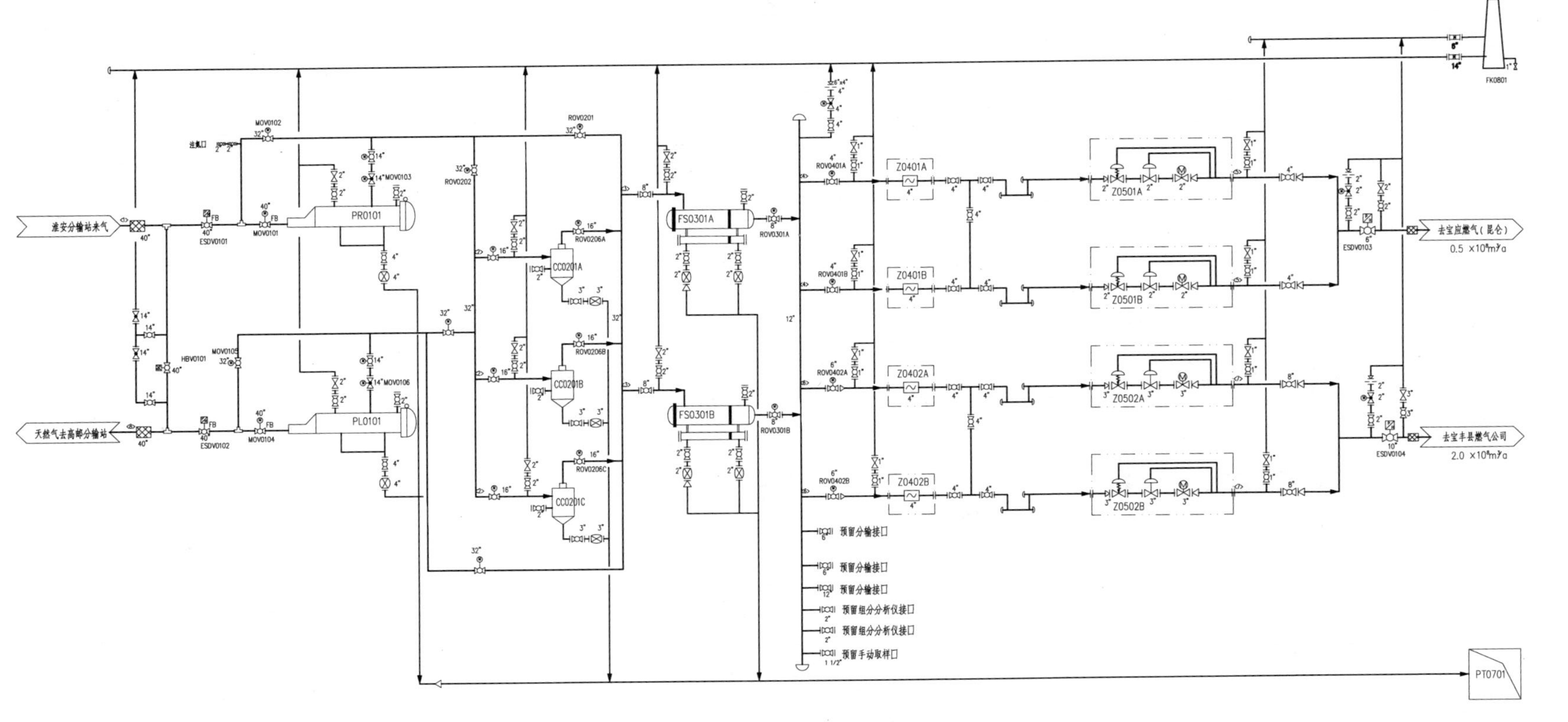


图 2 宝应分输清管站站场工艺流程

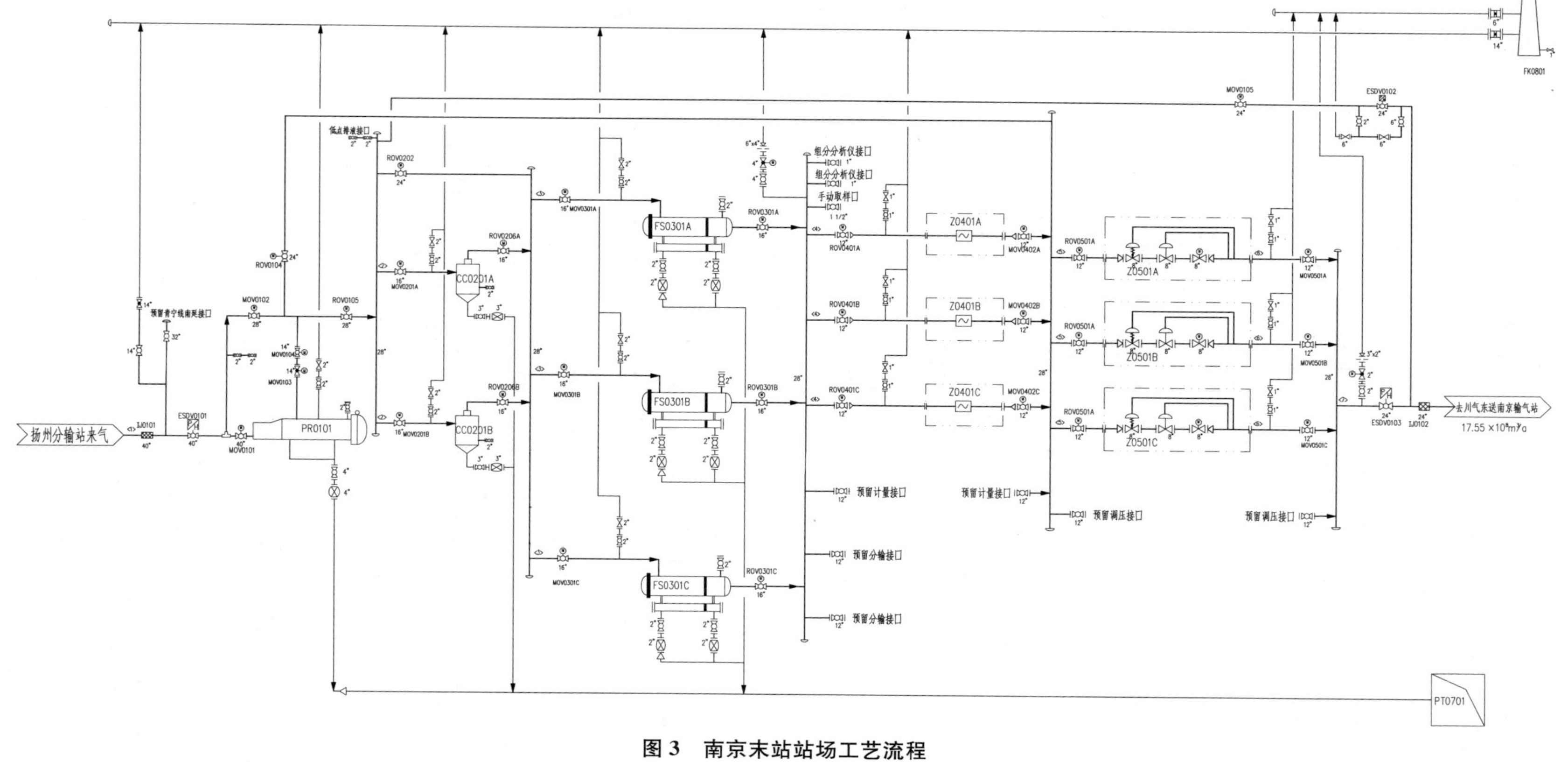


图 3 南京末站站场工艺流程

## 1.3 其他优化

### 1.3.1 增加吹扫阀

为工艺装置区的美观和便于巡检考虑，站内旋风分离器和过滤分离器前的管汇均为埋地管线，进出设备管线在埋地敷设至设备附近时方转为地上敷设，这就导致了“U”形管路的出现，当管内有液体时将在此段管线内发生积聚无法排除，且不易于吹扫、干燥。

为解决这一问题，青宁管道站场设计时即考虑将这两处管汇进行坡向敷设，并在这两处管汇的最低点处增加了吹扫阀，保证管汇内的液体可以排出。

### 1.3.2 取消自用气撬

在站场定位方面，青宁输气管道工程立足于只考虑值班人员，站内无人住宿，无需做饭的特点，站内不设宿舍、餐厅，同时将发电机选为柴油发电机，从而取消了自用气撬，节约了投资，减少了占地面积。

### 1.3.3 精简压力等级

青宁站场内工艺管道的压力等级最初考虑为 8 种（110A1、110B1、63A1、63B1、50A1、50B1、20A1、20B1），经过与专家讨论，将压力等级缩减为 4 种（110A1、110B1、20A1、20B1），站内主流程工艺管道设计压力均为 10 MPa，以确保站内管线安全，同时也减少了管线的壁厚规格，方便采购。

### 1.3.4 设备国产化

标准化设计中计量撬前的电动球阀为强制密封球阀，由于该种阀门国内尚处于试验阶段，国产阀门没有长输管道使用业绩，因此需要进口。进口设备通常存在生产周期和运输周期长、投资高、维护较为困难等缺点。

经过与专家反复讨论，青宁管道站场设计中将电动强制密封球阀改为电动球阀，在满足工艺需求的同时也达到了节约投资、缩短采购周期和方便后期运行维护的效果。

# 2 差异化的标准化设计

在工艺流程确定后，青宁管道的站场设计全面展开。为统一设计风格，同时方便施工、采购，青宁站场的设计总体采用了标准化的平面布置与工艺流程，但在细节上根据站场不同的特点进行了调整，形成了差异化的标准化设计。

## 2.1 平面布置的差异化

青宁站场的平面布置具有占地面积小，预留空间大的特点。

由于站内不设宿舍与食堂，因此生产用房与工艺装置区的防火间距由 22.5 m 缩减到 15 m，进而减少了站场占地面积。柴油发电机组撬装化，放在室外，减少生产用房面积。工艺装置区内设备布置综合考虑，充分考虑预留设施空间，满足后期互连互通扩建的要求。

但在考虑站内标高时充分做到因地制宜，根据不同站场区域位置情况进行有针对性的设计，例如扬州站因所处地理位置及当地水文地质资料，站场采用场地找坡型布置形式，站场土方平整标高为 28.60～30.60 m，减少站场土方量。扬州分输站的平面布置见图 4。

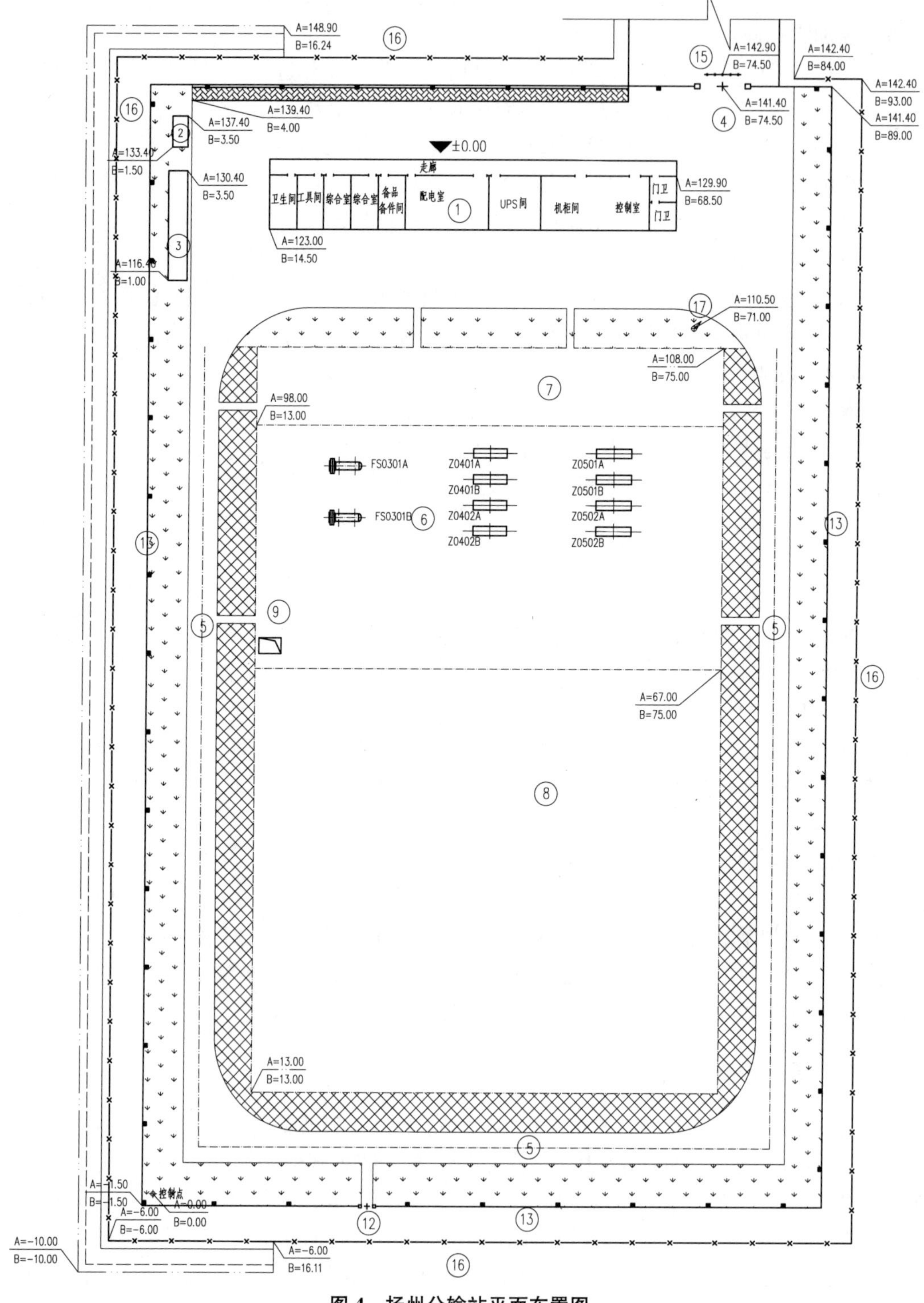


图 4　扬州分输站平面布置图

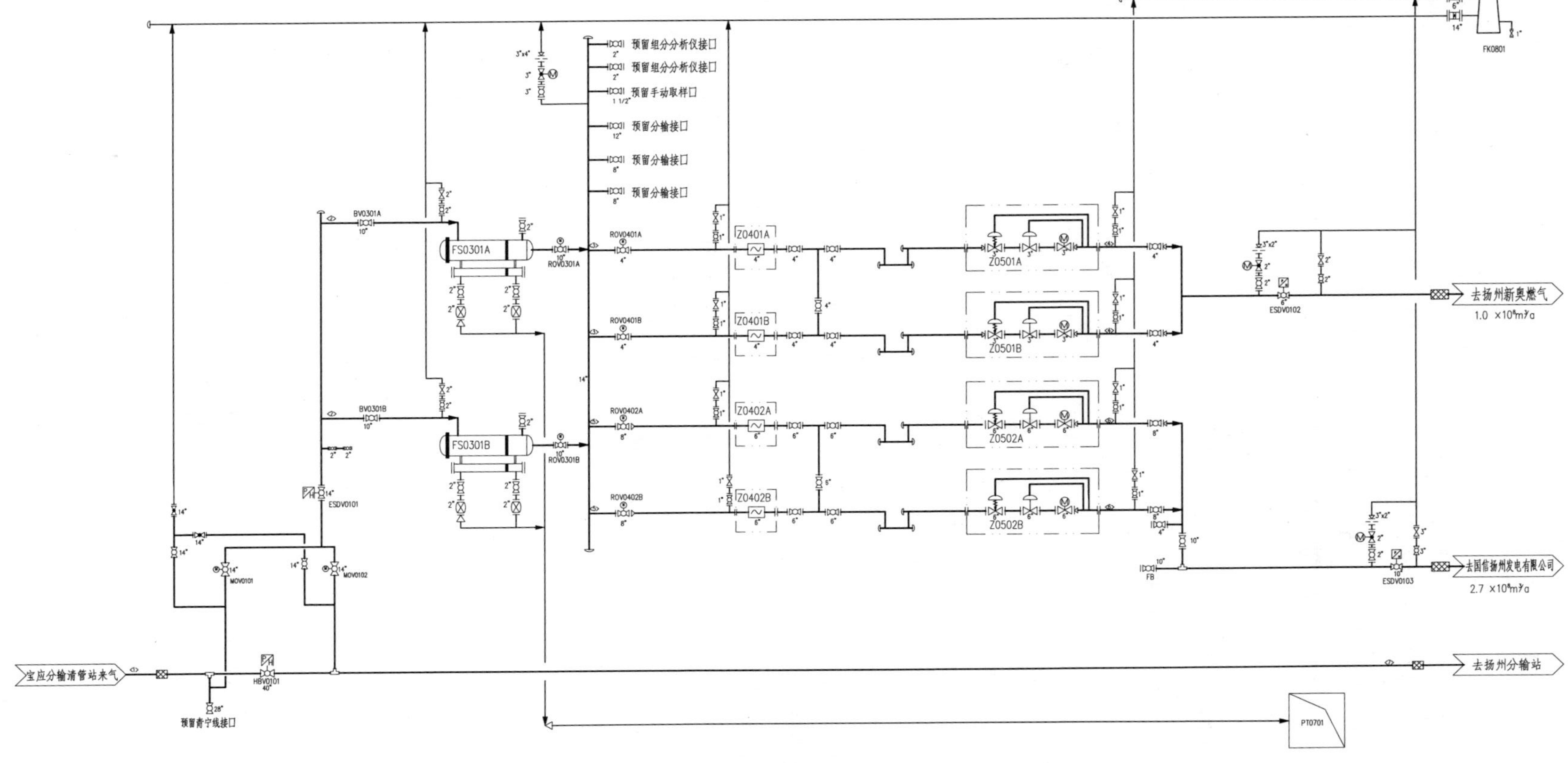


图 5 高邮分输站分输流程

## 2.2 工艺流程的差异化

站场工艺流程分为分输站、分输清管站和末站三种类型，本工程对于每种类型的站场流程均采用标准化的设计，其特点见本文第一部分，但在具体细节上会因不同站场的需求不同而存在差异。

如高邮分输站和淮安分输站均存在电厂用户，电厂用户的特点是用气量较大且距离站场较远，用户管线建成后需要进行清管，因此在流程设计时对去电厂用户的分输管线均考虑预留发球筒的接口。具体流程见图5。

## 2.3 标准化的流程图绘制与数据传递

青宁输气管道工程流程图绘制采用智能化工厂工艺及仪表流程图绘制软件（Smart Plant Process & Instrument Diagram，以下简称SPPID）进行。SPPID软件是青宁项目所使用的集成系统软件中的一项，有丰富的内置属性和较高的集成深度。在设计过程中，本工程设计人员建立了针对青宁项目的数据库和标准模板，从而保证了流程图绘制的标准化以及数据的标准化，同时利用集成软件数据来源统一的特点保证了数据传递过程的标准化和准确性[2]。形成的具体数据库和标准模板如下：

### 2.3.1 图形数据库

通过青宁项目PFD图统计需要的设备和管件类型，在图形管理系统中新建图例，设置图例代号，并添加图例内置属性，最后将图例归类，方便查找使用。

### 2.3.2 属性数据库

在添加图例内置属性之前，需要建立属性数据库，管道需要的主要属性有公称直径、管材、壁厚、设计压力、设计温度、操作压力、操作温度等；阀门需要的主要属性有类型、公称直径、开关方式、压力等级、阀后压力等；设备需要的主要属性有类型、处理量、公称直径、压力等级等，汇总各部件需要的参数，加进属性数据库中。

### 2.3.3 标准图框

统计项目需要的图框大小，共有A1、A2和A2加长版三种，用绘图软件做出图框导入图框模板中。定制图框简化了绘图过程中插入图框的过程，图框文件可以从青宁输气管道项目中复制出来用于其他项目，较为便利。

### 2.3.4 设计报表模版

针对设备表和管段表，统一出表格式，在以前使用的设备表和管段表基础上模板化，使软件可以利用模板自动生成报表，节省了大量制作报表的时间，提高了出表效率。

建立项目数据库是数字化集成的基础工作，数据库的严谨性与多样性能为后期工作提供较多便利，实现多用户共同访问、操作和输出，绘图时不再需要进行多余的重复工作，可以直接从数据库中调取图形属性参数。项目数据库建完后，下个项目可以在此基础上加以完善，建立数据库是非常重要的前期准备过程。

# 3 应用分析

以宝应分输清管站为例：

(1) 为了实现正反输的功能,在旋风分离区增加3个电动阀门,极大地提高了现场操作人员的便利性和准确性。

(2) 为了保证将管汇处的积液及时、高效地排出,防止冬季或极寒天气下发生冰堵,造成站场停产,影响下游用户供气,在管汇的最低点处增加了吹扫阀。

(3) 本站场采用了SPPID软件,提高了设计效率,有效地缩短了设计周期。例如天津液化天然气(LNG)项目输气干线工程的沧州分输站的流程设计周期为10天,而本站场采用了SPPID软件后,流程设计周期缩短到5天。同时利用SPPID软件数据来源统一的特点,保证了数据传递过程的标准化和准确性[2]。

## 4 小结

青宁输气管道工程站场工艺专业设计人员根据本工程的特点设计出了充分考虑反输的工艺流程,并在后续的设计过程中采取了差异性的标准化设计方法,形成了差异化的标准化平面布置、差异化的标准化工艺流程,为后续的站场设计提供了宝贵的参考模板;而SPPID软件在本工程的成功应用也在提高了设计准确性的同时为我公司完善了长输管道站场的数据库,为今后采用集成化设计的同类项目节省了数据库创建的时间,从而实现提高设计效率的目标。

### 参考文献

[1] 中华人民共和国住房和城乡建设部.输气管道工程设计规范:GB 50251—2015[S].北京:中国计划出版社,2015.
[2] 丁震.浅谈SPPID在石油化工项目中的应用[J].建筑工程技术与设计,2018(34):458.

# 青宁输气管道工程 X70 钢管道材质优化与应用

杨海锋　赵国勇　高景德　黄绍岩

（中石化中原石油工程设计有限公司）

**摘　要**　本文针对青宁输气管道工程 X70 钢半自动焊接的施工特点，开展如何通过优化 X70 钢管的技术指标来提高钢管及焊接接头的质量研究。为提高 X70 钢和焊接接头的性能，文章从非金属夹杂物、强度匹配、剩磁检测、分级管理等方面对 X70 钢管的金相组织、力学性能、冲击韧性等进行了优化，保证了管道建设质量，为青宁管道安全运行奠定了基础。

**关键词**　X70；焊接接头；夹杂物；合格率；工艺评定

青宁输气管道工程是国家发改委、国家能源局重点督办的大型能源建设项目，采用国内制造技术相对成熟的 X70 钢，线路全长 531 km，设计输量 72 亿 $m^3/a$，管线设计压力为 10.0 MPa，规格为 $\phi$1 016 mm×17.5/21/26 mm，管道沿线具有大量水网地区河流、鱼塘、公路、铁路等，穿越施工难度大，对于大口径 X70 高强钢和焊接接头性能要求高。然而大口径 X70 高强度钢标准指标相对宽松，造成各供货商制造的钢管性能差异较大，影响了钢管及管道焊接接头的质量，为了确保本次工程的质量和安全，对管道材质进行了优化。

## 1　X70 钢特性分析

X70 管线钢本质上是一种针状铁素体型的高韧性管线钢，不仅具有良好的低温韧性，而且具有良好的焊接性。它多以低碳或超低碳针状铁素体组织为特征，使之具有高强度、高韧性、低的包辛格效应和良好的焊接性能，同时具有高的韧性止裂性能。但是因为钢管及钢板厂制造水平的参差不齐，标准要求过于宽松等因素，影响了 X70 钢管及环焊缝的力学性能。

### 1.1　非金属夹杂物对钢管韧性的影响

近年来，随着长输管道钢材精炼技术的发展，管线钢的“洁净度”大大提高，夹杂物在管线钢中的含量虽然极微，但对钢的性能却具有不可忽视的影响。非金属夹杂物在钢中破坏了金属基本的连续性，致使材料的塑性、韧性和疲劳性能降低，使钢的冷热加工性能乃至某些物理性能变坏。钢中夹杂物对 X70 钢性能的影响主要表现为对钢韧性的危害。

### 1.2　强度匹配对钢管韧性的影响

在临界条件下，塑性区的形状和大小本身就是一个较为直观的韧性指标。塑性区越大变形越容易；越均匀，应力越能得到较大的释放。由于焊缝的强度不同，造成低匹配焊接接头强度受到强度高母材金属的约束作用，塑性区被抑制在焊缝中，扩展量不大，造成应力集中较为严重，导致焊接接头韧性及氢致开裂性能下降。

### 1.3 剩磁对钢管的危害

管道剩磁超标，在进行管道焊接施工过程中，往往会发生磁偏吹问题，将造成电弧燃烧不充分、不稳定，再加上弧柱的作用力不强，出现不规则的熔滴过度，就会对焊缝成形产生影响，造成断续性或者连续性的咬边、熔合不良、未焊透等缺陷。另外，由于存在磁偏吹问题，对电弧周围的气氛也会产生影响，空气可能混入到熔池中，引发夹渣、气孔等缺陷；同时，也会干扰无损检测的灵敏度，造成对焊接缺陷的误判。

因此我们需要对大口径 X70 高钢级管材进行优化，提高焊接质量，从而提高整个管道建设质量。

## 2 材质优化

### 2.1 非金属夹杂物优化

钢中常见的有五类夹杂物，根据夹杂物的形态和分布，标准图谱分 A 类(硫化物类)、B 类(氧化铝类)、C 类(硅酸盐类)、D 类(球状氧化物类)、DS(单颗粒球状类)，虽然国内的钢厂精炼技术提升不少，但各钢厂精炼水平也有不小差异，根据调查和试验数据分析国内钢厂精炼技术对夹杂物的控制水平可以分为三个层次。第一层次钢中的夹杂物等级可达到 0～1.5 级别，第二层次可以达到 1.5～2 级别，第三层次可以达到 2～3 级，而国外的精炼技术对钢中的夹杂物控制可以达到 0～2 级别。目前 API SPEC 5L 和中石化企业标准中只对钢中的非金属夹杂物 A、B、C、D 进行限定，并没有对 DS 类进行限定，而这种夹杂物会直接影响环焊缝的焊接质量，特别是热影响区，因此提出 DS 夹杂物限定(见表 1)。钢中 A、B、C、D、DS 类非金属夹杂物级别限制如表 1 所示，其中 A、B、C、D 检验方法按 ASTM E45 A 规定的方法进行；DS 类非金属夹杂物检验方法按 GB/T 10561—2005 规定的方法进行，并提出判定方法。

表 1 非金属夹杂物级别限定

| 优化前 | A | | B | | C | | D | | |
|---|---|---|---|---|---|---|---|---|---|
| | 细 | 粗 | 细 | 粗 | 细 | 粗 | 细 | 粗 | |
| | ≤2.0 | ≤2.0 | ≤2.0 | ≤2.0 | ≤2.0 | ≤2.0 | ≤2.0 | ≤2.0 | |
| 优化后 | A | | B | | C | | D | | DS |
| | 细 | 粗 | 细 | 粗 | 细 | 粗 | 细 | 粗 | |
| | ≤2.0 | ≤2.0 | ≤2.0 | ≤2.0 | ≤2.0 | ≤2.0 | ≤2.0 | ≤2.0 | ≤2.0 |

如果评价过程中发现某一视场中同时存在两个或两个以上的同类或不同类超标大型夹杂物，则将该熔炼批判为不合格。

如果代表一熔炼批钢管的夹杂物检验中发现某一视场中存在单个超标大型夹杂物，则需要在同一熔炼批中再随机抽取两个试样进行复验。如果两个试样的复验结果均符合 A、B、C、D 四类夹杂物规定要求且未出现超标大型夹杂物，则除原取样不合格的那根钢管外，该熔炼批判为合格。如果任一个试样的复验结果不符合 A、B、C、D 四类夹杂物规定要求或出现了超标大型夹杂物,则该熔炼批判为不合格。

## 2.2 强度匹配优化

在 API SPEC 5L 中,钢管的屈服强度、拉伸强度要求范围值较大,而钢管的强度受钢厂轧制水平的限制,导致实物的屈服强度、拉伸强度在标准的范围内波动较大,但是好的钢厂可以通过工艺使 X70 钢的屈服强度控制在 500～540 MPa,抗拉强度控制在 620～680 MPa;一般的钢厂屈服强度控制在 485～620 MPa,抗拉强度控制在 570～725 MPa。为了控制现场高强匹配施工,考虑国内制钢水平的进步,根据调查现状在青宁输气管道工程中将钢管屈服强度、拉伸强度的区间范围控制并缩小,具体控制指标见表 2。

表 2 钢管拉伸性能

| | 钢级 | 屈服强度/MPa | | 抗拉强度/MPa | |
|---|---|---|---|---|---|
| 优化前 | | Min | Max | Min | Max |
| | X70M | 485 | 635 | 570 | 760 |
| 优化后 | 钢级 | 屈服强度/MPa | | 抗拉强度/MPa | |
| | | Min | Max | Min | Max |
| | X70M | 485 | 620 | 570 | 725 |

## 2.3 剩磁检测优化

钢管中的磁场不仅干扰焊接的起弧,影响焊接质量,同时还干扰无损检测的灵敏度,造成对焊接缺陷的误判。

优化前:标准剩磁检测要求,钢管两端均应沿圆周方向每隔 90°读取一个读数,各端的 4 个读数平均值应≤3.0 mT(30 Gs),且任一读数不应超过 3.5 mT(35 Gs)。

优化后:青宁项目剩磁检测要求,钢管两端均应沿圆周方向每隔 90°读取一个读数,各端的 4 个读数平均值应≤2.5 mT(25 Gs),且任一读数不应超过 3.0 mT(30 Gs)。

## 2.4 扁平块的控制

钢管厂在制管过程中没有对扁平快采取有效控制措施,不仅给现场环焊缝组对造成不利的因素,而且还容易造成焊接应力集中,因此在青宁项目中增加了扁平块的要求,管端任意 1/3 弧长范围内局部区域与钢管理想圆弧的最大径向偏差不大于 2.5 mm,并制定了验收卡尺,统一了验收标准,验收卡尺见图 1 所示。

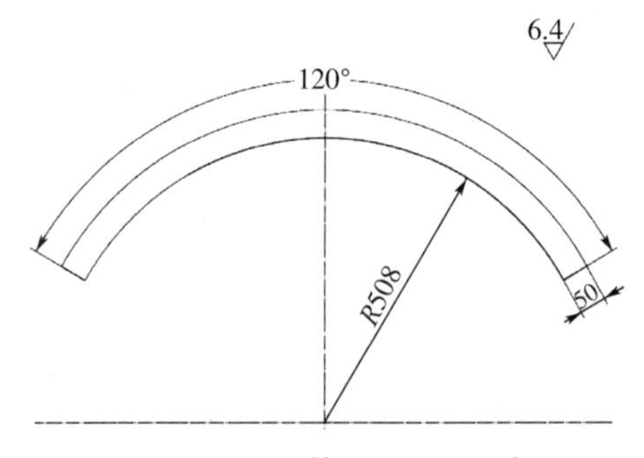


图 1 D1016 钢管 1/3 圆弧口卡尺

## 2.5 尺寸偏差分级

标准中管端直径的允许偏差为−1.0～+1.5 mm,且两端平均直径之差≤2 mm。除管端外，管体直径的允许偏差为 −0.3% ～ +0.4% $D$，最大 −3.0～+3.0 mm。直径偏差范围大，为了方便施工管理，避免强力组对，保证环焊缝的质量，青宁输气管道工程对钢管管端周长进行等级分级，共分 A、B、C 三个等级，A 等级管端外周长为 3 190～<3 192 mm；B 等级管端外周长为 3 192～<3 194 mm；C 等级管端外周长为 3 194～3 196 mm，如图 2 所示。

图 2　管径分级

## 3　效果验证

利用涿州项目工程余料和青宁优化后的钢管进行了试制对比，工作组召开试制工作首次会，中原石油工程设计公司、石油工程设计公司、现场监造组及巨龙钢管有限公司相关人员试制见证。

工作组分别对涿州项目和青宁项目 ϕ1 016 mm×21 mm、ϕ1 016 mm×26.2 mm 两种规格钢管，每种规格每炉随机挑选 1 根，共 4 根钢管用于理化性能取样，取样信息见表 3。

表 3　涿州和青宁项目用钢管理化性能取样信息

| 序号 | 材质 | 规格/mm | 管号 | 炉批号 | 钢板号 | 备注 |
|---|---|---|---|---|---|---|
| 1 | X70M | ϕ1 016×21 | QNJL101338 | 1881005874 | B8705050200 | 涿州 |
| 3 | X70M | ϕ1 016×21 | QNJL101262 | 1881005880 | B8708023200 | 青宁 |
| 5 | X70M | ϕ1 016×26.2 | QNJL101347 | 1881005841 | B8667002300 | 涿州 |
| 7 | X70M | ϕ1 016×26.2 | QNJL101243 | 1883006068 | B8728062300 | 青宁 |

### 3.1　金相组织

表 4　金相组织结果

| 项目 | | 晶粒尺寸 | 带状组织 | 夹杂物等级 | | | | | | | | |
|---|---|---|---|---|---|---|---|---|---|---|---|---|
| | | | | A 细 | A 粗 | B 细 | B 粗 | C 细 | C 粗 | D 细 | D 粗 | DS |
| 技术要求 | 涿州 | ≥10 级 | ≤3 级 | 1.5 | 1.5 | 1.5 | 1.5 | 1.5 | 1.5 | 1.5 | 1.5 | / |
| | 青宁 | ≥10 级 | ≤3 级 | 2.0 | 2.0 | 2.0 | 2.0 | 2.0 | 2.0 | 2.0 | 2.0 | 2.0 |
| 实物性能 | 涿州 | 11.6～12 | 1～2 级 | 0 | 0 | 0～1.5 | 0～1 | 0 | 0 | 0～0.5 | 0～0.5 | 2.5 |
| | 青宁 | 11～12 级 | 1 级 | 0 | 0～0.5 | 0 | 0.5 | 0 | 0 | 0.5 | 0～0.5 | 0 |

通过表 4 实物数据显示，DS 类夹杂物得到控制，设计提出的 DS 优化是完全符合钢板冶金水平的，给环焊缝质量提供有力保障。

### 3.2　钢管力学性能试验

工作组从钢板取样到钢管加工制造钢管取样进行了见证，检查了钢管的金相组织、夹杂物、化学成分、夏比冲击试验、DWTT 试验、硬度。见证过程见图 3，结果见表 5 及图 4。

检查 DWTT 试样断口剪切面积率

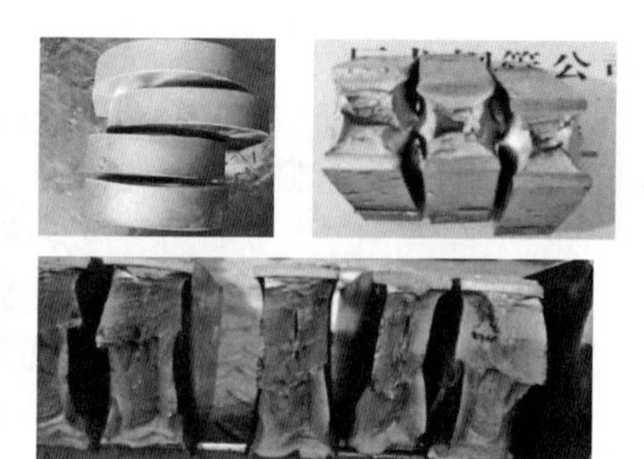

弯曲、冲击、DWTT 试验残样

见证金相检验过程

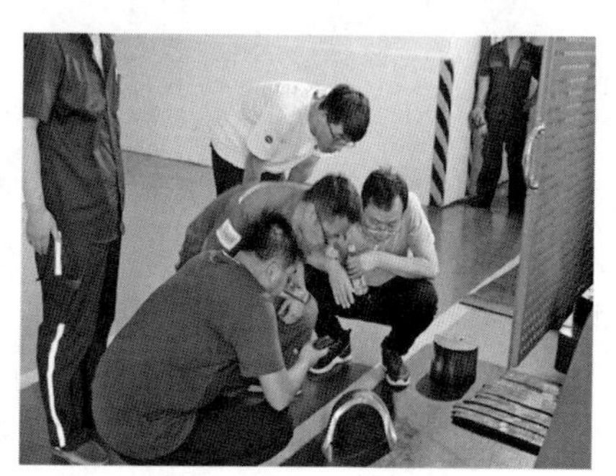

见证导向弯曲试验过程

**图 3　钢管试制见证图**

**表 5　钢管拉伸性能**

| 项目 | | 屈服强度 $R_{t0.5}$（MPa） | 抗拉强度 $R_m$（MPa） | 屈强比 $R_{t0.5}/R_m$ | 伸长率 $A_{50}$（%） |
|---|---|---|---|---|---|
| 技术要求 | 涿州 | 485～620 | 570～760 | ≤0.92 | ≥23 |
| | 青宁 | 485～620 | 570～725 | ≤0.90 | ≥23 |
| 实物性能 | 涿州 | 487～595<br>均值 544.7 | 615～725<br>均值 670.7 | 0.71～0.88<br>均值 0.813 | 43.7～53.7<br>均值 47.23 |
| | 青宁 | 500～540<br>均值 518 | 620～680<br>均值 611.5 | 0.76～0.81<br>均值 0.783 | 47.0～51.7<br>均值 49.34 |

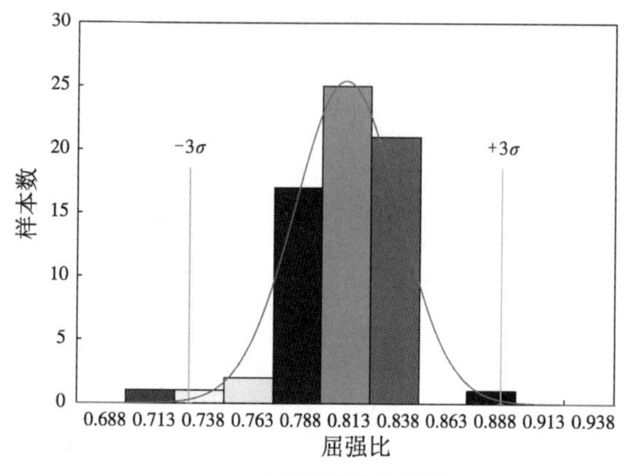


钢管屈强比分布图

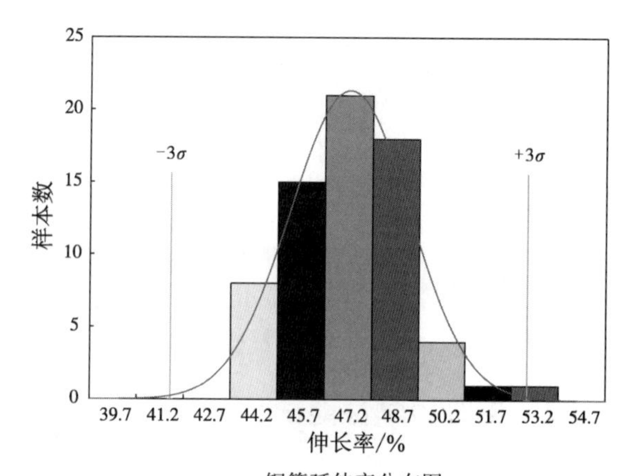


钢管延伸率分布图

**图 4　钢管拉伸性能分布图**

根据钢管实物数据显示，钢管强度均匀，数值呈正态分布；青宁输气管道工程钢管屈服强度和抗拉强度波动范围都非常接近，强度匹配优化有效，符合国内钢板轧制水平。

## 3.3 工艺评定

通过涿州钢管和青宁钢管按青宁的焊接工艺评定方法进行 3 组工艺评定进行验证：涿州钢管 1 组、涿州和青宁 1 组、青宁和青宁 1 组，见图 5。

焊缝形貌

环焊焊接

**图 5 环焊缝见证图**

青宁钢管之间组对的环焊缝工艺评定（报告编号：19PQR-QNYZ-001）韧性结果见表 6。

**表 6 冲击试验 1**　　报告编号：201916C143

| 试验温度/℃ | 试样尺寸/mm | 试样编号 | 19PQR-QNYZ-001 | | 缺口形式：夏比 V 形 | |
|---|---|---|---|---|---|---|
| | | 取样位置 | 平焊位置附近 | | 立焊位置附近 | |
| | | 缺口位置 | 焊缝区 | 热影响区 | 焊缝区 | 热影响区 |
| −20 | 10×10×55 | 冲击功值/J | 详见报告 | 详见报告 | 详见报告 | 详见报告 |
| | 10×10×55 | 平均冲击功/J | 172 | 218 | 210 | 278 |
| | 10×10×55 | 最小冲击功/J | 165 | 160 | 200 | 270 |

青宁钢管与涿州钢管组对的环焊缝工艺评定（报告编号：19PQR-QNYZ-002）韧性结果见表 7。

**表 7 冲击试验 2**　　报告编号：201916C144

| 试验温度/℃ | 试样尺寸/mm | 试样编号 | 19PQR-QNYZ-002 | | 缺口形式：夏比 V 形 | |
|---|---|---|---|---|---|---|
| | | 取样位置 | 平焊位置附近 | | 立焊位置附近 | |
| | | 缺口位置 | 焊缝区 | 热影响区 | 焊缝区 | 热影响区 |
| −20 | 10×10×55 | 冲击功值/J | 详见报告 | 详见报告 | 详见报告 | 详见报告 |
| | 10×10×55 | 平均冲击功/J | 185 | 148 | 125 | 281 |
| | 10×10×55 | 最小冲击功/J | 180 | 110 | 115 | 260 |

涿州钢管之间组对环焊缝工艺评定（报告编号：19PQR-QNYZ-003）韧性结果见表 8。

表 8 冲击试验 3 报告编号:201916C145

| 试验温度/℃ | 试样尺寸/mm | 试样编号 | 19PQR-QNYZ-003 | | 缺口形式:夏比 V 形 | |
|---|---|---|---|---|---|---|
| | | 取样位置 | 平焊位置附近 | | 立焊位置附近 | |
| | | 缺口位置 | 焊缝区 | 热影响区 | 焊缝区 | 热影响区 |
| −20 | 10×10×55 | 冲击功值/J | 详见报告 | 详见报告 | 详见报告 | 详见报告 |
| | 10×10×55 | 平均冲击功/J | 88 | 87 | 172 | 80 |
| | 10×10×55 | 最小冲击功/J | 75 | 65 | 150 | 65 |

从工艺评定指标对比来看,青宁钢管组对的环焊缝比涿州组对的焊接环焊缝高 95%,青宁与涿州钢管组对的环焊缝比涿州组对的焊接环焊缝高 50%,从工艺对比结果可以看出,本文提出的材料优化是符合国内钢管厂的制造水平的。

### 3.4 焊缝一次合格率

青宁输气管道工程环焊缝焊接月平均完成管道(按口计)47 981 道,检测焊口总数 34 427道,一次合格焊口数 34 121 道,一次合格率(按口计)为 99.11%;年度累计检测焊口总数 169 575 道,一次合格焊口数 167 671 道,一次平均合格率(按口计)为 98.88%。

从检验结果来看,青宁项目管道材质优化使环焊缝焊接接头合格率高于青宁项目质量目标 96%。

## 4 结语

通过对 X70 钢级的钢管材质的金相组织、强度匹配、管径分级、剩磁检测、扁平块的优化,提高了青宁输气管道的管材及环焊缝的质量,焊接一次合格率达到 98%以上,不仅有效保证了管道的建设质量,而且为管道的安全运行提供了保障,同时形成了中原设计公司 X70 钢级管材选用的技术标准。

### 参考文献

[1] 中国石油化工集团公司.天然气输送管道用钢管技术条件 中石化物资装备:Q/SHCG 18001.2—2016[S].2016.
[2] 中华人民共和国国家质量监督检验检疫总局,中国国家标准化管理委员会.钢中非金属夹杂物含量的测定标准评级图显微检验法:GB/T 10561—2005[S].北京:中国标准出版社,2005.
[3] 王云峰.强磁性管道现场焊接消磁技术[J].石油化工建设,2009(1):71-74.
[4] 苏丽珍,何莹,李桂芝,等.高钢级管线钢管环焊缝高强匹配研究[J].焊管,2009(9):27-30.
[5] 唐家睿.基于应变设计管线的环焊缝断裂韧性研究[D].西安:西安石油大学,2016.
[6] 尹长华.自保护药芯焊丝半自动焊焊缝韧性离散性成因分析及控制[J].石油化工建设,2014(2):61-67.
[7] American Petroleum Institute. API SPEC 5L 46th Specification for Line Pipe API[S]. 2018.
[8] ASTM E45. Standard Test Methods for Determining the Inclusion Content of Steel[S]. ASTM International, DOI:10.1520/e0045-10, 2018.

# 交流输电线路对管道电磁干扰的敏感性参数

张海雷

（中石化石油工程设计有限公司）

**摘　要**　采用 CDEGS 软件的 HIFREQ 模块建立了交流输电线路对邻近管道的电磁干扰模型，计算了输电线路以不同性能参数运行时对邻近管道产生的交流干扰电压，分析了不同类型参数对管道电磁干扰的敏感性及影响大小，可以为管道干扰计算模型中的输电线路参数收集、选择提供参考，提出了从输电线路设计角度来降低电磁干扰的新思路。

**关键词**　CDEGS 软件；电磁干扰；交流干扰电压；参数；敏感性

## 前言

随着国家经济实力的不断提升，交通、能源、电力行业发展迅猛，油气管道不可避免地与输电线路、电气化铁路等潜在干扰源相邻，甚至在局部共用“公共走廊”。邻近交流输电线路敷设的管道遇到的首要问题就是交流输电线路对油气管道的杂散电流干扰[1]。

交流输电线路对埋地金属管道的电磁干扰影响参数较多，影响规律较为复杂，尚秦玉等[2]用土壤电位梯度法和管地电位连续监测法，研究了高压线路对地下输油管道中杂散电流的影响规律。蒋俊[3]建立了 500 kV 输电线路与平行管道的电磁干扰计算模型，计算结果证明采用无限长管道分析交流线路对长距离输送油气管道的电磁影响较为合理。李自力等[4]开展了高压线对埋地管道耦合干扰规律的试验研究，试验验证输电线不同高度、电流、电压、电源频率对耦合干扰的影响规律。谢辉春等[5]研究了管道外径、壁厚、埋深、防腐层绝缘电阻率，以及管道连接方式对交流输电线路稳态干扰的影响。赵君等[6]基于分布式传输线路模型，通过计算分析了管道参数中外径、壁厚、防腐层绝缘电阻率和厚度、埋深、土壤电阻率，输电线路参数中负载电流，以及管道与输电线路平行长度、平行间距对交流干扰结果的影响。李自力等[7]采用SESTLC软件研究了管道特性参数中的外径、壁厚、埋深、防腐层绝缘电阻率，输电线路特性参数中的导线对地高度、运行电流，以及高压线与管道平行敷设参数的并行长度、并行间距对稳态干扰的影响规律。

关于输电线路稳态运行时对管道的电磁干扰影响参数研究多是从管道特性，或者是两者的相对位置关系出发，输电线路仅仅是负载电流、高度等参数。

## 1　研究方法

随着科学技术的不断更新发展，输电线路对管道的电磁干扰由以往的感性分析逐步向定量计算转变，因为采用专业软件可以确保干扰防护措施与管道同期设计、同期施工，避免后检测、后治理所带来的二次征地及开挖。目前国内外用于管道电磁干扰模拟计算的最为通用的软件是 CDEGS 软件，该软件由加拿大 SES 公司开发，包含 RESAP、MALT、MALZ、TRALIN、SPLITS、HIFREQ、FCDIST 及 FFTSES 等 8 个模块，以及 Right-of-Way、SESCAD、ROWCAD 等多个软件包。

CDEGS 软件可以模拟输电线路分别在正常运行、故障、杆塔遭受雷击时对周边管道的杂散电流干扰，根据模拟对象的不同需要输入包含管道、输电线路、雷电、土壤等对象的参数，主要参数见表 1。

表 1　软件建模计算所需主要参数

| 对象 | 名称 |
| --- | --- |
| 管道 | 线路路由及埋深，沿线站场、阀室的布置 |
| | 直径、壁厚、材质 |
| | 防腐层类型、厚度、电阻率 |
| | 与管道连接的阳极、接地设施等 |
| | 邻近外部管道 |
| 输电线路 | 线路路由，沿线杆塔、变电站分布 |
| | 负载，如稳态电流、故障电流等 |
| | 杆塔结构 |
| | 接地装置的结构及接地电阻测量值 |
| | 导线类型、规格尺寸、导体属性 |
| | 相线排序 |
| 雷电 | 雷电流幅值、波形 |
| 土壤 | 深层土壤电阻率 |

本文通过软件建模计算，验证了输电线路的结构参数、运行参数对管道电磁干扰的影响程度，可以为管道干扰计算模型中的输电线路参数收集、选择，以及输电线路设计时如何降低电磁干扰提供参考。

## 2　初始状态

某输气管道与 220 kV 输电线路伴行、交叉，伴行管道长度约 50.9 km，交叉 10 次，相对位置关系见图 1。从图中可以看出，输气管道与输电线路相对位置关系复杂，仅凭经验难以对管道干扰情况进行准确判断。

初始状态下，输电线路、输气管道、土壤的主要参数见表 2，包括了输电线路的负载、相线材质、横截面、相线排列，输气管道的规格、埋深、涂层，以及土壤类型。

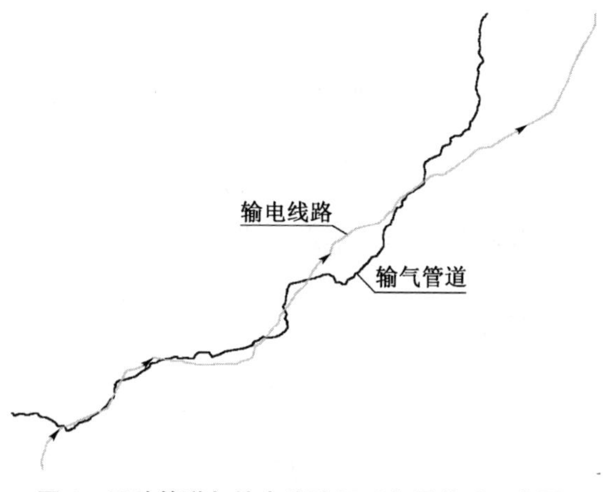


图 1　埋地管道与输电线路相对位置关系示意图

表 2　初始状态下的软件建模计算主要参数

| 名称 | 数值 | 备注 |
|---|---|---|
| 负载电流/A | 1 200 | |
| 屏蔽线/地线 | 左(N1):OPT-GW_ALCOA 32/40/504;<br>右(N2):GJ-50 | |
| 相线 | LGJ-400/50 | |
| 地线高度/m | 30 | |
| 相线高度/m | 25 | |
| 相序 | CBA | 从左至右 |
| 管道规格/mm | 1 016×17.5 | |
| 埋深/m | 1.5 | |
| 涂层面电阻/(Ω·m$^2$) | 100 000 | |
| 土壤电阻率/(Ω·m) | 100 | 均匀土壤 |
| 涂层厚度/mm | 3.7 | |

模拟计算采用 HIFREQ 模块,初始状态时的干扰电压计算结果见图 2。

从图 2 可以看出,管道起点、终点两端的干扰电压相对较高,中间较低,干扰电压最大值 $V_{初始状态,max}=12.70$ V,出现在里程 3.81 km 处,大致在管道左下方与输电线路第一次交叉点的位置,具体见图 3。

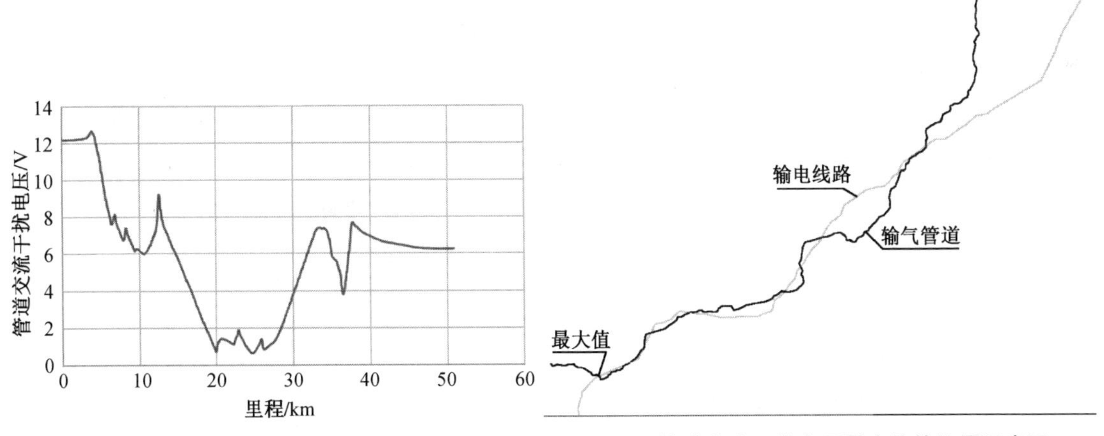


图 2　初始状态下的管道交流干扰电压曲线

图 3　管道交流干扰电压最大值的位置示意图

# 3　参数变化影响研究

结合交流输电线路对管道电磁干扰的机理分析,输电线路影响干扰程度的参数主要有导体材质、横截面、相线排列、不平衡系数等,从这些方面考虑,本文研究了表 3 中所列共 14 项参数变化方案对管道电磁干扰的影响。

表 3 方案汇总表

| 状态 | 变化内容 |
| --- | --- |
| 初始状态 | |
| 方案 1 | N1:OPGW 改为 GJ-50 |
| 方案 2 | N2:GJ-50 改为 OPGW |
| 方案 3 | N1:OPGW 改为 GJ-50,N2:GJ-50 改为 OPGW |
| 方案 4 | N2:GJ-50 改为 GJ-240 |
| 方案 5 | N2:GJ-50 改为 GJ-100 |
| 方案 6 | ABC:LGJ-400/50 改为 LGJ-800/100 |
| 方案 7 | 地线高度由 30 m 调整为 35 m |
| 方案 8 | 负载电流调整为 600 A |
| 方案 9 | 相序由 CBA 改为 ACB |
| 方案 10 | 相序由 CBA 改为 ABC |
| 方案 11 | 相序由 CBA 改为 BAC |
| 方案 12 | 相序由 CBA 在换相点调整为 ABC |
| 方案 13 | 改变电流方向 |
| 方案 14 | 三相负载不平衡,A 相负载电流 1 176 A,B 相负载电流 1 200 A,C 相负载电流 1 224 A |

## 3.1 地线/屏蔽线材质

方案 1～方案 3 是研究地线/屏蔽线材质对管道电磁干扰的影响,其中方案 1 是将地线 N1 的材质由 OPGW 改为 GJ-50,变化后两根地线均是 GJ-50。从图 4 可以看出,方案 1 与初始状态下的干扰电压曲线的波形变化,也就是说干扰趋势变化,从幅值上来说,起点、终点幅值减小,中间管段幅值增大。

方案 2 是将地线 N2 的材质由 GJ-50 改为 OPGW,变化后两根地线均是 OPGW。从图 5 可以看出,方案 2 与初始状态下的干扰电压相比,波形、幅值均有所变化,但变化幅度小于方案 1 的影响。

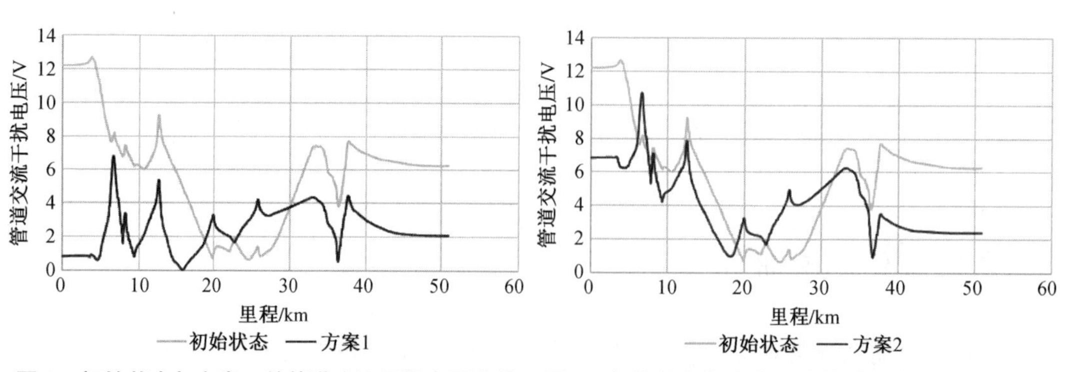


图 4 初始状态与方案 1 的管道交流干扰电压曲线　图 5 初始状态与方案 2 的管道交流干扰电压曲线

方案 3 是将两根地线的材质互换,计算结果见图 6。从图 6 可以看出,方案 3 与初始状态下的干扰电压相比，波形、幅值均有所变化。

从图 4、图 5、图 6 中可以看出，当调整地线的材质、位置均会对计算结果产生影响，这是因为 A/B/C 三相会在 GJ 材质的地线上产生感应电流，地线产生的磁场会导致相线形成的磁场发生变化，最终影响管道电磁干扰，但是影响程度不同，具体见图 7。

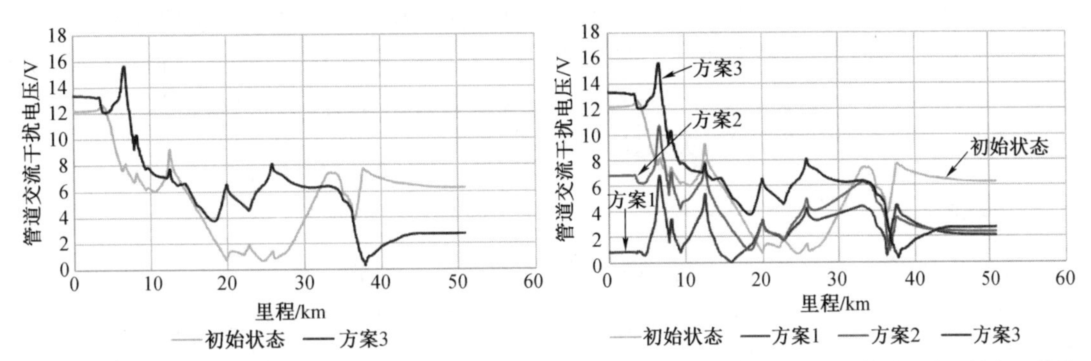


图 6 初始状态与方案 3 的管道交流干扰电压曲线 图 7 初始状态与方案 1/2/3 的管道交流干扰电压曲线

## 3.2 地线/相线截面积

方案 4～方案 6 是研究地线、相线截面积对管道电磁干扰的影响，其中方案 4 是将地线 N2 的规格由 GJ-50 改为 GJ-240，方案 5 是将地线 N2 的规格由 GJ-50 改为 GJ-100，方案 6 是将相线材质由 LGJ-400/50 改为 LGJ-800/100，计算结果见图 8。

从图 8 可以看出，初始状态与方案 6 的曲线几乎重叠，这是因为软件模型中输电线路的负载采用的是相电流，且未考虑线路损耗，因此改变相线截面积对管道干扰影响较小。方案 4、方案 5 与初始状态相比，干扰电压曲线的波形不变，但是幅值有所变化，这是因为地线截面积不同，地线中的感应电流大小不同，进而造成管道干扰幅值不同，但不会影响波形。

## 3.3 输电线路横截面

初始模型中，地线、相线的垂直高度差为 5 m，方案 7 将高度差增大为 10 m，也就是地线的高度改为 35 m，相线高度维持 25 m 不变，此时两者的干扰电压曲线见图 9。

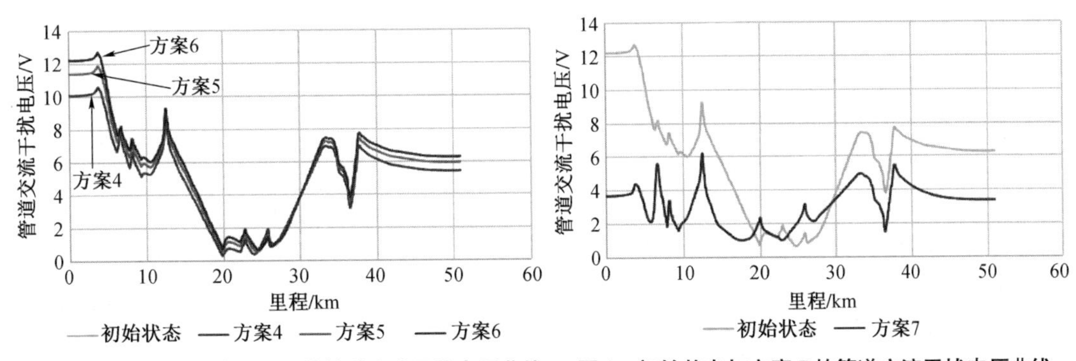


图 8 初始状态与方案 4/5/6 的管道交流干扰电压曲线 图 9 初始状态与方案 7 的管道交流干扰电压曲线

由于输电线路横截面发生变化，图 9 中管道交流干扰电压曲线的波形、幅值均发生了变化，其原理与方案 1/2/3 类似，同样是因为横截面变化导致磁场发生变化。

### 3.4 负载电流

输电线路负载电流对管道上干扰电压影响较大，负载电流越大，管道交流干扰电压越大[7]。负载电流与管道受干扰程度成正比，但是两者间的相互关系如何，本文将利用软件进行验证。方案 8 的负载电流为 600 A，是初始状态的 50%。经过计算，如图 10 所示，初始状态与方案 8 的波形一致，但方案 8 的干扰电压最大值为 6.35 V，是初始状态的 50%，说明管道受干扰程度与负载电流成线性关系。

### 3.5 相线排列

相线排列不同，磁场不同，因此管道受干扰程度不同。方案 9/10/11 研究了相线排列的影响，其中方案 9 的相线排列(从左至右)ACB，方案 10 的相线排列(从左至右)BAC，方案 11 的相线排列(从左至右)ABC，计算结果见图 11。

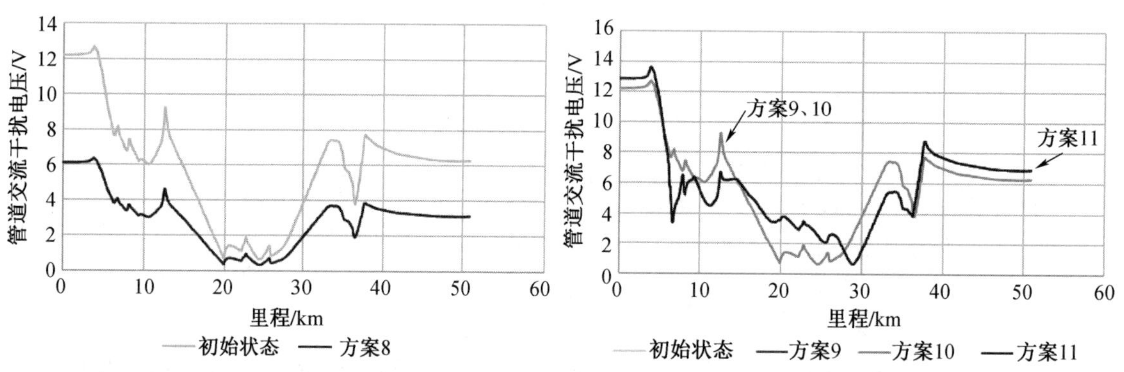


图 10 初始状态与方案 8 的管道交流干扰电压曲线　图 11 初始状态与方案 9/10/11 的管道交流干扰电压曲线

图 11 中，方案 9、方案 10 的计算结果与初始状态相同，这是因为虽然 A/B/C 三相的空间位置发生了变化，但是三相线的相对顺序没有变化，所以计算结果相同。但是方案 11 的相线相对位置发生了变化，因此干扰电压曲线的波形、幅值均发生了变化。

### 3.6 换相

输电线路为了降低线路损耗，可能会在沿线某个杆塔变换相序。方案 12 研究的就是输电线路换相对电磁干扰的影响，如图 12 所示，输气管道距离输电线路换相点最近位置的里程约为 30.04 km。

经过计算，方案 12 的干扰电压见图 13，波形、幅值均产生了变化，尤其是里程 15.7～33.7 km 之间的管道干扰变化较大。

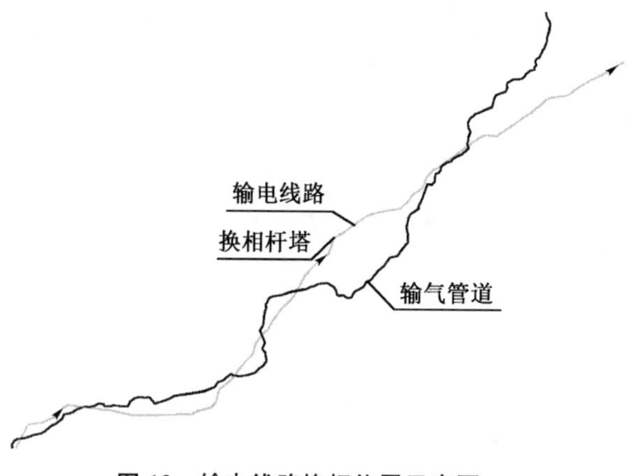


图 12 输电线路换相位置示意图

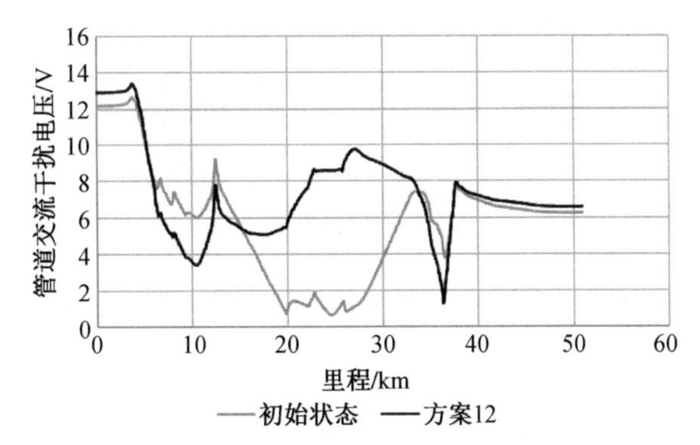


图 13 初始状态与方案 12 的管道交流干扰电压曲线

## 3.7 电流流向

初始状态时，输电线路的负载电流流向是由左下至右上，方案 13 中的负载电流流向刚好相反，是由右上至左下，计算结果见图 14。

从图 14 可以看出，电流流向不会对管道干扰造成影响，其原理与方案 9/10 相同，相线的相对位置没有产生变化，不会影响干扰结果。

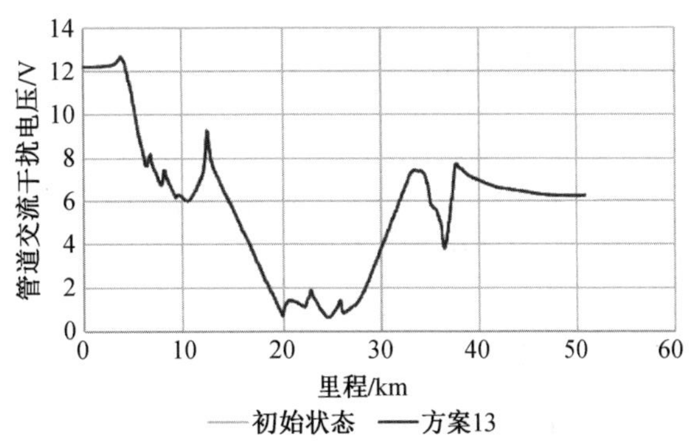


图 14 初始状态与方案 13 的管道交流干扰电压曲线

## 3.8 负载不平衡系数

输电线路在实际运行中，三相的负载大小往往不同，方案 14 考虑了 2%的负载不平衡系数，A/B/C 三相的负载电流分别为 1 176 A/1 200 A/1 224 A，计算结果见图 15，表面负载不平衡会对干扰电压曲线的波形、幅值产生影响。

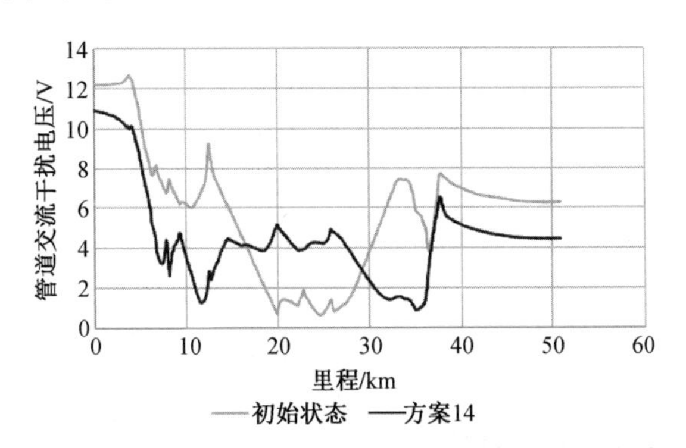


图 15 初始状态与方案 14 的管道交流干扰电压曲线

## 3.9 汇总

经过计算，各方案的交流干扰电压最大值见表 4，同时计算了不同方案相对于初始状态的变化百分率。

表4 交流干扰电压最大值汇总表

| 方案变化内容 | 干扰电压最大值/V | 变化百分率/% | 影响结果 |
|---|---|---|---|
| 初始状态 | 12.70 | | |
| 方案1 N1:OPGW改为GJ-50 | 6.82 | −46.30 | 波形、幅值变化 |
| 方案2 N2:GJ-50改为OPGW | 10.72 | −15.59 | 波形、幅值变化 |
| 方案3 N1:OPGW改为GJ-50,N2:GJ-50改为OPGW | 15.63 | 23.07 | 波形、幅值变化 |
| 方案4 N2:GJ-50改为GJ-240 | 10.56 | −16.85 | 波形、幅值变化 |
| 方案5 N2:GJ-50改为GJ-100 | 11.89 | −6.38 | 波形、幅值变化 |
| 方案6 ABC:LGJ-400/50改为LGJ-800/100 | 12.70 | 0 | 无变化 |
| 方案7 地线高度由30 m调整为35 m | 6.19 | −51.26 | 波形、幅值变化 |
| 方案8 负载电流调整为600 A | 6.35 | −50.00 | 波形不变,幅值变化 |
| 方案9 相序由CBA改为ACB | 12.70 | 0 | 无变化 |
| 方案10 相序由CBA改为ABC | 12.70 | 0 | 无变化 |
| 方案11 相序由CBA改为BAC | 13.62 | 7.24 | 波形、幅值变化 |
| 方案12 相序由CBA在换相点调整为ABC | 13.43 | 5.75 | 波形、幅值变化 |
| 方案13 改变电流方向 | 12.70 | 0 | 无变化 |
| 方案14 三相负载不平衡,A相负载电流1 176 A,B相负载电流1 200 A,C相负载电流1 224 A | 10.91 | −14.09 | 波形、幅值变化 |

## 4 结论

基于文章计算模型,输电线路稳态运行时的部分结构参数、运行参数对管道电磁干扰的影响规律如下:

(1) 输电线路的地线/屏蔽线材质、输电线路横截面尺寸、三相排列的相对顺序变化时,会导致管道交流干扰电压曲线的波形、幅值产生变化。

(2) 输电线路的地线截面积、负载电流会影响幅值,但波形不变,其中负载电流与干扰电压成正比例线性关系。

(3) 输电线路的换相点邻近管道时,会对管道交流干扰电压曲线的波形、幅值产生影响。

(4) 当模型中输电线路负载采用电流值时,相线截面积变化不会对管道交流干扰电压曲线的波形、幅值产生影响。

(5) 当相线空间位置变化,但相对顺序不变时,不会对管道交流干扰电压曲线的波形、幅值产生影响。

(6) 输电线路中电流流向变化时,不会对管道交流干扰电压曲线的波形、幅值产生影响。

后续工程在进行交流输电线路干扰模拟时,应尽可能收集软件建模所需的全部参数,确保计算结果准确可靠。当外部条件受限时,应该重点关注地线材质、输电线路横截面、相线排列、换相点等对干扰规律、趋势产生影响的参数,同时也要注意负载对计算数值的影响。

建议输电线路设计部门在制定输电线路运行参数时,将抑制邻近管道交流干扰作为考虑因素之一,从源头上降低管道受干扰的可能性,提高本质安全性。

## 参考文献


[1] 胡士信.阴极保护工程手册[M].北京:化学工业出版社,1999.

[2] 尚秦玉,许进,尚思贤.高压线路对地下输油管道中杂散电流影响规律[J].腐蚀科学与防护技术,2007,19(5):371-372.

[3] 蒋俊.交流线路正常运行时对平行敷设油气管道的电磁影响[J].电网技术,2008,32(2):78-92.

[4] 李自力,禹浩,王帅华,等.高压线对埋地管道耦合干扰规律的试验研究[J].油气储运,2010,29(7):489-490.

[5] 谢辉春,宋晓兵.交流输电线路对埋地金属管道稳态干扰的影响规律[J].电网与清洁能源,2010,26(5):22-25.

[6] 赵君,丁俊刚,何飞,等.埋地管道交流感应电压影响因素分析[J].管道技术与设备,2013(6):7-10.

[7] 李自力,赵玲,王爱玲,等.高压线对埋地管道稳态干扰影响规律的模拟[J].腐蚀与防护,2014,35(7):647-650.

# 青宁输气管道工程阴极保护精准化与智能化设计

张新战　任相坤
（中石化中原石油工程设计有限公司）

**摘　要**　本文主要介绍了青宁输气管道工程阴极保护设计中，通过专业软件对青宁全线的杂散电流干扰进行了模拟分析计算，对杂散电流干扰区域进行了精准定位；并在设计中采用智能化测试桩、电位采集仪、恒电位仪，实现了智能在线监测及数据远传远控功能。

**关键词**　阴极保护；杂散电流干扰；智能化；精准化

青宁输气管道北起山东 LNG 接收站，南至川气东送南京支线南京输气站，线路全长 531 km，途经山东青岛市、日照市、临沂市和江苏省连云港市、宿迁市、淮安市、扬州市等 2 个省、7 个地市、15 个县区。管道全线采用三层 PE 防腐层加强制电流阴极保护。

## 1　阴极保护精准化设计

管道沿线常有高压交流输电线路与管道形成共用走廊，高压输电线路与管道多次近距离的平行和交叉，对输气管道的阴极保护系统产生干扰，甚至会使管道的防腐层形成穿孔，从而大大降低防腐层的防腐性能，影响管道的安全运行。国标 GB/T 50698—2011《埋地钢质管道交流干扰防护技术标准》要求在设计阶段的新建管道可采用专业软件，对干扰源在正常和故障的条件下管道可能受到的交流干扰进行模拟计算。

本工程采用加拿大 SES 公司开发的杂散电流专业分析软件（CDEGS）进行模拟分析计算，对干扰区域进行精准定位，并采取相应的防护措施。该软件的操作步骤如下：

干扰源调查→数据采集→初步建模→软件模拟→结果分析。

### 1.1　干扰源调查

设计人员于寒冬及春后花了数个月的时间多次前往第一现场，对管道沿线的干扰源进行勘察和统计，走遍了 7 个地市、15 个县区，前后总共统计了 5 个直流接地极和 140 条与管道位置近距离交叉或平行的高压输电线路，其中电压规格在 110 kV 以上的高压输电线路共有 110 条，与管道平行严重的高压输电线路共有 40 条。详细情况可见表 1 及表 2。

**表 1　青宁输气管道工程高压输电线路统计表**

| 管道沿线输电线路电压等级 | 平行交叉数量（条） |
| --- | --- |
| 500 kV | 17 |
| 220 kV | 40 |
| 110 kV | 53 |

表 2　青宁输气管道工程直流接地极统计表

| 直流接地极 | 电压等级 | 位置 | 与管道最小间距 |
| --- | --- | --- | --- |
| 泰州接地极 | 800 kV | 江苏省盐城市建湖县 | 25 km |
| 南京接地极 | 800 kV | 江苏省淮安市盱眙县 | 115 km |
| 政平接地极 | 500 kV | 江苏省常州市武进区 | 90 km |
| 临沂接地极 | 800 kV | 山东省临沂市沂水县 | 70 km |
| 青岛接地极 | 660 kV | 青岛市胶西镇鲁戈庄 | 80 km |

## 1.2　数据采集

软件模拟需要沿线土壤电阻率数据、输电线路与管线的位置关系、输电线路的正常负载电流、输电线路杆塔的接地电阻、架空地线规格型号等数据。设计人员在现场获得了输电线路与管线的粗略位置关系，并对沿线各地市的土壤电阻率进行了测量，获得了 1 m、3 m、5 m、7 m、10 m、20 m、30 m、50 m 深的土壤电阻率数据。

图 1　高压输电线路

图 2　土壤电阻率测试仪器

在其他数据收集的过程中，需要与不同的部门对接且有些数据需要保密。最后经过不懈努力，辗转了多个部门，终于在相关部门的帮助下拿到了高压输电线路的详尽参数。以江苏泰州接地极为例，其直流接地极的形状、电极埋深、材质、双极不平衡入地电流、单极运行最大额定入地电流等参数如图 3 所示。



| 直流极名称 | 江苏泰州 |
| --- | --- |
| 接地极位置 | 极环中心北纬33.3334°，东经119.7331° |
| 接地极形状 | 双圆环型，内外环半径180 m/125 m |
| 电极埋深 | 3 m |
| 材料 | 接地极采用1.5 m的高硅铬铁 |
| 双极不平衡入地电流 | 10 A |
| 单极运行最大额定入地电流 | 6 693 A |

图 3　泰州接地极

## 1.3 初步建模

第一步，对获得的数据进行分析和整理归纳。在这一步中会初步筛选出其中异常的数据，避免异常数据影响杂散电流干扰模型的建立。

第二步，将获取得到的输电线路位置信息和管道路由导入 Google Earth 软件中。将勘察各市高压线路所记录的位置标注信息与从电力局获得的位置信息进行对比分析，不断地修改完善，筛除无效的信息，最终建立了足够准确的输电线路和管道路由的相对位置关系，至此就完成了初步建模工作。

## 1.4 软件模拟

在初步建模后，开始使用 CDEGS 软件对青宁输气管道的沿线杂散电流干扰情况进行了模拟。其中涉及软件的多个模块，主要有 SESCAD、ROWCAD、Right-of-Way、MALZ、HIFREQ、SESRESAP 等。各个模块之间相互配合，穿插使用，共同完成杂散电流干扰模型。

SESCAD 主要是对干扰源和管线的相对位置信息建立初步模型。在创建直流模型中，需要对直流接地极按照其尺寸规模及与管道的位置进行建模，并对其接地极设置不同情况下的激励值以实现稳态或故障情况下的入地电流对管地电位的影响。在创建交流干扰模型中，需要将每一条高压线的 Google Earth 模型与管道路由模型导入 SESCAD 中进行处理修整，并分别创建新的模型文件以供在 ROWCAD 中进行后续操作。

ROWCAD 主要是做交流干扰模型。在确定了输电线路和管线的位置关系后，对照着从国网取得并整理好的高压输电线路的参数数据表，将每一条高压线和管道的横截面、各个相线的材质、接地电阻和每一条高压线的负载电流进行定义，并按照区域位置为其加上不同的土壤模型，定义主路径和电流方向，创建电路，形成区域，从而完成交流干扰模型。

在模拟电气化铁路中，通过 ROWCAD 实现铁路与管线的土壤、横截面、相线和激励及铁路的供电形式的模型创建，如图 4 所示。

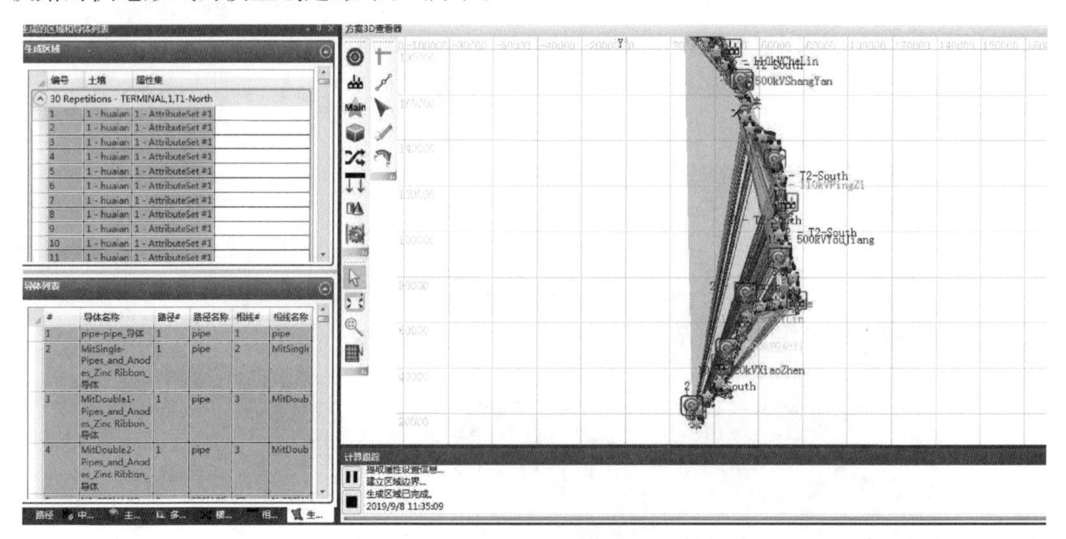


图 4　ROWCAD 高压输电线路模型

Right-of-Way 主要是对交流干扰模型(输电线路)进行结果分析,以及对电气化铁路的 ROWCAD 模型准确性进行验证,并完成稳态和故障情况下的管道干扰分析。

SESRESAP 主要是创建土壤模型。根据在现场所测得的各地市土壤数据,分别创建各地市的土壤模型。

## 1.5 结果分析及防护措施

在创建好杂散电流干扰模型后,开始进行模拟计算。关于交流输电线路主要对管道腐蚀的影响,选择单位平方厘米小孔泄露电流密度这一项,即可调出 Excel 表,反映出管道全线单位平方厘米小孔泄露电流密度值,如图 5 和表 3 所示。

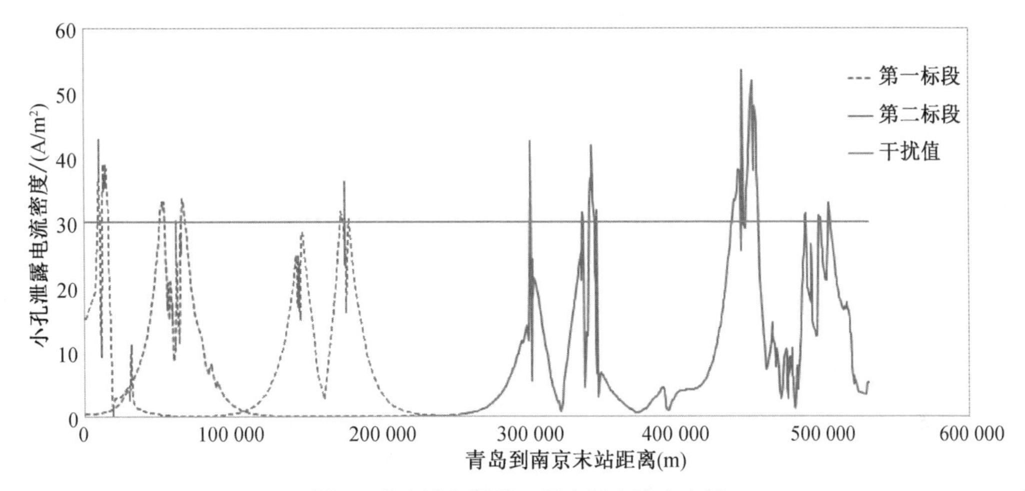


图 5 青宁输气管道工程杂散电流分布图

表 3 青宁输气管道工程杂散电流分布表

| 位置 | 距离山东 LNG 站/km | 单位平方厘米小孔泄漏电流密度/(A/m²) |
|---|---|---|
| 1 | 9.13～ 10.24 | 31.77～ 42.94 |
| 2 | 12.31～ 15.94 | 31.54～ 39.16 |
| 3 | 50.9～53.9 | 30.54～ 33.197 |
| 4 | 62.20 | 30.18 |
| 5 | 65.56～68.10 | 30.23～33.74 |
| 6 | 185.74～188.81 | 30.45～36.33 |
| 7 | 301.1～301.3 | 34.57～42.59 |
| 8 | 336.35～336.60 | 30.13～31.64 |
| 9 | 341.06～344.21 | 30.2～41.94 |
| 10 | 346.21 | 31.93 |
| 11 | 437.67～443.40 | 30.13～38.05 |
| 12 | 444.84～445.10 | 38.94～53.51 |
| 13 | 447.72～455.19 | 34.94～51.97 |
| 14 | 496.63～497.99 | 30.66～31.09 |

国标 GB/T 50698—2011《埋地钢质管道交流干扰防护技术标准》中要求交流电流密度大于 30 A/m$^2$，即认为存在中等强度交流干扰，需对管道设置排流措施，以确保阴极保护系统的正常运行。

青宁管道对单位平方厘米小孔泄漏电流密度大于 30 A/m$^2$的区域采用了排流措施，排流防护方式采用隔直通交的固态去耦合器作为排流装置，排流接地体采用锌合金牺牲阳极接地体。另外在交流干扰严重的地段埋设智能电位测试桩，将干扰处管道保护电位及交流干扰电压上传至调控中心，通过检测、分析交流杂散电流对管道电位的影响，进而判断此处交流干扰对管道的影响，从而采取针对性的控制、防护措施。

# 2 青宁输气管道阴极保护智能化设计

## 2.1 阴极保护智能化系统的组成

阴极保护智能化系统，由中心服务器和具备远程测控功能的恒电位仪、电位采集仪、智能测试桩等组成，可实现在任何时间、任何地点，通过浏览器登录到监测管理系统，实现对阴极保护系统中所有的数据、信息的查询和设备的控制。

### 2.1.1 中心服务器

中心服务器主要包括软件和硬件两大部分。

软件：计算机（服务器）基本系统用的相关软件，包括操作系统软件、数据库软件等。阴极保护监测管理系统软件，包括 Web 站点程序和服务器程序。

硬件：主要是服务器，提供登录服务器的固定 IP 地址，还有通信用的设备。

### 2.1.2 恒电位仪

每个阴极保护站需要配备一套具备数字通信接口的恒电位仪，恒电位仪具有 RS485 通信接口，可实现阴极保护数据的测量、采集、通信上传，实现设备运行状态的远程控制及设备相关状态信息的上传；通信转换器，可将 RS485 接口转换为其他通信，如光纤、GPRS 等无线、有线网络通信。

### 2.1.3 电位采集仪

本工程在阀室与非阴极保护站设置电位采集仪，实现阴极保护数据的自动采集和通信传输功能。电位采集仪内含一只极化探头，可采集的数据包括管道的保护电位、断电电位、自然腐蚀电位和交流干扰电压。

### 2.1.4 智能测试桩

智能测试桩由智能电位采集仪和极化探头及钢质测试桩构成，是阴极保护系统无线检测设备，主要应用于阴极保护电位远程检测和数据传输。

（1）可自动定时检测电位并传输数据。

（2）能够接收来自调控中心阴极保护在线检测系统的控制命令，并进行相应的参数调整。

（3）电位超限错误报警功能。

（4）断电测试数据采集功能。

（5）24 小时连续监测。

## 2.2 智能化设备的性能

### 2.2.1 恒电位仪

恒电位仪一般具备如下技术性能：

(1) 设备工作参数和运行状态等数据采集和通信上传功能

可实时采集并上传输出电压、输出电流、控制电位、保护电位等数据；

可实时采集并上传设备运行状态(如恒电位、恒电流、手动、自检等)、设备故障信息(如过压、过流、电位超限、温度超限)等数据。

(2) 远程控制功能

给定(控制)电位的远程控制(调节)，可实现远程改变阴极保护电流的大小，即改变保护电位的大小。

可远程开、关机，对于一投一备的阴极保护系统，可实现远程选择投运设备及关闭。

具有 GPS 同步通断功能，可远程控制阴极保护输出电流的通、断，通断时间可远程调整，满足断电测试的需求。

### 2.2.2 阴极保护系统的软件性能

阴极保护监测管理系统软件是一款基于 Web 的计算机远程测控平台。系统基于 B/S 结构，采用 HTML5 技术构建，测控前段以纯 Web 方式呈现，实现简便快捷的远程监控；服务器端提供统一的硬件接口，支持接入不同的硬件设备，包括 MODBUS、OPC 等标准设备及其他自定义硬件；系统集成电子地图(GIS)组件。

监测管理系统软件只需安装在服务器上，客户端无需安装，系统软件的使用维护方便、简单，保证了运行的稳定性与可靠性。

## 2.3 在线监测系统的远传远控

阴极保护监测管理系统可实现的主要技术性能描述如下：

(1) 支持多种通信方式：串口、有线/无线(GPRS/CMDA)网络端口、GSM 短信、RF 无线通信等，进行数据传输。

(2) 数据采集支持多通信协议：自定义通信协议和 MODBUS 通信协议。

(3) 具有电子地图功能，支持在地图中显示管线、设施、设备，支持在地图中显示所采集的实时数据，支持在地图中显示自动报警状态。

(4) 可自动对阴极保护电源设备、电位监测设备等所要采集的数据进行实时采集，并实时显示该数据(测量值、状态信息)和该测量值随时间变化的曲线；并将采集的数据定时存盘，定时存盘的时间间隔可根据实际需要进行设置。

(5) 支持人工监测数据的录入，以保证所有的阴极保护数据的集中统一管理。

(6) 具有远程控制权限的用户可对现场任意一台设备(具备远程控制功能)进行远程控制，控制项目包括：

① 实现恒电位仪的远程开、关机功能。

② 实现恒电位仪的远程同步通断功能。

③ 实现恒电位仪的远程给定功能，及用户可远程设定恒电位仪的工作参数。

④ 实现智能采集电位仪采集模式的远程改变。

(7) 阴极保护日常管理资料录入和查询。可导入或录入与阴极保护有关的各类日常管理资料、文档等消息,支持各类型文档和图档、照片等,以便查询使用。

(8) 故障诊断功能,应具有一定的阴极保护数据库,对故障的诊断应给出发生故障的可能原因及相应的处理意见。

(9) 具有数据统计查询功能,可对采集保存的历史数据按时间信息进行查询,形成报表和曲线图,反映各监测点的阴极保护数据的变化情况和整条管道的阴极保护状况,如电位-里程图表、交流干扰电压-里程图表等。查询出的历史数据结果,可导出为 Excel 文件格式,为数据的进一步处理提供方便。

(10) 系统支持检测设备的扩展接入,即不改造或升级软件即可满足恒电位仪和智能电位采集仪的数量增加,以满足阴极保护系统的升级需求。

(11) 可对注册的用户分配不同的管理、控制权限。根据管理权限可限定用户所能管理的管道及设备,根据控制权限限定用户能操作的功能。

(12) 具有与用户其他管理系统集成的功能,支持通过 OPC 数据接口,实现与用户其他管理系统进行数据交互,满足其他信息化系统对阴极保护数据使用的要求。

# 3 效果分析

## 3.1 青宁输气管道精准化设计效果分析

青宁输气管道工程通过专业软件对杂散电流干扰进行模拟计算,对干扰区域进行精准定位,对单位平方厘米小孔泄漏电流密度大于 30 $A/m^2$ 的区域采用了排流措施,全线共采用了 32 处排流点。而常规的排流方式为:

(1) 在管道实埋后进行检测,根据检测结果在干扰地区采取排流措施。这种方式需要二次投资,资金来源不确定。

(2) 在管道与 110 kV 及以上高压线交叉角度小于 55°的地方设排流点;在与 110 kV 及以上高压线平行时,在起点、远离点、中间每隔 2 km 设一处排流点。这种方式排流点过多,造成资金浪费。

与常规的排流方式比,阴极保护精准化设计更有针对性、更精准,节约了大量资金。

## 3.2 青宁输气管道智能化设计效果分析

青宁管道阴极保护采用智能化设计,对管道的储运管理和日常运行维护有着积极的影响:

(1) 提高了管道阴极保护系统的智能化与自动化,与此同时提高了管道的日常运行维护的安全性,对管道储运企业和社会的安全稳定都有着十分积极的意义。

(2) 管道阴极保护系统的智能化与自动化,提高了企业对管道管理的效率。比起传统的人工巡线的方式,大大减少了人员劳动强度,避免了人工巡线因检测不及时和上传数据不及时或人为检测误差而影响管道阴极保护系统的正常运行的情况。

# 4 结论

青宁输气管道工程的阴极保护设计真正意义上实现了阴极保护系统的精准化和智能化，不仅节约了大量资金，提高了管道阴极保护的智能化与自动化，也使得管道的阴极保护设计更加科学严谨，更加合理。

建议：管道实施后对全线进行阴极保护检测，验证效果。

## 参考文献

[1] 居兴波.嘉兴市天然气管道阴极保护远程监控系统的实现[J].上海建设科技，2016(4)：58-61.

[2] 关维国，秦志猛，任国臣，等.基于GPRS的输油管道阴极保护远程监测系统设计[J].计算机测量与控制，2015，23(8)：2736-2738，2752.

[3] 王建才，闫旭光，刘金川.输油管道阴极保护防腐技术的研究[J].化学工程与装备，2014(1)：21-22，28.

[4] 陈扬，施养琛，陈晓峰.阴极保护远程监测管理系统[J].上海建设科技，2016，24(1)：6-12.

[5] 周国雨.新建交流输电线路对埋地金属管道电磁影响研究[D].北京：华北电力大学(北京)，2017.

[6] 商善泽.直流接地极入地电流对埋地金属管道腐蚀影响的研究[D].北京：华北电力大学(北京)，2016.

[7] 王爱玲.750kV高压交流输电线路对埋地管道的干扰规律研究[D].东营：中国石油大学(华东)，2013.

# 青宁输气管道工程<br>EPC联合体中设计的主导作用

周利强　刘晓伟　王　宁　李晓安

（中石化中原石油工程设计有限公司）

**摘　要**　近几年受国家政策影响，在工程建设中EPC总承包模式优势明显并得到大力推广，青宁输气管道是中国石化首条全线推行EPC联合体管理模式的长输天然气管道。该项目是以设计企业为牵头单位进行的EPC联合体建设模式，针对青宁输气管道工程EPCⅡ标段的工程情况，从项目的管理模式、ECP牵头单位的作用、设计与施工、采办的配合等多个方面，结合项目建设过程中的实例与工作方法，阐述了EPC联合体中设计所起到的主导作用。

**关键词**　长输管道工程；EPC联合体；设计为主导；共赢关系；服务于施工；保障物资供应

青宁输气管道北起中石化山东LNG接收站，南至中石化川气东送南京支线南京末站，线路全长531 km，设计压力为10.0 MPa，管径规格为1 016 mm，管道主材为螺旋缝和直缝埋弧焊钢管，管道材质为L485M。沿线共设站场11座，阀室22座。

## 1　项目概况

青宁输气管道工程共分两个EPC总承包标段，中石化中原石油工程设计有限公司（以下简称中原设计）中标的青宁输气管道工程EPC总承包（二标段），线路全长约324 km，沿线设阀室14座，分输站6座。工程建设周期计划16个月。

本EPC项目属于联合体模式，即中原设计作为牵头人，与河南、中原、江汉、江苏四家油建单位组成青宁输气管道工程EPC联合体项目部。联合体各成员签订联合体协议确定分工，中原设计对项目的设计、采购负责，对施工、质量、安全进行协调管理，联合体其他成员对各自施工区段内的施工、进度、质量和HSSE等负责。

本文就青宁输气管道工程EPC二标段项目的运作模式、工程招标前期工作、工程建设中的具体工作等方面进行了详细的阐述与分析。

## 2　青宁项目EPC的管理模式

### 2.1　确定组织机构，项目运作更加高效

中原设计青宁管道EPC项目部以业主思维进行布局，在“负总责、有顶板”的情况下，将青宁输气管道工程当成自己的工程来实施，在中标后，中原设计第一时间积极进行EPC项目部的组建，将项目部机构组织进行完善，为更好地完成项目建设打下坚实基础。

中原设计青宁管道 EPC 项目部机构设置分为:项目部领导、管理部门和项目分部三级。项目领导层由项目经理、副经理、HSSE 总监组成(联合体各方兼)。

项目管理部门拟定设计管理部、采办管理部、计划控制部、工程技术部、HSSE 管理部、综合管理部 6 个职能部门。主要管理人员抽调中原设计以前参加过文 23 储气库、国家危化品两个 EPC 项目的人员。

中石化石油工程建设公司、联合体牵头人与其他成员派人共同组建项目联合管理委员会,简称联管会,对 EPC 联合体项目部进行协调管理。

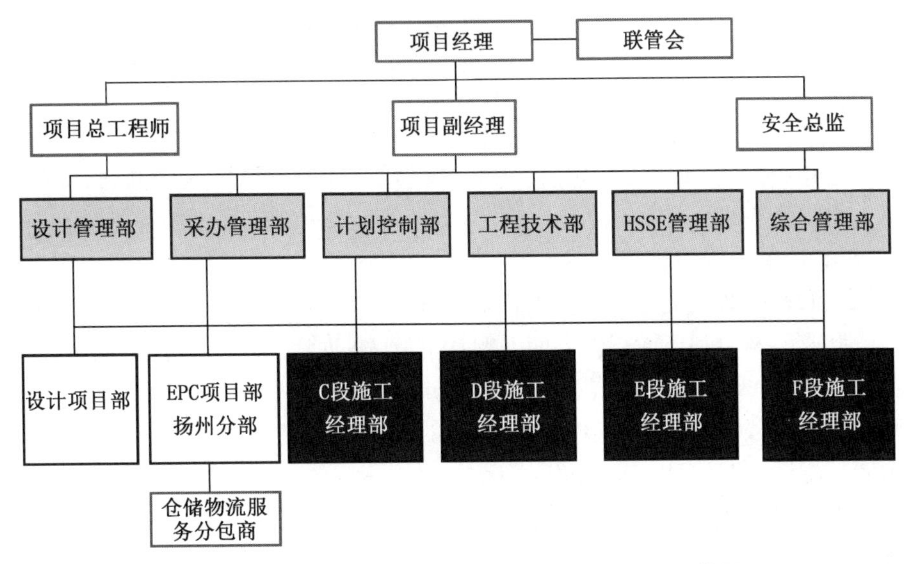


**图 1 青宁输气管道工程二标段 EPC 联合体组织机构图**

## 2.2 签订联合体协议,工作界面划分清晰

在确定青宁输气管道 EPC 二标段联合体的组织机构后,为明确各方在工作上的责任与义务,中原设计组织 EPC 联合体成员共同商讨,并最终以通过签订联合体协议的方式来划分工作界面、责任界面和采购界面,充分发挥各家单位在工程建设中的长处[1]。

EPC 联合体职责划分如下:

(1) EPC 联合体牵头人主要职责

由牵头人负责项目详细设计全过程的组织、协调管理和控制工作;对项目的设计工作质量及进度负责;负责工程项目的设计文件及设计过程中有关文件和资料的建档立卷工作;负责主管材采购,牵头人和联合体成员分别负责部分乙供物资采购全过程的组织、协调、管理和控制工作,对采购的质量、进度、费用负责,严格按照物资采购程序要求进行合格供货商的选择,确保所采购的物资满足技术文件的要求;负责物资核销和剩余物资的回收工作;负责组织质量事故的调查处理工作,按规定程序进行上报或汇报。

(2) EPC 联合体成员主要职责

由联合体成员负责组织工程质量的考核、验收、评定工作;由联合体成员负责建立项目的标准化管理体系,督促检查标准的贯彻执行;由联合体成员负责现场施工计划、质量、施工技术、外协等的综合管理和协调。

(3) EPC联合体牵头人及成员共同职责

由牵头人和联合体成员各自负责部分物资采购竣工验收资料的编制、管理、归档工作。

由联合体成员各自负责组织编制EPC项目部项目质量手册、程序文件及质量计划,由牵头人负责确认项目质量检验计划格式,联合体成员各自进行编制,建立和实施质量管理体系。

由牵头人负责对项目的设计进行控制,由牵头人和联合体成员负责对各自采购范围进行控制,由联合体成员负责对各自区段的施工质量进行控制,指导并监督质量管理体系的有效运行。

由牵头人和联合体成员共同负责项目健康、安全、环境管理方面与项目安全管理有关的管理工作,由联合体成员负责直接作业环节的健康、安全、环境管理方面与安全管理有关的管理工作。

由牵头人组织确定HSSE管理目标,建立项目HSSE管理体系,由联合体成员编制项目HSSE计划,制订现场HSSE检查计划,由牵头人组织进行现场定期检查和抽查,提出整改措施和要求,跟踪检查整改情况。

由牵头人和联合体成员共同负责项目安全风险管理、应急管理、水土保持和环境保护管理工作,处理安全、健康和环境影响方面问题和事故,协助承保单位、保险公司进行工程保险证据收集,提供项目HSSE方面绩效。

由牵头人和联合体成员共同负责整个项目的进度控制,项目费用及变更费用控制以及项目的合同、财务管理等工作。

由牵头人组织,联合体成员配合,进行竣工资料收集、整理、立卷、组卷、移交及组织交工手续办理。

## 2.3 构建互信共赢关系

EPC模式是建立在业主对承建单位强信任的基础上,没有业主的信任和大力支持的EPC,是不可接受的。项目建设上很多分歧来自不信任,而信任关系是建立在相互了解的基础之上的面对现实。在主动加强互信方面,青宁EPC项目部做出积极的响应:

(1) 通过编制形象进度统计表,主动公开青宁管道EPC二标段的形象进度,让业主和监理随时知晓工程进展情况。

(2) 中原设计作为联合体牵头人在项目部内部组织会议讨论,确定了工程变更、实物量确认、物资请购等管理流程,并通过工单的形式向EPC联合体各成员下达通知,明确管理流程,取得了相关方的理解和支持。

(3) 根据业主下达的关于规范工程信息的工单要求,主动编制报表模板,按时向业主和监理上报日报、周报和月报,对于有歧义和易产生理解偏差的地方,主动向业主方请教,根据业主要求进行合理化修改。

(4) 主动对日报数据进行审查、核对,对数据不对称的问题进行追查,通过追查了解到施工单位对物资到货数据上报出口不一致,统计到货物资量的方式也存在漏洞,通过业主下达的关于规范工程信息的工单,对施工单位统一要求了物资到货量统计方式和上报出口,将数据不对称的问题扼杀在源头。

# 3 EPC 联合体中设计的主导作用

青宁输气管道工程是大型复杂线性工程项目，设计、采购、施工三者有着密切关系。EPC 总承包在严格计划的前提下深度交叉，不同于过去所说的“三边”工程，EPC 总承包的优势在于可使工程建设项目的周期明显缩短，投资减少，过程精细化程度大大提高。

面对 EPC 模式，设计企业具有很大的上游优势，对影响项目实施的方式和方法具有得天独厚的条件。由设计院为主导的 EPC 联合体对业主的意图和对工程功能的要求掌握更加清楚，能够有效缓解和调和与业主间的协调压力，在影响业主、推介 EPC 模式上的发言权和建议权上要远远高于施工企业[1]。

## 3.1 充分发挥 EPC 牵头单位的作用

中原设计作为 EPC 联合体的牵头单位，在投标前就从设计的角度组织相关专家对初步设计方案的先进性、科学合理性和项目的总投资、总工期、工艺流程等进行严格的审核和充分论证。此阶段的工作将会对项目的质量、成本、工期等控制和后期运营乃至整个项目的成败起到至关重要的作用。

同时，在投标前，中原设计就组织施工单位一起按基础设计文件对线路进行现场踏勘，设计与施工深度结合，在满足相关规范的前提下，听取施工单位提出的合理建议，在后续施工图设计中，将施工的难度及成本也作为其中的一项考虑因素，进行多方面衡量，从而使设计方案更加合理，施工操作更加简单便捷，从而达到降成本、缩工期、保质量的目标。

在现场同施工单位一起踏勘完成后，中原设计牵头组建投标工作组，组织各联合体成员在濮阳集中办公，同时结合踏勘现场施工单位提出的意见，优化设计方案及施工措施，对投标工作进行详细 WBS 分解，工作量化责任到联合体各单位及相关责任人。这为 EPC 联合体成功中标打下良好的基础。

在项目运行期间，EPC 项目部领导总结前期同施工单位深度结合的良好经验，强调在后期工作中，依然要将这种模式继续发扬，结合在施工中出现的问题，继续优化设计方案，为项目建设进度的加快继续做出有力的支持。

## 3.2 以设计为主导，服务于施工，加快工程进度

整合资源实现设计、采购、施工的深度交叉。EPC 总承包联合体模式的核心管理理念就是充分利用联合体内部各方的资源，变外部被动控制为内部自主沟通，协同作战，实现设计、采购、施工深度交叉，高效发挥三者优势，并形成互补功能，消灭、减少工作中的盲区和模糊不清的界面，简化管理层次，提高工作效率。

中原设计作为青宁输气管道 EPC 项目联合体牵头人，充分发挥 EPC 管理的优势开展项目管理工作。

### 3.2.1 青宁输气管道关键节点工程高邮湖连续定向钻穿越

高邮湖段定向钻穿越涉及 7 条定向钻，管线自东向西连续穿越京杭大运河、淮河入江水道（深泓河、庄台河、二桥河、小港子河、大管滩河、王港河、夹沟河、杨庄河），其中河道采用定向钻方式穿越，滩区采用挖沟法连续配重敷设方式，线路全长约 8 km。工程量大，工程难度

高。且淮河入江水道是一条有节制的季节性行洪河道，主要行洪期约在 6～9 月份，偶有春汛和秋汛。若按正常的建设模式，采用 E+P+C 的管理流程，先设计、后采购、最后进场施工，在 2019 年汛期 6 月份前，施工单位不可能进场，只能在汛期结束后准备施工进场。

中原设计作为联合体牵头人充分利用自身资源，提前介入，及早开展设计工作，经过结合实际情况，在了解到高邮湖施工区段的七条连续定向钻穿越受上游河流汛期的影响，施工时间只有短短两个窗口期，且第一窗口期已剩时间不足一半之后，果断做出规划，针对高邮湖区段优先进行详勘详测，提交资料，优先出版了所有受汛期影响的七条定向钻穿越图纸，然后在第一时间组织施工单位进行技术交底，对施工单位提出的问题进行一一解答，为后续施工方案的编制、审核及现场施工抢下了宝贵的时间，保证了在第一窗口期内完成了两条定向钻穿越(共计约 1.2 km)和一条光缆套管穿越(约 2 km)的施工目标。

### 3.2.2 提前规划工作，为施工创造条件

本项目开展前期，中原设计作为联合体牵头人组织设计管理部，在施工图中线确认后，优先将各施工段全线控制点及桩号坐标交付施工单位，这样可以在施工蓝图交付前施工单位便提前派人员进场，做好放线及协调征地工作，在施工蓝图出来后，由于前期工作已经完成，便直接进场施工，实现了设计、施工深度交叉，大大缩短了施工时间。

### 3.2.3 发挥设计公司能力，加快图纸交付进度

中原设计为确保青宁项目快速推进，充分发挥设计为主导的作用，组织各相关专业共计 100 余设计人员，加班加点设计施工蓝图，从 2019 年 4 月项目中标至 2019 年 5 月短短一个多月时间，共计向施工单位提交了青宁输气管道 EPC 二标段内全线线路施工蓝图、32 条顶管蓝图及 75 处定向钻施工蓝图，至 6 月份完成二标段全部的站场、阀室 A 版详细设计图纸。及时地提供图纸为青宁输气管道 EPC 二标段能够快速推进施工与采购打下了基础。

## 3.3 设计采办深度结合，保证工程物资进度、控制工程余料

### 3.3.1 发挥设计公司专业技术能力，保证物资进度

中原设计作为 EPC 牵头单位，发挥了设计公司自身的专业技术能力，实现了在初步设计阶段即完成了采购计划、物资编码、评标办法编制及报审等采购工作；通过对设计技术文件的准备掌握及合理优化建议，确立了采购技术文件的深度，尽早地完成招标方案的编制。同时采购部和设计部就中石化集团公司已有框架协议主管材、热煨弯管的技术参数进行充分沟通，尽量使该项目所需主管材的技术参数、质量标准和已有框架协议物资保持一致。如此一来，既方便了技术请购单的编制，又最大限度地满足可执行框架协议采购的物资数量，简化并标准化了采购流程。采购部门在收到设计部门提交的物资需求计划后一周内，采购部便完成可执行框架协议采购物资的确认工作，为后续工作快速启动打下坚实基础，保证了工程物资的供应进度。

### 3.3.2 编制大宗料物资统计表，控制工程余料

青宁输气管道工程二标段线路设计总长约 324 km，主管材共计 4 种规格，热煨弯头 800 余个，混凝土套管 6 000 余根，平衡压袋 5 000 余组。同时由于现场线路跨度长，涉及地区较多，项目在实施工程中受各方面因素影响，存在变更情况。变更后线路工程所用材料均发生变化，为了避免发生采购量与现场实际用量发生偏差，控制工程余料，EPC 项目部组织设计人员，根据详细设计图纸与变更图纸，编制了主管材、热煨弯头、混凝土套管及平衡压袋的统

计表,表中将设计图纸中的用量按线路里程与桩号进行了详细的统计,并要求各施工单位根据现场实际使用情况,将实际用量在对应位置进行填写,然后设计人员将各标段的物资进行了设计用量与实际用量的详细比对,将最终用量提交采购部门,以保证能够对工程物料的采购进行严格控制,避免发生工程余料过多的现象,从而满足业主提出的要求[3]。

## 4 总结

从 2019 年 4 月至 2019 年 12 月,青宁输气管道 EPC 二标段线路工程焊接完成92.10%,已超额完成业主制订的目标计划。中原设计作为 EPC 联合体的牵头单位,充分发挥设计公司的优势,以设计为主导,通过设计、施工、采办三者的深度交叉与结合,保证了整个工程的进度,在青宁输气管道这个中国石化首条全线推行 EPC 联合体管理模式的长输天然气管道建设工程中,创造了“青宁速度”。

### 参考文献

[1] 余红亭.EPC 联合体承包管理模式探讨[J].建筑工程技术与设计,2015(13):1428.
[2] 王乐.EPC 项目中设计单位牵头联合体的管理研究[D].北京:北京交通大学,2018.
[3] 吴锋.关于 EPC 项目中设计单位牵头联合体的管理分析[J].中国房地产,2019(21):101,103.

# 浅谈设计在青宁输气管道 EPC 项目中发挥的作用

王盖宇　马　冰　刘　军　李晓安

（中石化中原石油工程设计有限公司）

**摘　要**　EPC 总承包模式，特别是以“设计为龙头”的 EPC 总承包模式正逐渐成为我国工程建设中主要的项目管理模式。为进一步完善以“设计为龙头”的 EPC 总承包模式，本文立足实践，针对青宁输气管道工程 EPC 二标段的实际情况，同时结合项目建设过程中的实例与工作方法，阐述了设计在项目建设中发挥的作用。

**关键词**　青宁输气管道；EPC 联合体；设计；支持；相互配合

## 前言

青宁输气管道是中国石化首条全线推行 EPC 联合体管理模式的长输天然气管道。本 EPC 项目属于联合体模式，即中原设计作为牵头人，与河南、中原、江汉、江苏四家油建单位组成青宁输气管道工程 EPC 联合体项目部。当前国内许多 EPC 项目中设计所能发挥的关键作用并不明晰，许多 EPC 项目还是以施工作为主导进行，而青宁输气管道 EPC 项目是以设计作为主导的工程总承包模式，在一些具体工作的实施过程中，以设计作为支撑，并围绕设计这一核心技术开展工作。对此本文从项目实际情况出发，通过项目中的实际情况来阐述设计在 EPC 项目中所发挥的作用，希望能供同行以借鉴。

## 1　设计及时为项目提供技术支持

项目建设，设计先行，没有设计作为基础，项目建设的采购、施工等工作均无法开展，正是充分地认识到这一点[1]，青宁输气管道工程 EPC 二标段设计部门从三个方面进行重点工作。

### 1.1　能够加快图纸交付进度，保障工程进度

早一日提供设计图纸，工程建设便可早一日实施，从 2019 年 4 月项目中标至 2019 年 5 月短短 1 个多月时间，设计部门组织设计人员加班加点，共计向施工单位提交了青宁输气管道 EPC 二标段内全线线路施工蓝图、32 条顶管蓝图及 75 处定向钻施工蓝图，至 6 月份完成二标段全部的站场、阀室 A 版详细设计图纸。同时，在图纸交付后第一时间组织各施工单位进行技术交底，并对各施工单位提出的问题进行解答，听取施工单位提出的合理建议，将施工的难度及成本也作为其中的一项考虑因素，进行多方面衡量，从而优化设计方案，使其

更加合理,从而达到降成本、缩工期、保质量的目标。

### 1.2 可以快速响应现场变更,避免工程建设受制约

青宁输气管道工程 EPC 二标段线路长度约 324 km,线路跨度长,涉及地区较多,工程建设受到很多因素的影响,现场存在多处变更调整,以设计为龙头,可以第一时间对变更提供技术支持,保障工程顺利进行。

下面以仪征改线段为例:

青宁输气管道工程从取得选址初审意见到开工建设,将近 3 年之久,时间跨度较长,管线经过的真州镇、枣林湾及扬州化学工业园在此期间发展较快,原定的管线在真州镇两侧的大棚政府多已进行了对外承包,管道沿线的国道 G328 目前正在进行扩建,扬州化学工业园内管道两侧新增 2 家化工企业(一个目前正在建设,另一个为已经建成投产的实友化工有限公司),原有的几家化工企业也进行了一定规模的扩建,且原定路由的管廊带内新建了多条地下管道。此段路由涉及三个政府部门的管辖,对原定路由都提出了各自的意见,为了项目能尽快实施,同时尊重各地方政府的意见,EPC 设计部门组织现场设计人员在 2019 年 7 月份至 9 月份这段时间内,先后同仪征发改委、仪征自然资源和规划局、仪征生态环境局、仪征交运局、仪征住建局、扬州化学工业园管委会、枣林湾管委会、江苏省交通厅、仪征园艺实验场、G328 国道建设指挥部、枣林湾芍药园、地下管道产权单位等多个有关部门对调整后的路由进行沟通汇报,并根据多方意见对方案进行了多次优化,最终完成了仪征段 16.2 km 的路由改线方案。同时在此期间,EPC 设计部门将改线段路由的测量、地勘等工作提前开展,在拿到当地政府对改线路由的正式批复意见后,便开展了施工图设计工作,一周内提交了设计成果,保证了工程进度。

### 1.3 对关键穿越工程提供技术支持

青宁输气管道工程因线路较长,需穿越多处铁路、高速公路、国道和省道等。对于这些关键穿越工程,均需准备设计方案向有关管理部门进行报批审查,审查方案期间对于提出的问题与要求,应及时进行答复与处理,这都需要设计支持。

下面以青宁输气管道穿越 G2 京沪高速与连淮扬镇高铁为例:

青宁输气管道在江苏省扬州高邮市需由西向东连续穿越 G2 京沪高速与连淮扬镇高铁(扬州段),两者边界距离仅 40 m,穿越位置均需设置钢筋混凝土套管,且套管伸出长度应满足铁路与高速管理部门的要求,故受地形限制,两处穿越需控制在同一标高。

连淮扬镇高铁为高架形式,原设计穿越采用开挖加钢筋混凝土套管方式,G2 京沪高速原设计为在同一标高进行泥水平衡顶管穿越。连淮扬镇高铁穿越方案先进行了审查并获通过,而 G2 京沪高速穿越方案在审查时,会上有关专家提出,要求管道穿越 G2 京沪高速时套管顶应有不小于 1 m 的黏土层,根据专家意见,套管管顶标高需向下调整约 3.29 m。若连淮扬镇高铁(扬州段)穿越维持原设计方案,则两处穿越间管道无法连接。EPC 设计人员在高速穿越评审会议结束后,第一时间进行讨论,确定以一次顶管的方式,穿越高铁与高速,并抓紧修改设计方案,重新组织人员同时向铁路与高速管理部门进行方案申报,最终顶管长度 148 m 且顶管深度约 8 m 的穿越方案一次性顺利通过,为后续高速与高铁的穿越缩短了时间。

# 2 设计牵头实施，项目各部门之间相互配合

## 2.1 专业工作分包，多部门配合

长输管道工程建设时，需涉及铁路的穿越报批与代建、林地调查、水土保持施工图设计、河道穿越防洪评价等工作，这些工作均应由有相应资质的单位进行完成，故需要通过招标等形式确定分包单位。且上述几项工作都需设计作为支持，提供路由的详细数据，并需要与各分包单位进行技术交流[2]。故青宁输气管道工程 EPC 二标段设计部门负责上述几项工作，通过了解咨询、协助备案、技术交流、谈判对接等，确定了各项工作的实施单位，在工作期间，设计人员同 EPC 项目部合同管理、财务与工程技术等相关部门人员积极进行沟通交流，相互配合，才能在计划时间内完成专业工作的分包，并为公司后续项目开展类似工作积累了工作经验，丰富了分包商备案范围。

## 2.2 牵头负责采购总量，控制工程余料

青宁输气管道工程 EPC 二标段，由 EPC 设计部门牵头负责各个物资的采购总量，施工单位根据现场实际情况分批次提报物资需求计划，设计部门对提报的物资申请进行复核，审核通过后提交采办部门进行采购，正是因为设计人员参与了项目采购，对各项工程材料的数量、规格及用途充分了解，才能更好地控制采购数量，避免发生工程余料过多的现象。针对主管材、热煨弯头、混凝土套管及平衡压袋等大宗料的采购量控制，设计人员根据详细设计图纸与变更图纸，编制了主管材、热煨弯头、混凝土套管及平衡压袋的统计表，表中将设计图纸中的用量按线路里程与桩号进行了详细的统计，并要求各施工单位根据现场实际使用情况，将实际用量在对应位置进行填写，然后设计人员将各标段的物资进行了设计用量与实际用量的详细比对，将最终用量提交采购部门，避免发生工程余料过多的现象，从而满足业主提出的要求。

# 3 总结

青宁输气管道工程的建设模式改变了传统的把设计、施工割裂开来的建设模式，在这种以设计为龙头的 EPC 模式下，可以逐步把单纯从事设计工作的设计人员转变成具有成本意识、工期意识、质量意识的综合型人员，这对于项目的节约成本、缩短工期起到积极的推进作用。同时也需认识到实际上“E”不仅包括传统意义的设计任务，还包括整个建设工程内容的总体策划，以及工程实施过程中的对于各项分解工作的单项策划[3]。对于项目中某些单项工作，是由设计部门牵头各部门配合完成，对于整个青宁输气管道工程 EPC 项目而言，则是由设计单位牵头其他各单位配合完成。由此可见设计在整个 EPC 项目建设期间起到的龙头作用。

## 参考文献

[1] 杨国宏.以设计为龙头的 EPC 项目管理问题研究[J].中国工程咨询，2018(9)：72-75.
[2] 沈洪林.以设计为龙头的 EPC 项目管理研究[J].建筑科技，2018(3)：105-106.
[3] 徐德才.以“设计为龙头”EPC 实践中若干问题的探讨[J].建筑设计管理，2019，36(7)：45-50.

# 海缆与主管道同孔在定向钻穿越中的设计与应用

张正虎　邵子璇
（中石化中原石油工程设计有限公司）

**摘　要**　结合海缆与主管道同孔在定向钻穿越中的应用实例，阐述了海缆的选择、海缆拖头安装及固定方式、定向钻成孔质量控制、海缆应力释放（缠绕）、定向钻回拖风险预测及防范措施。海缆与主管道同孔穿越在中石化行业内成功应用尚属首次，依据数据分析，单体工程施工费用节省约50%，具有较好的社会效益和推广价值。

**关键词**　水平定向钻；岩石地质；海缆；同步回拖

## 前言

按照定向钻行业习惯和相关规范要求，输气管道定向钻穿越河流时，普通伴行光缆通常采用 $\phi$114 mm×8 mm 镀锌钢管进行单独穿越，定向钻出入土角、曲率半径同主管道，穿越轴线与主管道轴线平行，位于主管道顺气流方向右侧 10 m 左右处（不小于 6 m）。镀锌钢管内预先穿置一根钢丝，镀锌钢管回拖完成后，利用预置的钢丝牵引两根硅芯管（一用一备），硅芯管牵引完成后进行吹缆，缆芯衰减测试符合技术要求后，再与一般地段普通光缆进行连接。一般地段伴行光缆敷设采取与主管道同沟敷设的方式，按照通信专业设计要求，设置在顺气流方向右侧，高程与主管道顶相同，与主管道外壁垂直投影距离 300 mm。在主管道上方300 mm处设置光缆警示带，以防非法取土、维护抢修、其他工程施工对主管道和光缆造成破坏。

在河流穿越空间开阔、地质条件良好且工期允许的情况下，此种施工方式对工程整体进展和按期投产并无大碍。但是在河流穿越空间受限、地质结构复杂的定向钻穿越中，由于外协难度大、赔偿额度高、复杂地层不可预见因素较多，预定工期内很难满足工期和技术等相关要求。在此条件下，采用海缆与主管道同孔同步回拖定向钻施工技术可以高效解决问题。

以头溪河为例，阐述海缆的选择、海缆拖头安装及固定方式、定向钻成孔质量控制、海缆应力释放（缠绕）、定向钻回拖风险预测及防范措施。

## 1　工程概况

勘察场地属冲积平原地貌单元，地形平坦开阔。穿越段北侧主要为水稻田，局部为旱地，场地内沟渠纵横。穿越段南侧主要为水稻田、树林和荒地，场地内沟渠纵横，中线两侧有房屋。

勘探揭露地层为第四系冲积、湖积层($Q_4^{al+l}$)，自上而下可分为 2 个工程地质层，岩土的工程性状如下：

①粉质黏土($Q_4^{al+l}$)：黄褐色—灰褐色，软塑—硬塑，土质不均匀，局部夹黏土薄层，干强度中，韧性中，无摇振反应，切面光滑，局部夹姜石。压缩系数 $a_{1-2}$ 为 0.13～0.65 $MPa^{-1}$，平均为 0.32 $MPa^{-1}$，属中—高压缩性地基土。场地内均有分布。

①$_1$粉土($Q_4^{al+l}$)：黄褐色，土质不均匀，局部夹粉质黏土薄层，湿，中密—密实。压缩系数 $a_{1-2}$ 为 0.19～0.28 $MPa^{-1}$，平均为 0.25 $MPa^{-1}$，属中压缩性地基土。

# 2 穿越曲线设计、穿越方案设计

## 2.1 穿越曲线设计

头溪河两侧穿越场地均平坦开阔，施工用水便利，作业场地基本能满足钻机安放、固定、泥浆池的布设以及管道回拖等施工操作的要求。

定向钻入土点选择在南岸，出土点选择在北岸。

入土角的选择与钻机有关，一般来说入土角过大穿越优势并不明显。出土角的选择应根据穿越管径大小而定，管径越大出土角应选择小一些，这样有利于管线回拖。为了防止管涌对河堤造成破坏，根据国家相关规范[1-2]和防洪评价专家意见，结合穿越处的地表及地质情况，穿越南岸入土点与河堤的距离为 220 m，入土角为 8°；北岸出土点距离河堤 256 m，出土角为 6°。

在水平定向钻穿越工程中，导向孔曲率半径是重要的设计参数之一，导向孔的曲率半径的确定由准备铺设管道的弯曲特性确定。在穿越长度和工艺条件允许的情况下，穿越管段曲率半径尽量取大一些，这样有利于力的传递，最大限度地发挥钻机性能，也有利于回拖过程中减少管道和回拖孔之间的摩擦力。因此，在进行导向孔设计时，一般采用经验公式计算定向钻穿越所需的曲率半径（穿越管段的曲率半径不宜小于 1 500$D$；且不应小于 1 200$D$[1]）。结合穿越断面的地质剖面，经过工艺计算，头溪河穿越曲率半径为 1 524 m，头溪河定向钻穿越长度为 530 m。头溪河穿越管道纵断面图见图 1。

## 2.2 穿越方案设计

头溪河定向钻施工总工期为 20 天，根据第 1 节“工程概况”中地层岩性可知，头溪河定向钻穿越层中局部含有姜石。若采用主管道与光缆分开定向钻穿越方式，考虑到施工安全性，光缆导向穿越工期 5 天，光缆导向孔回拖完成后，主管道穿越涉及钻机及配套设备就位、轴向测量、钻机调试等工序，预计完成主管道导向孔＋7 级扩孔＋2 级洗孔，安全完成回拖时间为 20 天，总工期达到 25 天。因此头溪河定向钻受施工工期和含岩石（姜石）穿越地层的影响，无法采用主管道与光缆分开定向钻穿越的施工方案。综合定向钻施工安全性、定向钻穿越地质条件、定向钻河道占用补偿费等因素，最终决定头溪河定向钻穿越工程采用海缆与主管道同孔定向钻穿越设计方案。

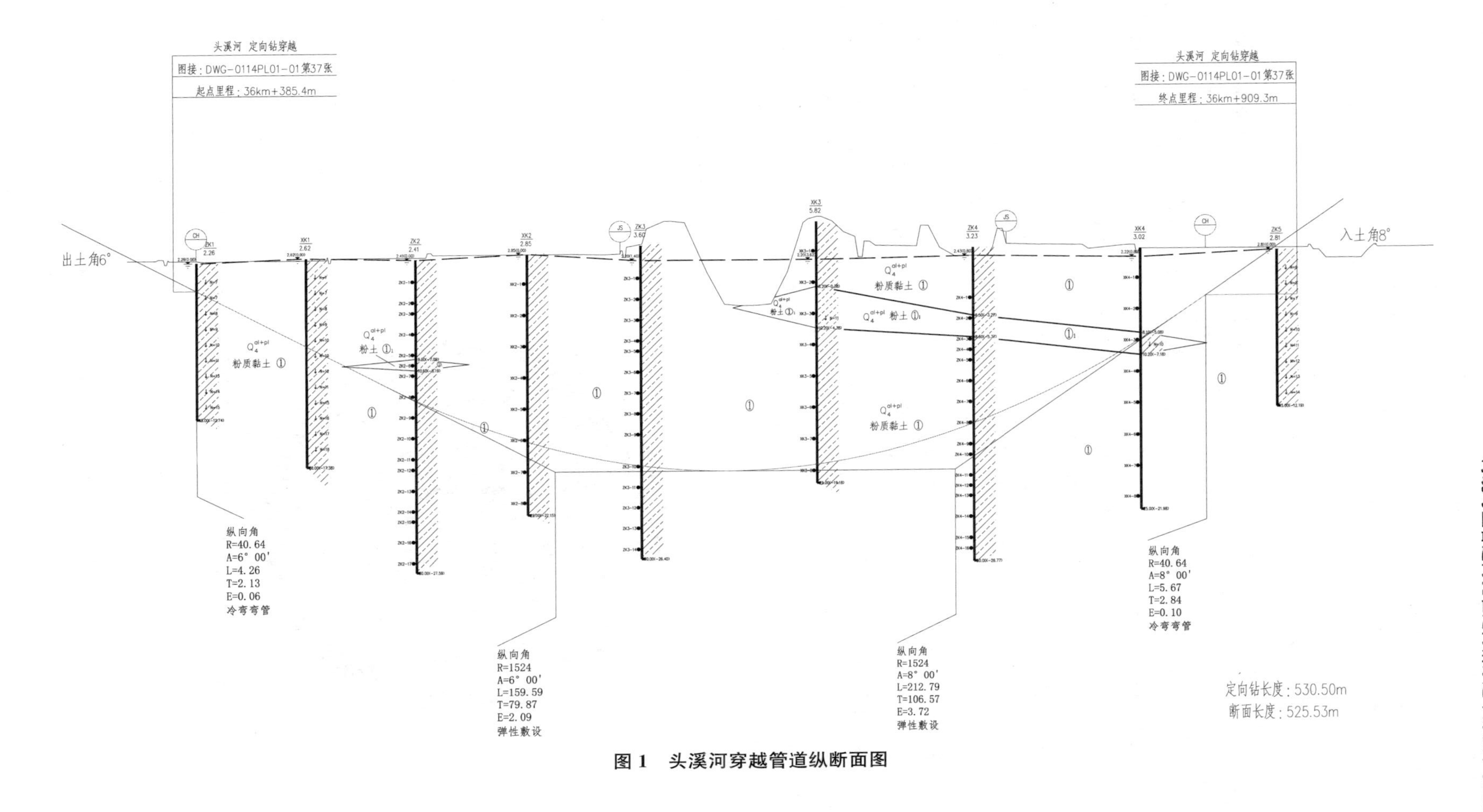


图 1 头溪河穿越管道纵断面图

# 3 海缆选型、海缆拖头制作、海缆受力分析

## 3.1 海缆选型

根据光缆敷设方式，光缆可以分为直埋光缆、管道光缆、水下光缆、架空光缆和海缆。由于光缆在主管道同孔回拖中因为自身密度大，在重力作用下，光缆一般位于主管道侧下方孔底。

和海缆厂家进行技术交流后，直埋光缆、管道光缆和架空光缆的允许拉伸力都较低，而光缆与主管道同孔同步回拖时，无法避免与孔壁、岩石产生摩擦，并可能局部与主管道缠绕产生较大侧向压力。直埋加强型光缆拉伸力满足强度要求，但是其外部保护层薄弱，一旦受损，就会影响光缆的绝缘性能，无法满足光纤衰减系数≤0.22 dB/km 的技术要求。水下光缆一般用于大(中)型河流和开阔水域穿越，根据地质条件不同，可以采用机械挖掘、水泵冲槽、截流挖沟等方式敷设，其水密性、耐腐蚀性较好，而抗拉强度和抗水侧向压力性能一般。海缆主要用于海底敷设，其水密性、耐腐蚀性、抗拉强度和抗水侧向压力性能都比直埋光缆、水下光缆要好。但是海缆的采购周期、制造周期较长，采购费用较高。综合考虑，为了在施工工期内(提前采购)，高质量完成头溪河定向钻穿越，最终选用海缆。

海缆与主管道同孔定向钻穿越应用在中石化项目中尚属首次。通信专业选用 ITU-T G.652D(B1.3)标准单模光纤，具体型号为 SOFC-ASK400 kN/32B1，不锈钢管光纤单元，聚乙烯(HDPE)绝缘内护套，双层钢丝铠装，沥青浇灌，聚丙烯绳外被中心管束式双侧铠装 32 芯浅海海缆。SOFC-ASK400 kN/32B1 浅海海缆结构示意图见图 2。

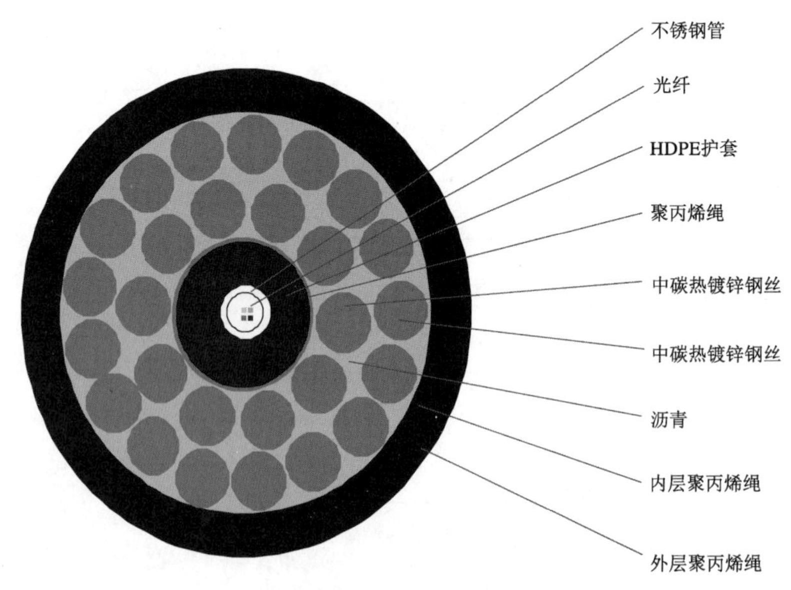


图 2 SOFC-ASK400kN/32B1 浅海海缆结构示意图

## 3.2 海缆拖头制作

头溪河采用海缆与主管道同孔定向钻穿越施工，即海缆与主管道在同一定向钻孔一同

回拖的施工方式。通过自制拖头回拖海缆，有效减少回拖阻力，拖头采用内置卡挂式，拖头连接在主管道的牵引头钢管的内部，采用与主管道同等级同口径的 $\phi$1 016 mm×21.0 mm 钢管 3 m，内置穿销距离主管道拖头连接点 300 mm，以确保承受足够拉力，穿销采用 $\phi$508 mm×20.62 mm 无缝钢管，在海缆拖头上打两个直径分别为 130 mm 圆孔，以便穿销穿入，光缆进槽口在主管道连接点前方 500 mm，向前开槽 300 mm×35 mm 顺向打圆滑坡口，防止海缆受损，将海缆从进槽口穿进拖头内伸出拖头外，再将海缆回弯(回弯可容穿销)，用 U 型卡卡紧回拖到拖头内，穿上销子，并将销子与海缆拖头连接处焊接(满焊并进行无损检测)。

拖头制作完成后，按主管道焊接方法将海缆拖头与管道拖头、主管道焊接(在海缆拖头与主管道之间加焊盲板，避免泥浆、碎石进入主管道)，最后用小铁片将海缆固定在主管道连接点上。海缆拖头与管道拖头、主管道连接示意图见图 3。

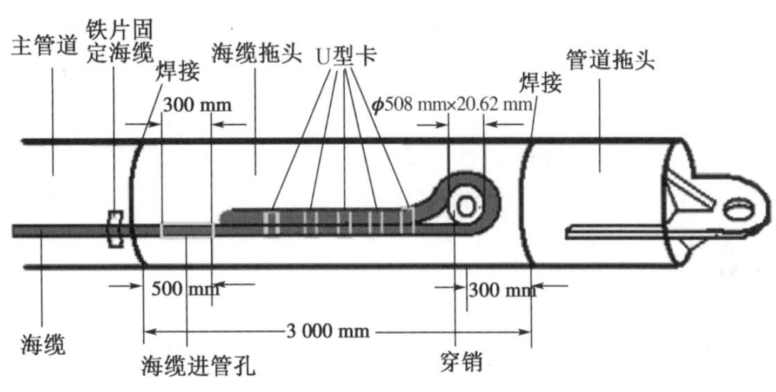


图 3 海缆拖头与管道拖头、主管道连接示意图

由于穿销处海缆受拉力较大，在海缆拖头内的海缆光纤将受到损害，为保证海缆线路的通信质量，需将受损光纤的海缆切除，因此在回拖时要求管道多拖出 3～5 m，并在穿跨越两侧的手孔内，将海缆与普通光缆进行接续。海缆除了在海缆拖头上固定连接，其余部分以自由状态(海缆置于主管道的下方或者侧面)与主管道一起回拖。

头溪河海缆穿越拖头及海缆安装现场照片分别见图 4、图 5。

图 4 海缆穿越拖头现场照片

图 5 海缆安装现场照片

## 3.3 海缆受力分析

由于定向钻施工过程中工况比较复杂，水平定向钻穿越的回拖力是各种因素共同作用

的结果，根据《油气输送管道穿越工程设计规范》(GB 50423—2013)的相关规定，穿越管段回拖时，钻机的最大回拖力可以按照下式计算值的 1.5～3 倍选取。

$$F_L = L \cdot f \left| \frac{\pi \cdot D^2}{4} \gamma_m - \pi \cdot \delta \cdot D \cdot \gamma_s - W_f \right| + K \cdot \pi \cdot D \cdot L$$

式中：$F_L$——计算的拉力(kN)；

$L$——穿越管段的长度(m)；

$f$——摩擦系数，取 0.3；

$D$——钢管的外径(m)；

$\gamma_m$——泥浆重度(kN/m$^3$)，可取 10.5～12.0；

$\gamma_s$——钢管重度(kN/m$^3$)，取 78.5；

$\delta$——钢管壁厚(m)；

$W_f$——回拖管道单位长度配重(kN/m)；

$K$——黏滞系数(kN/m$^2$)，取 0.18。

经过计算，头溪河定向钻穿越回拖力为 993 kN，根据头溪河地质情况取 2 倍的安全系数，设计回拖力为 1 986 kN。

通过对海缆进行受力分析，可以判断出同孔同步回拖海缆增加的回拖力是否会对定向钻回拖力产生较大的影响。头溪河定向钻同孔同步回拖海缆外径 DN35，长度 600 m (4.0 kg/m)，经过计算 2 根海缆的回拖力为 47 kN。主管道回拖力和海缆回拖力累加为 2 033 kN。

# 4 施工技术保障措施

## 4.1 成孔技术要求

为防止导向孔钻杆失稳及管道回拖过程中因钻机回拖力过大损坏管道，要求在导向孔钻进、扩孔(洗孔)工艺、泥浆控制等方面要采取优化的技术措施。头溪河定向钻预扩孔过程采用分级扩孔，根据定向钻穿越管道直径 1 016 mm，以及地质情况可能会发生“缩孔”问题，选取每级扩孔器直径分别为 500 mm、750 mm、900 mm、1 050 mm、1 200 mm、1 350 mm、1 500 mm，共七级扩孔，并在扩孔完成之后进行 1～2 次清孔。

扩孔过程中，根据上一级扩孔情况制定下一级扩孔方案，选择扩孔器型号及扩孔级别，如果上一级扩孔的扭力不稳定，扭力忽大忽小，将采用同一级的桶式扩孔器进行清孔后，再进行下一级扩孔。

根据扩孔器在不同地层的扭力、拉力情况，调整泥浆排量，同时要根据扩孔的级别大小调整排量，扩孔级别越大，排量越大，清孔时适当提高排量，以便最大限度地带出钻屑。

为了减少海缆与主管道同孔同步回拖过程中的剐蹭和挤压[6]，避免海缆(外径 DN35)断芯或断缆，头溪河定向钻扩孔直径为主管道外径 1.48 倍(1.2～1.5 倍)。

## 4.2 海缆应力释放(缠绕)

在海缆与主管道同孔回拖过程前，要将成盘的海缆沿主管道两侧自由散开，以消除在制造、上盘过程中形成的压力，防止回拖过程中因为内应力造成海缆盘卷或死结。在回拖过程中，定向钻出、入土端要选派经验丰富、责任心强的工作人员，双方要保持通信畅通，同步回拖过程中发现异常情况(海缆打卷、拧结)，要立刻停止回拖，并及时处理问题。

回拖前重点检查万向牵引头的灵活性，要确保其转动灵活、无卡滞，避免在回拖过程中发生主管道在孔洞内转动而造成海缆缠绕管体的严重情况。

### 4.3 管线回拖

扩孔完成后首先对所回拖管线进行检查，并检查孔内是否干净。若孔内不干净，首先要清除杂物。同时按照钻机+钻杆+扩孔器+旋转接头(可以避免管道跟着扩孔器同时旋转，保证主管道和海缆顺利拖入孔洞)+U 型环+拖拉头+海缆拖头+主管道的顺序把回拖钻具连接好。根据现场实际情况，回拖采用发送沟的方式发送，首先将发送沟内注入水和泥浆，按相关要求[3-6]，管沟内注水深度要保证管道在发送沟内处于悬浮状态，管线在其上面匀速行进，减少回拖阻力，做好电火花检测，保护好管道防腐层。控制回拖速度不超过 2 m/min，防止因回拖速度过快，主管道进洞后挤压原孔内泥浆，造成泥浆压力激增，导致孔壁失稳。但是，也不能太慢，否则，管道在孔洞中停留时间太长，有可能造成回拖中断，孔壁泥浆失水量增大，井眼泥饼失去原有的强度，孔壁会因强度不足而垮塌，出现变形。

### 4.4 泥浆的循环使用[7]

在定向钻实际施工时，泥浆处理费用是穿越造价的一个重要组成部分，其处理的方法不同，泥浆的用量不同，工程的成本也就不同。头溪河定向钻主管线与海缆同孔同步回拖穿越，采用泥浆回收系统，在施工中重复利用泥浆来满足施工的需要，从而降低泥浆材料的消耗，减少泥浆外运处理的费用，达到降低整个工程费用的目的。

## 5 应用效果分析

### 5.1 施工工期

采用海缆主管道同孔穿越可以减少光缆管定向钻穿越施工的次数，避免钻机二次移位、地锚二次拆除安装等繁琐工作。特别是穿越距离长、地质结构复杂的定向钻穿越工程，可以有效地缩短施工工期。头溪河定向钻光缆导向孔穿越时间为 5 天，钻机移位、地锚拆除安装至少 3 天，累计节约工期 8 天。青宁输气管道工程 EPC 二标段定向钻 110 条，在投产工期无法压缩的情况下，部分定向钻采取海缆与主管道同孔同步定向钻回拖技术，可以有效缓解工期压力，为站场、阀室施工预留更多的施工时间，从根本上确保青宁输气管道工程保质保量、按期投产。

### 5.2 施工风险[4-8]

定向钻穿越工程，由于所处地理位置、现场情况不同，采用的穿越手段也不尽相同。依据岩土报告和现场实际情况，进行细致的风险分析，制定切实有效应对措施。按照头溪河岩土报告数据，头溪河海缆与主管道同孔同步回拖定向钻在进场前进行了地质加密补勘工作，并联合多部门，在原来岩土数据基础上进一步分析了地质结构的复杂程度，并对定向钻穿越层位、深度进行了探讨和确认。施工前对施工单位的施工方案进行了评审，结合设计方案，提出施工优化方案，有效降低了施工风险。

头溪河海缆与主管道同孔回拖定向钻施工严格按照施工方案进行，施工过程中，严格控制固定点的连接、泥浆比重和黏度、循环泵泵压、海缆应力释放及回拖速度，在业主要求的12 天工期内，成功实现回拖。回拖完成后，对光缆的绝缘性能进行了检测，完全满足光纤衰减系数≤0.22 dB/km 的技术要求。

### 5.3 经济效益和社会效益

普通光缆（镀锌钢管）管道定向钻穿越主要包括镀锌钢管焊接、防腐、钻孔、回拖、2 根硅芯管（一用一备）的穿越、硅芯管内吹缆等工作。一般光缆定向钻穿越（镀锌钢管采购费、焊接防腐费用、镀锌钢管定向钻穿越施工、硅芯管穿越施工、吹缆、光缆材料费等）总体施工费用为 3.80 万元/km。外加普通光缆定向钻穿越要额外增加 10 m 宽征地，按照实际外协赔付标准（经济发达地区），每千米征地费用（按两季临时赔偿标准核算）45 万元/km。普通光缆定向钻穿越综合费用 48.80 万元/km。海缆定向钻穿越（海缆采购费、海缆拖头材料费、海缆拖头和海缆安装费等）总体费用为 24.52 万元/km。由数据可见，海缆定向钻穿越比普通光缆（镀锌钢管）管道定向钻穿越费用节省约 50%，经济效益显著。

在国家管网公司挂牌成立之际，国内天然气管网的建设必将大规模开展，加之国内加强基础建设的大环境下，其公共关系的协调（外协）难度日益加剧，采用海缆与主管道同孔定向钻回拖技术，一方面可以减少公共关系协调工作量，另一方面可以减少 10 m 宽征地费用。在经济发达地区（北上广、江浙一带）征地费用额度高、穿越位置受限，管线在经过这些地区时，定向钻采用海缆与主管道同孔同步定向钻回拖技术方案可以有效降低公共关系的协调（外协）难度、提高施工安全性、缩短施工工期，收到了明显的社会效益。

## 6 结论

（1）成功将海缆与主管道同孔定向钻穿越技术应用于穿越施工，在中石化行业内尚属首次，为海缆与主管道同孔定向钻穿越技术的推广使用积累了经验。

（2）针对头溪河定向钻穿越地质情况相当复杂，海缆与主管道同孔定向钻穿越非开挖技术的特点和工程施工的安全性、周期性进行了深入研究，在导向孔钻进工艺、扩孔工艺、泥浆配置方面实现了突破，解决了地质结构复杂、穿越距离长、要求工期短的定向钻穿越问题。

（3）海缆与主管道同孔定向钻穿越减少了公共关系协调工作量，降低了建设单位的工程投资，缩短了施工工期。

### 参考文献

[1] 中华人民共和国住房和城乡建设部.油气输送管道穿越工程设计规范：GB 50423—2013[S].北京：中国计划出版社，2014.

[2] 中华人民共和国住房和城乡建设部.油气输送管道穿越工程施工规范：GB 50424—2015[S].北京：中国计划出版社，2015.

[3] 刘盛兵，向启贵，刘坤.水平定向钻穿越施工及其风险控制措施探讨[J].石油与天然气化工，2008(4)：353-356.
[4] 尹刚乾，汤学峰.磨刀门水道水平定向钻穿越施工技术[J].石油工程建设，2008(6)：38-39.
[5] 李效生，刘宪全.定向钻穿越技术在清江河天然气管道敷设的应用[J].安徽地质，2014(1)：56-59.
[6] 楼岱莹，王海，王玉铮，等.浅海管道敷设中的水平定向钻穿越[J].油气储运，2017(4)：455-460.
[7] 张宝强，江勇，曹永利，等.水平定向钻管道穿越技术的最新发展[J].油气储运，2017(5)：558-562.
[8] 郑明高.超长距离复杂岩层定向钻穿越施工技术[J].石油工程建设，2018(6)：60-62.

# 浅谈 EPC 总承包模式下物资采购控制管理

巨成永　张　强　刘宝霞　车海燕

（中国石油化工股份有限公司青宁天然气管道分公司）

**摘　要**　随着油气管道建设规模的不断扩大，EPC 总承包模式基于自身的集成管理优势，应用愈加广泛。EPC 总承包模式下的物资供应作为设计与施工的桥梁，地位举足轻重，直接影响项目建设的如期完成。本文结合青宁项目就业主如何加强 EPC 模式下的物资采购管理进行阐述说明。

**关键词**　EPC 总承包；业主；物资采购；管理

## 前言

目前 EPC 采购控制方式主要有“实际采购价＋管理费”和“概算金额降点”两种，青宁项目采用两种控制方式相结合的办法，旨在既能充分调动 EPC 总承包单位物资采购的积极性，又能保证对概算金额及物资质量的有力控制。物资管理包含计划、采购、过程控制、到货验收、仓储管理、货款支付等环节，只有业主充分发挥带头和监管作用，才能体现 EPC 总承包模式下的物资采购优势及堡垒作用，才能有效保证管道工程建设的顺利推进。

## 1　确保 EPC 配备专业、高素质的物资管理团队

EPC 总承包管理模式下，根据专业性质及专业分工，EPC 项目部要下设专业物资采办部门，采办部门人员配备时要考核人员是否具备专业采购管理能力，采办人员分工要清晰、职责要明确、相互间能够串联补位，采办人员能够熟悉掌握工程建设物资属性、生产周期、使用方向及物资采购管理系统的操作。EPC 采办部门要根据公司物资管理相关规章制度及项目实施具体特点、要求梳理采办管理过程环节，制定适合项目特点的 EPC 项目物资采办管理实施细则。

采办部门在物资供应分管领导的指挥下要紧密结合设计部门，及时取得物资设计料单，根据 EPC 项目部的总体部署及施工进度安排制定物资采购统筹控制表，合理安排物资采购的时间节点，划分框架协议执行及实施招标采购标包。采办部门要在设备材料采购过程中实行统一管理、统一安排、统一协调、统一调配，真正让采办部门在整个项目建设期间发挥其自身作用，为项目建设提供物资保障。业主方要在 EPC 项目部组建采办部门时对其配备人员专业能力及素质进行把关及考核，参与讨论及指导采办部门关于管理制度及物资采购统筹控制表的制定。

## 2 确保 EPC 采购程序处于业主有效监管下

EPC 总承包管理模式下，采办部门要根据 EPC 施工总体部署，结合设计部门技术文件及料表提供的进度、设备材料的采购周期及四级到货进度计划，合理编制四级采购计划，严格按照制订的采购计划组织实施采购，控制采购审查审批环节时间，及时签订采购合同，确保生产厂家及时落实原材料的生产及备货。

采购实施过程中，加强对 EPC 采办部门的监管，严格审查审批采办部门的采购需求计划、采购实施方案，要求采办部门加强供应商的审查管理，严格审查供应商的资质，按照国家法律法规及企业规章制度要求，最大限度地采用公开招标方式进行采购，依托中石化专业招标公司组织招标事宜，通过招标方式选择信誉可靠、质量高、性能好、价格低、供货及时的供应商。业主方组织各方参与审查 EPC 采办部门编制的招标资审条件，重点、难点物资招标前组织各方召开内部交流讨论会，借鉴以往项目招标时的经验教训，优化本项目上的招标条件，保证招标合法合规性及实现采购优质产品的目的。

## 3 加强对 EPC 采购物资的质量管控

采购物资的质量将直接影响到后期生产运行效果，为减少在安装使用及运行维护上的成本，业主方在 EPC 采办部门下单订货及生产过程就要靠前一步，紧盯生产过程质量。

实施 EPC 招标时，将项目批复的监造服务费用留置于业主方，由业主方承担委托第三方监造服务，加强 EPC 采购物资生产过程质量控制，采购过程实行业主+EPC 联合监督管理机制，要求 EPC 加强过程控制，强化合同执行控制，对施工质量影响大的关键设备，例如线路主管材、阀门、机制设备、绝缘接头、热煨弯管、管件等物资实施驻厂监造，调压撬、限流孔板等物资采用关键点监造，设备生产完成无监造签字确认的放行单，一律不准产品出厂，把好关键设备出厂验收关，最大限度地减少设备出厂质量对工程质量的影响，提高关键设备生产过程的控制力。在业主方实施第三方监造服务的前提下，EPC 采办部门可以选择继续安排质量管控人员实施双重质量控制，业主方安排监造服务的情况下，不免除 EPC 总承包单位对采购设备的质量责任。

## 4 突出业主方在 EPC 采购过程中的协调管理优势

青宁项目由两家 EPC 总承包单位承揽，在整个项目建设过程中，两家 EPC 总承包单位由于在采购管理思路上的不同，会导致采购方向及采购安排上出现差别，为保证采购程序、采购进度、采购要求符合青宁项目统筹安排，业主方在两家 EPC 总承包单位的采购管理上要突出其协调优势，保障采办工作的顺利推进。

在线路主管材的订货到货管理上，业主方深度介入，强调两家 EPC 单位的职责为与设计部门对接确定采购需求量并执行采购计划，到货安排由业主方统一调配、统一安排，业主方通过各施工单位的施工计划及施工进度全盘考虑，按照“谁急需先给谁、谁速度快优先给谁、形成定额储备”的原则保障各施工单位的需求。在全线系统性物资的管理上(例如

SCADA 系统、通信系统等),为避免两家 EPC 总承包单位各自执行采购行为导致后期数据接入点出现问题的情况,业主方将该部分物资放至拿总院执行采购,有效杜绝后期问题的出现。其他物资采购过程中,协调两家单位计划及采购同步开展,保证同步提报计划、拿总院统一组织招标、两家 EPC 总承包单位各自执行招标结果。通过业主方的协调管理作用,打破两家 EPC 单位各自为政的思想禁锢,统一两家 EPC 总承包单位的采购管理思想,提高采办管理效率。

## 5 提高物流仓储的标准化管理化水平,加强运行监管

物流仓储管理是长输管道项目施工中不可缺少的重要一环,物流中转站的选择及建设将有利于提高工程建设效率、保证物资的高效运转、提升标准化管理水平。

项目确定 EPC 总承包单位后,业主方委托 EPC 总承包单位组织物流中转站招标实施方案,EPC 总承包单位要根据工程线路的走向,依托于沿线的社会资源,组织沿线进行实地考察,充分考虑物流管理及运输成本,采用数学模型进行模拟建站方案,确定最终的招标方案,招标方案要充分考虑工程工期、中转站的运转工作量、中转站的资源配置及运行方案,以及针对运行过程中的应急配置措施。招标方案确定后依法依规组织公开招标,确定中标仓储物流服务商,签订三方物流仓储服务协议,采用"EPC 总承包单位统一管理、业主方过程监管"方式保证业主方在项目建设过程中对中转站有调度权。EPC 总承包单位根据统一管理要求,编制下发管理程序文件及实施办法,明确物资验收管理、质量管理、凭证管理、出入库管理、安全控制等方面的要求,保证物资管理的高效、有序开展,针对物流仓储管理方面的关键环节进行检查和考核,不断提高管理人员的管理水平和素质,不断提升标准化管理水平。

## 6 加强付款环节的审查审批

业主方对 EPC 总承包单位采购管控的最后一道程序即对其付款环节,付款环节的审查审批是否管控到位将直接影响业主方投资的准确性及资金支出的合理性。

业主方要加强对付款环节的审查审批力度,严格按照合同签订的工作量及金额进行审批,直采物资及进口物资结算时要求 EPC 采办部门提供总部开具的调拨单及结算通知单,并提供到货验收资料,资料齐全,审查无问题后签署采购款进度审批表进行结算,自采物资要求 EPC 总承包单位提供采购合同、采购订单、到货验收资料及采购清单,核对其采购数量是否与计划匹配,到货验收资料与采购合同、采购订单是否匹配、真实、齐全,根据审查情况签署采购进度款审批表并进行结算。结算时严格按照合同约定的付款要求,保证付款的准确。业主方定期清查汇总付款数据,并与签订合同额进行比对,杜绝出现超付、错付现象。

## 7 结语

随着国内外长输管道建设项目的不断增加,EPC 模式将会成为人们广泛采用的工程实

施模式，EPC 模式下的物资采购管理工作作为工程建设及质量体系中非常重要的环节，业主方要高度重视 EPC 模式下的采购工作，要加强过程监管，重点环节把关签字审批，确保采购工作按照时间和质量要求进行。

## 参考文献

[1] 寇江.EPC 总承包项目的采购管理[J].现代商贸工业，2014(8)：6-7.
[2] 谢坤，唐文哲，漆大山，等.基于供应链一体化的国际工程 EPC 项目采购管理研究[J]. 项目管理技术，2013(8)：17-23.
[3] 孙晓东，刘雨.供应链管理模式下的采购管理研究[J]. 中外企业家，2013(10)：90.
[4] 马彦锋.EPC 工程项目供应链物资采购模式探讨[J]. 项目管理技术，2012(10)：79-84.
[5] 李路曦，王青娥.基于供应链管理的 EPC 项目物资采购模式[J].科技进步与对策，2012(18)：72-74.

# 建设单位对 EPC 模式下物资采购的制度管理

车海燕　巨成永　刘宝霞

（中国石油化工股份有限公司青宁天然气管道分公司）

**摘　要**　以青宁管道为例，介绍建设单位对 EPC 模式物资采购的制度管理，探讨 EPC 采购模式如何与中石化物资管理制度结合，让项目既能发挥 EPC 建设的优越性又能减少决策施行时间，更好地完成物资的采购。

**关键词**　工程建设；EPC 管理模式；物资管理

## 前言

青宁管道是中国石化第一条全线采用 EPC 模式建设的大口径高压输气管线。在中国石化物资制度管理下，建设单位和 EPC 单位如何沟通协调，高效优质地完成项目物资采购，本文通过青宁管道的物资采购管理过程，为其提供一定的借鉴。

## 1　项目基本情况

青宁管道起点为青岛市董家口山东 LNG 接收站，终点为仪征市青山镇川气东送南京输气站。管道全长 531 km，设计压力 10 MPa，管径 1 016 mm。全线设置输气站场 11 座，阀室 22 座，项目使用管材 24.8 万 t，总投资 73.07 亿元。建设目标是发改委要求的“项目 2020 年 10 月达到通气条件”。

青宁管道项目建设实行 EPC 联合体模式，全线分为两个 EPC 联合体标段。EPC 一标段由胜利设计院和胜利油建、十建公司三家单位组成，负责青岛至连云港段建设，工程内容包含 207.32 km 主管线和 5 座站场、8 座阀室。EPC 二标段由中原设计院和河南油建、中原油建、江汉油建、江苏油建五家单位组成，负责宿迁至扬州段建设，工程内容包含 323.68 km 主管线和 6 座站场、14 座阀室。两个 EPC 联合体牵头单位分别为胜利设计院和中原设计院，牵头单位负责设计和物资采购。

## 2　面临的问题

EPC 管理模式中，物资采购（P）费用占比超过 50%，作为利润重点，尤为重要。作为 EPC 单位，出于利益最大化的目的，一般会选择满足设计基本要求的物资；而作为建设单位，在投资已定的情况下，尽可能选择品牌、质量最好的物资[1]。作为中石化第一条全线实施 EPC 模式的大口径天然气管道，建设单位如何才能有效地实施对 EPC 单位的监控，实现与EPC的双赢格局，是摆在青宁管道面前的一道难题。

青宁管道在进行了认真的讨论研究后，计划采取划分采购界面、理顺管理体制，制定管理制度、进行重点管控，落实质量、进度过程控制等手段对EPC物资进行管控。

## 3　划分采购界面、理顺管理体制

青宁管道作为中国石化的项目，EPC承包人须按照中国石化物资采购管理办法及相关管理规定进行采购。中石化制定了直接集中采购和组织集中采购目录，实行分级采购。为更好地发挥建设单位、EPC单位、施工方各自的优势，加快采购进度，我们对采购界面进行了划分。

建设单位采购提前批管材、生产准备物资、维抢修物资、车辆等；拿总院EPC采购全线系统性工程物资、全线需招标采购的主要物资（拿总院EPC进行框架协议招标，各EPC承包商执行）；EPC单位采购易派客上线物资、一般物资、零星物资等；施工单位采购零星物资。

## 4　制定管理制度、进行重点管控

为管理EPC管理模式下的物资采购，对在EPC总承包合同中约定的由EPC承包商实施采购的物资，编写了EPC承包商供应物资管理办法，从采购计划管理、采购方案审查、采购方式审查、供应商管理、采购质量管理、采购进度管理等六个方面进行重点管控[2]。

### 4.1　采购计划管理

根据项目设计批复及概算，EPC单位统筹各施工单位需求，编制物资需求计划及请购书。物资需求计划及请购书内容应包含项目信息、物资编码、物资名称、概算单价、概算总价、货运地址、交货时间等重要信息。EPC单位编制完成物资需求计划及请购书后，履行项目部物资装备部报批手续，审批完成后方可进入下一采购环节。

### 4.2　采购方案审查

工程项目物资采购计划审核通过后，EPC物资管理部门编制单项工程物资的采购方案，再将采购方案报建设单位，物资装备部组织工程技术部、投资控制部等部门联合审查会签后执行。物资采购方案主要包含采购物资名称及数量、物资质量要求、供应商资质要求、采购方式、交货时间、交货地点等内容。

### 4.3　采购方式审查

(1) 要求EPC单位物资管理部门严格按照中国石化集团采购物资目录确定采购的物资品种和采购类型，执行总部、天然气分公司的物资采购管理规定，全部实行网上采购，杜绝线下采购的情况出现，如出现不合程序的采购情况，建设单位在结算方面不予认可，并对其进行严肃处理。

(2) 要求EPC单位根据采购物资的重要性及概算金额编制合理的采购方式，上报项目部物资装备部进行审核，审核完成后予以实施。

(3) 执行总部、天然气分公司的物资采购管理规定，凡中国石化集团规定必须直接集中采购和组织集中采购的物资，并已签订框架协议的，EPC 单位编制框架协议分配执行方案，经报请建设单位物资装备部同意后实施。引用框架协议进行采购小批量物资时，原则上 EPC 承包商要选取框架协议第一名作为执行方，若未选取框架协议第一名作为执行方，必须出具情况说明，经建设单位同意后方可执行；未签订框架协议的，按照物资装备部的指导意见进行采购工作。

(4) 易派客上线物资、一般物资、零星物资按照各 EPC 单位工程范围执行物资采购，凡属于易派客平台物资必须在易派客线上采购，不属于易派客平台物资需组织进行招标或询比价方式进行采购，询比价或招标方案需报建设单位物资装备部审核，物资装备部组织各部门会审后予以执行。询比价采购原则上采用中国石化网络内供应商公开询比价的方式进行采购。需在招标物资开标之前，EPC 单位向建设单位物资装备部发正式招标邀请函，物资装备部相关人员作为评委之一参与评标。

## 4.4 供应商管理

物资采购必须在中国石化供应商网络内以竞争方式择优选择供应商，任何单位和个人不得指定供应商，关键性物资必须从生产商处进行采购，非关键性物资严格控制从中间商(流通商及代理商)采购。EPC 物资供应部门组织建立供应商动态量化考评机制，定期对供应商资质、履约、进度、服务等 4 个方面进行考核。每月向物资装备部报送月度供应商考核表，严格进行违约供应商处理，营造公平诚信竞争氛围。严禁从处于中石化违约停用期的供应商处采购物资。

## 4.5 采购质量管理

(1) EPC 供应物资质量管理遵循“谁采购、谁负责”的原则。把好设计选型、供应商选择、合同签订、过程监造、出厂检验、验收使用等质量管理关键环节，加强物资供应质量跟踪和考核。[3]

(2) 分级控制。根据物资使用方向、质量特性、生产周期等要素，对物资划分质量控制等级，实行 A、B、C 三级质量控制。对不同等级的物资采用入库检验、监控检验、驻厂监造、关键点监检、出厂验收、联合验收、到货验收等质量控制方式。其中建设单位对 A 类重要设备和关键材料实施驻厂质量监造，对 B 类物资实现关键点检监、出厂验收等手段，控制质量风险。

(3) 建设单位组织设计、工程、质量等部门，每季度对主要生产厂家进行质量巡检，检查驻厂监造工作情况，抽查原材料入厂检验、生产线上物资质量监督落实情况。

## 4.6 采购进度管理

加强对采购物资的进度控制，及时掌握供应商的生产进度及制造状态，跟踪物流运输过程，防范延迟交货风险。要求 EPC 物资供应部门根据设备、材料进度控制级别及供应商生产进度情况搭建《设备、材料采购执行台账》《催交台账》《合同台账》等一系列采购信息平台，通过周报、月报等反映项目采购问题，主动介入并协调。跟踪设备、材料的生产时间、交货时间、运输时间、到达时间。进口设备、材料还要包括出港时间、报关时间等，并对照厂家提供的设备制造进度网络图，定期向物资装备部汇报，如果制造进度网络计划滞后，要分析原因和风险，制定避免风险的措施，必要时派人驻厂催交。[3]

## 5 物资采购过程中存在问题及采取措施

在制度执行的过程中，EPC 单位认为，既然他们是设计采购施工总承包，建设单位就不应该对具体的采购过程管理得过细。因此出现了需求计划提供不及时、采购预案不及时报建设单位审批等问题。建设单位一方面与 EPC 单位加强沟通，强化管理服务理念；另一方面强化考核指标，将物资需求计划的准确性、及时性和采购程序的合理性、过程控制、仓储物流、施工单位领用料管理、现场工程物资保管及工程剩余物资处置等关键指标纳入考核内容。每月进行考核，考核不达标将采取相应的惩罚措施。

## 6 针对采购、施工中计划与实际偏差情况在两家 EPC 间进行物资调剂

施工伊始，EPC 一标段胜利油建在青岛段计划施工螺旋焊缝管段，由于外部协调问题，无法打开作业面，只好改为施工直缝管段，急需直缝焊管。为此，物资装备部根据管材到货进度情况和施工单位施工进度情况，从 EPC 二标段江苏油建标段协调了 2 km。在一年间，物资装备部居中平衡，协调两家 EPC 进行管材调剂 3 次，保证了施工快的单位有管材，施工慢的单位不积压，有效弥补采购不足。

同时从中国石化的整体利益出发，在符合技术标准和质量文件的基础上，采用内部互供的方式，消化吸收天然气分公司其他单位工程余料 13 km，有效提高了天然气分公司整体物资利用率。

## 7 结论

通过一年多来的实践，依据 EPC 合同和 EPC 模式下物资管理办法，青宁管道有效实施了对 EPC 采购物资流程的管控。2019 年，青宁管道开工后供管进度始终比焊接作业超出 100 km，满足了焊接 500 km 管材的采购需求。但也存在 EPC 单位感觉权限受限，主动性较弱等不足，下一步将根据制度实施情况进行优化，争取更好地协调建设单位和 EPC 单位的关系，为青宁项目后续站场阀室物资、生产准备物资的保供继续努力。

### 参考文献

[1] 刘剑华. EPC 采购监管要走节点策略[J]. 石油石化物资采购，2013(3)：70-71.
[2] 熊小刚. EPC 总承包项目中物资采购与管理探讨[J]. 中国物流与采购，2012(19)：76-77.
[3] 薛杨. 石油企业 EPC 总承包项目物资采购管理模式研究[J]. 化工管理，2018，485(14)：252.

# 物资仓储中转站在长输管道项目中的应用

王　宁　庞怡可　王　锋
（中石化中原石油工程设计有限公司）

**摘　要**　在青宁输气管道工程中，物资仓储管理十分重要，施工线路较长，物资的仓储管理及供应是项目建设物资"安全、及时、经济"供应工作的重要组成部分，是工程项目建设顺利进行的必要保障；开展对青宁输气管道工程物资中转站应用的研究，结论表明长输管道项目物资中转站建设的必要性。

**关键词**　管道工程；物资供应；中转站；仓储管理

## 前言

由于青宁输气管道工程线路较长、地形复杂、站场分布较广，物资直达现场不仅会提高运输成本，也会影响工程的进度，还会因物资保管不当造成质量下降，影响物资使用价值，影响施工质量。本文针对青宁输气管道工程的实际情况，展开对青宁输气管道项目的物资中转站应用进行总结。

## 1　项目概况

青宁输气管道二标段线路长度为 323.68 km，沿线设截断阀室 14 座（吴集阀室、周集阀室、成集阀室、保滩阀室、顺河阀室、曹甸阀室、鲁垛阀室、周山阀室、车逻阀室、郭集阀室、大仪阀室、陈集阀室、湖东和送桥阀室）、分输站 3 座（淮安分输站、高邮分输站、扬州分输站）、分输清管站 2 座（宿迁分输清管站、宝应分输清管站）、末站 1 座（南京末站）。

## 2　物资仓储中转站设置目的

中转站主要用于集中接收保管从火车站、公路运输过来的管线建设物资，并根据施工需要为各施工单位发放管线建设物资。

（1）中转站便于转运铁路到货物资，减少物资滞留火车站费用，解决施工单位到火车站提货困难；

（2）中转站便于接收公路运输来的到货物资；

（3）中转站起到物资验收、保管保养和发放作用，避免因物资损坏，而降低物资使用价值；

（4）中转站便于集中管理到货物资，协调分配施工单位用料；

（5）降低施工单位拉运成本，便于回收工程余料，减少物料损失；

（6）中转站在特殊情况下（指工农关系、极端气候）可以起到物资调节保供作用。

# 3 物资仓储中转站设置原则

根据项目建设物资供应的需要,综合考虑管道建设地理环境、交通运输、仓储条件等情况,方便生产组织与协调,确保合理、适用、经济,确定中转站设置的数量和位置。

(1) 靠近管道施工路线,有效覆盖施工全线;

(2) 靠近铁路货场,交通便利,能够满足物资中转要求;

(3) 有满足物资储存要求的场地和库房;

(4) 有适宜的生活、办公依托条件;

(5) 所使用场地和库房已得到相关部门的同意或批准。

# 4 中转站设置方案

针对青宁管道线路经过地区的自然环境、气候条件、火车站等公用设施、道路及周边等情况进行详细勘察。

## 4.1 淮安物资中转站设置及建设

### 4.1.1 选址路线规划与基本配备

淮安物资中转站设置在淮安市清江浦区明远路北 T302-3 淮安市慧畅国际供应链管理有限公司内。室外场地约 21 亩,具备保管 $\phi$1 016 防腐管 12 km 的料场,满足施工 C 段(河南油建)、施工 D 段(中原油建)主管材集中堆放的要求;室内库房面积 2 000 m$^2$,为用于存储项目大型设备及精密设备、材料等物资的正规仓库。场地、库房均为封闭院落,有利于安全管理。

### 4.1.2 路勘报告

淮安物资中转站紧靠 205 国道,距淮安南高速出口 4 km,距离淮安火车货运站 16 km,方便大车通行,周边道路交通便利,道路状况良好,能够满足管材运输车辆顺畅通行,且距离施工现场较近。覆盖江苏淮安分输站至湖东阀室沿线施工段,最远端车程控制在 2 h 左右,详见表 1。

表 1 淮安物资中转站路勘报告

| 序号 | 站、阀点 | 位置 | 间距/km | 用时 | 货车导航/km | 用时 | 中转站 |
|---|---|---|---|---|---|---|---|
| 1 | 湖东阀室 | 江苏省沭阳县湖东镇 | 127 | 2 h 10 min | 109 | 2 h 10 min | 淮安市清江浦区城南乡到淮安袁北站 16 km、25 min |
| 2 | 吴集阀室 | 江苏省沭阳县吴集镇 | 108 | 1 h 40 min | 89 | 1 h 40 min | |
| 3 | 宿迁分输清管站 | 江苏省沭阳县马厂镇 | 93 | 1 h 27 min | 77 | 1 h 37 min | |
| 4 | 周集阀室 | 江苏省沭阳县周集镇 | 69 | 1 h 20 min | 68 | 1 h 29 min | |
| 5 | 成集阀室 | 江苏省涟水县成集镇 | 40 | 57 min | 43 | 57 min | |
| 6 | 保滩阀室 | 江苏省淮安市淮阴区王兴镇 | 30 | 47 min | 32 | 49 min | |
| 7 | 顺河阀室 | 江苏省淮安市淮安区钦工镇 | 38 | 58 min | 53 | 1 h 17 min | |
| 8 | 淮安分输站 | 江苏省淮安市淮安区车桥镇 | 59 | 53 min | 78 | 1 h 37 min | |

## 4.2 扬州物资中转站设置及建设

### 4.2.1 中转站基本配备

扬州物资中转站设置于扬州市邗江区火车货运站内。室外场地约 23.5 亩(约 1.57 $hm^2$),具备保管$\phi$1 016 防腐管 15 km 的料场,满足施工 E 段(江汉油建)、施工 F 段(江苏油建)主管材集中堆放的要求;室内库房面积 3 320 $m^2$,为用于存储项目大型设备及精密设备、材料等物资的正规仓库。场地、库房均为封闭院落,有利于安全管理。

### 4.2.2 路勘报告

扬州物资中转站位置紧邻 353 省道,距离扬溧高速约 5 km,周边道路交通便利,交通状况良好,能够满足管材运输车辆顺畅通行,且距离施工现场较近,覆盖江苏南京末站至曹甸阀室沿线施工段,最远端车程控制在 2 h 左右,详见表 2。

表 2 扬州物资中转站路勘报告

| 序号 | 站、阀点 | 位置 | 间距/km | 用时 | 货车导航/km | 用时 | 中转站 |
|---|---|---|---|---|---|---|---|
| 1 | 曹甸阀室 | 江苏省宝应县曹甸镇 | 121 | 2 h 20 min | 85 | 1 h 54 min | 扬州火车货运站 |
| 2 | 鲁垛阀室 | 江苏省宝应县鲁垛镇 | 96 | 1 h 50 min | 109 | 2 h 22 min | |
| 3 | 宝应分输站 | 江苏省宝应县氾水镇 | 85 | 1 h 39 min | 94 | 1 h 39 min | |
| 4 | 周山阀室 | 江苏省高邮市周山镇 | 78 | 1 h 37 min | 78 | 1 h 25 min | |
| 5 | 高邮分输站 | 江苏省高邮市龙虬镇 | 63 | 1 h 8 min | 62 | 1 h 4 min | |
| 6 | 车逻阀室 | 江苏省高邮市车逻镇 | 45 | 52 min | 52 | 52 min | |
| 7 | 郭集阀室 | 江苏省高邮市郭集镇 | 36 | 37 min | 37 | 37 min | |
| 8 | 送桥阀室 | 江苏省仪征市送桥镇 | 48 | 41 min | 38 | 58 min | |
| 9 | 大仪阀室 | 江苏省仪征市大仪镇 | 30 | 44 min | 26 | 44 min | |
| 10 | 陈集阀室 | 江苏省仪征市陈集镇 | 37 | 34 min | 29 | 48 min | |
| 11 | 扬州分输站 | 江苏省仪征市马集镇 | 43 | 46 min | 38 | 58 min | |
| 12 | 南京输气站 | 江苏省仪征市青山镇 | 60 | 1 h 4 min | 56 | 1 h 21 min | |

# 5 中转站物资管理

物资的储存与保管,采用储备模式,将各项物资进行科学的保管,保证各类物资得到有效的管理与分配。最后,物资的供应,将各类物资按照原有的计划,科学分配与供应。通过加强项目现场物资仓储管理力度,可以有效减少物资的浪费与损耗,确保物资的使用价值,确保业务往来对应准确,责任有效追溯,保证项目建设物资得到高效利用。

## 5.1 物资接收

(1) 中转站通过与 EPC 项目部采办管理部、项目分部和供货厂商定期联系,了解跟踪物资到货计划。

(2) 物资抵达前中转站做好库房、料场、垫物料、卸车机具的准备工作。

(3) 保管员根据到货计划和供货厂商发货通知单对到站物资进行核查清点，主要检查物资外观是否完好，物资名称、规格、数量是否与货物清单相符等。

(4) 认真办理交接签认手续，同时做好到货记录，如发现破损、数量短缺等，须及时拍照，做好文字和影像记录并及时向 EPC 项目部采办管理部汇报。

## 5.2 物资验收

物资验收包括数量验收、外观检验、验证验收、质量检验等。物资验收严格遵照合同及相关资料进行数量与质量验收，同时做好验收记录。

(1) 根据运单、发货通知单、装箱单等资料进行现场验收，认真查对车号、发站、供货单位、名称、规格、型号、数量等信息，单据和实物是否相符，技术质量资料是否齐全。如发现单据与实物不符，物资短溢或损坏，技术质量资料不齐等，应查明原因，做好记录，并及时上报中转站负责人和 EPC 项目部采办管理部。

(2) 根据验收情况填制到货验收记录，详细记录验收情况，包括到货时间、验收时间、承运单位、应收数量、实收数量、检验结果等内容；收集的技术质量资料建立收、发登记簿，按料性、大类分别登记，进行档案化管理。

(3) 根据《青宁输气管道工程项目 EPC 承包商供应物资管理办法》中的物资质量等级要求进行验收，分为重点物资(成套设备、进口设备等)、一般物资。对于重要物资应组织业主、EPC、施工单位、监理、供货商一同进行到货验收。

(4) 对验收合格的物资归入对应货位，悬挂料签；及时办理入库手续。

(5) 对验收不合格的物资，及时上报中转站负责人和项目分部，查对核实，及时处理。

## 5.3 物资保管

根据物资的性能和特点，提供适宜的保管环境和保管条件，通过合理规划、规则摆放、科学养护等措施，确保物资使用价值不降低，质量完好。

物资进库按物资特性分库、分区、分类储存。进库物资摆放须做到“四号定位”和“五五摆放”。物资的原始标牌、包装标识等在料架或货位上建立明显标识，定期检查物资质量，有锈蚀、变形、潮解、潮结等质量下降迹象的物资应及时保养，需要定期保养的物资根据保养周期按时保养，确保库存物资包装完整、标识明显、数量准确、质量完好、规格不串、材质不混；无差错、无丢失、无损坏、无变质。

采用有效、正确的盘点方法，准确掌握库存物资状态，保证账、卡、物、资金的一致性，确保账实相符、账龄准确。

## 5.4 物资发放

施工单位根据现场施工进度及时上报领料单，通过 EPC 项目部各部门审批后，向中转站发出发放指令。

按照“先进先出、限期先出、易损先出”的原则发放物资。先入库的先出；易变质的先出，有储存期限的物资要在有效期限内发出；同类物资保管条件差的先出，包装简易的先出。物资出库做到凭证核对认真、备料及时准确、复核点交严格、手续规范齐全。

物资发放时，中转站保留质量技术资料原件(包括产品合格证、质量证明书、检验报告、图纸、产品说明书等),随机质量技术资料复印件及随机配件应完整齐全地交给施工单位,双方确认无误后在清单上签字。

## 6 结语

为保证长输管道建设期间的物资调配,项目部完成扬州中转库和淮安中转库的建设工作,目前两个中转库均已正常投入使用。项目部制定专门的管理制度,从人员配备、日常考勤、物资出入库管理、物资检验管理、安全管理、过程资料管理等各方面系统规定中转库的运作要求,确保在工程建设期间,中转库发挥应有的作用,为整个项目施工质量、进度保驾护航。

### 参考文献

[1] 高宁,李莉,蔡霞,等.浅谈物资中转现场管理[J].河北企业,2012(12):19.
[2] 雷惠博,张兴昌.管道物资中转站的管理[J].石油工业技术监督,2006,22(9):15-19.

# 苏北水网地区大口径管道顶管施工的风险管理

何能彬

（中国石油化工股份有限公司青宁天然气管道分公司）

**摘　要**　针对苏北水网地区顶管穿越施工的特点，从顶管施工的全过程进行风险分析，制定对应的风险控制措施，提高水网地区顶管作业的工作效率和安全管理水平。

**关键词**　水网地区；顶管技术；顶管施工风险

## 前言

顶管穿越是长输管道建设过程中穿跨越的一种常见的非开挖施工方式，广泛应用于长输管道穿越河流、公路及部分无法直埋的地区。尤其是近年来，国内长输管道进入大规模建设的高峰期和顶管技术的日趋完善，顶管穿越的应用日益增多。在苏北水网地区，应优先使用定向钻穿越水塘、公路等，当作业面不适宜定向钻时可采用顶管方式。

## 1　顶管技术概述

顶管施工的原理是在穿越点的两侧设置工作井和接收井，在工作井中根据顶力设置能够承受顶力的后背墙，前端使用掘进机掘进，后背墙一端使用千斤顶顶进管道或套管，顶进过程中通过泥浆润滑减阻，使用导向控制系统测量顶管的方向。顶管作业的工作流程如下：施工准备→测量放线→施工通道修筑→作业坑上部土方开挖→沉井（钢板桩）施工→土方开挖→顶管施工→注浆减阻→成果测量→穿越管段预制→清管试压→防腐补口补伤→主管穿越→套管封堵→与主管段连头→基坑回填地貌恢复→施工验收。

## 2　苏北水网地区顶管穿越施工的特点

苏北地区以大面积基本农田为主，主要种植小麦和水稻，地面河流纵横、水塘密布、沟渠发达，在静水或流速很慢的环境中容易沉积形成淤泥。苏北地区土地以淤泥质粉质黏土为主，土质十分松软，含水量和地下水位高，渗透力强，地基承载力差，并伴有流沙。这些特点给顶管穿越时作业带的通畅、钢管运输、布管、土方开挖及顶管作业造成了极大的困难。此外，苏北地区拥有多个湿地、滩涂、自然保护区、农业产业园区等红线区域，在选择顶管场地、预制场地和材料堆放场地时要注意规避。

## 3　苏北水网地区顶管穿越施工的风险

在作业前使用工作安全分析（JSA）的方法对作业过程切分成准备阶段、顶管作业阶段和完工验收阶段三大阶段，然后对每阶段的潜在危害和风险进行识别和评估，并制定相对应的措施来控制风险消除危害。

## 3.1 施工准备阶段的风险管理

（1）在施工前应成立开工条件确认小组，从组织、技术、检查等方面以人、机、料、法、环为抓手对开工准备情况进行确认。结合地域特点，重点落实是否制定具有针对性和操作性的应急预案、上岗人员有无接受水网施工风险的告知和安全教育、施工组织设计是否合理、施工方案中有无专项的HSSE控制措施等内容。

（2）苏北水网地区由于大面积农田耕种的特点，公路两侧多伴有灌溉河流，河流在水稻种植季节灌溉功能尤为重要，因此在顶管作业前要与地方公路和水利部门取得联系，办理相应的穿越许可，经同意后方可施工，特别是公路两侧伴有灌溉河流时要同时取得两个主管部门的许可。

（3）出于大面积机械耕种的需要，苏北地区很多的城镇燃气管道、自来水管道及通信电力管线都缺少地面标识，缺少警示提醒功能。因此，即使目前先进的顶管设备具有管线探查能力，但是在顶管前仍应开挖探坑落实地下管道情况，这对于保证施工安全和相关管线的运营安全都是很有必要的。

（4）施工现场开工前必须达到“四通一平”（通水、通电、通路、通信、场地平整），现场应设置厕所和饮用水供应点等设施，制定卫生制度，保持环境友好，避免施工过程中对基本农田造成环境破坏。

## 3.2 顶管作业阶段的风险管理

（1）苏北地区道路普遍窄，当地百姓出行以非机动车为主，夜间交通照明设施少。因此在施工阶段为避免行人误入施工区域，在顶管现场两端100 m以外安排人员执勤并设立明显的警示标识，在作业区域设置围挡，在基坑周边采取硬防护，夜间施工现场应设反光警示牌，挂信号灯，施工人员穿反光马夹。

（2）苏北地区一直是产粮重地，随着现代化机械耕作的普遍化，粮食成熟后机械收割，秸秆多被翻埋到地下自然腐烂充作养分，有可能在地下形成沼气。因此，在基坑开挖、顶管掘进和人工掏土时施工人员要随身携带气体检测仪。

（3）顶管现场两侧的工作井属于受限空间，受限空间作业区域必须用警戒带、围挡、围栏隔离，配备应急物资（如救援绳、安全带、应急药品箱、夹板、绑扎带、药品、值班车等）；基坑稳定边沿1 m范围内设置安全护栏和警示标识，严禁堆土、堆料和动载（机械挖土、汽车运输等），出入口保持畅通。作业时必须配备齐至少2个逃生梯、防塌板等HSSE必备工具。

（4）由于地区地下水位高，因此在工作井开挖前周边必须设置井点降水，提前降低地下水位，防止基坑支护或人员操作过程中发生突水事故。

（5）苏北地区土质松散，地下常常夹有流沙层，因此在基坑开挖后必须使用拉伸钢板桩进行支护，井底使用混凝土浇筑，钢板桩至少使用两道内撑，以防止作业过程中因地下水流动或流沙引起工作井坍塌。

（6）由于土质松散，在设置顶管后背墙时应对负荷能力进行充分验算，确保后背墙的稳定。

(7) 在水网地带作业过程中，通常伴随着作业要同步进行抽水作业，因此，现场的临时用电风险必须管控到位。

(8) 由于大孔径管道埋深的要求，顶管的工作井深度通常在 5 m 以上，在作业过程中势必涉及临边作业，因此必须在基坑周围设置防护栏杆，防护栏杆应由横杆、立杆及挡脚板组成，防护栏杆必须深埋，以防止地质原因导致防护栏杆失效。

(9) 如有与其他管道、地下设施交叉的情况满足相关规范要求的保护距离，在顶进过程中注意防护措施，避免造成相关管道和附属设施的损坏。

(10) 在施工过程中，应安排专人密切监测围护结构、土体的变形，根据这些变形的发展情况及时制定应对措施。如果基坑边坡位移明显过大，则在该部位加设钢管撑或斜撑；如果坑外卸土范围扩大，应及时增补草包叠袋或采取还土措施。

(11) 施工过程中应格外重视对基本农田的保护，特别是易造成污染的机械设备和油料库房应进行隔离或防渗处理，现场产生的废水和泥浆必须统一收集，待完工后集中处理。基坑和发送沟清理出的土方临时堆放时必须做好拦挡和苫盖。

### 3.3 完工验收阶段的风险管理

由于苏北地区以永久性基本农田为主，因此在施工结束后必须严格按照国家规范进行分层细土回填，保证施工后土地恢复原有地貌，并及时告知地方国土管理部门取得地貌恢复合格证，不得让土地丧失耕种功能。

## 4 结论

虽然顶管穿越相对于开挖技术而言具有交通干扰小、建设公害少、文明施工程度高的特点，而且施工周期短、成本低。但是顶管施工的风险也不容轻视，特别是在苏北这样一个大口径长输管道建设经验不充足的水网地区，因此在施工过程中更应注重上述风险的管理和措施的落实，关口前移，提前防范，遏制安全事故的发生。

### 参考文献

[1] 张雪宝.江浙沪水网地区的大管径施工[J].科技与企业，2011(4)：73-74.
[2] 马博如，王文华，宋文华.顶管施工中的安全管理要点[J].建筑安全，2007，22(10)：7-9.
[3] 陈建东.顶管下穿河流施工安全风险控制技术[J].价值工程，2018，37(21)：91-93.
[4] 许建忠.顶管施工风险分析与控制[J].施工技术，2015.
[5] 何国通.顶管施工中的安全风险管理[J].非开挖技术，2009(5)：37-39.

# 长输管道通球、试压、干燥施工工艺探讨

薛纪新
（中国石油化工股份有限公司青宁天然气管道分公司）

**摘　要**　长输管道的清管、试压、干燥施工已越来越引起各单位的重视，特别是天然气管道，随着施工区域越来越广，大口径、高落差、水源分布零散等难题摆在我们面前。文章介绍了高径天然气管道的清管、试压和干燥施工的一系列方法，通过采用该方法施工，加快了施工进度，节约了施工费用。

**关键词**　大口径；高落差；清管；试压；干燥

## 前言

青宁输气管道项目全长 531 km，起自青岛 LNG 接收站，途经山东、江苏 2 省、7 地市、15 区县，管道设计输气能力 72 亿 $m^3/a$，沿途设 11 座分输（清管）站，22 座截断阀室。输气干线穿越大、中型河流共 40 处，高速公路及等级公路 47 次，铁路 17 处，其中全线采用定向钻穿越达 138 处。

由于管道跨越的区域既有丘陵地带又有水网湖泊，沿线所遇到的地形复杂，施工难度大，对管道专业化施工技术水平要求高，同时要求施工单位掌握各种复杂地段的清管、试压、干燥施工工艺，以适应管道施工的需要。随着国内外大口径管道不断建设，长输管道敷设存在着起伏大、管径大、弯头多、积水点分布零散等特点，因此通球、试压、干燥施工工艺技术一直是我们关注的问题。

## 1　施工技术现状

国内长输管道施工企业中，在特殊地段管道通球、试压、干燥施工中有丰富经验的专业化队伍较少，因此试压、扫水、干燥的施工技术也就成为技术弱项。根据对长输管道通球、试压、干燥现状进行调查，发现普遍存在以下问题：

通球：管内壁焊渣或管内碎铁屑清不干净；特殊地段（落差大），选用多台高压风车，成本较高，效果不佳。

卡球处理：方法单一，纯粹利用通过指示仪进行人为准确判断卡球位置困难，工作量大。

试压：程序复杂，复杂地段升压设备（多选用高压泥浆车）进场困难；上水过程中密封不严，造成升压慢且危险；试压后扫水不彻底，给干燥作业造成困难。

干燥：国内长输管道干燥技术要求愈来愈高，管内存水不仅影响到介质的质量，还会影

响天然气管道的安全运行。

# 2 管道清管、测径技术

## 2.1 清管、测径设备的选择

### 2.1.1 压风车的选择

针对管道口径大、落差大地段特点，采用低压压风车与增压车联合施工，可以同时满足清管、风压试验，与传统的施工技术相比有着明显的优势。

低压压风车：对大口径长输管道，在设计没有特殊要求的情况下，大多是采用压缩空气进行清管，对大口径清管用压风车排量的选择原则，既要保证清管器行走速度，也要考虑大排量压风车的经济性。

### 2.1.2 高压压风车

当采用高压压风车对管道进行升压试验时，高压压风车的排量不宜小于 10 $m^3$/min，工作压力一般不小于 20 MPa(根据设计要求设计压力进行选定)。

### 2.1.3 清管器的选择

传统施工方法中对管道清管采用的直板清管球和单向皮碗清管器，其清管效果及通过性能均较差，功能单一，还容易卡在管道中造成事故，施工效率低。我们选用了组合清管器对管线进行清管、测径、注水、排水的 8 片双向聚酯盘，在一个清管器上可以通过安装不同的组件来完成清管器清管所无法完成的工序。同时可以配备电子跟踪装置，对清管器的运行进行监测与控制。

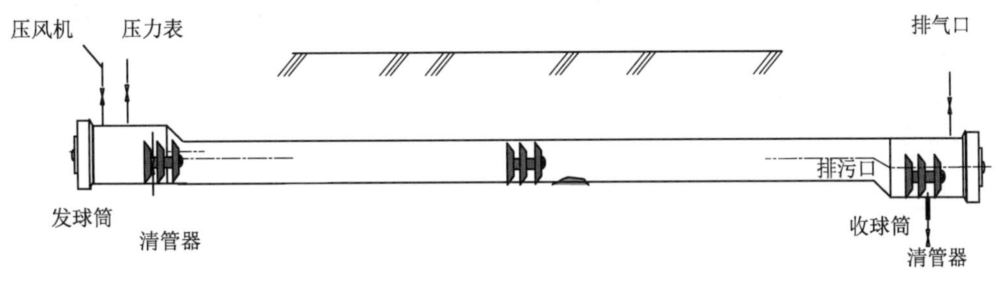


**图 1 清管、测径施工原理图**

## 2.2 管段清管、测径施工技术

根据工艺特点，清管顺序如下：

第一步：通直板双向 8 片聚酯盘清管器，清除固体物质和碎屑。

第二步：通钢丝刷的清管器，清除灰尘和氧化皮。如果清除不净，增加清管次数继续清理。

第三步：通测径清管器，加装了测径板的直板双向 8 片聚酯盘清管器(直径为试压段中最大壁厚钢管或者弯头内径的 90%)，对测径铝盘进行检查，并拍照。

第四步：通泡沫清管器，发射前对泡沫清管器进行称量并做好记录，至少使用两组，每组不少于 10 个泡沫清管器(发射间隔时间为 1 h)。

长输管道局部落差较大,受现场地形、进场道路等因素制约,空压机无法到达有利位置,清管压力较高(以川气东送管道为例,山区通球压力理论计算值可达到 6 MPa 以上)。这对于空压机和整个管道清管施工的安全性来说,要求都是非常严格的。所以长输管道的清管作业,分段长度应尽可能短,起伏较大的地段尽量不超过 10 km,然后根据起伏段的高差选择空压机的工作压力及排量。局部特殊地段清管,可采用先做气压试验,再进行清管,最后利用管道内存留的高压空气对一些起伏很大、清管设备又很难到达,而且很难分段的地段进行清管施工。但这种方案实施起来对安全措施要求很高。

# 3 管道试压施工技术

## 3.1 试压段的划分

传统的试压分段根据《油气长输管道工程施工及验收规范》(GB 50369—2014)进行管道试压段划分:原则上空气试压段不宜超过 18 km,水试压段不宜超过 35 km。规定的划段要求制约了我们对施工成本的控制。

(1) 随着我国管材质量水平的提高,压力实验监测设备自动化程度的提高,有单位已对分段长度为 55 km 的施工管段进行了压力实验,并一次成功。

(2) 根据水源及排水方便的原则划分管道试压段:试压段的上水端尽量靠近水源,排水端尽量靠近沟渠、河流,以确保管线采用直接上水、分段导水、连通导水等上水方式,这样可以尽可能地保护环境,保护水资源。

(3) 根据管道高差进行管道试压段划分:当最高点达到设计最高压力时,最低标高点的实际试验压力必须保证低于该管道最低屈服强度 90%的压力。

(4) 根据地区类别进行管道试压段的划分:管道试压段的两端尽量避开人口稠密区及有建筑物的地方。

## 3.2 试压介质的选用

管道试压介质应采用水,在人烟稀少、寒冷、严重缺水及高差较大的地区,可酌情采用气体试压介质,但其管材必须满足止裂等要求。试压前必须进行安全评估,并编制气压试压方案,试压方案必须报设计、监理、业主审批,试压时必须采用安全防爆措施。

管道位于一、二级地区的管段可采用气体或水做试压介质。

位于三、四级地区的管段应采用水做试压介质。

水压试验的水质应符合设计或标准要求。

## 3.3 水压试验技术

### 3.3.1 试压前的准备工作

(1) 在水压试验开始前,施工单位要对所用的试压头进行检查,确认所有的部件都状态良好,达到工作压力要求。

(2) 在试压封头焊接到管段前,应在试压封头内装入 2 个直板双向清管器(用于上水时隔离空气,试压完成后,清扫管内试压水)。在试压封头首端接好压力天平、压力自动记录仪、流量计、压力表等仪器仪表。

(3) 在水压试验前,施工单位要彻底检查试压头,确保所有的垫片、O形环、管件、阀门和组件无漏、无损,达到安全要求。

### 3.3.2 上水方案的选择

(1) 水源充足并且分布较广的情况下采用多段上水的方法。

(2) 水源充足并且集中的情况下,采用分段加连通阀的方式进行整体上水。

(3) 水源不充足的情况下,采用分段加连通阀的方式进行分段倒水的方法。

### 3.3.3 管道试压施工技术

(1) 管段注水技术要求(按有充足水源考虑):

传统试压方法是在注水时采取高点放空来排出管内空气,高点放空对管道有破坏作用,且为今后管道的运行埋下了安全隐患。采用新工艺后,选用两个清管器作为隔离器将试压水与空气段隔离,多功能一体泵提升水压推动清管器,为加强密封效果,在第一个清管器之前和两个清管器之间加入一定量的隔离水,以达到更好的密封效果,同时采用背压方式上水方法可有效地控制隔离球的行走速度,防止空气进入。(图2)

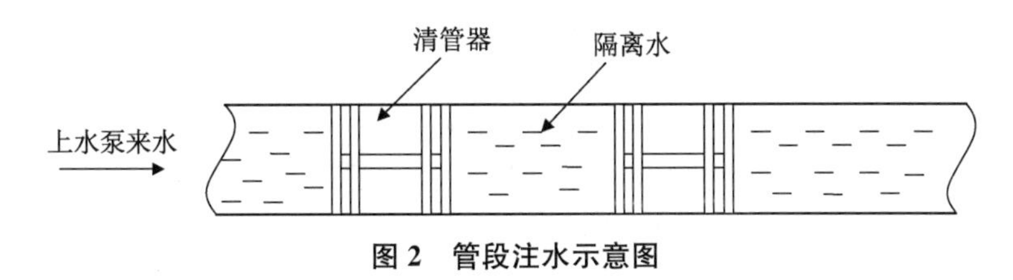


**图2 管段注水示意图**

(2) 强度性试验

缓慢提升试验压力,达到试压段试验压力的30%。检查所有的管件和连接段,是否有漏水情况。继续增大压力至试验压力的60%,检查漏水情况和系统的完整性;然后根据试压计划,继续增加压力。

按每分钟不大于75 kPa的均匀速率增加试验压力,达到试压段的最高点的最小试验压力的10%。稳定压力直到地面上管线和管件都检漏完毕,试压检查员确定压力和温度稳定。在低标高点,压力范围(开始)为最低试验压力加1%,而最高不能超过规定的95%最低屈服强度。

达到强度试验压力,开始4 h强度测试,压力稳定后,在稳压试验的前30 min,每5 min记录一次压力天平的读数。下个30 min,每10 min记录一次压力天平读数。在下个1 h,每15 min记录一次读数,以后每30 min记录一次。

(3) 严密性试验

① 降压至严密性试验压力,将试压管段最高标点的压力降低到严密性试验压力(可根据记录或计算确定)。从接收端试压头泄压,有利于注水清管器完全进入到试压头内。要使用足够强度和安全的排水管,按照批准的方案进行排水。

② 压力稳定后,开始24 h的严密性试验。在整个试验过程中,记录仪和压力表连续显示数值。每15 min记录一次压力和实际时间。1 h记录一次管壁和地温。

③ 要检查外部管道和管件有无泄漏情况,如果可能,将泄漏水收集到容器内,或者计算

它的数量。试验管道发现看得见的泄漏，要停止试验，修复泄漏点，重新开始 24 h 严密性试验。

④ 要对管线进行巡回检查，检查有无泄漏，保证试压段区域内未经允许进入人员的安全。全线要保持通信畅通。

试压经过检查验收通过后，尽快按照一定的速率排水减压，排水管道要有足够的强度、安全的支撑，并在排水端固定排水管以免排水时摆动。要特别注意防止在管段排水时憋压。放水阀应缓慢地开关，防止水击荷载损伤组装管道。在试压管段的高点位置，压力不要降至 300 kPa 以下，防止从高点排水。低点排水时，高点必须与大气连通，防止抽真空现象。

# 4 管道干燥施工技术

由于长输管道水压试验后的扫水，很难全部将管道内的存水清理干净，管线里的存水，在短距离内含水是相当少的，可以忽略不计；但是对于长距离管线，管道中存水较多，这是绝对不能忽视的一个问题，管道投入运行之前，必须进行深度扫水作业、干燥处理，使管道内水露点达到规定要求。

## 4.1 干燥方法选择

目前，应用于管道干燥的施工方法，大致主要有三种：化学干燥法、真空干燥法、干空气干燥法。通过对各种干燥方法的试验，结合以往国内外的相关经验，中石化天津天然气管道项目成功地应用了利用干燥空气对管道进行干燥的空气吸附法，组合泡沫球通球使管道干燥达到设计要求。

## 4.2 管道干燥技术

试压排水后，在收球端观察取出的泡沫清管器，若清管器增重较明显，再次通直板清管器，以清除管内较多的存水，然后再通泡沫清管器，直到泡沫清管器增重不超过 1.5 kg 或无明显游离水、无颜色变化即为深度扫水合格。

深度扫水检验合格后，在系统中接入空气压缩机和干燥器，对管段进行干空气干燥作业。关闭旁通阀，打开干燥器进出口阀门，将储气罐排出口与空气干燥器进气口连接，干燥器排出口与发球筒进气管连接。调试空压机组和干燥器整个干燥系统，使空压机组达到额定排量，并通过待干燥管端的进气阀门控制气体的排出量，使干燥器系统保持在0.6～0.8 MPa的空气压力下及最佳工况下工作，空气排出露点达到设计要求。（图 3）

## 4.3 干燥效果检验

在将管道内湿空气置换完毕后，采用直板清管器前加泡沫清管器组的方法进行干燥空气通球，每组泡沫清管器不少于 10 个。当直板清管器到达后，关闭收球端阀门，并对管线露点进行检测，检测达到设计技术标准后，密闭 24 h。密闭期过后，对管线的空气露点再次测量，当管道内露点保持或低于设计要求时，干燥验收合格。如未达到规定的露点，应继续重复上述干燥步骤，直至验收合格。然后运行空压机和干燥器，使管内压力维持在 0.05～0.06 MPa，使用管段中的干燥空气对干线阀室进行干燥作业。

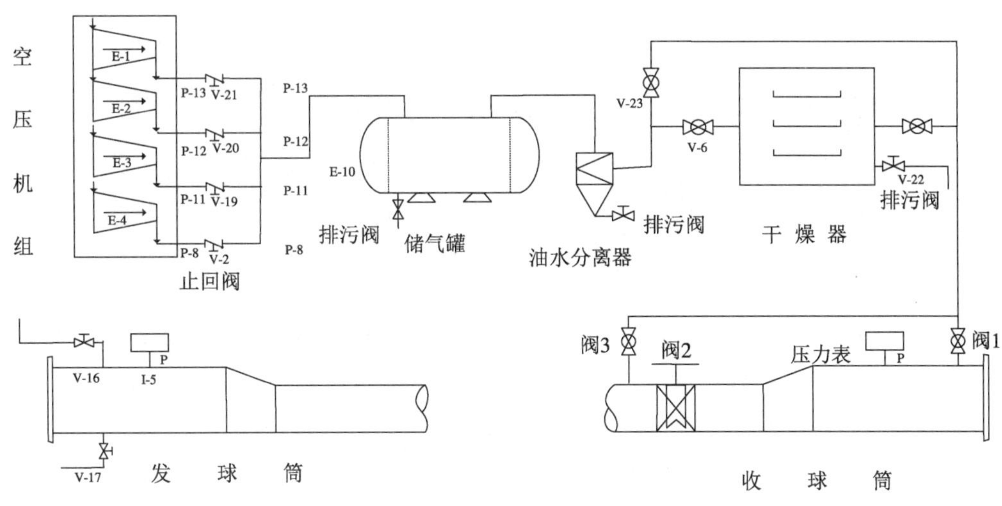


图 3 干燥设备工艺流程图

## 5 结语

中石化青宁天然气管道项目利用大口径天然气管道清管、试压与干燥技术进行清管、试压,取得了良好效果。试压时采用试压一体泵组合技术,有效地解决了长输管道上水量大、试验压力高、落差大等难题,试压阶段采取了有效的防冻措施,没有发生冻堵管道和阀门,深度扫水及干燥采用组合清管器,干燥效果好。

### 参考文献

[1] 国家能源局.天然气管道、液化天然气站(厂)干燥施工技术规范:SY/T 4114—2016[S].北京:石油工业出版社:8-9.

[2] 中华人民共和国住房和城乡建设部.油气长输管道工程施工及验收规范:GB 50369—2014[S].北京:中国计划出版社:30-35.

[3] 国家发展和改革委员会.天然气输送管道干燥施工技术规范:SY/T 4114—2008[S].北京:石油工业出版社:2-3.

# 管道全自动焊焊接工效优化研究

张 恒 张 磊 刘 晶

（中石化河南油建工程有限公司）

**摘 要** 随着管道全自动焊技术在石油天然气长输管道中的推广应用，需要对全自动焊施工流程进行研究，提高综合焊接工效，体现全自动焊的优势。本文主要通过研究全自动焊的各施工工序，找到影响工效的因素并加以解决，优化工序流程，提升各工序质量，并且在青宁输气管道工程项目上成功应用，提高了管道全自动焊的综合焊接工效。

**关键词** 全自动焊；青宁输气管道工程；焊接工效

## 前言

随着石油石化工程建设项目不断增多，管线全自动焊接技术开始进入快速发展期[1]。长输管道全自动焊接具有外观成型好、焊接质量稳定、有利于管道长期安全运行、焊工劳动强度低等优点，是今后发展的方向，我国重点石油天然气长输管道干线建设已进入全面推广使用管道全自动焊的时期[2]。

青宁输气管道工程河南油建全自动焊机组百口磨合期间日最高工效为 11 道口（ϕ1 016 mm×17.5 mm）。各个工序施工技术不成熟，工序衔接不到位，很难体现出全自动焊焊接效率高的优点。本文针对全自动焊的各施工工序进行研究，找到原因并加以解决，优化工序流程，提高了青宁输气管道工程管道全自动焊的综合焊接工效。

## 1 管道全自动焊工序介绍

在青宁输气管道工程中，我公司在一般线路焊接中使用了全自动焊接工艺，配置熊谷内焊机及管道全位置自动焊机，采用 20% $CO_2$ +80% Ar 混合气体保护，焊材使用气保护实心焊丝。焊接工艺采用内焊机组对及根焊，外焊机填充盖面。该机组作业模式采用沟上焊流水作业形式。具体流程图如图 1 所示。

## 2 影响工效因素分析

### 2.1 管材吊装分析

在管材出厂及现场卸车过程中，由于采用普通的管卡吊装，导致管端吊装处产生变形。在后续管道组对时，管端变形处的错边量较大。

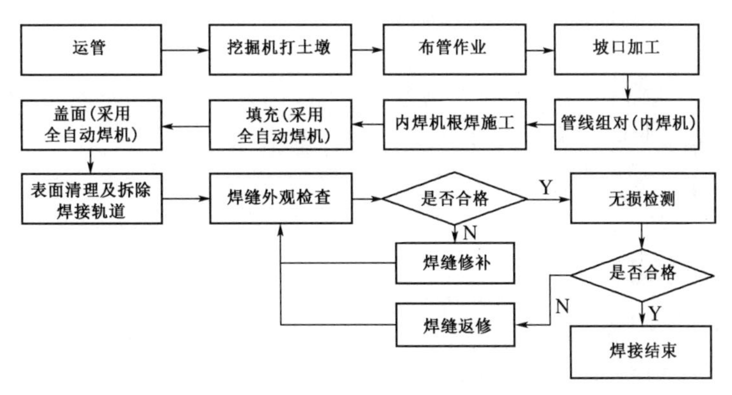


图 1　青宁输气管道工程管道全自动焊接流程图

## 2.2　管材级配及运布管分析

管材在制作过程中,每根钢管的管端周长都存在偏差。

常规长输管道施工布管时,采用钢管首尾衔接的方式,相邻两管口呈锯齿形分开,管口错开 1～1.5 倍管径。该布管方式在全自动焊施工时并不适用,会增加后续工序的衔接时间,降低焊接工效。

## 2.3　坡口加工分析

全自动焊坡口形式目前常用的有:V 形坡口、V 形或 U 形复合型坡口,青宁输气管道工程河南油建全自动焊机组采用复合型坡口进行施焊。复合型坡口的主要特点有:

(1) 适用于厚度 $\delta \geqslant 10$ mm 的对接接头;

(2) 加工较难,加工成本较高;

(3) 焊接填充量少,焊接效率高;

(4) 焊接应力和焊接变形小。

坡口加工的好坏决定着组对焊接的快慢。加工标准的坡口可以减少错边量,使组对时间减少,同时也能提高焊接质量。坡口加工存在的主要问题有:坡口平面度差、钝边不均匀、开口角度不稳定等。这些问题会直接影响组对的效率及质量。

## 2.4　坡口组对分析

严格把控坡口组对质量,避免因组对而产生焊接问题,从而影响焊接工效。

## 2.5　预热分析

全自动焊接时如果采用环形火焰加热器,虽然使用方便,减少了设备投入,降低了施工成本,但是会出现如下缺点:

(1) 使用火焰加热,钢管内外加热不均;

(2) 加热后必须立即罩上防风棚,避免风力对焊接质量产生影响,之后才可进行内焊机根焊;

(3) 为了防止加热时火焰损伤焊接小车的轨道,只能等根焊完后才能安装轨道,增加了内焊机根焊与外焊机热焊的时间间隔,影响了焊接工效。

### 2.6 焊接分析

全自动焊为精密焊接设备,在焊接过程中往往会出现一些问题,这些问题的解决则降低了综合焊接工效。

## 3 相应控制措施

### 3.1 管材吊装控制措施

为了保证焊接质量,组对时错边量要求控制在2 mm以内,所以必须采取措施控制变形处的错边量。为了降低吊装产生的管端变形,减少组对时间,经研究制作出了吊装用的专用卡具。卡具配置300 mm长的弧形板,弧度与管线的弧度保持一致,使吊装时的作用力均匀分散,有效减少了管端变形,大幅减少了组对时间,从而提高了综合焊接工效。

### 3.2 管材级配及运布管控制措施

提前对管材进行级配。提前级配可以发现椭圆度与管周长的偏差情况,在布管前确定好钢管的前后顺序。如果两根钢管的管周长相近,椭圆度无法配合,可以通过旋转钢管使错边量达到合理范围。如果是管周长不能满足要求,就要调换钢管。

为了减少布管造成的工效损失,经研究将布管方式改为双排管布管模式,并排两管间距约为1 m,为坡口加工预留了位置;两堆管点的管道间距约为12 m,为机械设备的移动留出了操作空间。(图2)

通过管材级配及改变布管方式,可以减少后续坡口加工及组对的时间,优化后续工序的衔接,提高综合焊接工效。

图2 青宁输气管道工程管道全自动焊接现场布管

### 3.3 坡口加工控制措施

为了增加坡口的一次成功率,避免因坡口质量问题而造成损失,经研究采取以下措施,以提高加工质量,减少组对时间:

(1) 定时保养维护坡口机,保证加工时坡口机状态稳定;

(2) 加工坡口时吊装稳定,保证坡口机不晃动;

(3) 提前打磨管端焊缝,使焊缝处过渡均匀;

(4) 调整进刀量及转速至合理范围,使刀具的受力减小;

(5) 对于车削量较大的焊缝,先使用加工精度较差的坡口机粗加工,再使用加工精度好的坡口机加工坡口;

(6) 加工的坡口宜在 24 h 内使用，避免坡口锈蚀及污物腐蚀。

### 3.4 坡口组对控制措施

对于错边量较大且无法通过前边工序纠正时，需研究其他措施将错边量控制在合理范围。经研究制作出磁力垫片(图 3)，组对时将垫片吸在错边量较大处的涨块上，以纠正该处的错边量。磁力垫片使用方便，且效果好，可以大幅缩短组对时间，提高组对质量，提升综合焊接工效。

图 3 自制磁力垫片

### 3.5 预热控制措施

为了提高预热方面的工效，经研究，将预热方式改为电加热带加热。加热之后，由于电加热带将坡口包裹，阻止了风进入坡口，所以不需要罩防风棚即可直接进行根焊。且电加热不影响焊接小车轨道，所以轨道可提前安装。内焊机焊接完成后即可使用外焊机进行热焊，有效保证了根焊与热焊的时间间隔。

采用该预热方式后，优化了工序衔接，减少了工序等待时间，提高了综合焊接工效。

### 3.6 焊接控制措施

为了避免焊接过程中造成的工效损失，经研究提出以下施工措施：

(1) 轨道前上后拆(热焊工位安装，盖面工位拆卸)，节省安装轨道时间。安装轨道时应保证距坡口的距离在合理范围，且每层焊接前应进行校正。

(2) 组对前检查内焊机状况，避免内焊机根焊时送丝不稳定及无丝等情况。

(3) 全自动焊接为熔化极气体保护焊，焊接作业必须在密闭防风棚内进行。由于焊接作业处于野外，作业带高低不一，防风棚不能稳定地坐落在管口处。经研究制作了三角枕木，在低洼处填三角枕木，使防风棚处于稳定状态，确保焊接过程中不随意晃动，保证焊接质量。

(4) 焊接前，应对管道两侧的管端进行封挡，防止管内空气流动过快导致气孔等缺陷。焊接过程中，焊接操作人员必须时刻观察整个焊接过程是否正常，如某个焊枪不正常，则立即停止该焊枪的焊接，待问题处理完后再继续焊接。

(5) 每层焊接完成后，使用角向磨光机修磨焊道，清除焊渣及飞溅，着重清除焊道的中间凸出部分及车辙线，保证焊道与坡口的圆滑过渡，打磨成接近平或微凹状。注意清根时不得破坏原坡口的钝边棱角。

(6) 接头打磨时，必须圆滑过渡，以防止出现未熔合缺陷。

## 4 结论

优质和高效才是管道全自动焊接工效优化的必由之路，也就是必须选择先进的设备和提高工艺水平。在相同的设备水平之间，需不断地采用科学的分析方法和控制措施来提高工效。通过对青宁输气管道工程河南油建全自动焊接百口磨合期间的各施工工序进行分析研究，找到了影响焊接工效的因素，制定了相应的解决措施加以修整。同时优化工序流程，使各工序相互衔接紧凑，提升工序质量，在后续焊接过程中日最高工效达到 17 道口($\phi$1 016 mm×17.5 mm)，提高了青宁输气管道工程管道全自动焊的综合焊接工效。

## 参考文献

[1] 宋竹青，吴连宏.对管线全自动焊接施工要重视的技术问题阐述[J].剑南文学，2013(10)：469-469.
[2] 成都熊谷加世电器有限公司.管道全自动焊是提高长输管道施工效率的利器[EB/OL].(2019-11-01)[2020-07-07]. https://www.xgzdhj.com/articles/gdqzdh8872.html.

# 浅谈优化长输管线光缆配盘及实施

汤　彬

（中石化江苏油建工程有限公司）

**摘　要**　长输管道中光缆通信的质量是整个长输线路监测和操控的重要一环，如何降低光缆衰减已成为无法避免的一个难题，而光缆配盘又是此项工作的首要前提，影响着后续光缆的施工。本文将通过对影响光缆配盘的各类因素的重要性进行分析，以及采取相对应的优化措施，来优化不同线路段的光缆配盘，从而让后续光缆吹敷更加容易，施工环境更加便捷，同时也方便了以后的运维工作，节省了施工资源，提高了经济效益。

**关键词**　长输管线通信；光缆配盘；光缆衰减；定向钻；人(手)孔

## 前言

青宁项目(六标段)均在扬州市境内，沿线地形地貌水文等各不相同，高邮段沿途为堆积平原地貌，土壤多是粉质黏土，地下水位高，沿线鱼塘、蟹塘、池塘、藕塘众多，水网密布。仪征段沿途多为平原地貌，部分为丘陵地段，地势起伏较大，地下水位高，随地形变化而变化，区域内鱼塘、池塘、沟渠较多，乡道较窄。线路总长约 90 km，大型定向钻穿越 28 条，线路较为复杂，给光缆配盘及实施增加了较大难度。

## 1　影响光缆配盘因素的分析

### 1.1　单位公里转角桩个数及角度因素

一般线路上管道设计的转角桩及每个转角桩的角度都影响着光缆通信管道(硅芯管)的敷设，特别是管道所经过的地方多为水网地带和乡村道路相互交错之处，若单位公里存在多个转角桩，且每个转角角度越小，光缆敷设时的弯曲度就越大，在较短距离内难免出现连续的多个横向"S"形，同时，硅芯管也会相应出现多个接头，后续会加大吹缆的难度，影响全段光缆配盘。如图 1 所示，此

图 1　BHJ004-BHJ010 区段 8 个转角桩

段路由长度约为 560 m，设计有 8 个转角桩，其转角的度数也比较小，光缆吹敷时难度将增大。

## 1.2 单位公里线路平直度分析

这里的“平直度”指的是光缆通信线路在垂直地面标高的连续差。由于本标段处于水网地带，灌溉沟渠、河流等众多，大开挖穿越时深度平均达到3～5 m；而且标段内大型道路多，地基高，顶管深度大，导致其和一般线路的高度落差较大，形成纵向的“S”形，单位公里内水网越复杂，道路越多，埋深越深，光缆敷设难度越大，光缆也就越难配盘。图 2 为青宁输气管道沪陕高速顶管，顶管深度为 7 m，造成光缆保护管（硅芯管）与一般线路落差过大，光缆施工难度增加。

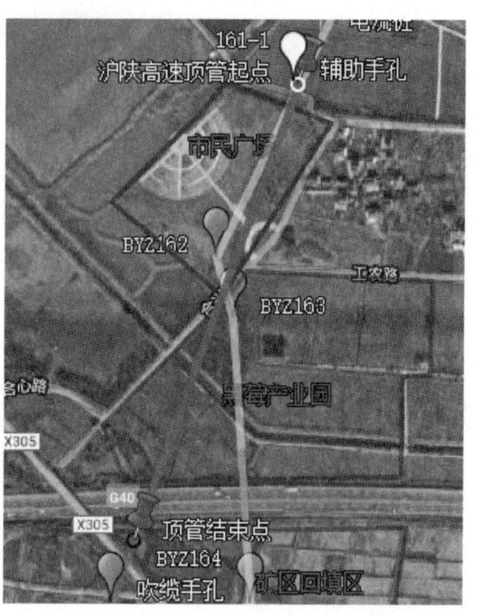


图 2　沪陕高速顶管

以上线路的横向度和纵向度两个因素深深影响着该段内硅芯管的敷设和光缆的吹敷，因此在配盘时应优先考虑实际路由的影响。

## 1.3 定向钻两端与一般线路联合配盘可行性分析

因为大型水系的纵横交错以及局部区域的等级划分，管道敷设时需要采用定向钻穿越的特殊方式。本标段定向钻多达 29 条，而定向钻穿越两端在设计时都预设了人（手）孔。采用单独镀锌管敷设方式时，硅芯管和光缆都设计了一主一备，这样在光缆吹缆时既要与一般线路相连，又要考虑备用光缆，加上定向钻长度不一样，影响着光缆配盘；采用海缆和主管道一同定向钻穿越时，由于海缆和线路普通光缆的结构、材质、敷设方式都不一样，也影响着整个通信光缆的配盘。如图 3 所示为南澄子河定向钻与一般线路路由。

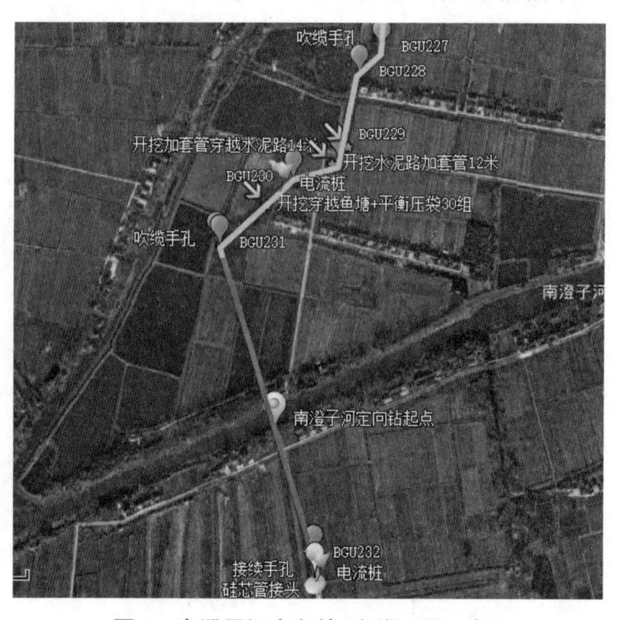


图 3　南澄子河定向钻（光缆一用一备）

### 1.4 设计图纸人(手)孔位置与实际复测地形位置偏差

由于设计部门已经给出了光缆配盘的长度和各人(手)孔的具体位置，在实际施工过程中，预设人(手)孔位置所处环境、地形等可能与设计时存在诸多差异，结合规范中“不应将接头点安装在常年积水的洼地、水塘、河滩、堤坝内及管道设施、铁路、公路的路基下”和“人(手)孔的位置应避开水塘、公路、沟、水渠、河堤、房基、规划公路、建筑物红线”，需要对人(手)孔位置进行微调，这样会导致光缆原配盘长度的变化，同样成为影响配盘的一个因素。

### 1.5 线路总接续点分析

为了降低整段光缆接续损耗和总衰减，需要对整条线路(包括站场和阀室)以及各中继段的接续点进行分析，每个接续点都会有光缆熔接，熔接的好坏直接影响着光缆的通信，多一个接续点一定存在着光缆的衰减，因此接续点越少，光缆衰减也就越少，通信质量就会越高。因此在光缆配盘时应充分考虑接续点个数。

### 1.6 运营与维护

光缆接头盒是安放在接续人(手)孔中，上面安装有光缆监测装置，若是光缆接续人(手)孔的位置位于田地、沟渠等不合适的地方，在后续检查或是急需维护时所耗费的人力、物力就会相应地增加，同时也会牵涉到工农关系协调，增大施工难度，这也从经济上一定程度地影响着光缆配盘。

## 2 改进措施

### 2.1 结合路由，优化人(手)孔位置

光缆配盘决定着光缆通信施工和维护的难易度，也决定着通信质量的好坏。在拿到设计部门给出的配盘和人(手)孔信息时，应先通过奥维地图等相关软件将管道线路投射在地图上，通过地图对每个中继段内的每个人(手)孔所处地形地貌、交通、水系、转角桩个数等进行合理优化，列出地图上显而易见的合理化位置，比如：标准 2 km 配盘的线路上的转角点个数及角度较大，穿越的乡间道路或是沟渠较多时就需要将光缆配盘和后续段调换，改变吹/接缆人(手)孔位置，或是吹/接缆人(手)孔位置部分落在农田内等施工和后续维护较难、协调难度大等位置时，也需调整人(手)孔位置。在地图上微调位置定位后，必须在施工前沿着实际管线对每个点进行复查，确定该点周围环境和交通状况，如是否有构筑物、是否处于低洼之处、是否影响着光缆吹敷和接续以及后续维护施工等，最后根据所查勘的实际施工位置定位。

### 2.2 优化定向钻光缆配盘

对于定向钻方面，应根据每条定向钻长度，将其主光缆与一般线路光缆进行统一配盘，即将定向钻一端的接续人(手)孔改变为吹/接缆共用人(手)孔，主光缆不切断，备用光缆放

在人(手)孔内的方式进行配盘,备用光缆可与部分线路段长度进行配盘,比如 2.3 km 的单盘光缆,若主线路段配盘长度为 1 700 m,其中一条定向钻长度为 550 m,就可以合起来配盘,提高光缆利用率。如图 4 所示,将两条定向钻及其之间的一般线路合起来配盘,在 BGU255 号桩设置吹缆人(手)孔,将 BGU224 和 BGU226 原设置的接续人(手)孔改为辅助人(手)孔供备用光缆用,另外 BGU223 和 BGU227 仍然设置为接续人(手)孔,这样就较原来减少了 2 个接续点,提高了光缆材料的利用率,降低了光缆衰减的值。

图 4 南关干渠定向钻和龙狮沟定向钻路由

## 2.3 合理调换原配盘区域

光缆各人(手)孔可以通过地图上和实际复测路由进行合理优化,比如两个接续人(手)孔路由比较平滑,吹缆施工容易,原配盘是 1.5 km 时可以相应延长配盘的长度为 2 km,甚至更长,这样就可能减少接续点的个数。

若是相邻配盘区域前段为 1.5 km,路由较为平滑,后段为 2 km,转角多,穿越多,路由曲折多,这时可将前后段配盘调整为前段 2 km,后段 1.5 km,这样设计的配盘减少了困难段的光缆吹敷难度,提高了施工效率。

当然,经过复测改变的人(手)孔位置以及光缆配盘长度的变化等合理化位置和改变原因应及时向设计部门反映,请其进行复测,并最终确认施工点和配盘长度。

## 2.4 结合规范及实际路由,优化光缆各段配盘路由

青宁管道(六标段)综合了设计部门给出的相关信息和线路路由,结合各定向钻长度,通过实地勘察,在设计规定范围内合理地进行光缆配盘和人(手)孔定位,提前保证了后续相关施工工作。

# 3 结语

通过对光缆配盘时各因素的分析以及相应改进措施的合理优化,让青宁输气管道工程在尽量不改变光缆单盘长度的情况下,接续人(手)孔较原来减少了 12 处,光缆材料利用率增加到 94.6%,线路路由的接续人(手)孔也布置在车辆进出方便或是农田梗上、沟渠边等不影响农耕的地方,减少了光缆吹敷的难度,提高了施工效率。同时,合理的人(手)孔位置也为后续光缆检测与维护等提供了便捷,减少了人、材、机等施工费用支出量;综合配盘也提高了光缆材料的利用率,降低了材料的损耗;优化后的光缆配盘也可以在一定程度上降低光缆通信的衰减值,保证了通信的质量。

## 参考文献

[1] 中华人民共和国住房和城乡建设部.通信管道工程施工及验收标准:GB/T 50374—2018[S].北京:中国计划出版社.

[2] 国家能源局.油气输送管道同沟敷设光缆(硅芯管)设计及施工规范:SY/T 4108—2019[S].北京:石油出版社.

# 浅谈淤泥质水塘地段管道施工方法

高　峰
（中石化江汉油建工程有限公司）

**摘　要**　本施工方法涉及淤泥质水塘管道安装施工方法，依次包括以下步骤：征地、作业带清理、管道预制、沉管下沟、管顶标高复测（数据采集）、回填、音频检漏、水工保护、地貌恢复等。施工方法工效高、质量高、成本低。

**关键词**　淤泥；水塘；晾晒；沉管下沟

## 前言

扬州宝应县、高邮市地区经济发达，尤其是水产养殖，多为名贵经济鱼种、虾蟹，经济价值高。同时环境保护要求高，村民法律意识强，因此给长输管道施工带来了更高的潜在要求。

对于水深较深或淤泥较深的大型河流和通航河流均采取定向钻穿越方式，其他中小型河流、沟渠、水塘等水网均采取本施工方法。

青宁输气管道工程线路工程（五标段）水网地带采用了本施工方法，快速有效地完成了施工任务。

## 1　工程概况

青宁输气管道工程线路工程（五标段）位于江苏省扬州市境内，起点位于扬州市宝应县曹甸镇古塔村，终止于扬州市高邮市龙虬镇大树村，全长 86.90 km，管径为 $\phi$1 016 mm×17.5（21/26.2）mm，材质为 L485M，压力 10 MPa，本标段共 35 条定向钻穿越，13 条顶管穿越；设置截断阀室 3 座，分输清管站 1 座，分输站 1 座。

## 2　影响原因

### 2.1　水文、地质

管线所经地段基本为鱼塘、虾蟹塘、水稻田、河流等地段，占到管线施工长度的 1/4，地下水系发达，地下水位高，水网互相连通，水塘大多淤泥较厚，一般为 1～2 m，极其特殊的地段能达到 5 m 之深，地基承载力差，不易成沟，软土地基分布对工程影响较大。

据区域地下水动态观测资料，地下水主要靠大气降水及地表水入渗补给；排泄以蒸发及居民用水为主。地下水位动态主要受大气降水控制，丰水期水位上升，枯水期水位下降。

根据区域水文地质资料，地下水位常年变化幅度约 0.5～1.8 m。

### 2.2 气候

扬州市属于亚热带季风性湿润气候区，受季风环流影响明显，四季分明，气候温和，自然条件优越。年平均气温为 14.8℃，与同纬度地区相比，冬冷夏热较为突出。最冷月为 1 月，月平均气温 1.8℃；最热月为 7 月，月平均气温为 27.5℃。全年无霜期平均 220 d；全年平均日照 2 140 h；全年平均降水量 1 020 mm。盛行风向随季节有明显的变化。冬季盛行干冷的偏北风，以东北风和西北风居多；夏季多为从海洋吹来的湿热的东南风和东风，以东南风居多；春季多为东南风；秋季多为东北风。

## 3 具体施工方法

### 3.1 施工原则

采用沟上预制、沉管下沟法敷设管道。

### 3.2 作业程序

征地→作业带清理→管道预制→沉管下沟→管顶标高复测(数据采集)→回填→音频检漏→水工保护→地貌恢复。

### 3.3 征地

由于本标段水网地段水系发达，鱼(虾蟹)塘较多，养殖的多为经济价值较高的鱼、虾蟹类，在施工前的征地过程中，往往由于管道所经之处仅为鱼塘一小部分甚至是一个边角，外协人员为考虑节省费用往往仅按设计要求的作业带宽度征地，而养殖户也从其养殖塘的利益考虑，在作业带边上再次砌筑一塘坝，在未征占的部分养殖塘内继续养殖。而依据设计要求，水塘地段的管沟深度至少要达到 3.5 m，在开挖管沟过程中旁边未占用的水塘内的水就通过地下渗透到管沟，浸泡淤泥质黏土，造成管沟大面积回淤，无法成型，无法达到设计的管道埋深要求，而经过扰动和浸泡的作业带，设备行走更是困难，管沟返工的难度更是难上加难，往往是采取各种补救措施，耗费了大量的时间和物力才勉强通过设计技术质量要求，因此管线在水塘、养殖塘内敷设时，为保证管道埋深，必须将此处水塘、养殖塘全部征用。

### 3.4 作业带清理

征地协议签订后，要求养殖塘户主尽快打捞塘内水产，然后安排人员抽水排放到排水沟中，因为本标段的淤泥有一特点就是遇水则成稀泥，遇太阳则成硬块，晾晒可大大提高土壤承载力，便于施工，因此在抽水完成后采用湿地宽履带挖掘机将表层 1～2 m 的淤泥清理到作业带边缘并晾晒数日，然后在设备行走区内沿管线方向先铺垫一层 0.5 m 厚的干土，压实后再连续铺设钢板或钢管桥排便于焊接施工，对于水塘堤岸，用推土机推成缓坡，以小于 10°为宜，变坡点平滑过渡，同时也避免设备来回碾压扰动土层，造成管沟开挖不成型，给下沟造成极大困难。

## 3.5 管道预制

淤泥地质采用沉管下沟法是一个最佳选择(后面将做叙述),因此管道在布管时就应在测量工的指导下,将管道布置在管道中心线上。首先安排防腐工对管道进行检查,对防腐层损伤按规范进行修补,然后进行组对前的清管,由于管道材质为 L485M,强度高,易于出现裂纹,焊接时应充分执行焊接工艺评定的参数和相应的措施要求,如管道焊前预热、焊后缓冷、防风防雨等保证焊接质量,焊接合格后对管端进行满焊封堵,防止泥水进入管道,然后及时进行防腐补口补伤。补伤必须贯彻到焊接、防腐补口、下沟回填前这三道工序中。

## 3.6 沉管下沟

由于淤泥质水塘承载力极低,施工设备进场及管线成沟极为困难。管线整体下沟需数台 70 t 吊管机才能满足起吊要求,由于土壤承载力低,吊管机空载行走困难,更无法吊管下沟,为保证管道下沟的质量和安全,针对土质情况,下沟采用双侧开挖沉管下沟施工方法,以解决此难题。双侧沉管法与一般正常方法下沟的最大区别在于,布管中心线在管沟中心线位置,通过在双侧对称开挖管沟,当管沟开挖达到一定长度后,管端开始下沉,继续开挖,管道依靠自重贴附于管沟底部,完成整个管段的下沟,见图 1。

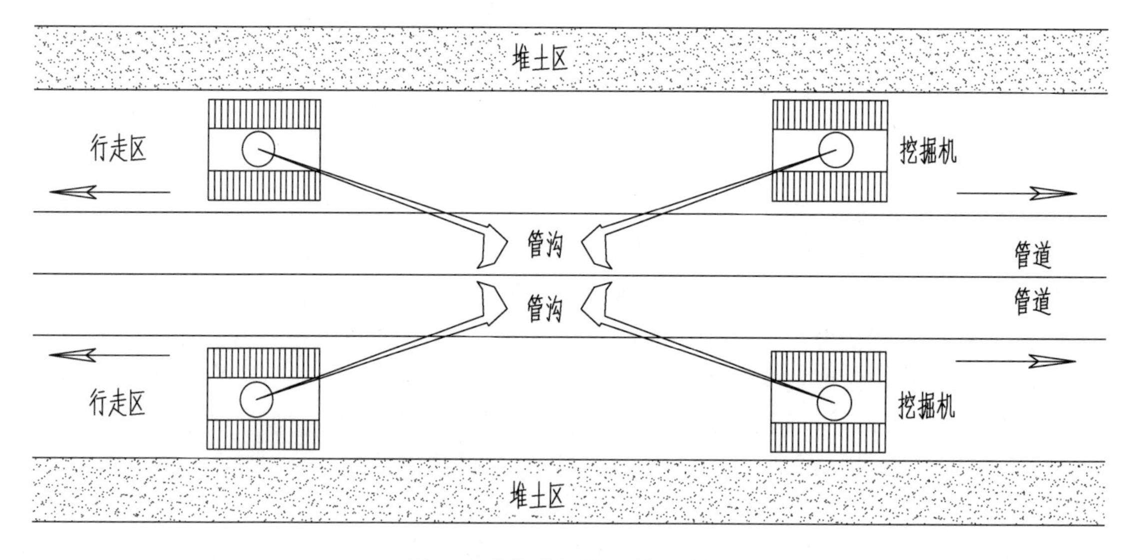


**图 1 双侧沉管下沟开挖示意图**

管道沉管下沟前应再次核实预制管道是否在管道中心线上,再次检查防腐层,尤其是管道底部损伤情况,被淤泥覆盖的防腐层必须清洗干净后进行仔细检查,确认无误后开始沉管下沟施工。因为管道质量过大,这些工作必须在沉管之前完成,后续的补救措施几乎是不可能的,故需引起重视。

两台挖掘机从管段的一端开始顺序对称开挖,管段较长时,可采用四台挖掘机对称相背施工。管沟宽度为 2 m,便于压袋的放置。管沟深度应比设计深度超挖 0.2 m,保证轻微的塌方不影响管道埋深，并按要求放沟边坡，防止塌方，一般不小于 1∶1，当放大坡比管沟仍然塌方不能成型时，先沿管沟外侧 0.5 m 打入连续的钢桩并嵌入钢板形成钢墙，防止管沟塌方。在开挖的管道上方铺设长 4 m、厚 8 mm 的防护胶皮圈，随着挖掘的速度向前挪动，防止挖机斗铲损伤防腐层。挖掘机的斗铲在距管道 0.5 m 时应缓慢入土开挖，并派人全程监测，若出现防腐层损伤应及时修补。水准仪随时监测管沟深度是否达到设计要求，在沉管下沟的管道上放置电火花检测环，在管道沉入沟底之前，来回检测管道防腐层。

对于淤泥质较深的地段，如超过 3 m，挖机臂无法达到开挖深度，就应分层开挖，例如一处管沟深度为 6 m，坡比 1∶1 的管段，采用分层开挖后的作业带宽度经计算达到了 98 m 宽，而管径 1 016 mm 的管道的作业带一般设计为 18 m，这就需要在施工前仔细审核图纸的开挖深度和土质情况，应将此类管段列出，单独申报特殊地段施工作业带，见图 2、图 3。

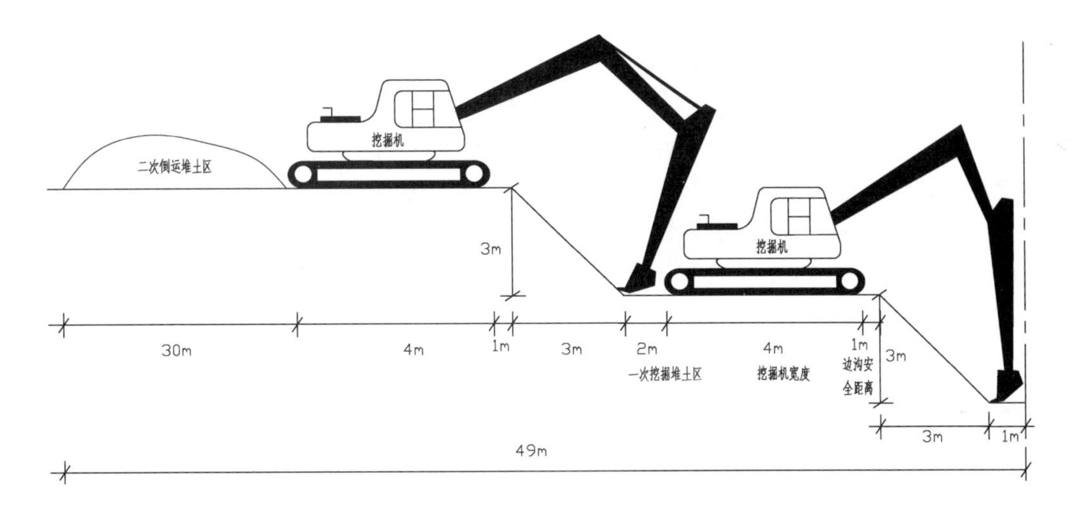


**图 2　分层开挖侧面图**

## 3.7　管顶标高复测(数据采集)

施工机组在管道沉管下沟自检合格后，应及时向项目部申请管道标高复测，在复测符合图纸标高要求后及时进行数据采集。应采集每道焊口的坐标和高程数据，尤其是连头口和弯头口的坐标，此项内容为数字化管道的核心部分，不容忽视。

**图 3　分层开挖现场图**

## 3.8　回填

准备足够的水泵和电源，当标高复测合格后，排除管沟内的积水，为防止管道漂浮，及时放置压重袋，然后进行小回填，即回填高度为管顶 0.5 m，小回填时必须注意回填的土质情况，大土块、砖块、树枝等硬物必须清除，采用细土回填，铺设光缆和警示带后再二次回填。

对于养殖塘，大部分地区存在清淤的习惯，每清淤一次，养殖塘就变深一次，这就造成了多次清淤后管道埋深不够甚至出现清淤机械直接碰撞到管道，造成质量事故。因此，从管道安全运行的角度上考虑，建议在做管道设计时在管道顶部连续或间断地铺设水泥盖板或者其他的一些管道安全保护措施，既能起到保护管道的作用，又能起到“下方有障碍物”的提示作用。

### 3.9 音频检漏

由于业主的工期要求，往往需要施工单位在保证质量安全的前提下，尽量加快施工进度，而施工单位也从自身的工期成本角度考虑，在实际操作过程中就忽略了一些质量上的要求，造成二次进场返工，出现了极大的成本浪费。对于音频检漏这道工序，施工单位往往为了急于管道的连通、试压投产，而忽略了在管沟回填后的此项工作。由于长输管道施工周期较长，一般均为 1～2 年的时间，因此好多养殖塘户主为了急于养殖，将已经回填完的养殖塘灌满水开始养殖，同时一些水塘也由于日积月累又恢复了当初的地貌，这就造成了一旦第三方检测发现管道防腐层漏点要求开挖时，进场已经是困难重重或者是不可能，最终还是得花掉一大笔费用用于此项质量问题的整改。因此管道小回填后，要求必须及时进行音频检漏工作，为工程的顺利竣工交工提供一份保障。

### 3.10 水工保护

水工保护的施工必须从基槽开挖、砂浆配比、材料验收、砌筑方式上严格执行规范要求，防止通缝和空洞现象的发生。

### 3.11 地貌恢复

地貌恢复是管道施工的最后一道工序，在做此道工序前，项目部必须组织技术、质量、安全、数字化等相关部门进行集中验收，确认此前的所有工序均已完成并且合格后方可进行地貌恢复工作，地貌恢复必须得到当地村民和政府的认可并办理地貌恢复合格证作为向扬州管理处的交工依据。

## 4 结语

由于淤泥质水塘的特殊地质情况，每道工序皆环环相扣，前道工序的失误必将严重影响后续工序的质量，造成极大的成本浪费，因此在施工前必须充分核实图纸和现场的实际情况，制定严谨的施工方案，合理安排每一道工序并严格执行。

### 参考文献

[1] 孟君，洪政甫，王普成，等.深淤泥连片鱼塘管道安装施工方法：CN103994279B[P].2016-01-06.
[2] 王力勇，宋春慧.天然气长输管道输差控制与分析[J].油气储运，2007(4)：44-47.
[3] 李波，朱华锋，李建新.干线输气管道的优化设计[J]. 油气储运，2000，19(8)，18-22.
[4] 茹慧灵.长输管道施工技术[M].北京：石油工业出版社，2007.

# 有线控向系统在定向钻穿越工程中的应用

张暮凯

（中石化江汉油建工程有限公司）

**摘　要**　本文的研究目的是对穿越曲线进行精度控制。在导向施工过程中使用有线控向系统实时跟踪，依靠钻进时显示的数据随时调整钻具的方位角和倾角。如果钻头真实位置与电脑计算位置存在误差，则使用人工磁场进行校正。本文满足设计穿越曲线要求，一次回拖成功。由此可知，有线控向系统适用于大、中型定向钻钻机进行深、长管道穿越，穿越曲线不受穿越深度及长度限制。

**关键词**　有线控向；精度

## 前言

本文以目前国内市场使用较多的美国 Sharewell 公司的 MGS 控向系统为例，介绍了定向钻有线控向施工中提高控向精度的要点及方法，为提高定向钻导向孔的准确性提供了实践依据。

## 1　MGS 控向系统概述

新型磁性有线控向系统（MGS）是一个以地磁和重力场为参照物的方向控制系统，可为水平定向钻进提供实时信息。

MGS 通过产生直接的有关工具面、方位（水平角度）和倾斜度（垂直角度）的信息，给控向员和司钻提供准确的位置控制。数据由控向软件在地面进行处理，以提供深度、行程长度和偏离预定轨迹的距离。

MGS 系统由五个主要部分组成：一根探棒、司钻显示仪、接口仪、计算机和打印机。探棒装在一套无磁组件中，包括一根无磁钻铤、一根无磁导向短节和一根带喷射型钻具或泥浆马达的钻头的无磁造斜短节。探棒的信号经由控向线传导到地面，经过接口仪处理后传输到司钻显示仪及计算机，提供钻孔控向的实时信息。

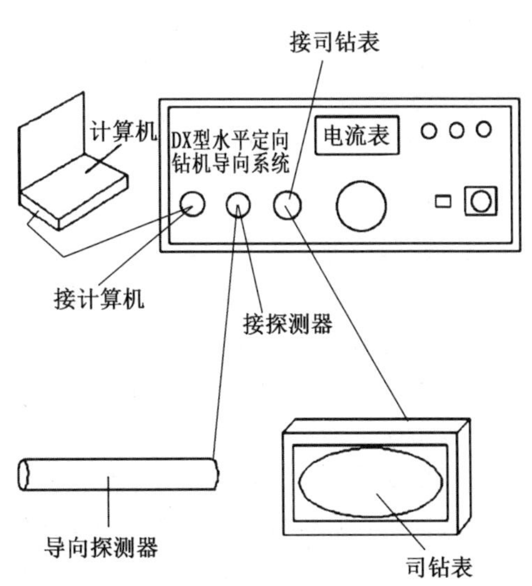


图 1　有线控向系统连接示意图

# 2 操作步骤及控制点

## 2.1 测量放线

测量放线是开钻前必不可少，且非常重要的一道工序，此工序需进行 2 次：第 1 次针对钻机就位；第 2 次针对出、入土点及人工磁场进行准确放线。

(1) 钻机就位

开钻前，现场设备布置始终围绕钻机进行，因此要先对钻机摆放位置进行确定，埋设锚固箱。

实际操作时，使用 GPS 对设计图纸给出的出、入土点坐标进行线放样，定出穿越中心线。根据设计给出的入土角计算出入土点距离钻机锚固箱的水平距离，再根据钻机锚固箱的实际大小，计算出锚固箱 4 个顶点的位置，用 GPS 定位后打桩画线（打点时需留出余量，便于锚固箱进坑后调整角度）。锚固箱埋下后，需将锚固箱 2 条长边的中点与中心线进行比对，使锚固箱 2 个长边的中点与穿越中心线重合，再将其压实。（图 2）

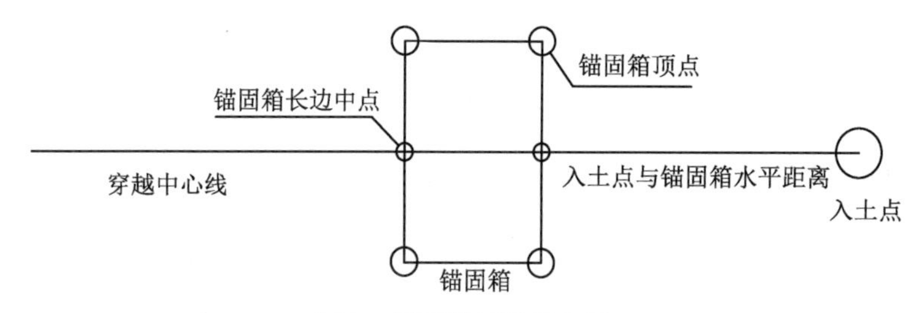


**图 2 锚固箱埋设示意图**

钻机就位后，将全站仪架设在钻机前方中心桩且与钻机通视的位置，距离尽可能远，将全站仪左右角度调整到中心线方向，用镜头十字刻度观察钻机动力头，确保钻机动力头与十字刻度竖向方向重合，再将钻机与锚固箱连接。

钻机倾角需与入土角一致，将探棒装入无磁钻铤后连上钻机，根据探棒给出的 *Inc* 值调节钻机倾角。

(2) 出、入土点及人工磁场放线

一般来说，定向钻穿越在施工前都需要对场地进行平整，这会导致出、入土场地与图纸给出的高程有较大差别，因此，需要对出、入土点高程进行重新测量。入土点与锚固箱之间有一段悬空距离，由于钻具自重下垂，会导致入土点与锚固箱的水平距离比理论计算值要短；钻具安装完毕后，将钻头推至与地面接触，该点才是实际入土点坐标，整个导向曲线及人工磁场需以此点为基准点进行计算。

人工磁场的选择重在质量，一般可选择在入土侧布置 3 个，出土侧布置 2 个，选择的位置应尽量避开钢铁和电线等磁性干扰物，场地尽量平整，磁场大小根据实际情况可大可小，但要保证埋深和线圈电流的最低要求，若场地起伏较大，需增加磁场顶点，以提高埋深的精确度。

一般来说，入土侧第 1 个磁场应尽可能靠近钻机，以尽早确定方向，减小错误的方位角对左右偏差的影响；第 2 个磁场主要用来和第 1 个磁场数据进行对比，选择位置相对随意；第 3 个磁场应尽量靠近河边等可能长期无法布置磁场的障碍物，保证钻头在过河前位置可控。由于河面存在桥墩和船只等干扰物，可能对磁方位角产生干扰，因此，在钻头穿过江河后，出土侧应在尽可能靠近河边的位置布置第 1 个人工磁场，并将得出的数据与入土侧第 3 个人工磁场数据进行对比，保证钻头在出土侧的位置可控；出土侧第 2 个人工磁场位置相对随意，但应尽量远离出土点，否则意义不大，该组磁场得出数据与出土侧第 1 组数据进行对比，若吻合，则可放心出土，一般出土误差半径在 1 m 以内。

## 2.2 穿越曲线的绘制

穿越曲线通过 AutoCAD 软件绘制，包括平面图和剖面图 2 个方向。所有参数都应采用 GPS 实际测得的数据为准，参数包括穿越水平长度，出、入土点高差，出、入土角角度大小，水平段最大埋深，1 500*D* 曲率半径大小等。由于这些参数值都是以入土点为基准计算的，因此入土点的实际坐标和高程一定要准确。

穿越曲线绘制完成后，可将电子版地勘图、地下重要障碍物及山脉断层走向等附在穿越曲线上，便于控向操作过程中进行参考，以便针对不同地层，对司钻操作和泥浆配比及时进行变更。

## 2.3 穿越中心线磁方位角的确定

在使用 GPS 线放样穿越中心线时，GPS 手簿会给出理论 *Az* 值，但实际穿越中，地磁场会受到一定干扰，这个值通常情况下是固定的，因此，理论 *Az* 值仅供参考。

这里要特别指出，探棒在使用前需要对其精度进行测量，测量时将探棒放置在木架上，使将探棒旋转到 $Hs=0°$，倾斜角 $Inc=90°$，并首先测量方位角在 $Az=0°$时的磁场(*H*)和重力场(*G*)和地磁夹角(*Dip*)，然后将探头稳定在木架上以每次 45°转动，每转动 45°测量一组数据，在同一位置总共测量 8 组数据，每组获取三组数据，总共获取 24 组。测量完成以后，利用测量所得的 *G-Total*，*H-Total*，*Dip* 数据值，通过每组数据进行比较，来判定探棒误差。每组数据的误差值如果在规定范围之内，证明探头精度复合满足工程需要，可以使用；如果误差值超出比较大，应将探棒送厂家进行校正和修复；如果误差值超出规定值较小，可以在测定参数时进行修正。其中 *Dip* 的最大误差值为 0.6°；*H-Total* 的最大误差值不超过 350 μg；*G-Total* 的最大误差值不超过 6 mg。

若无磁钻铤前端直接连接无磁造斜短节和钻头，该钻具对探棒影响很小，因此，在开钻前，可预先在地面上测出磁方位角，沿穿越中心线方向选择至少 3 处远离磁场干扰的地点(远离干扰物至少 60 m，探棒不可直接放置在地面上，需要用木块架空)进行测量。探棒校正后，每个地点通过探棒测出 8～16 组 *Az* 值，选取出现频率最高的 *Az* 值作为基准。若无磁钻铤前端需要连接螺杆马达等井下动力钻具，其对探棒数据影响较大，提前测得的磁方位角无法直接使用，便失去了测量的意义，这种情况下可选择入钻后的第 3～5 根钻杆的 *Az* 值作为基准方位角，由于下钻距离短，钻杆弯曲幅度小，偏差不大，因此 *Az* 值相对准确，第 1～2 根钻杆由于埋深过浅，受地面钻机设备及钢板等影响较大，其 *Az* 值变化较大，一般不予采用，但此种办法要求钻机就位必须准确，若钻机就位与穿越中心线有较大夹角，得出的磁方位角就是错误的。

## 2.4 导向孔钻进

导向孔钻进前，必须对每根钻杆的长度进行精确测量，若穿越长度超过1 000 m，钻杆的长度误差会对钻进曲线长度产生较大影响；在测量钻杆的同时，需要对钻杆内部进行通球，防止钻杆内的金属碎屑冲至探棒附近卡住，对探棒的地磁场感应产生干扰。实际钻进后，需要将第1、2根钻杆的 $Az$ 数据修正为之前确定的磁方位角。

在探棒进入第1个人工磁场后，测出探棒的真实埋深 $Elev$ 和左右偏差 $R/L$ 值，并与软件计算出的埋深和左右偏差进行比对，计算出真实位置与计算位置的左右夹角，反推出正确的磁方位角。这里要特别指出，每根钻杆测2～3组人工磁场数据，若数据相差较大，应再次增加测量次数，每根钻杆测出的人工磁场数据算出的中心线夹角都不完全一致，实际操作中可选择最为相近的几组数据取平均值来确定中心线夹角；埋深的差值是由于钻具自身重力下沉产生的，一般情况下实际埋深会比计算埋深要深1～2 m，该值相对固定，但要予以重视，否则会导致钻头的延迟出土。

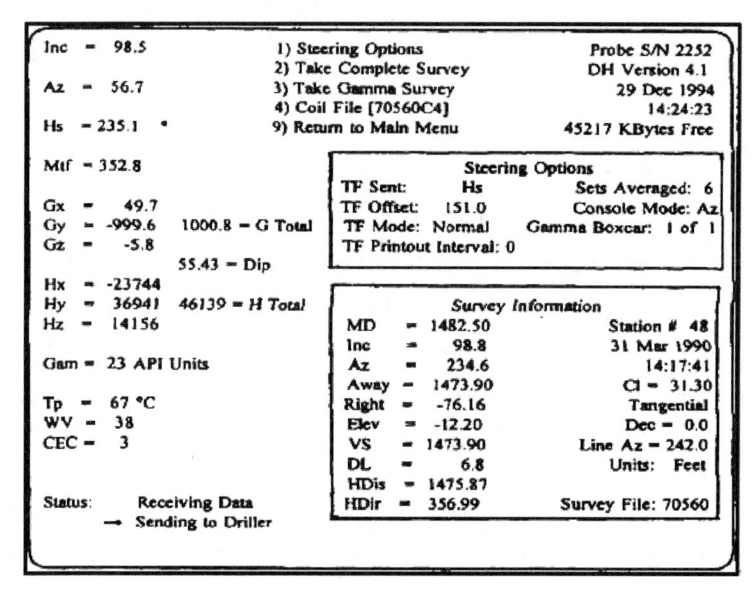


**图3 控向软件界面图**

在实际钻进过程中，钻头会受到很多因素影响而跑偏。例如钻杆长期快速的顺时针旋转，会导致钻头向右跑偏，这种现象在黏土层钻进时表现得较明显，岩石地层影响相对较小；若穿越中心线离山较近，沿着山脉岩石走向，会导致中心线方向靠山一侧较硬，另一侧较软，在钻进时，钻头会顺着山势朝较软的方向跑偏，等等，这就要求事先将设计平面图和剖面图地勘信息附在穿越曲线图上，以便提前做出判断，避免实际曲线跑偏过多。

遇到穿越沿线地下有管道、桥梁地基、河面有来回船舶、空中有高压线等情况时，环境磁场的变化会导致探棒感应的地磁方位角会发生变化，从而使中心线方位角发生变化。遇到此类情况时，应仔细分析人工磁场测得参数，找出磁方位角的变化规律，判断出不同地段的正确磁方位角；同时，对单根钻杆的角度变化，结合司钻操作手法进行分析判断，例如整根钻杆旋转钻进，得出的方位角减小了3°，即向左跑偏3°，这种可能性是很小的，说明探棒可能是受到了磁场干扰，此时可结合 *G-Total*，*H-Total*，*Dip* 等数据值，观察其与之前钻进时的数值是否一致，若相差较大，则可佐证此判断，在数据采集时对此 *Az* 值进行修正。

钻头出土后，应用 GPS 对出土点的坐标高程进行采集，与控向期间计算出的出土点坐标理论数据进行比对总结，分析出误差产生的原因，以便下次改进避免。

## 3 结语

水平定向钻自引进我国至今已有几十年的发展历史，但有线控向技术仍然是定向钻穿越施工中运用最广泛的一种手段。随着城市管网的日益密集，定向钻穿越技术的日益成熟，业主对导向孔的施工质量要求也越来越高，而有效地控制好有线控向技术的精度可以将导向孔全程及出土点的偏差控制在 1 m 范围内。本文提供了定向钻穿越导向精度控制的相关控制点，为有一定控向基础的控向操作者提供了理论和实践依据。

### 参考文献

[1] 乌效鸣，胡郁乐，等. 导向钻进与非开挖铺管技术[M]. 武汉：中国地质大学出版社，2004.
[2] 范培焰. 有线控向系统在定向钻穿越中的应用[J]. 石油工程建设，1999，25(3)：35-38.
[3] 叶文建. 水平定向钻穿越施工中的定向控制技术[J]. 非开挖技术，2007，24(2)：45-50.
[4] 李山.水平定向钻进地层适应性的评价方法[J].非开挖技术，2008(1)：39-44.

# 浅谈泥水平衡顶套管错台成因分析及控制措施

孟晓飞　简守军

（中石化中原石油工程设计有限公司）

**摘　要**　某输气管道工程穿越S611省道时采用顶套管（泥水平衡顶套管）施工方式，在施工过程中由于地质问题及管理原因出现错台，并对错台的原因进行了深度分析，针对分析出的原因进行了探讨，探讨出的控制措施为之后类似泥水平衡顶套管施工提供了参考。

**关键词**　泥水平衡顶套管；错台原因及分析；管理原因分析；控制措施

## 前言

顶管施工单位未严格按照设计图纸及审批后的施工方案进行施工，降水措施不到位，按照规范要求随顶随测执行不严格，顶推力出现增大现象后未分析原因继续强行施顶，造成套管错台，致使钢筋混凝土套管剩余16 m无法继续顶进。本文以S611省道顶管施工为例，对出现错台的原因进行了深度分析，并制定了相应的控制措施，为类似顶管施工提供参考依据。

## 1　工程概况

某输气管道工程穿越S611省道，采用泥水平衡顶管穿越方案，穿越长度90 m。该穿越场地属浅洼平原地貌单元，地形平坦开阔。穿越点西北侧为树林，穿越点东南侧为水塘，道路宽约25.0 m，穿越公路夹角约为78°39′。发送坑采用拉森钢板桩支护，顶管深度7.5 m；套管采用顶管施工用钢筋混凝土柔性接头A型钢承口管，规格为：DRCP Ⅲ1 500 mm×2 000 mm，执行标准为GB/T 11836—2009《混凝土和钢筋混凝土排水管》。（图1）

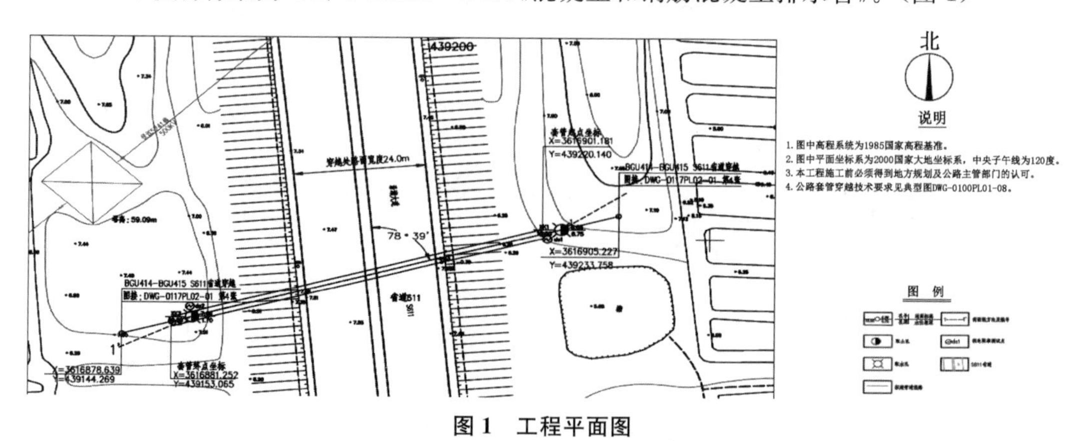


图1　工程平面图

## 2 工程地质条件及设计要求

综合场地条件、地层条件、管道安全埋深、工期、费用及施工工艺与方案的可操作性，建议选择在①粉质黏土层中实施穿越。①层粉质黏土($Q_4^{al+l}$)：黄褐色，可塑—硬塑，土质不均匀，夹黏土薄层，干强度中等，韧性中等，无摇振反应，切面光滑。压缩系数 $a_{1-2}$ 为 0.19～0.61 $MPa^{-1}$，平均为 0.34 $MPa^{-1}$，属中—高压缩性地基土。场地内均有分布。穿越场地地下水位埋深较浅，施工时需要采取降水措施，使水位降到穿越标高以下至少 0.50 m，施工前应做好相应的降、排水方案设计，预防管沟涌水，并对开挖基坑进行支护，顶管钻进的过程中套管及时跟进防止孔壁坍塌。

## 3 原因分析

### 3.1 执行施工规范及施工方案不到位

施工规范要求管道中心线和工作坑位要建立地面与地下测量控制系统，控制点设在不易扰动、视线清楚、方便校核的地方，并加以保护。施工方案中要求顶进坑内设置由地面水准点引入的临时水准点，在交接班时进行仪器高程的校对与调整，顶进轴线由设计管道中心通过经纬仪引入坑内，然后对中观测；激光经纬仪架设在坑的后部。顶进工作井进入土层，每顶进 30 cm，测量不应少于 1 次；正常顶进时，每顶进 1 m，测量不得少于 1 次；进入接收坑前 30 m 应增加测量，每顶进 30 cm，测量不应少于 1 次；每个顶程结束后必须全线复测其水平轴线和高程，并由施工质监人员检查复核。

监理人员及建设单位代表在巡检时发现施工单位未严格按照施工方案及施工规范施工，结合施工全过程影像后了解到施工人员并未做到随顶随测，也没有完整的顶进施工记录，现场管理失控致使顶进过程中两处出现错台，未被施工人员及时发现，造成错台的问题无法及时得到解决。

### 3.2 图纸及地勘资料熟悉掌握欠缺

未认真翻阅设计图纸，对设计图纸理解深度不足，对地勘资料描述的地质情况掌握欠缺，施工方案编制没有针对性，对地下水丰富的发送坑周围未采取降水措施，只是凭经验施工，导致施工过程中地下水系源源不断流入发送坑内，因地下水不断地冲刷管底基层造成了部分管段位置沉降，在顶进过程中出现管口磕头现象，施工人员对这一现象发现不及时，当出现第九节管与第十节管错台的时候并未引起施工人员的重视，现场也未采取纠偏措施，而是继续顶进直到第五节管与第六节管出现较大偏差时才意识到问题的严重性，造成了不可逆转的结果，管与管之间有两处不同高度错台，其中一处 170～220 mm，另一处 120～160 mm，套管内径 1 500 mm，两处错台最大值相加共 380 mm，输气管道 1 016 mm，绝缘支架100 mm，净尺寸只有 4 mm 的余量输气管道无法顺利穿过。

### 3.3 施工过程操作方法不当

未按照地勘报告上的岩土特性制定有效的施工方案，在实际施工中强干蛮干，当遇到无法顺利顶进时，平台操作人员未及时与现场施工人员进行沟通交流，并未要求施工人员进入钢筋混凝土套管内部进行查看核实，遇到顶推力突然加大时，未及时停机检查顶推力加大原因，而是采取加大顶力的方式继续顶进；在钢筋混凝土套管遇到偏心受力的时候管口钢圈开裂，管口混凝土被压碎，造成了钢筋混凝土套管无法顺利进尺，加之地层的不均匀分布，位于套管周围的地质环境发生突发现象，就造成了相邻钢筋混凝土套管接口处的错台。

### 3.4 施工及巡查人员责任心不足

由于坑底有积水和淤泥未及时清理到施工区域外，加上管内空间狭小泥泞，技术人员责任心不足没有按照方案进行随顶随测，巡检人员也只是到现场发送坑周围观察，并未到坑内进行实测实量，因现场施工环境差，专业施工队技术力量弱，管理水平低等原因造成管与管之间的偏差较大未及时发现，未及时纠偏，促成偏差越来越大，现场管理失控造成管与管之间错台严重，最终导致输气管道无法正常穿过。

### 3.5 技术交底、三检制度未落实

施工技术人员对实际操作人员交底不清楚，操作人员对技术交底理解有偏差，不了解顶管工程的重难点，上一道工序施工完成后未进行自检、互检和专职检，质监人员未复核就进行了下一道工序施工，偏差未及时发现，未得到及时纠正，现场人员发现偏差后也未及时上报仍继续顶进，最终造成了钢筋混凝土套管无法顺利顶进。

### 3.6 存在以包代管现象

承包单位在投标文件中确定的是一组项目管理人员，而实际施工中投标文件的中管理人员很少到现场，现场一直是分包单位的管理人员在管理，该泥水平衡顶套管工程由施工总承包单位进行专业分包，施工总承包单位履行监管职责不到位，疏忽现场管理。现场施工人员责任心不到位，未及时发现偏差，发现偏差后未及时采取正确的方式纠偏；发现偏差也未及时上报而是继续顶进施工，造成顶进过程中千斤顶顶推力逐渐增大，顶进偏差也随之变大，最终造成钢筋混凝土管管口碎裂、钢筋外露，无法继续顶进。

## 4 控制措施

### 4.1 未严格执行施工规范及施工方案进行施工的控制措施

顶管施工前施工单位应组织现场施工技术、质量等相关人员学习施工规范，依据图纸制定切实可行的施工方案，并经监理及建设单位代表签字确认后实施。现场监理及建设单位代表发现施工单位未按批准的施工方案和违背施工规范进行施工的，现场监理及建设单位代表可以要求施工单位按照施工规范及施工方案整改，施工单位不整改的，可向上级单位和主管部门汇报，要求立即改正，拒不改正的由建设主管部门责令施工单位停工整顿并加以相应处罚。

### 4.2 施工前加强图纸及地勘资料的宣贯和施工技术交底

顶管施工前，首先建设单位组织各参建单位参加图纸会审，由设计人员进行设计交底，使施工人员充分了解设计意图，了解施工中的重难点。其次施工单位应充分熟悉图纸，充分了解地勘报告，并按照设计图纸和地勘报告的岩性制定切实可行的施工方案，然后施工单位再根据设计交底及图纸会审记录和经审批的施工方案施工。施工单位不按设计图纸和施工方案施工，这是很严重的问题，现场监理要严格把关；发现未按设计图纸及施工方案施工的，立即要求施工单位整改，如果不整改的，可向有关责任单位和质量管理部门汇报，要求立即改正。同时总承包单位要加强内部质量管理，发现未严格按设计图纸及施工方案施工的问题要及时处理并进一步约束施工单位的违规行为。

### 4.3 施工操作方法不当的控制措施

首先就施工过程项目部认真组织有关人员熟悉图纸及岩土报告，学习施工规范、工艺要点，并做好技术交底工作，使每一位参与施工人员对工艺流程做到心中有数；其次，认真执行工序交接验收制度，每道工序完成后作业队先进行自检，自检合格后交由项目部技术质量部验收，技术质量部验收合格后报监理工程师验收，监理工程师验收合格并签字后方可进行下道工序施工。施工过程中还应做到勤测勤量，发现偏差应及时纠偏，部分偏差现场人员无法纠正时应立即停止施工并及时上报，待偏差控制在允许范围内时再继续施工。

### 4.4 加强施工及巡查人员责任心

工作的成果要与工作者所获得的回报挂钩，当工作者按时按质按量地完成他的工作时，他才能获得这份工作带给他的回报；当他不能按时按质按量地完成他的工作时，他所获得的回报就会大打折扣甚至是没有回报，更甚者还要追究其因不能按要求完成工作而造成的公司损失。这种挂钩机制从外部给员工施加压力，促使员工提高自身的工作积极性。

### 4.5 严格落实技术交底、三检制度

承包单位应建立健全三检制度，施工技术人员给实际操作人员交完底后，再由实际操作人员给技术人员讲述如何按技术交底内容操作施工，是否与技术交底的内容一致；施工中还应做到上一道工序验收不合格，不得进行下一道工序的施工，按三检制度做好自检、互检、交接检并做好检查记录，记录关键施工数据，有偏差及时调整。

### 4.6 加强分包商管理，杜绝以包代管现象发生

业主及监理单位加强现场作业监管，加强施工总承包单位管理，可以适当采取奖惩措施，督促总承包单位对关键工序的检查，做到关键工序专人负责，落实项目管理人员尤其是落实项目经理和五大员的到位情况是非常必要的，抓住了主要的管理人员就等于抓住了管理命脉，就等于理顺了管理途径，面对面的管理有利于问题和争议的及时解决。建设、监理等单位一定要定期检查项目管理人员的到位情况和管理实施情况，发现问题及时通报，并采取各种措施督促承包单位改正。同时应审查管理人员资质，确保满足工程管理需要，对于主要管理人员的变更必须经建设单位同意后实施或者按照合同条款执行。只要项目管理人员

到位了，管理渠道也就畅通了，各项工作和各项制度就能够得到有效落实，工程的进度、质量、安全等指标也就有了保证。

## 5 结语

顶管工程是一种现代化的管道敷设施工方法，具有非常广阔的发展前景，它的应用范围广泛，且泥水平衡顶管施工工艺成熟，只要按照设计文件和现场实际情况编制施工方案，并加强施工过程管控，就一定能建设合格工程。

本工程泥水平衡顶套管施工，由于错台严重未能完成设计图纸要求的 90 m，还剩余 16 m。最终通过多方协调，以破坏省道两侧绿化带，采取大开挖的方式将发送坑一侧错台严重的 10 m 钢筋混凝土套管挖出，接收坑一侧将泥水平衡掘进机头挖出。把本工程真实的案例分享给大家，希望遇到类似工程，牢记要按设计图纸及施工规范施工，不要凭借自己的一贯经验施工，自己的经验有可能就是错误的，施工环境的不同，施工的工艺方法也就不同，所以施工过程中一定要按设计文件和经审批的施工方案施工，并加强现场施工过程的管控。

### 参考文献

[1] 夏向阳，谌廷恩.浅谈顶管工程质量保证措施[J].建筑工程技术与设计，2018(17)：5519.
[2] 屠美华.浅论工作责任心对工程施工质量、进度管理的影响[J].城市建设理论研究(电子版)，2015(10)：1612.
[3] 林江涛.顶管施工技术及应用的研究[D].哈尔滨：哈尔滨工业大学，2008.
[4] 袁继攀.泥水平衡顶管施工技术和质量控制[J].四川水泥，2019(4)：272-273.

# 夯钢套管定向钻穿越施工工法

靳国利
（中石化胜利油建工程有限公司）

**摘　要**　中石化胜利油建工程有限公司2019年中标的青宁输气管道工程一标段A区段有17条定向钻，其中傅疃河定向钻和潮河定向钻因穿越圆砾层和砾砂层，需要加隔离钢套管来防止塌孔。本文将以傅疃河定向钻施工为例，着重介绍定向钻两端加钢套管的施工方法，并对施工方法的利弊进行分析。

**关键词**　定向钻穿越；施工方法；钢套管夯进；机具设备；劳动组织

## 前言

伴随着我国的长输管道建设数量的增加和建设水平的提高，大家对长输管道施工效率和施工环境保护的要求也越来越高，定向钻施工可以很好地完成这些要求，但对于定向钻穿越砾砂层、圆砾层、鹅卵石层时，必须采取一定的辅助措施才能正常施工。

穿越砾砂层、圆砾层、鹅卵石层等不良地层可以采取地质固化、土方换填和设置隔离钢套管等方式，来防止扩孔时塌孔现象的发生，相比于其他两种方式，设置隔离钢套管更具可操作性，可以起到降低施工风险，节约施工成本，提高工作效率的作用。

## 1　特点

（1）相对于对不良土质换填，夯钢套管施工精度高、施工占地少；

（2）相对于地质固化，夯钢套管的施工效率高，施工风险小。

## 2　适用范围

本工法适用于直径ϕ219 mm到ϕ1 219 mm之间长输管道定向钻穿越砾砂层、圆砾层、鹅卵石层等不良地层的钢套管夯进施工。

## 3　工艺原理

在定向钻存在不良地层的一侧，沿管线穿越的中心线开挖操作坑，操作坑的坡道要按照设计要求的入土角或者出土角的度数倾斜。夯管锤利用空压机提供的动力将钢套管分段夯进，套管和套管之间通过焊接连接，直到将套管夯到稳定地层为止，在夯进过程中要进行人工或者机械取土，并注入触变泥浆润滑。套管夯进完成后要安装中心定位器，然后可进行定向钻下一步施工。

# 4 工艺流程及控制要点

## 4.1 施工流程

平整场地→测量放线→作业基坑开挖→焊接切削环→焊接注浆管→夯管锤安装→夯管→复测→注浆→管内出土→拆除夯管锤→焊接第二根管→工序反复至夯管完成→夯管设备撤场→定向钻穿越施工→设备搬迁转场。

## 4.2 施工准备

（1）根据设计图纸要求，勘查和了解夯套管区域的地下障碍物情况，以确定开挖操作坑等动土作业需要注意的问题；

（2）严格按照设计要求进行技术安全交底；

（3）根据已经计算的夯进力，选取夯管机；准备好施工中的GPS仪器、经纬仪、水准仪等计量器具；

（4）施工区域提前设置警戒标志，加强人员的现场管理，无关人员严禁入场。

## 4.3 施工工艺

（1）钢套管型号及材质的选择

以傅疃河定向钻出土端钢套管夯进施工为例，傅疃河的出土点需要加隔离套管96 m。为保证套管夯进长度，所需的最小夯进力采用下式计算：

$$L_{ca} \leqslant \frac{1}{\pi D_{ca} f_k}(F_0/1.3 - N_f)$$

$$N_f = \pi D_c t_c R_r$$

式中：$F_0$——夯管锤能够提供的最大夯进力(kN)；

$D_{ca}$——套管外径(m)；

$L_{ca}$——套管安装最大允许长度(m)；

$N_f$——套管的迎面阻力(kN)；

$t_c$——套管切削环厚度(m)；

$D_c$——套管切削环外径(m)；

$R_r$——切削环端阻力，取地基土的极限承载力(kPa)；

$f_k$——每延米套管外壁与土的平均摩阻力(kPa)，施工过程中采用了触变泥浆减阻技术或其他技术措施时，应乘以0.7的折减系数。

经计算出土端ϕ1 500 mm钢套管夯进长度96 m，所需的最小夯力为11 820 kN，采用挖夯结合的夯进方式。

取上述夯进力的较大值，代入下式对夯管壁厚进行计算：

$$t_{ca} = \frac{F_0}{\varphi_1 \pi D_{ca} \sigma_s}$$

式中：$t_{ca}$——套管初选壁厚(mm)；

$\varphi_1$——钢管稳定系数，一般取 0.36，当套管经过地层均匀时，可取 0.45；

$\sigma_s$——钢管规定的屈服强度(MPa)。

套管选择 $\phi$1 500 mm×21.0 mm L485M 钢管，该套管允许的最大夯进力为 17 280 kN，满足要求。

(2) 夯管工作坑底基础做法

按设计要求的高程和向下倾斜角度，测量底板基础并进行夯实和找平。基坑的高程及倾斜角必须与夯进钢管角度、位置准确无误，确保夯进钢管的准确度。坑的基础须达到长度要求，开挖出的基坑斜坡面进行夯实，并在斜坡面铺设规格为 200 mm×200 mm×2 000 mm 的枕木，枕木间距为 1 000 mm，在枕木上铺设30＃工字钢作为导轨(图 1)，导轨必须在夯管中心线上。在枕木两侧打设 $\phi$89 mm 钢管用于固定导轨，保证导轨在钢套管夯进过程中不产生移位，打设深度为 2 000 mm，每组钢管 2 根，并将钢管与槽钢导轨之间通过焊接连接在一起，共计打设 5 组 $\phi$89 mm 钢管。

**图 1　枕木上铺设导轨**

(3) 夯管工作坑做法

夯管工作坑坑底的宽度为 3 m，工作坑向夯进管前端倾斜入土角的度数为 7°，每根钢套管长度为 12 m，夯管锤的长度约 8 m，则现场需要开挖和放坡的工作坑长度约为 20 m。工作坑入土点的土层坡度与钢套管夯进方向垂直。根据计算，工作坑最低点的深度为 3.0 m。在开挖基坑过程中，需要从基坑最低点向水平面方向，在作业基坑的两侧斜坡面放坡。(图 2～图 4)

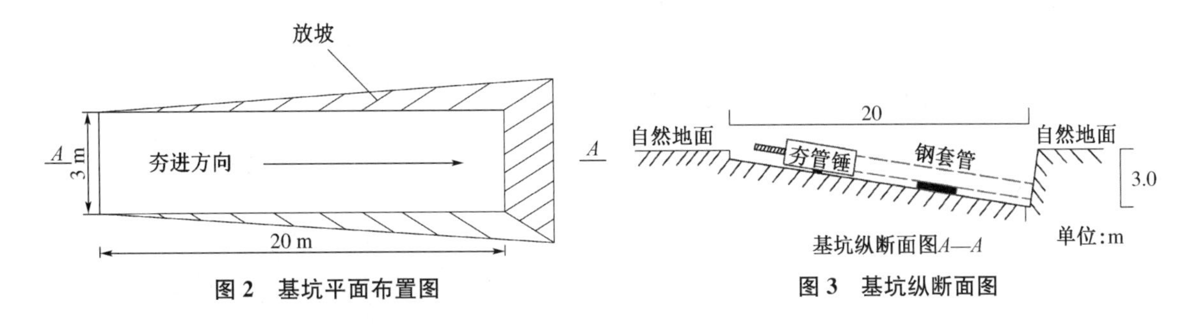


**图 2　基坑平面布置图**

**图 3　基坑纵断面图**

(4) 钢套管夯进前的准备工作

① 夯管施工的主要设备为夯管锤和空压机、发电机、电焊机等。

② 设备和套管安装就位。

a. 用吊车将套管吊入夯进操作坑中，并放置到导轨上。

b. 焊接切削环：为保证夯进钢套管遇到砂砾层土质，不发生钢管前端变形，特加工铸钢切削环，切削环焊接在管头上。(图 5)

图 4　基坑效果图

图 5　第一根管管头焊接切削环

c. 为减少夯管的阻力，夯管采用注入触变泥浆方法。即在夯进钢套管前端焊一根 DN15 钢管做导流，前端开孔随夯进长度焊至工作坑内与注浆泵连接，随夯随注浆，从而达到减阻目的。

d. 安装击冒：根据现场的管径 DN1500 钢套管，选择配套的击冒安装到套管上。

e. 安装夯管锤：使用吊车，将夯管锤吊入操作坑中与击冒连接后找正，使夯管锤、套管的中心线与设计中心线吻合，倾斜角度均同入土角。

f. 安装夯管锤连接配件：出土器、高度调整垫、供气管、空压机（图 6）。安装时垂体与夯进管中心位置保持一致，不得有偏差。

g. 打开操作阀，进行试夯，夯管过程中，不发生异常方能进行正常夯管施工。

（5）夯进第一根钢套管

① 启动空压机，打开操作阀，夯管锤在气压的作用下开始夯进套管。夯进时测量第一节极为重要，它是全部夯管长度的导向管，在夯进 2 m 时停止夯进，按照已设定的中心轴线用 GPS-RTK 进行复测，如有偏差，立即纠正。在夯进 6 m 时再复测一次，确保夯进方向不出现较大偏移。（图 7）

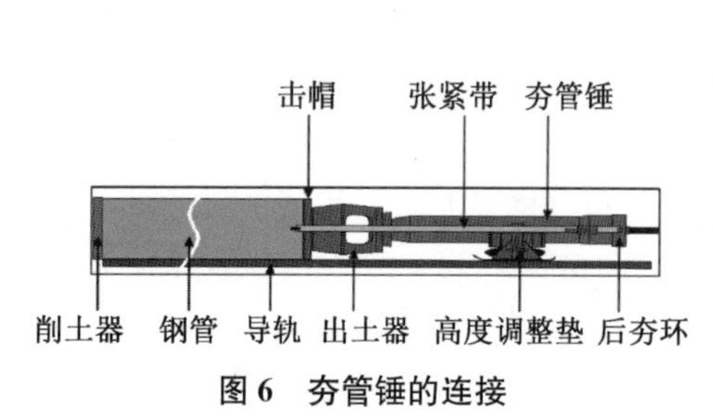


图 6　夯管锤的连接

图 7　钢套管夯进

② 一般采取的纠偏措施：用人工在轴线偏差的相反方向将套管周围的土清除，清除的土体大小为 300 mm×300 mm×400 mm(长×宽×深)，在轴线偏差的方向钢管外壁打楔子。例如套管右侧偏差超过允许范围，可将套管左侧的土掏空，使套管与其左侧的土层之间有一定的空隙，并在钢管右面外壁打上楔子，形成套管向左前进的趋势。

(6) 注浆

注浆减阻采用膨润土加水，加催化剂经过搅拌，活化后形成触变泥浆。通过已焊在夯管前端的导流管，将触变泥浆注入夯进管外壁与土壤的缝隙中，从而达到减阻效果。

(7) 管内出土

管内出土采用搅龙钻进将管内砾石提升出管或采用人工出土。为减少夯进管阻力，可采取随进随出的办法交叉进行。(图 8)

**图 8 搅龙钻取土**

(8) 套管焊接

第一根套管夯到预定位置后，退出夯管锤，卸掉击冒，吊入第二根套管与第一根套管进行组对焊接。采用手工电弧焊＋半自动焊的方法进行焊接，焊接完成无需做无损检测，但必须严格按钢管焊接工序作业指导书内容及有关规范、标准进行施焊。要保证对口的质量，以防止将套管夯偏。

(9) 夯进第二根套管

焊接完成后，按照前面工序的方法夯进第二根套管，然后重复操作到夯进要求的长度。夯管作业开始以后，要求连续进行，尽量减少作业间歇时间，且不宜中途停止。因为间歇时间过长，会造成土层和管外壁粘在一起，增大摩擦力，从而使夯进阻力增大，另外地下水位较高的话，停止作业后水位上升，会给施工带来不便。按照上述步骤，依次夯进所有的钢套管。

(10) 导向设置中心定位器

① 为了保证在钻进导向孔时，确保穿越曲线与设计曲线重合，在钢套管内放置中心定位器。

**图 9 中心定位器**

② 中心定位器制作采用 $\phi$325 mm 或 $\phi$273 mm 的钢管及周围 8＃槽钢组成，钢管与槽钢之间通过焊接连接在一起。(图 9)

③ 中心定位管长度同钢套管的长度。在钢套管内部，中心定位器共计安装 5 处，在钢套管的长度方向上均布。

④ 施工过程中，由挖掘机配合吊装管道，在地面预制 $\phi$325 mm 或 $\phi$273 mm 钢管，并逐节将所有管道通过法兰连接起来，直至中心定位管在钢套管内贯通。

⑤ 施工过程中，需要对中心定位器进行调整。施工人员须关注导向钻进时的中心定位器有无变形，中心定位器须与套管轴向保持水平，以保持导向孔钻进时的曲线严格按照定向钻出土点的倾角要求进行施工。(图 10)

⑥ 扩孔前将中心定位器从套管内取出。回收定位器采用挖掘机配合吊装 $\phi$325 mm 或 $\phi$273 mm 钢管，直至将中心定位器全部从套管内取出。

**图 10　中心定位器在导向中的应用**

## 5　机具设备

本施工中使用的机具设备见表 1。

**表 1　机具设备**

| 序号 | 名称 | 规格型号 | 单位 | 数量 | 备注 |
| --- | --- | --- | --- | --- | --- |
| 1 | 夯管锤 | 德国 TT600 | 台 | 1 | |
| 2 | 空气压缩机 | LGFYD252/7503B | 台 | 1 | |
| 3 | 发电机 | T2H2-100 | 台 | 1 | |
| 4 | 发电机 | TSL-30 | 台 | 1 | |
| 5 | 电焊机 | ZX7-400S | 台 | 1 | |
| 6 | 泥浆泵 | G30-1 | 台 | 1 | |
| 7 | 卷扬机 | JM-5 | 台 | 1 | |
| 8 | 挖掘机 | SK230 | 台 | 1 | |

## 6　劳动组织

根据工程的实际情况，专门成立的工程施工项目部，严格按照项目施工管理模式组织施工。设项目经理 1 名、项目书记 1 名、执行经理 1 名、项目副经理 1 名、技术负责人 1 名、安全负责人 1 名，下设施工管理部、工程技术部、QHSE 部、外协部、控制部、采购部、综合部七个职能部门。项目组织机构见图 11。

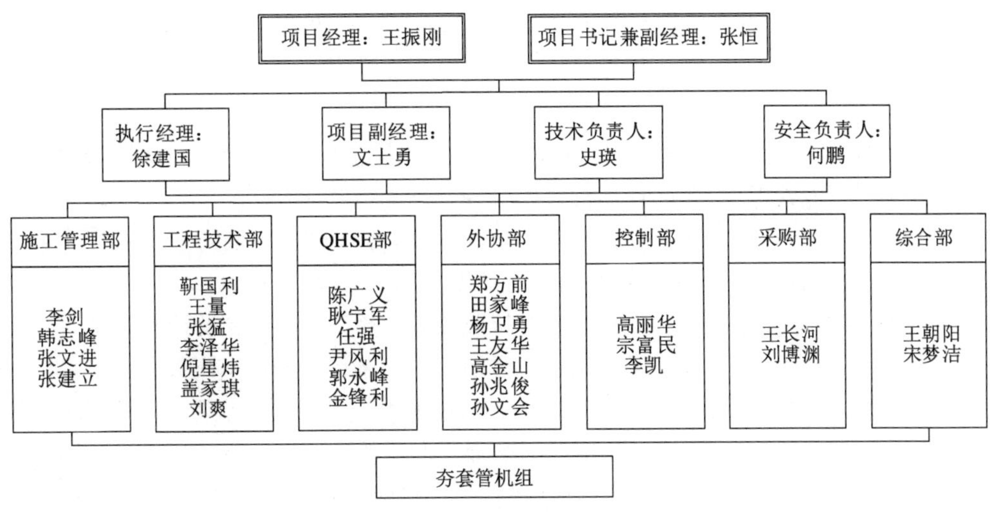


图 11　项目组织机构

## 7　HSSE 措施

(1) 现场设备较多，并且穿越时需连续作业，机械手精神会高度紧张，因此，要求施工人员相互关照，协同作业，时刻注意安全。

(2) 注意现场的安全用电，由专业电工进行电工作业，安装漏电保护装置，要时刻注意线路是否漏电。电工需要对用电设备进行每天两次检查，并按照要求做好记录。

(3) 派专人负责关注天气情况，密切注意可能因降雨造成河水上涨的问题，防止河水上涨对施工质量和施工安全造成不良影响。

(4) 各工序有完善的安全管理组织，要有齐全的安全管理资料。

(5) 所有施工人员进入现场应穿戴好劳动保护，严禁在施工区内吸烟，严禁酒后上岗。

(6) 按照文明施工要求，从施工进场至完工撤场的整个施工期间作业场地四周要用警戒绳围挡，并树立相关警示标志。

(7) 施工现场存放的材料、设备等要定点堆放，现场施工道路畅通无阻塞，设备应有防火措施，现场给、排水系统畅通，确保无积水现象。

(8) 施工用电采用三相五线制，逐级漏电保护。施工中做到一机一闸，闸箱有防雨措施，管道内照明采用行灯变压器，将电压降至安全电压后方可使用，并设警示标志以防触电。配电箱、开关箱及箱内安装的开关电器，在正常情况下不带电的部分均应做可靠的保护接零。配电箱、开关箱内必须设置在任何情况下都能分断、隔离电源的开关电器，并设专用保护零线重复接地。

## 8　质量要求与措施

(1) 对入场人员的能力有正确的认识，需要开展的质量培训教育应进行策划并组织实施，确保人员满足施工质量管理要求。

(2) 施工机组配备专职质量检查人员，实行跟班质量监督，发现问题及时处理。对有不按设计要求、施工验收规范、操作规程及施工方案施工的有损害工程质量的行为，有权要求停止施工并上报。

(3) 建立施工机械管理制度、岗位责任制及各种机械操作规程，对每台进场设备建立设备台账，设备实行专人保管，保证现场机械的管理处于受控状态。

(4) 对用于确认工程质量的所有检测和试验设备，按规定的周期对照国家发布的有关标准进行检定，确保在用的计量器具在检定有效期内，并持有检定证书。

(5) 工程现场控制桩由施工技术部负责接收使用、保管。交接桩设计与施工单位要逐一现场查看，点交桩橛，双方应在交接记录上详细注明控制桩的当前情况及存在问题的处理意见，并进行签认。交接后，由项目总工程师组织技术力量对桩位进行复测，复测精度须符合有关规定，如误差超过允许值范围，应及时与业主联系落实。

(6) 施工所用的测量仪器要定期送检，并做好日常保养工作，始终保持在良好状态。

(7) 机组质检员实行跟班质量监督，发现问题及时处理。对有不按设计要求、施工验收规范、操作规程及施工方案施工的有损害工程质量的行为，有权要求停止施工并限期整改。

(8) 纠偏时应遵照“勤纠偏，小纠偏量”的原则，每次纠偏调整量最大不超过 5 mm，顶进 50～100 cm 后才能进行第二次纠偏操作。

(9) 为保证坡道符合设计要求的倾斜度，需用 GPS-RTK 来精确确定坡道点的标高，在夯进过程中时时进行高程测量，以保证倾斜度。

## 9 效益分析

通过运用夯钢套管的施工工艺，简化了处理定向钻不良地层的施工程序，减少了施工占地，对周边环境的影响小，降低了工农关系处理难度，得到当地政府的好评；同时，夯钢套管施工工艺的施工相对于开挖换填，施工效率高，安全风险小，得到业主和监理的一致好评。

## 10 工程实例

(1) 青宁输气管道工程傅疃河定向钻穿越，穿越长度为 827 m，穿越管道为 $\phi$1 016 mm×26.2 mm，管线规格为 L485M 直缝钢管，输送介质为净化天然气，设计压力为 10 MPa，管道外防腐采用高温型加强级三层 PE 防腐层。傅疃河穿越通过圆砾层，在出入土端分别夯进钢套管隔离圆砾，并通过导向孔对接水平定向钻工艺，顺利完成穿越。

(2) 青宁输气管道工程潮河定向钻穿越，穿越长度为 840 m，穿越管道为 $\phi$1 016 mm×21.0 mm，管线规格为 L485M 直缝钢管，输送介质为净化天然气，设计压力为 10 MPa，管道外防腐采用高温型加强级三层 PE 防腐层。潮河穿越通过砾砂层，在出、入土端分别夯进钢套管隔离砾砂，并通过导向孔对接水平定向钻工艺，顺利完成穿越。

### 参考文献

[1] 刘春华，胡雪莲，宋翠红.夯套管隔离卵石与导向孔对接工艺技术在赣江穿越中的应用[J].甘肃科技，2011(16)：121-122.

[2] 张金宝，李强超.山东白马、吉利河 1 310 m 岩石层定向钻穿越施工[J].石油工程建设，2011，37(1)：47-49.

# 浅析长输管道项目形象进度评估方法及应用

申芳林　张　晨　平钰川　邵　岩

（中国石油化工股份有限公司青宁天然气管道分公司）

**摘　要**　本文针对国内 EPC 项目进度管理存在进度评估体系采用单一因素去评估各分项工程的权重，无法实现真实进度反馈的问题，建立了评估长输管道项目形象进度的多级权重体系，体系建立过程综合考虑了设计、采购、施工各环节的特点，根据设计、采购、施工不同特点确定每级权重和进度，从而达到有效控制统计误差的目的。利用青宁输气管道项目的实际进度管控作为实例，验证了其有效性。

**关键词**　形象进度；评估；长输管道；EPC

## 前言

在工程项目管理中，投资、进度、质量是三大关键因素，而工程项目进度控制又是其中的一个重要方面，贯穿项目施工的整个过程，包括前期的勘察设计、物资采购、项目施工、试车投产等方面，尤其在工程施工过程中显得尤为重要[1-4]。

长输管道建设具有沿线环境复杂、建设周期长、工程量大、协调难度大等特点，建设过程会受到多方面的因素制约，为提高建设质量及投资效益，调整建设相关企业的经营结构，近几年我国的长输管道建设项目逐渐向国际靠拢，多采用 EPC（Engineering-Procurement-Construction）总承包模式，将设计、采购、施工融为一体，理论上该模式具有环节紧凑、责任明确的优点，有效地简化了项目建设过程的管理，但由于我国的工程建设项目组建方式正处于改革的过渡阶段，实际项目建设无法实现各环节真正意义上的融合，项目进度管理存在进度评估体系不完善、评估结果不准确的问题，在多数项目的形象进度计算中，未针对设计、采购、施工的不同特点，采用不同的进度评估计算方法，而是采用单一因素去评估各分项工程的权重，无法实现真实进度的反馈。

青宁输气管道项目采用 EPC 联合体管理模式，工程地处经济发达的苏鲁地区，属于黄淮平原，线路全长 531 km，共需建设 11 座站场，22 座阀室。在青宁管道项目进度控制过程中，针对长输管道的特点，根据 WBS 工作分解，综合考虑设计、采购、施工各环节的特点，建立了多级权重体系，实现了对项目建设进度的准确评估，在此对该项目形象进度评估方法进行总结，希望对类似的项目进度评估提供参考。

## 1　形象进度评估模型

将整体项目划分为设计、采购、施工三部分，再依据各个部分的不同特点，利用 WBS 工作包按照项目的性质、阶段、专业、区域对可交付成果进行分组，将各部分进行分级处理，进度评估模型层级划分见图 1。

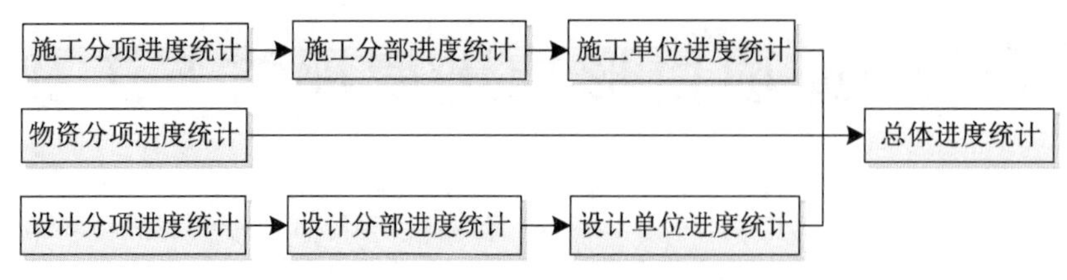


**图 1　进度评估模型层级划分**

因此有形象进度计划的计算模型为：

$$P_{i+1}=\sum_{i=1}^{n}P_iW_i,\sum_{i=1}^{n}W_i=1 \tag{1}$$

式中：$P_i$——进度，%；

$W_i$——权重，%。

## 2　权重体系

根据 WBS 体系划分，进行设计、采购、施工权重划分，建立多级权重体系[5-7]。一级权重分为设计权重、采购权重、施工权重，见图 2。

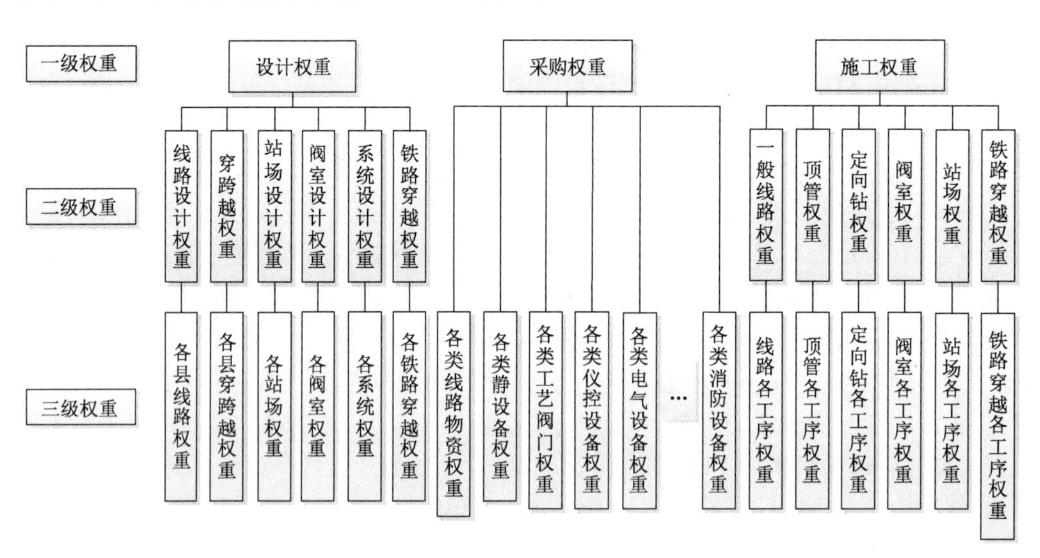


**图 2　三级权重体系**

### 2.1　一级权重

一级权重包含设计权重、施工权重、采购权重，以各部分合同金额为基础划分，结合重要性进行适当调整，权重计算公式如下：

$$W_E = \frac{E}{E+P+C}K \tag{2}$$

$$W_P = \frac{P}{E+P+C}K \tag{3}$$

$$W_C = \frac{C}{E+P+C}K \tag{4}$$

式中：$E$、$P$、$C$——分别为设计、采购、施工合同价格，元；

$W_E$、$W_P$、$W_C$——分别为设计、采购、施工权重，$W_E+W_P+W_C=1$；

$K$——重要系数，根据以往工程投资进度、工程难度、建设经验确定[8]，取值范围为0.5～2。

## 2.2 二级权重

根据WBS划分，在一级权重的基础上，进行二级权重划分。由于物资采购按照种类所占金额确定权重，因此，物质直接采用三级权重，二级权重只包括设计、施工。设计分为线路设计权重、穿跨越权重、站场设计权重、阀室设计权重、铁路穿越权重、系统设计权重；施工权重分为一般线路权重、顶管权重、定向钻权重、阀室权重、站场权重、铁路穿越权重。

### 2.2.1 设计权重

设计二级权重以分部工程设计包划分，分为线路工程、铁路穿越工程、穿跨越工程、站场工程、阀室工程、系统设计6个分部。权重以所耗人工时为基础进行确定，各分部工程权重为各设计包所消耗人工时占总设计人工时的比值。

$$W_{Ei} = \frac{T_i}{\sum_{i=1}^{6} T_i}, \sum_{i=1}^{6} W_{Ei} = 1 \tag{5}$$

式中：$W_{Ei}$——第$i$个分部工程设计包权重，%；

$T_i$——第$i$个分部工程人工时，时；

$\sum_{i=1}^{6} T_i$——设计总人工时，时。

### 2.2.2 施工进度权重

按照WBS划分，施工包含线路工程、顶管工程、定向钻工程、阀室工程、站场工程、铁路穿越工程等6个分部。权重以施工费用为基础进行确定，施工二级权重按照各分部工程施工费占总施工费用的比值确定。

$$W_{Ci} = \frac{F_i}{\sum_{i=1}^{6} F_i} \tag{6}$$

式中：$W_{Ci}$——第$i$个分部工程权重，%；

$F_i$——第$i$个分部工程施工费用，元；

$\sum_{i=1}^{6} F_i$——总施工费用，元。

## 2.3 三级权重

三级权重是实施进度计量的核心，在各个二级权重内针对实际操作内容对二级权重进行具体细分，其中采购是对一级的细化。设计上，三级权重又分为各县线路设计权重、各县穿跨越设计权重、各站场权重、各阀室权重、各系统权重、各铁路穿越权重；采购权重根据物资种类进行划分，主要包括各线路物资权重、各静设备权重、各阀门权重、各仪控权重、各电气权重等；施工权重细化为线路各工序权重、顶管各工序权重、定向钻各工序权重、阀室各工序权重、站场各工序权重、铁路穿越各工序权重。针对设计、施工、采购，三级权重的确定采用不同的方法。

### 2.3.1 设计三级权重划分

按照 WBS 划分，设计由分部工程划分至分项工程，一般线路划分至每个县级区域，铁路穿越具体到每条铁路名称，站场、阀室划分至每个站场，系统工程划分至 SCADA、通信工程、阴极保护系统。对于三级设计权重 $W_{Eij}$（第 $i$ 个分部工程中第 $j$ 个分项工程权重），一般线路权重为县级行政区域内设计长度占总长度的比值，穿跨越、站场、阀室、铁路穿越、系统工程的权重为该分项工程的图纸数量占所在分部工程图纸数量的比值。

### 2.3.2 采购权重划分

按照 WBS 划分，将物资直接划分至分项工程，长输管道工程物资主要包括线路管材、镀锌钢管、光缆、硅芯管、弯管、阀门、静设备、仪控设备、通信设备、给排水设备、消防设备等物资，物资权重 $W_{Pj}$ 为各项物资占总物资费用的比值。

### 2.3.3 施工三级权重

按照 WBS 划分，将分部工程中的线路工程、顶管工程、定向钻工程、站场、阀室、铁路穿越工程分解至分项工程（工序），各分项权重 $W_{Cij}$ 根据人工时、施工经验确定，在本文中，由于长输管道施工技术比较成熟，根据施工经验确定 $W_{Cij}$。

# 3 进度计量方式

进度计量采用由三级到一级逐级计量汇总。

## 3.1 三级进度计算

对于三级设计进度 $P_{Eij}$，一般线路形象进度按照完成线路设计长度占整个分项的比值计算，站场、阀室、三穿、系统工程、铁路穿越形象进度为完成图纸数量占整个分项图纸总数的比值；三级物资采购形象进度 $P_{Pj}$ 以货到现场为准，$P_{Pj}=\begin{cases}1,\text{货到现场}\\0,\text{未到现场}\end{cases}$；施工形象进度 $P_{Cij}$ 为各工序完成情况占整个工序总量的比值。

## 3.2 二级进度统计

二级进度主要由三级进度加权而来，分为设计和施工。

### 3.2.1 设计二级进度计划

设计二级进度为线路工程、穿跨越工程、站场工程、阀室工程、系统工程、铁路穿越工程，加权计算公式如下：

$$P_{Ei}=\sum_{j=1}^{n}P_{Eij}W_{Eij}（约束条件为\sum_{j=1}^{n}W_{Eij}=1，i，j 和 n\in \mathbf{N}） \tag{7}$$

式中：$P_{Ej}$——设计分部进度(二级进度)；

$P_{Eij}$——设计第 $i$ 个分部工程中第 $j$ 个分项工程进度；

$W_{Eij}$——设计第 $i$ 个分部工程中第 $j$ 个分项工程权重。

### 3.2.2 施工二级进度计划

施工二级进度计划包含线路工程、顶管工程、定向钻工程、阀室工程、站场工程、铁路穿越工程。计算公式如下：

$$P_{Ci}=\sum_{j=1}^{n}P_{Cij}W_{Cij}（约束条件为\sum_{j=1}^{n}W_{Cij}=1，i，j 和 n\in \mathbf{N}） \tag{8}$$

式中：$P_{Ci}$——施工分部进度(二级进度)；

$P_{Cij}$——施工第 $i$ 个分部工程中第 $j$ 个分项进度；

$W_{Cij}$——施工第 $i$ 个分部工程中第 $j$ 个分项权重。

## 3.3 一级进度统计

一级进度包含设计、施工、采购 3 项，施工、设计由二级进度加权而来，采购由三级进度加权而来。

### 3.3.1 设计进度

一级设计进度由线路工程、穿跨越工程、站场工程、阀室工程、系统工程、铁路穿越工程进度加权得出，计算公式如下：

$$P_{E}=\sum_{i=1}^{6}P_{Ei}W_{Ei}（约束条件为\sum_{i=1}^{n}W_{Ei}=1,i 和 n\in \mathbf{N}） \tag{9}$$

式中：$P_{E}$——设计总体进度；

$P_{Ei}$——第 $i$ 个分部工程设计包进度；

$W_{Ei}$——第 $i$ 个分部工程权重。

### 3.3.2 施工进度

一级施工进度由线路工程、顶管工程、定向钻工程、阀室工程、站场工程、铁路穿越工程加权得出。

$$P_{C}=\sum_{i=1}^{6}P_{Ci}W_{Ci}（约束条件为\sum_{i=1}^{n}W_{Ci}=1,i 和 n\in \mathbf{N}） \tag{10}$$

式中：$P_{C}$——施工总体进度；

$P_{Ci}$——第 $i$ 个分部工程施工进度；

$W_{Ci}$——第 $i$ 个分部工程权重。

### 3.3.3 采购进度

采购以货到现场为准，货到现场为 1，否则为 0。

$$P_P = \sum_{j=1}^{n} P_{Pj} W_{Pj}（约束条件为 \sum_{j=1}^{n} W_{Pj} = 1, j 和 n \in \mathbf{N}） \tag{11}$$

式中：$P_{Pj}$——第 $j$ 类物资采购进度，$P_{Pj} = \begin{cases} 1 & 货到现场 \\ 0 & 未到现场 \end{cases}$

$W_{Pj}$——第 $j$ 类物资采购权重。

### 3.4 总体进度

总体进度根据一级设计、施工、采购加权得出。

$$P = P_E W_E + P_P W_P + P_C W_C \tag{12}$$

式中：$P$ 为总体进度，$W_E$、$W_P$、$W_C$ 分别为设计、采购、施工总体进度。

## 4 形象进度评估方法的应用

青宁天然气长输管道长 531 km，管径 1 016 mm，设计压力 10 MPa，施工周期 17 个月，设计费 6 700 万元，设备材料费约 23.6 亿元，施工费约 20.4 亿元。截至 2019 年 7 月底，该工程详细设计完成 50%，物资采购完成 30%，施工完成 20%；一般线路、穿跨越设计已完成，站场、阀室土建完成 30%，铁路穿越完成 50%，系统设计还未开始；完成线路工程物资采购 50%，其余物资还未到场；一般线路焊接 170 km，顶管完成 10%，定向钻完成 10%，铁路穿越完成 5%，阀室、站场未开工。

### 4.1 分项工程进度

主要是确认 $P_{Eij}$、$P_{Pij}$、$P_{Cij}$，根据上述方法据实统计。

### 4.2 分部工程进度

根据 $P_{Ei} = \sum_{j=1}^{n} P_{Eij} W_{Eij}$ 和 $P_{Ci} = \sum_{j=1}^{n} P_{Cij} W_{Cij}$，根据 3.2 节部分确定 $W_{Eij}$、$W_{Cij}$，计算结果见表 1、表 2。

**表 1　设计分部工程计算结果**

| 单位工程 | 分部工程 | 分部工程形象进度 | 分部工程权重 |
| --- | --- | --- | --- |
| 设计 | 线路工程 | 1 | 20.2% |
| | 穿跨越工程 | 1 | 16.8% |
| | 站场工程 | 0.2 | 42.5% |
| | 阀室工程 | 0.2 | 15.4% |
| | 系统设计 | 0 | 2.5% |
| | 铁路穿越设计 | 0.3 | 2.6% |

表 2　施工分部工程计算结果

| 单位工程 | 分部工程 | 分部工程形象进度 | 分部工程权重 |
|---|---|---|---|
| 施工 | 线路工程 | 0.2 | 32.6% |
| | 定向钻工程 | 0.1 | 43.5% |
| | 顶管工程 | 0.1 | 9.4% |
| | 站场工程 | 0 | 11.3% |
| | 阀室工程 | 0 | 1.4% |
| | 铁路穿越设计 | 0.05 | 1.8% |

### 4.3　单位工程进度

根据 $P_E=\sum_{i=1}^{6}P_{Ei}W_{Ei}$、$P_P=\sum_{j=1}^{n}P_{Pj}W_{Pj}$、$P_C=\sum_{i=1}^{6}P_{Ci}W_{Ci}$，$P_E$、$P_C$ 由3.2节及表1、表2中数据加权得出，则 $P_E=49.36\%$，$P_C=11.9\%$。由于 $P_P$ 由三级直接加权得出，由于物资种类较多，具体各项物资进度和权重不再列出，由 Excel 得出 $P_P=0.38$。

### 4.4　总体进度

总体进度 $P=P_EW_E+P_PW_P+P_CW_C$，其中 $P_E$、$P_P$、$P_C$ 已统计。

$$W_E=\frac{E}{E+P+C}K \tag{13}$$

$$W_P=\frac{P}{E+P+C}K \tag{14}$$

$$W_C=\frac{C}{E+P+C}K \tag{15}$$

$E=0.67$ 亿元，$P=23.6$ 亿元，$C=20.4$ 亿元，根据 $K$ 调整系数，$W_E=5\%$、$W_P=53\%$，$W_C=42\%$。

则 $P=49.36\%\times5\%+11.9\%\times42\%+38\%\times53\%=27.6\%$，与实际进度基本相同。

## 5　总结

本文针对项目进度管理存在进度评估体系不完善，采用单一因素去评估各分项工程的权重，无法实现真实进度反馈的问题，建立了形象进度的多级权重体系，并且利用青宁输气管道项目的实际进度管控作为实例进行验证，综合考虑设计、采购、施工各环节的特点，由于该方法根据设计、采购、施工不同特点确定每级权重和进度，可把进度的误差逐级减小，从而有效控制统计误差。该形象进度计算模型可以应用到 LNG 项目建设、储气库、油库等工程中。

### 参考文献

[1] 王雪华.浅谈天然气长输管道工程建设施工进度控制[J].化工管理，2017(18)：250.

[2] 赵海波.长输管道建设工程的管理与分析[J].石化技术,2016,23(4):221-221.
[3] 杨光.天然气长输管道建设的管理与控制[J].石化技术,2018(9):222-222.
[4] 卢志宇,王新华.天然气长输管道建设的管理与控制[J].化工管理,2017(34):141-142.
[5] 张呈良.基于 EPC 模式下长输管道的施工管理[J].化工管理,2018(5):55-55.
[6] 张秀玲,张红梅,李海峰.大型油气长输管道前期项目研究的进度管理初探[J].中国石油和化工标准与质量,2012,33(8):218.
[7] 强生利.基于“业主+监理+EPC”模式的长输管道建设研究[D].西安:西安科技大学,2014.
[8] 唐金曦.长输管线工程项目的进度管理研究[J].中国石油和化工标准与质量,2017,37(22):65-66.

# “行军图”法在青宁输气管道工程项目进度控制中的应用

李晓哲[1]　刘　江[2]　张　晨[3]　孟宪坤[1]

（1.中石化河南油建工程有限公司　2.中石化江苏监理有限公司
3.中国石油化工股份有限公司青宁天然气管道分公司）

**摘　要**　针对长输天然气管道沿线情况复杂、施工周期长、工期紧导致传统进度管控方式无法满足实际进度控制需求的情况，本文介绍了“行军图”法的特点及应用方法，通过在青宁输气管道项目三标段的进度管控应用，证明了“行军图”法的科学性，可使计划随实际动态调整，更贴近施工实际，具有较强的应用价值。

**关键词**　进度计划管控；行军图；可视化；断点检查

## 前言

随着天然气市场需求日趋增加，大口径长输天然气管道大量建设。特别是在施工工期紧、任务重的情况下，要求各参建方在施工进度管控上具有更高标准贴合实际，比较直观表达工程现场进展情况。由于青宁输气管道沿线情况复杂，不仅经过河流、山丘，还要穿越铁路、公路等，海拔变化较大；施工周期长，受季节影响大。传统的项目进度管理软件P6或Project只能提供施工时间线，作为项目管理者，不仅要知道工期要求，也要关注管线沿途的地理环境对项目进度的影响。因此，传统的仅对时间进行管控的方法已经满足不了需要。长输管道施工特点是距离长、施工区段多；工序随里程重复性高；受地理环境影响大，例如，通行权、地质、气候等；施工参与方较多，这就要求施工进度管理更直观、易于控制与调整。因此，在青宁管线施工中我们采用了行军图法（TILOS软件）进行进度计划编制与管理。

“行军图”法也叫“时间-里程”法，将项目的时间、里程结合起来进行进度管理的方法，因而更加科学实用。“行军图”法以纵轴表示时间、横轴表示里程，以二维形式展现整个实施过程全阶段，不仅能对进度计划进行实时监测，更能结合地理条件进行纠偏部署，将实际与计划相结合，实行计划随实际动态调整，从而达到既定目标，具有较强的应用价值。

## 1　进度计划管控简述

青宁输气管道全线长约531 km，长输管线建设一般情况下存在施工战线较长，地质条件和地理信息多变、施工队伍多、施工区段划分密等特点，对进度计划的管控工作要求更加复杂、严格。

在项目施工过程中，一个完善、切实可行的进度计划能够有效管控施工进度，可以及时发现和解决项目建设中的相关问题，能够及时准确地提供项目施工过程中所需要的材料、关键控制工序等重要信息，提高施工效率、降低施工资源成本，辅助项目实现总体建设目标。

## 2 行军图法与其他进度控制方法的对比分析

目前青宁输气管道项目的计划编制采用P6或Excel编制，控制方法为关键线路法，以横道图或网络图展现结果，这些只能简单地表现出关键线路、工序关系、施工任务时间节点等信息，虽然编制简单，但是这几种进度计划的表现方式都存在着不可避免的缺点：一是当项目施工发生变化时，无法迅速做出调整和增补；二是不能有效显示图表与工作所在位置(里程)及工作何时执行(时间)的关联；三是横道图或网络图法多侧重于分析，不能将实际属性与计划相结合(如地质条件、地理标高、穿跨越、通过权等)。适合集中区域的复杂工程，即施工区域集中；专业复杂、多专业接口界面；作业重复性不高等。(注意事项：TILOS也支持关键线路法)

行军图法(TILOS软件)是把时间与里程融合起来，以纵横轴表示里程和时间，以任务线的斜率表示工作机组在现场的工作速度或效率。同时可与Google地图进行关联，添加地理与环境信息，包括通行权、行政区域、道路、铁路、河流、既有管线、穿跨越、转角、地理标高、地质分层、气候信息等，在相关任务中确定里程坐标信息，可以方便地标识出以上信息的位置及相关任务的时间点，并参与到项目施工的进度规划中，以“行军图”的模式展现项目的范围、细节及施工进度安排。

## 3 行军图法在进度控制中的应用

长输管线是线性施工，即有限工序在不同位置的不断重复，线性施工的关键是随着通过权的开放，划分不同的工作面，确定施工资源去执行相关工作任务的一个过程。

### 3.1 进度计划编制

行军图法编制计划是以效率驱动，在二维图上，画线即是编制计划，斜率即是工作效率，任一任务包括开工时间、完成时间、开工起始点、完工里程点。工作效率=工作量/工期，以其中两个确定值计算另一个值。不同于P6输入数据生成甘特图等软件，在行军图法里面，选用不同的任务(工作)在适当的时间和里程画线即为编制计划，可以设定不同季节、不同地质条件下的工效因子，在编制计划时可以自动调整工效。图1为青宁管道C标段行军图，从图上可以看出管道沿线高程、三类地区、临时堆管点、定向钻、冬雨季施工效率的变化等信息。

多作业面、多机组、施工跨度大一直是长输管线施工过程中的管理重点及难点，项目规划时，各个机组的工作面、进场时间、施工方向、外协协调重点、物资材料到货时间节点是制约项目进展的重要因素，在确定工作效率的前提下，可直接计算出该工序到达某处(顶管、定向钻、转角桩等关键工序)所需时间，外协和材料则需根据施工速度，提前满足施工作业面、物资材料的需求，保证后续作业畅通。

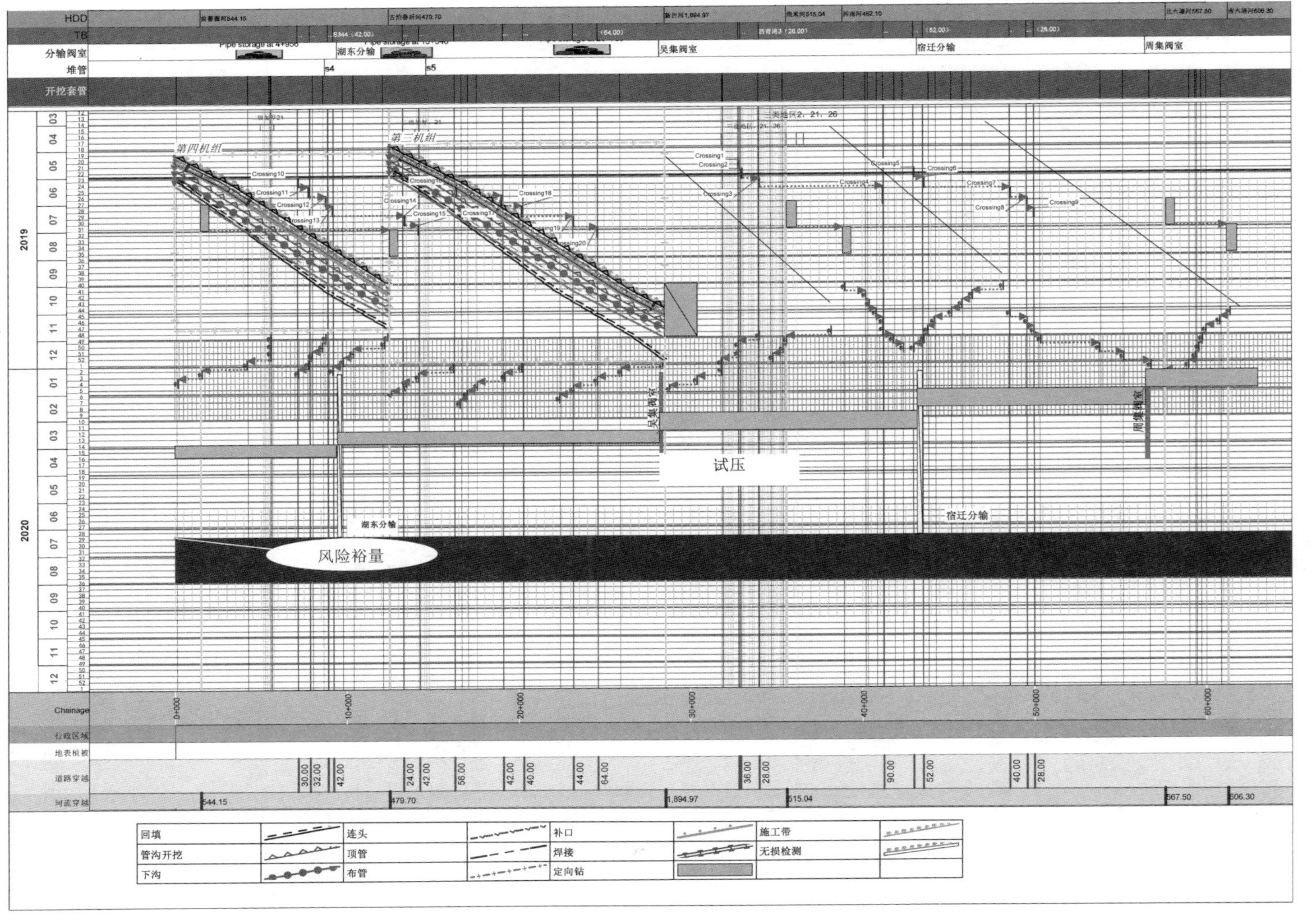


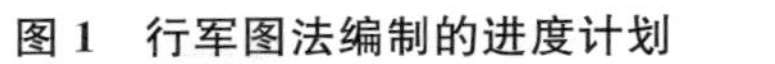

图 1　行军图法编制的进度计划

### 3.2 进度计划跟踪调整

在长输管线施工过程中不可避免地存在着因通过权的问题造成作业面重新规划调整，导致进度计划重新调整。在大多数项目管理系统中，进展是指实际完成日期和完成百分比，而其中完成百分比一般是估算出来的，行军图基于录入数据，为每个任务进行单独记录，并准确显示哪些部分尚未完成。剩余工作量会自动进行评估，可以通过增加资源或修改规划，以达到项目目标。

在实际施工过程中，很难保证计划与实际完全匹配，这就需要一边确定工作面，一边确定施工机组及资源，一边规划，一边计划，在传统的进度计划编制中，该项工作过于繁杂。例如在雨季及水稻田施工过程中，焊接机组施工效率大幅下降，在工期要求紧的情况下，不得不增加施工资源来保障工程目标的顺利进行。行军图法可随时插入一条斜线，代表该施工资源的进场时间、地点，完成施工作业任务所需时间，极大地提高了进度计划调整的效率，以现场实际为切入点，保证总体计划顺利实施。

在施工过程中也会存在各种工序间的冲突，可以提前设定不同工序的关系和边界，分析冲突产生的具体原因，并根据原因进行计划调整，浮动调整各工序间的开始（完成）时间，也可以在图形上直接移动工序对计划进行调整。

每月对计划进行更新，录入每项工作实际完成的数量，继而进行计算，按照目前效率需要多长时间完成本工作，或者如果按期完成工作，效率需要改变多少，施工指挥者根据计算结果，结合实际资源情况，对项目做出判断，合理配置资源。

## 4 应用成果

### 4.1 可视化信息传递

使用行军图编制的计划简洁、直观，可在一页图标内直观反映出项目全貌，包括每一项作业的信息位置、进度情况、后续作业任务难点、关键工序、机组施工位置等。例如在汛期前必须施工完成的新沂河等定向钻穿越工程，使用一个月或三个月向前看过滤器，单独显示在一定时间内将要完成的工作，以便提前做好统筹安排。（图 2）

### 4.2 断点检查

在长输管线施工中，焊接无疑是一道重要工序，在青宁输气管道工程 EPC 二标段水网地区，由于地下水、道路、水渠、河流等原因，连续焊接施工段短，断点连头较多。一般的处理方法使用 Excel 对连头点做出统计，在施工过程中逐渐消项，从而得到连头的状态信息。使用行军图，在一个工作面里面，录入完成的里程，行军图显示为完成，中间的断点，即是每个连头点，这样，连头点的数量和每个连头点的地理信息便可以随时掌握。

### 4.3 单线图绘制

单线图的绘制是交工资料中的一个重要组成部分，可以在青宁管道智能化系统中导出焊口信息，经过简单的修改，用 Excel 导入到 TILOS 中的焊口及坐标信息，自动生成单线图，极大减少工作量，更高效、精准完成单线图绘制，满足交工资料的需要。（图 3）

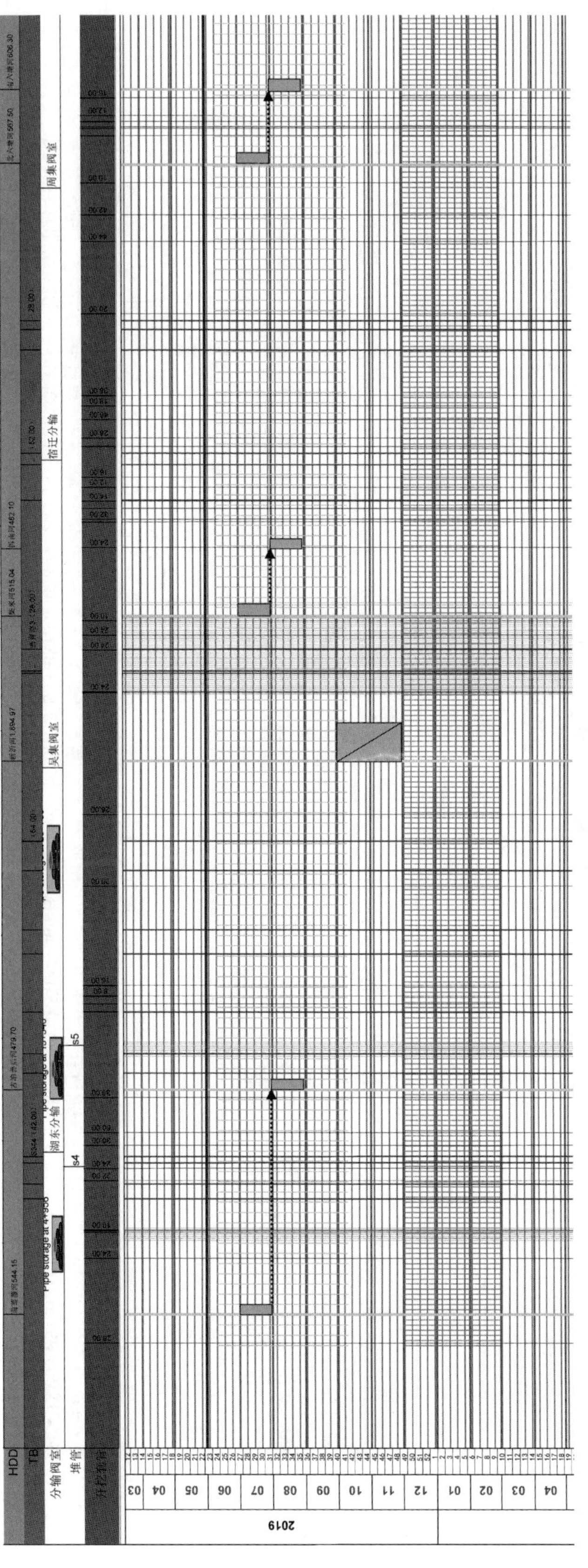


图 2 过滤后的定向钻视图

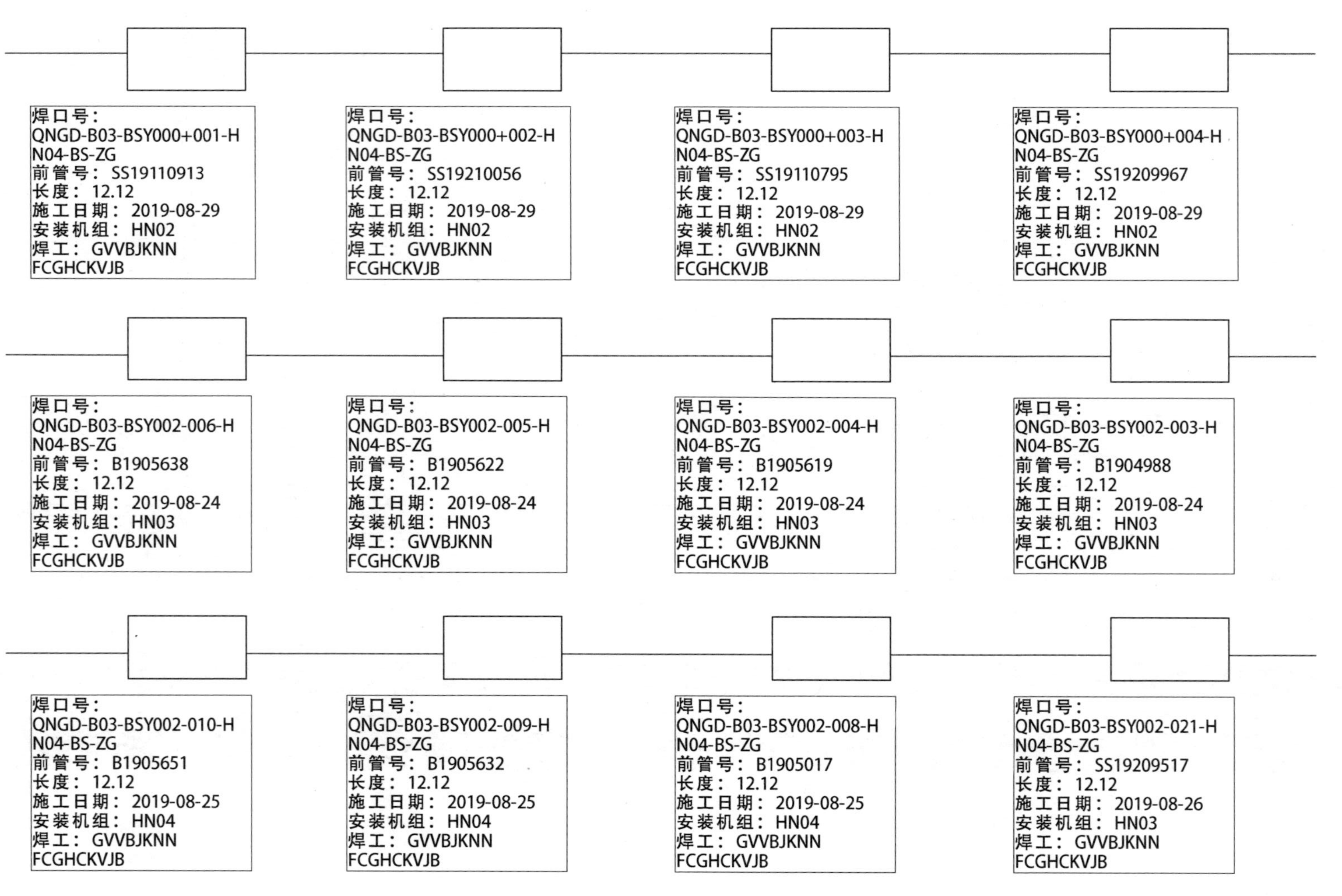


图 3 青宁输气管道项目 C 标段线路单线图

## 4.4 多视图显示

在青宁输气管道工程进度管理中，需要知道各工序、关键线路、施工周期等不同的信息，在 TILOS 里面，可以根据不同的目的，建立不同的行军图，以满足不同的需要，比如计划实际百分比显示视图、采办到货视图、未完成工作视图等。

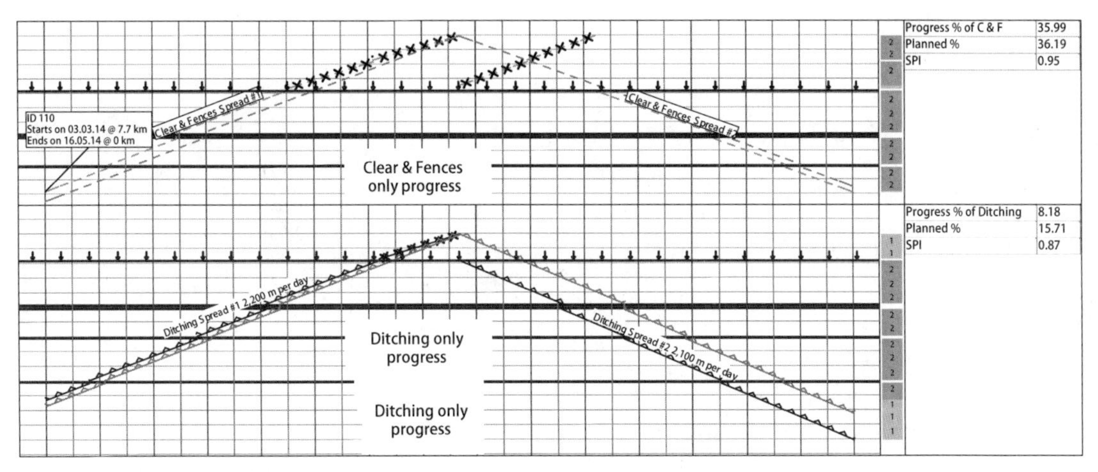


图 4　不同工序实际和计划完成百分比及进度指数

图 4 显示的是不同工序的实际和计划完成百分比以及进度指数，每个月录入完成的工作量，视图自动进行更新。还可以建立视图，显示项目总的计划进度和实际进度完成百分比，这一点可以通过为每个工序增加权重实现。

## 4.5 环境与地理信息关联

TILOS 有里程坐标信息，可以方便地标识出环境与地理信息的位置及相关的时间点，这些信息与任务相关，都会参与到项目进度规划中。

# 5 结论

行军图法和 TILOS 软件在青宁输气管道工程项目中的使用，取得了较好的成果。行军图包含更多的信息，使得项目经理等进行决策的时候，可以更加科学、合理、准确。在图上可以直接看出在某个工作面施工机组的状态，以及它对工程进度的影响，不需要使用关键线路，每个工序的计划与实际比较及项目总进度随时掌握。由于地理信息丰富，资源的调配更加合理，在本项目中，对管材临时堆放点合理设置，减少二次倒运总里程，降低倒运困难，减少成本。

随着天然气市场需求日趋增加，天然气管线建设必然呈现加速趋势，大规模的高速发展必然带来先进的管理工具的硬性需求，随着国内长输管道事业的蓬勃发展，行军图法必然会得到广泛使用，行军图法也会在进度计划管控方面发挥更大威力。

## 参考文献

[1] 张路明，刘旭升，吴奎元."March Chart"在长输管道建设项目进度规划中的应用[J].石油天然气学报，2012，34(8)：306-307.
[2] 汪光庐.Tilos 在轨道交通建设运营计划管理中的应用[J].交通世界，2013(16)：136-137.
[3] 张慧凝.浅谈 P6 软件在某工程项目进度计划编制中的应用[J].中国科技博览，2014(4)：532-533.

# 浅谈EPC总承包模式下工程建设项目财务管理下的资金业务

周昱昊　王家涛　张煜杨

（中国石油化工股份有限公司青宁天然气管道分公司）

**摘　要**　无论是哪种会计政策，资金业务都是财务管理中的重要组成部分，资金流向最能直接反映核算主体的财务状况，任何公司及其工程项目都离不开资金的运作。不过不同核算方式下，资金业务的处理不同，不可能都采用同样的处理方式。本文主要对EPC模式下天然气管道工程财务管理中的资金业务进行探讨。

**关键词**　EPC；工程建设；财务；管理；资金业务

## 前言

随着中国经济增长及科技水平的提高，国家需要进行大量的基础设施建设以保证经济持续向好，也才能更好地为社会生产和居民生活提供公共服务。基础设施建设实质为工程建设。在任何有经济业务发生的地方，财务管理都会存在，资金业务的重要性也不言而喻，但不同模式下的管理方式及核算方式并不相同，本文重点探讨EPC模式下的工程项目资金业务。

## 1　EPC的定义

EPC(Engineering Procurement Construction)是指公司受业主委托，按照合同约定对工程建设项目的设计、采购、施工等实行全过程或若干阶段的承包。通常公司在总价合同条件下，对其所承包工程的质量、安全、费用和进度负责。在目前最新的、由国家发展和改革委员会联合住房和城乡建设部共同印发和推行全过程工程咨询服务以及EPC项目的政策文件中，原则上要求配备以由全过程工程项目管理师作为总负责人的全过程工程咨询团队，来为EPC项目持续提供各阶段咨询和管理服务。

在EPC模式中，Engineering译文不仅包括具体的设计工作，而且可能包括整个建设工程内容的总体策划以及整个建设工程实施组织管理的策划和具体工作；Procurement也不是一般意义上的建筑设备材料采购，而更多的是指专业设备、材料的采购；Construction应译为“建设”，其内容包括施工、安装、试测、技术培训等。

## 2　EPC项目中财务管理下的资金业务

### 2.1　财务管理

在总承包工程中，财务管理作为项目管理中的一部分，是EPC总承包中的重要内容，对工程前期的招投标、建设中的风险控制、资金分配有着重要的意义。合理高效的财务管理更有利于帮助整个项目高质量达标。在 EPC 工程中，有保证项目财务管理和相应的风险措施，才能合理地控制成本，争取利益最大化。

EPC 总承包项目下的财务管理现状表现出以下 2 个特点：

1）财务管理基础的缺乏

目前，我国在对项目进行投标时由于部分公司对预算管理缺乏财务管理基础，很多 EPC 项目预算编制财务人员参与不够。此外由于许多预算编制人员对于财务管理知识及工程总承包模式不够了解，因而很难对项目成本价格进行估算，待项目开展之后便很容易导致财务风险的出现。

2）对项目中的财务管理重视不足

无论是项目建设单位还是生产经营单位，公司或领导人员往往对项目的质量及进度，以及生产的平稳及安全的要求相对较高，并给予足够的重视，而往往忽略了财务管理的在其中的重要性，给予的关注较少，缺乏财务管理的全局性安排。

## 2.2 资金业务

在 EPC 模式下，财务管理中的资金业务有其新的特点与变化，工程项目的资金需求、资金管理方法、资金管理重点等发生了变化。为适应 EPC 管理模式，财务人员需积极进行职能转变，逐项分析 EPC 模式下资金管理需求，制定针对性的工作方案，确保各项资金业务围绕项目建设开展。

### 2.2.1 EPC 管理模式下资金业务的难点

1）资金流向发生变化，资金管理难度增大

在 EPC 管理模式下，物资采购、工程设计、项目施工、部分外协等工作由 EPC 统一组织，资金支付由直接向第三方支付变更为向 EPC 单位支付，再由 EPC 单位支付给第三方单位，资金流向趋于复杂，同时由于不直接面对第三方，资金的最终流向不能实时掌握，资金管理的难度增大，如何保证资金专款专用是 EPC 模式下资金管理的难点和重点。

2）资金支出更加集中，资金成本压力增大

EPC 单位通过打包采购等方式直接进行批量式、集中式物资采购，造成资金支出相对较为集中，资金支出后的利息支出相较不集中物资采购的项目增多，资金成本压力也随之增大。项目中资金支付进度将快于时间进度，EPC 模式下资金支付所带来的利息成本会导致项目建设和生产经营成本增加。

3）资金指标占用增加，预付款考核压力增大

根据签订的 EPC 合同，业主需要先行预付设计、施工、协调、物资采购等费用，预付款较高，作为企业两金指标之一，年度的预付款指标有限，预付款可能会长期超出指标限额，如何控制预付款资金规模也成为资金管理的一个难点。

4）资金付款周期缩短，资金支付难度增大

在 EPC 管理模式下，施工、物资采购、外协等业务联系更加紧密，各项业务相互支撑性更强，各项业务资金需求更加紧急，留给财务审核、资金筹措、资金支付的时间缩短，为避免资金支付滞后导致的误工情况发生，资金支付节奏需要加快，资金支付的难度增大。

### 2.2.2 EPC 管理模式下资金管理措施

1）转变思维，重新梳理资金管理的业务框架

针对新的 EPC 管理模式，对资金管理业务进行深层次的探讨，组织各业务部门及 EPC 单位开展资金业务交流，对 EPC 模式下的资金业务已发生事件数进行举例，摆出各项业务处理方法，从而改变以前"等、靠、要"的思维，主动贴近各项业务，制定了资金业务处理指南，开展资金业务流程讲解，制订了日、周、月资金保障计划，达到保障 EPC 模式下各项资金业务稳步进行的目的。

2）创新方法，重新梳理预付款业务的支付方式

针对 EPC 模式下预付款金额大且付款集中的情况，与责任部门和 EPC 单位沟通，转变付款方法和付款方式，在保障项目资金需求的同时确保预付款在限额范围之内。

改变设计、工程款等项目预付模式，由全额预付款变更为部分预付款加进度款支付。为加强资金控制，保障项目资金需求，给予了施工单位一定比例的预付款，同时加快进度款结算和支付，每月进行工作量确认和挂账，并当月完成资金支付，以保障项目有效开展。

改变物资采购支付模式，由预付款支付变更为结算款支付。针对大额采购有预付款的情况，积极与 EPC 单位沟通，停用预付款支付模式，EPC 单位开具发票挂账后再进行资金支付。通过这种方式，避免公司预付款长期超出指标的情况发生，也通过当月资金支付解决 EPC 单位资金垫付问题，保障了物资供应稳定。

3）加强控制，重新梳理资金控制的方向及节奏

EPC 模式下，资金控制的难度增加，梳理资金控制的方向和节奏，在单项资金控制的基础上增加总额资金控制，在季度资金控制指标的基础上增加了月度资金控制指标，将资金控制延伸到物资采购、对外关系协调、工程施工等各个项目，加大资金全链条管理，保证各项资金专款专用。对支付的预付款、进度款等资金进行专人跟进，收集付款信息和付款资料，了解并掌握资金使用进度，保证专款专用，确保资金支付传递到最终端。

4）重视分析，重新制定资金分析的方法及模板

资金分析是资金管理的重要环节，针对 EPC 管理模式下的资金管理，资金流出集中且金额较大，积极研究新情况下的资金分析方法，多维度进行资金分析：从供应商和主要项目两个维度进行资金使用统计分析，确保资金分析横向到边、纵向到底。制定了供应商资金使用统计报表，对主要供应商的往来资金支付情况进行了统计和分析，确保资金使用分析到具体单位，纵向到底；制定了主要项目资金使用统计报表，按照具体项目进行资金统计使用分析，确保资金使用分析到具体项目，横向到边。加强资金日常监控分析，针对大量且大额资金支付常态，对区间内的资金使用情况进行统计分析，查找资金支付中的问题；按月对本月资金使用情况进行汇总及预测，对支付未完成或支付超计划的资金进行重点分析，查找原因。

## 3 结语

目前各工程建设项目逐渐向 EPC 总承包模式转变，国内 EPC 工程总承包模式的财务管理仍然存在许多薄弱的环节，需要项目部财务管理部门及其他相关业务部在项目建设过程中实时发现财务管理过程的弱点及问题，针对资金方面等重要业务，不断地采取合理性管

理措施予以应对。

在 EPC 总承包管理模式下的建设工程，应建立合理的财务管理构架，通过优秀的财务管理模式，夯实财务基础，充分发挥业主方的管控作用，通过有效的资金管控手段及措施，减少因工程款支付、资金欠缺等导致的各类问题，从而达到保障施工进度的同时，减轻业主方过程管控中的压力。

## 参考文献

[1] 苏志娟，杨正，时舰.国际 EPC 工程物资采购风险分析及应对[J].国际经济合作，2010(5)：48-52.
[2] 袁静.浅析 EPC 总承包企业资金管理[J].商情，2015(3)：124，126.
[3] 秦宏.EPC 总承包项目风险管理探析[J].合作经济与科技，2010(4)：34-35.
[4] 胡紫珊.EPC 总承包项目风险管理分析[J].管理观察，2012(21)：95-96.
[5] 黄娟.浅谈建设项目工程资金管理存在问题与措施[J].华商，2008(21)：87-88.
[6] 刘学强.谈工程项目资金管理控制[J].合作经济与科技，2006(19)：28-29.

# 浅议青宁管道线路工程质量控制

於庆丰[1]　张　晨[2]

（1. 中石化管道储运有限公司　2.中国石油化工股份有限公司青宁天然气管道分公司）

**摘　要**　在经济高速发展的当下，长输管道工程项目建设质量的优劣会关乎企业发展、人民生命财产安全和社会稳定。加强对长输管道工程关键环节的质量控制，具有重要的现实意义。青宁管道项目建设初期，总结了以往长输管道失效原因，针对管道线路工程建设过程的质量薄弱环节，分别制定了质量控制措施，并运用至管道建设中，取得了较好的成效。本文总结青宁管道线路工程建设过程质量控制经验，从设计、验收、焊接、防腐、回填五个环节进行了说明。

**关键词**　质量控制；长输管道；线路工程；抗震校核

## 前言

伴随国民经济、生产水平的不断提升，能源需求量日益攀升，长输油气管道作为石油、天然气等化工原料运输的最有效方式，具有输送能力强、辐射范围广等优点，目前正处于迅猛发展时期，长输管道工程项目建设质量的优劣会关乎企业发展、人民生命财产安全和社会稳定[1-7]。近些年来，油气长输管道质量问题时有发生，已成为伴随着油气管道高速发展的阴影。影响长输管道项目线路工程的最关键的环节包括了材料、设备的验收、管道的组对焊接、管道防腐补口及补伤、管道下沟和回填。据不完全统计，自 1995 年至今，我国因各环节质量控制不到位导致的各类长输管道安全事故高达 1 000 多起[8]，更说明了加强管道质量管理的紧迫和必要性，对长输管道工程的关键控制环节进行有效的质量控制，具有重要的现实意义[9-10]。

经过多年发展，目前长输管道线路质量控制体系、相关规章制度已逐渐健全，但建设单位质量控制的侧重点，更多放在了过程控制的焊接和防腐环节上，而这是远远不够的，例如前期设计环节，材料选型的抗震因素考量，在早几年的管道项目中被设计单位所忽视，而就近十年大数据的统计，在众多影响因素中，因选用管材的抗震强度不达标、底层板块活动因素而导致的管道失效，已一跃成为导致管道失效的主要因素之一。因此管道质量控制，应贯穿管道建设的各个环节，缺一不可。青宁输气管道工程是国家重点能源工程，是连接中石化华北和川气东送两大管网系统的关键枢纽，为保证工程质量，自项目启动以来，建设团队深刻总结以往管道建设质量控制经验，在关键质量控制的不同环节采取了一系列的有效措施，在此对各环节质量控制行为进行说明。

## 1　设计环节的质量控制

线路工程设计环节的质量控制，主要包括路由优化和管材选用质量控制两部分。

## 1.1 路由设计控制

对于路由确定，设计单位联合对现场路由充分踏勘，与属地相关行政主管部门充分对接，按照有利于外部协调和地面施工的原则，设计路由尽量避开政府规划区、高后果区等不利地区，提高设计深度减少外界环境对管道运行质量影响。这一点通过各部门专家对路由设计方案层层把关，均得到了有效的控制，在此不做赘述。

## 1.2 管材选型控制

在管材选用环节，在国内的项目中，更多的是考虑钢管质量可靠、生产技术先进、价格经济合理。应满足介质的特性、设计压力、环境温度、敷设方式和所在地区等级的要求，以及所选管材的强度和稳定性，忽视了对其抗震强度的校核。青宁输气管道工程的江苏段地处水网密集、交通发达地区，定向钻、顶管密集，管道路由大角度弯管较多，高压输气管道一旦发生事故，后果极其严重。管道用管的选择不仅关系到建设的投资成本，而且关系到以后的安全可靠运营。

为了保证青宁输气管道所选用的管材可承受运行时地震产生的动峰值加速度，在设计过程中，对一般埋地管道和穿越管道分别进行了抗震校核。校核过程依据《油气输送管道线路工程抗震技术规范》(GB/T 50470—2017)的规定，用50年超越概率5%的地震动参数进行抗震设计，其中大型跨越及埋深小于30 m的大型穿越管道按50年超越概率2%的地震动参数进行抗震设计。

### 1.2.1 一般埋地管道

一般埋地管道通过地震动峰值加速度大于或等于0.20$g$地区时，应进行抗拉伸和抗压缩校核。根据地震评价报告，青宁输气管道重要区段主要有日照市东港区日照街道段和仪征市化工园区段两部分，50年超越概率5%的地震动参数加速度均为0.15$g$，小于0.2$g$，不需要进行抗震校核。

### 1.2.2 穿越管道

青宁输气管道日照市东港区日照街道段和仪征市化工园区段两部分，地震动峰值加速度大于0.10$g$，针对此处的大中型穿越管道进行了抗拉伸和抗压缩校核。

(1) 埋地直管段在地震动作用下所产生的最大轴向应变，按以下公式计算，并取较大值：

$$\varepsilon_{\max}=\pm\frac{aT_{\mathrm{g}}}{4\pi V_{\mathrm{se}}} \tag{1}$$

$$\varepsilon_{\max}=\pm\frac{v}{2V_{\mathrm{se}}} \tag{2}$$

式中：$\varepsilon_{\max}$——地震波引起管道的最大轴向拉、压应变；

$a$——设计地震动峰值加速度，m/s$^2$；

$T_{\mathrm{g}}$——设计地震动反应谱特征周期，s；

$v$——设计地震动峰值速度，m/s；

$V_{\mathrm{se}}$——场地土层等效剪切波速，m/s，可按《油气输送管道线路工程抗震技术规范》

(GB/T 50470—2017)中表5.2.2选取或实测获取数据。

(2) 在实际操作条件下,由于内压和温度变化产生的管道轴向应变:

$$\varepsilon=\frac{\sigma_a}{E} \tag{3}$$

式中:$\varepsilon$——由于内压和温度变化产生的管道轴向应变;

$\sigma_a$——由于内压和温度变化产生的管道轴向应力,MPa,计算公式见《输气管道工程设计规范》(GB 50251—2015);

$E$——钢材的弹性模量,$2.1\times10^5$ MPa。

(3) 管道抗震动校核:

当$\varepsilon_{max}+\varepsilon\leqslant0$时:

$$|\varepsilon_{max}+\varepsilon|\leqslant[\varepsilon_c]_v \tag{4}$$

当$\varepsilon_{max}+\varepsilon>0$时:

$$\varepsilon_{max}+\varepsilon\leqslant[\varepsilon_t]_v \tag{5}$$

式中:$[\varepsilon_c]_v$——埋地管道抗震设计轴向容许压缩应变;

$[\varepsilon_t]_v$——埋地管道抗震设计轴向容许拉伸应变。

各等级钢材的容许压缩应变$[\varepsilon_c]_v$,按以下公式计算:

$$\text{X65M 及以下钢级:}[\varepsilon_c]_v=0.35\times\frac{\delta}{D} \tag{6}$$

$$\text{X70M 钢级:}[\varepsilon_c]_v=0.32\times\frac{\delta}{D} \tag{7}$$

式中:$\delta$——管道壁厚,m;

$D$——管道外直径,m。

各等级钢材的容许拉伸应变$[\varepsilon_t]_v$,按表1选取。

**表1 各等级钢材容许拉伸应变**

| 拉伸强度极限$\delta_b$/MPa | 容许拉伸应变$[\varepsilon_t]_v$ |
|---|---|
| $\delta_b<552$ | 1.0% |
| $552\leqslant\delta_b<793$ | 0.9% |

(4) 直埋式穿越管道的应变应按埋地管道的规定组合。对弹性敷设管道,应计入弹性弯曲应变,其计算公式如下:

$$\varepsilon_e=\pm\frac{D}{2r}$$

式中:$\varepsilon_e$——弹性敷设时管道的轴向应变;

$r$——弹性敷设的弯曲半径,m。

经计算,直埋式穿越管道的设计应变均小于容许的拉伸应变和容许的压缩应变,详细计算结果见表2,L485各壁厚管材符合设计要求。

表 2　直埋式穿越管道抗震设计校核计算明细表

| $\delta_n$/mm | 钢级 | $a$/(m/s²) | $v$/(m/s) | $T_g$/s | $V_{se}$/(m/s) | $\varepsilon$ | $\varepsilon_{max}$ | $\varepsilon_e$ | $\varepsilon_{max}+\varepsilon+\varepsilon_e$ | $[\varepsilon_t]_v$ | 校核 |
|---|---|---|---|---|---|---|---|---|---|---|---|
| 17.5 | L485 | 0.3$g$ | 0.06 | 0.45 | 350 | 0.001 01 | 0.000 09 | 0.000 5 | 0.001 62 | 0.005 5 | 合格 |
| 21 | L485 | 0.3$g$ | 0.06 | 0.45 | 350 | 0.000 94 | 0.000 09 | 0.000 5 | 0.001 55 | 0.006 6 | 合格 |
| 26.2 | L485 | 0.3$g$ | 0.06 | 0.45 | 350 | 0.000 87 | 0.000 09 | 0.000 5 | 0.001 48 | 0.008 3 | 合格 |

# 2　材料验收环节

长输管道的工程施工材料主要包括防腐钢管、焊接材料等。若对材料的质量验收不够严格，则在后期的运行中会存在较大的安全隐患。

## 2.1　防腐钢管的质量验收

为保证防腐钢管的质量，需要对管材进行严格的质量验收，青宁管道管材在验收时着重检查以下内容：

（1）是否具有压力管道元件制造的许可和特种设备检验机构提供的监督检验证书；

（2）核对管材的规格、型号、材质是否和设计要求的相符；

（3）外观验收和几何尺寸检查。外观检查时注意：母材不得有凹坑、凹槽、刻痕等其他深度超过公称壁厚下偏差的缺陷。在对外观检测合格的基础上，对管材的外径、壁厚、椭圆度、坡口结构等进行抽查测量，验证是否达到产品标准的要求。表面不得有裂纹、结疤、褶皱以及其他深度超过公称壁厚偏差的缺陷。当存在以上缺陷超标时，要进行检查、分类、处理。

## 2.2　焊接材料的质量验收

焊接材料的质量主要从材料验收、储存、发放和使用四个方面进行控制。焊材验收，主要从包括外包装检查验收、是否具有质量证明书、焊材的外观检查验收、根据标准进行焊材复验等方面把关；入库后焊材应储存在清洁干燥的库房内，储存的环境湿度不得大于 60%，室内温度应在 5℃以上干燥清洁的环境中，焊材存储要符合国家现行行业标准《焊接材料质量管理规程》(JB/T 3223—2017)，要建立保管、烘干、发放、回收制度，加强焊材保管与分发的材料管理工作，随用随领取，剩余焊条集中存放在干燥的密闭容器中；严格按照焊材的说明，按照规定的温度和时间进行烘干处理；不允许使用失效的焊条，如焊芯锈蚀、剥落、药皮开裂、偏心度过大等；对于长时间作业区域，给每位电焊工配备专用有效的焊条筒。

# 3　组对焊接环节

管道组对焊接的关键质量控制点包括：组对、作业空间、环境温度与湿度、预热和焊接。

## 3.1　管道的组对控制

组对是直接影响焊接质量的重要工序。对口组对前应严格管控管口的清理质量，要保证管内外表面坡口两侧 20～30 mm 范围内的油污、铁锈、水清除干净，管口内外表面 10 mm 的范围内应清理至显现金属光泽，打磨至露出母材本色，坡口应符合设计要求，完好无损，对不合格的坡口要进行修理打磨使其符合要求；并对管口的椭圆度进行检查，对不合格的进行矫正处理；在对口时起吊管子要保证不得损坏管材的防腐层，注意禁用虾米口，不允许割斜口。

### 3.2 作业空间控制

手工焊接不得小于 400 mm 的作业空间，半自动焊接应留有不少于 500 mm 的作业空间，沟下焊时与两侧沟壁距离要大于 800 mm，否则焊接质量无法保证，类似图 1 焊接作业空间不足的情况严令禁止。

图 1 某管道工程焊接作业现场

### 3.3 环境温度与湿度控制

在风沙天气应使用挡风棚，确保焊接质量达标。当存在雨雪天气，湿度大于 90%，环境温度低于焊接工艺规程规定时，需要采取有效的防护措施后方可进行施焊。

### 3.4 管道焊接控制

焊前预热要符合焊接工艺规程；预热的宽度不应小于坡口两侧各 50 mm，预热均匀。按照焊接工艺规程的要求，根焊完成后应立即热焊，各焊道宜连续焊接。焊接过程中要注意层间温度的控制，注意清理每道的焊渣，焊口焊完后要清除表面焊渣和飞溅，对每道焊缝进行外观检查，注意表面不得有裂纹、未熔合、气孔、夹渣等缺陷。余高超高要打磨，打磨时应与母材圆滑过渡但不得伤及母材。对焊道接头进行打磨，相邻两层的接头不得重叠，应错开 30 mm以上。在自检和修补上注意每处修补长度不应小于 50 mm。还要注意检查焊缝错口不得超标，特别注意在冬季施工中，焊接完成后一定要注意焊缝不能骤冷，应让焊缝缓冷，采取保暖措施以防焊缝骤冷造成的焊缝应力变化。

焊口宜当日焊完，若必须中断焊接，应保证填充金属厚度不小于 50%的壁厚，且不应小于 3 层，未完成的焊口要采用干燥、防水、隔热的材料覆盖好，再次焊接前，应预热至 80℃以上，在保证预热均匀的同时，随间隔时间的增加，适当提高预热时间，以确保焊缝中无残留水汽。

## 4 管道防腐质量控制

### 4.1 管道防腐补口控制

补口时注意除锈方法符合要求，管底、管顶、焊缝部位及不宜作业部位的锈蚀要完全清理干净，除锈等级达到规定的级别和相应的粗糙度要求。管体表面的焊接飞溅、杂物、泥土、油污必须清理干净，搭接部位打毛要符合要求。当出现风天、雨天、雪天大风天气超过 5 级以上，相对湿度超过 85%以上时，如果未采取有效防护措施不得施工作业。

要按照热收缩带(套)产品说明书的要求控制预热温度，涂刷底漆，并在 2 h 后进行补口的质量检查，保证固定片与搭接处的滑移不超过 5 mm，轴向搭接宽度不应小于 100 mm，周向搭接宽度不小于 80 mm，表面平整，无皱褶，无气泡，无烧焦炭化等现象，周向及固定片四周应有胶黏剂均匀溢出，禁止烧焦炭化和褶皱明显的补口产生(见图 2)。

图 2　烧焦炭化和褶皱明显的防腐补口

### 4.2　管道防腐补伤控制

对于大于 30 mm 的损伤，首先按小于或等于 30 mm 的损伤规定贴补伤片，然后在修补处包裹一条热收缩带，包裹宽度应比补伤片的两边至少各大 50 mm。

## 5　管道下沟和回填的质量控制

下沟前对每根管子进行检漏，并检查是否有涂层损坏并按照要求进行必要的修补，还要注意根据地形采取稳管、压管的措施，回填前做好阴极保护，尤其是经过高后果区的管线；对于石方段要用细土先回填至管顶上方 300 mm，细土的粒径不应超过 10 mm，然后回填原土石方，石头的最大粒径不得超过 250 mm。管沟回填土要求高于地面 0.3 m 以上。

## 6　结语

长输管道项目的质量控制，是一个复杂的系统工程，各个环节牵一发而动全身。青宁输气管道自建设伊始，建设团队便采取了一系列的质量控制措施，贯穿了线路工程建设的设计、材料验收、组对焊接、管道防腐、下沟、回填的各个环节，在建设过程中，对工程各个环节实行了有效的质量控制行为和精细化的管理，提前三个月完成集团公司部署的 350 km 年度建设任务，各标段焊接质量合格率均在 99.5%以上，获得了业内人士的一致肯定。本文总结了青宁输气管道线路工程的质量控制行为，希望为今后类似的建设过程的质量管理提供借鉴。

## 参考文献


[1] 姜文瀚.石油石化长输管道施工工程质量控制研究[J].中国石油石化,2017(8):13-14.

[2] 杨光. P-L天然气长输管道工程质量控制研究[D].武汉:湖北工业大学,2017.

[3] 陈均涛.长输管道工程关键工序质量影响因素及控制措施[J].石油工业技术监督,2012,28(5):17-20.

[4] 高辉.浅谈长输管道工程施工质量控制[J].中国新技术新产品,2012(9):52.

[5] 侍育红.浅谈油气长输管道穿越工程质量控制[J].中国石油和化工标准与质量,2017,37(9):22-23,25.

[6] 高锋.长输管道工程施工质量控制技术要点分析[J].化工设计通讯,2017,43(12):18-19.

[7] 姚念双,袁书杰.长输管道工程质量成本控制探析[J].化工管理,2015(1):137-139.

[8] 王志伦. 大庆—哈尔滨天然气管道工程质量管理体系研究[D].北京:北京交通大学,2008.

[9] 高武勤,丁信东.长输管道焊接质量的分析和控制[J].石油工程建设,2004(2):47-49,66.

[10] 夏先德.松南气田外输管道工程焊接质量控制[J].石油工程建设,2009,35(3):63-64.

# 青宁天然气管道水网地带焊接缺陷及质量控制

张 晨 柳志伟 王喜卓 代 军
(中国石油化工股份有限公司青宁天然气管道分公司)

**摘 要** 针对青宁天然气管道部分作业区处于水网密集地带,环境湿度大,焊接质量控制困难等问题,对焊缝缺陷类型和位置进行统计分析,找到主要缺陷类型为气孔。依据气孔产生原理,结合现场焊接过程,从冶金因素和工艺因素两个层面对气孔焊接缺陷的成因进行了分析,找到了影响气孔缺陷的关键因素。从焊材管理、焊前准备和焊接过程三个方面提出一系列质量控制措施,应用于焊接现场,截至2019年8月底气孔缺陷比例大幅减少,一级片占比提高了7.45个百分点,焊缝质量得到明显提升。

**关键词** 焊接;焊接缺陷;质量控制;水网

## 前言

长输管道是石油、天然气、煤层气等化工原料运输的最有效的方式,具有输送能力强、辐射范围广等优点。随着经济发展水平的提高,资源短缺和不均衡的问题日益凸显,国内长距离输送管道建设量逐年增加[1-3]。作为能源管输骨架系统工程的重点组成部分,青宁管道途经山东、江苏2省、7个地市、15个县区,沿线地质条件较复杂,气候多变。其中江苏省内部分作业区处于水网密集地带,有些地段甚至成片,环境湿度大,焊接质量控制困难。在建设过程中,将水网地区的焊接过程控制作为管理重点,不断开展管道焊接质量分析活动,并采取相应的控制措施,是在工期任务紧、投产任务急的情况下,保证管道的质量和运行安全的关键。

## 1 工程简介

青宁输气管道工程地处经济发达的苏鲁地区,属于黄淮平原,线路全长531 km,设计压力为10.0 MPa,管径为1 016 mm,管道主材为螺旋缝和直缝埋弧焊钢管,管道材质为L485M。焊接过程采用焊条电弧焊(SMAW↓)打底,自保护药芯焊丝半自动焊(FCAW↓)填充盖面,支持的焊接工艺评定编号:19PQR-QNGD-001M,根焊焊材采用AWS A5.1纤维素焊条E6010 ϕ4.0,热焊填充盖面采用AWS A5.29自保护药芯焊丝E8108-Ni2JH8 ϕ2.0。

该工程起自位于青岛市黄岛区的山东LNG接收站,终至位于仪征市的南京末站,江苏省内的青宁管道沿线由北到南分为4个标段。各个标段地质条件差异较大,其中5标段处于水网密集地区,存在大量连片鱼塘。根据青宁管道管理规定,对每道焊口分别进行RT与PAUT检测,按照《石油天然气钢质管道无损检测》(SY/T 4109—2013),评定二级以上合格。为提高焊接质量,统计自建设以来各标段的检测结果见表1,分析发现,各标段合格率均在98%以上,但是5标段的一级片占比远小于其他标段,故将水网地带的5标段作为主要研究对象,找到主要缺陷类型,对影响焊接质量的关键影响因素进行分析研究。

表1 各标段的检测结果

| 标段 | RT | | | PAUT | | |
|---|---|---|---|---|---|---|
| | 一级口 | 总口数 | 一级口占比 | 一级片 | 总片数 | 一级片占比 |
| 3 | 1 729 | 2 493 | 69.35% | 3 772 | 4 986 | 75.65% |
| 4 | 3 084 | 3 926 | 78.55% | 6 651 | 8 395 | 79.23% |
| 5 | 2 051 | 3 606 | 56.88% | 5 264 | 7 203 | 73.08% |
| 6 | 2 549 | 3 308 | 77.06% | 5 794 | 6 628 | 87.42% |
| 总计 | 9 413 | 13 333 | 70.60% | 21 481 | 27 212 | 78.94% |

## 2 焊接缺陷分析

### 2.1 焊接缺陷类型分析

对水网地带2019年7月1日到9日的焊缝缺陷进行统计,发现焊缝缺陷的主要类型为内咬边、气孔、夹杂、未熔合和内凹,各缺陷占比见图1。

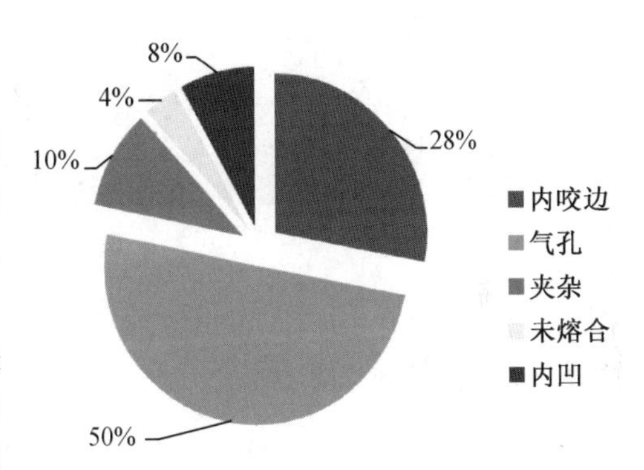


图1 水网地带2019年7月1日到9日焊缝缺陷占比图

由图1不难看出,气孔、内凹和夹杂为主要缺陷类型,而气孔更是占到全部缺陷的50%,其中内凹和夹渣,主要受焊接工艺因素影响,受环境影响较小[4-6],气孔的成因较为复杂,受湿度、风速等环境条件的影响较大[7-9],故在水网特殊地带焊接质量的控制,需将气孔作为主要攻克对象。

### 2.2 焊缝缺陷位置分析

对焊缝不同位置产生的缺陷进行统计,见图2。从图2可以看出,在3/9点位置和6点位置,也就是焊工起弧和底部仰焊的位置产生缺陷的概率相对较大,在顶部平焊的位置缺陷产生的概率较低。

结合焊接缺陷类型分析原因,在3/9点位置的主要缺陷为圆形缺陷和夹渣,这是由于管道管径较大,焊工操作不方便;且该处多为焊接起弧位置,搭接焊缝的次数较多,搭接过程未处理好,就易产生圆形缺陷,而每次焊接时,若未将层间清理干净,就易产生夹渣,故这两种缺陷的数量较多。

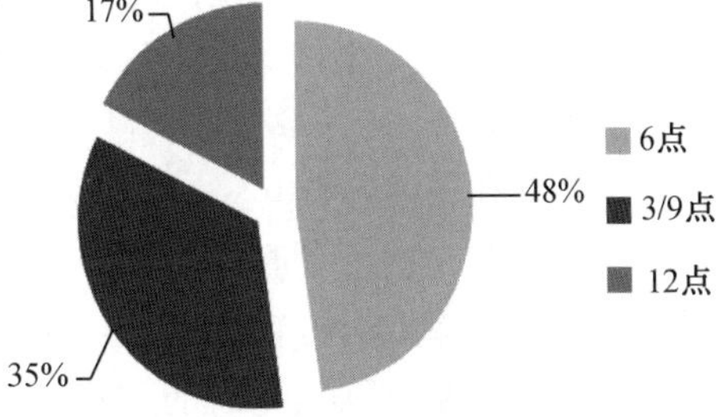


图2 不同位置焊缝缺陷占比图

而在6点的位置,因为焊接处于焊缝底部,属于仰焊，焊工的操作空间受到了限制，多数焊工采取断弧焊接方式，若抖动不到位、预热温度过低，极易出现气孔、内咬边的缺陷。

## 3 气孔缺陷成因分析

针对水网地带的特殊作业环境，在此依据气孔产生原理，结合现场焊接过程，对气孔焊接缺陷的成因进行分析。气孔在底片上的影像为黑色圆点，轮廓较圆滑，气孔中心黑度较大，至边缘稍减少，气孔底片见图3。气孔缺陷成因的影响因素可以划分为冶金因素和工艺因素两大类型。

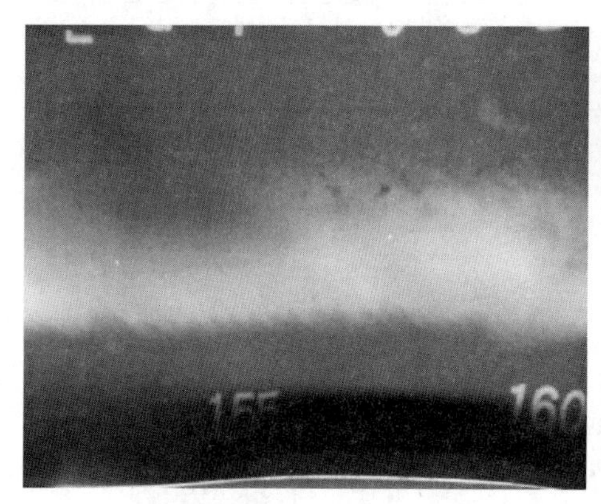

图3 焊缝气孔缺陷典型图

### 3.1 冶金因素的影响

主要包括熔渣的氧化性、药皮的冶金反应、水和铁锈对气孔的影响三个部分。其中由于焊材采用的是药皮配方成熟的焊条，熔渣氧化性影响很小，不做主要分析。

(1) 药皮湿度的影响

青宁管道采用的是纤维素焊条和自保护焊丝，由于地处水网地带，环境湿度大，焊材上的药皮在现场放置一段时间后，会自动吸收空气中的水。一般药皮中的水分含量主要由烘焙工艺决定，若药皮含水量过少(小于2%)，焊材工艺性能会变差，这是因为在焊材中的有机物在电弧高温下会分解产生$CO_2$、CO、$H_2$、烃和$H_2O$等气体，是电弧中气体的主要来源，当其含量增加时，电弧吹力增大，同时增加电弧气氛的氧化性。但是，若药皮含水量过多，会造成焊接电弧不稳且飞溅增多，前后段工艺性能变化较大，后段焊材中的水分在焊接中挥发较多使后段吹力变小，熔池不清晰，产生气孔的概率大幅增加。因此在水网地带，在确保电弧吹力的前提下，需采取有效措施控制焊材药皮含水量。

(2) 水和铁锈的影响

在管道焊接前准备时，需要对坡口打磨出金属光泽，但是由于水网地带环境湿度大，坡口打磨后若没有及时进行焊接，空气中的水蒸气会附着在钢管表面，在短时间内就会再次产生铁锈。铁锈是钢铁氧化后的产物，成分为$m Fe_2O_3 \cdot n H_2O$，其中$Fe_2O_3$约占83.28%，结晶水约占10.7%，这样的组成，对于熔池金属有较强的氧化作用，焊接过程会析出大量的氢。

加热时化学反应如下[10-11]：

$$3Fe_2O_3 = 2Fe_3O_4 + O$$

$$2Fe_3O_4 + H_2O = 3Fe_2O_3 + H_2$$

$$Fe + H_2O = FeO + H_2$$

由于铁锈成分的氧化作用，熔池在结晶过程中会促使其产生 CO 气孔；而铁锈中的结晶水在高温中分解会产生氢气，又增加了氢气气孔产生的概率，因此在水网地带焊接前，要合理安排焊接工序，严格清理管口、坡口的铁锈，以及管口附着的水汽。

### 3.2 工艺因素的影响

工艺因素主要包括焊接工艺参数、电流种类和操作技巧的影响。本工程采用经有资质的单位评定过的操作规程，按照工艺规程的要求选取工艺参数与电流种类，产生气孔的概率较小。但在工艺操作方面，在施工中由于工艺操作不当而产生气孔还是很多的，主要包括焊接层间温度、熔池存在时间以及工作人员的操作技能三个方面。

(1) 层间温度影响

焊接时，焊道层间温度(预热温度)，会影响到熔敷金属在凝固和冷却期间的金相过程，进而在一定程度上影响到焊接金属的机械性能和氢的逸出速度，当层间温度不足时，会增加氢气气孔产生的概率。

(2) 熔池存在时间的影响

熔池存在的时间 $t$ 与焊接工艺参数的关系为：

$$T = KUI/v$$

式中：$K$——常数，取决于焊材种类；

$U$——电弧电压，V；

$I$——焊接电流，A；

$v$——焊接速度，cm/s。

增加熔池存在时间，有利于气体逸出，减少气孔缺陷的概率。由上式可知，为了增加熔池存在时间 $t$，可以通过增大电弧功率或者降低焊接速度来实现。但当焊接电流过大时，会使熔滴过细，比表面积增大，熔滴吸收氢气速率增加，反而会使焊缝产生气孔的概率增大。根据实验，当电弧电压增大时会使熔池保护性变差，空气中的氮气将侵入熔池而形成氮气孔。提高焊接速度会使结晶速度增加，气体来不及逸出熔池，气孔倾向也会增加。

(3) 工作人员的操作技能影响

如果焊接过程中所用的电弧不稳定，将无法保证相关工艺规定的电弧电压[12]。因此，焊接时，焊丝、焊枪、管材之间必须保持正确的位置，动作要协调配合，要保证电弧稳定，弧长均匀，同时控制焊丝的送丝速度在合适的范围内。

## 4 焊接质量控制措施

通过对气孔焊接缺陷的成因分析，总结控制水网地带焊缝气孔缺陷产生的关键环节可分为焊材管理、焊前准备和焊接过程控制三部分，进而提出以下质量控制措施。

### 4.1 加强焊材管理

(1) 加强焊材进场验收管理工作，尽量采用当年生产的焊材；

(2) 加强焊材保管与分发的材料管理工作，随用随领取，剩余焊条集中存放在干燥的密闭容器中；

(3) 严格按照焊材的说明，按照规定的温度和时间进行烘干处理；

(4) 不允许使用失效的焊条，如焊芯锈蚀、剥落、药皮开裂、偏心度过大等；

(5) 对于长时间作业区域，给每位电焊工配备专用有效的焊条筒。

### 4.2 焊前准备控制

(1) 严格管控管口的清理质量，管内外表面坡口两侧 20～30 mm 范围内的油污、铁锈、水清除干净，应清理至显现金属光泽；

(2) 减少管口清理与根焊的间隔时间，当清理后的管口在空气中搁置超过 5 min 时，在根焊前需要重新打磨处理，并且在满足预热温度的同时，提高预热的时间，确保钢管表面的水汽被完全蒸出；

(3) 在空气湿度过大环境下进行焊接作业时，要准备防风棚，并且必须把防风棚门窗紧闭。

### 4.3 焊接过程控制

(1) 焊接时焊接参数要保持稳定，在 6 点位置尽量采用短弧焊，配合适当摆动，利于气体的逸出；

(2) 严格控制焊接过程的层间温度在 80～150℃；

(3) 加强焊接过程不同环节的间隙控制，减少不同焊层间的间隔时间；

(4) 焊接时注意保护熔池，防止空气侵入，产生气孔；

(5) 施焊中密切关注熔池的形态，发生气孔马上停弧处理；

(6) 焊口宜当日焊完，若必须中断焊接，应保证填充金属厚度不小于 50%的壁厚，且不应小于 3 层，未完成的焊口要采用干燥、防水、隔热的材料覆盖好，再次焊接前，应预热至 80℃以上，在保证预热均匀的同时，随间隔时间的增加，适当提高预热时间，以确保焊缝中无残留水汽。

## 5 结语

为提高青宁管道水网密集地带的焊接质量，通过对焊缝缺陷类型和位置的统计分析，找到主要焊缝缺陷类型为气孔，6 点和 3/9 点为焊接缺陷较多的位置，并初步分析了焊缝缺陷集中的原因。

针对水网地带的特殊作业环境，依据气孔产生原理，结合现场焊接过程，从冶金因素和工艺因素两个层面对气孔焊接缺陷的成因进行了分析，找到影响气孔缺陷的关键因素，主要包括药皮湿度、水和铁锈、层间温度、熔池存在时间以及工作人员的操作技能，并对焊材管理、焊前准备和焊接过程三个关键环节提出了一系列质量控制措施，应用于焊接现场，统计检测结果，截至 2019 年 8 月底一级片占比已达到 72.04%，提高了 7.45 个百分点，焊缝质量得到明显提升。

## 参考文献

[1] 吴宏，周剑琴.国内大口径、高钢级管道焊接及焊缝检测技术现状[J].油气储运，2017，36(1)：21-27.

[2] 黄锋.长输管道全自动焊技术应用工程经济分析[J].油气储运，2015，34(12)：1365-1368.

[3] 李益平. 长输管道施工常见焊接缺陷质量分析控制[C]//中国工程建设焊接协会.全国焊接工程创优活动经验交流会论文集，2011：8.

[4] 尹长华，范玉然.自保护药芯焊丝半自动焊焊缝韧性离散性成因分析及控制[J].石油工程建设，2014，40(2)：61-67.

[5] 陈均涛.长输管道工程关键工序质量影响因素及控制措施[J].石油工业技术监督，2012，28(5)：17-20.

[6] 何小东，仝珂，梁明华，等.长输管道自保护药芯焊丝半自动焊典型缺陷分析[J].焊管，2014，37(5)：53-57.

[7] 朱本光.长输油气管道"金口"焊接技术分析与选择[J].石油和化工设备，2016，19(8)：61-63.

[8] 薛振奎，屈涛.药芯焊丝自保护半自动焊在管道工程中的应用[J].石油工程建设，1998(1)：12-15，59.

[9] 张志强，孔德胜，李新伟.大壁厚管道窄间隙自动焊气孔缺陷成因的探析[J].焊接技术，2017，46(9)：108-110.

[10] 林睿.长输管道焊接气孔成因及控制措施[J].石油和化工设备，2016，19(5)：75-77.

[11] 唐德渝，牛虎理，龙斌，等.西气东输二线 X80 钢自动焊工艺试验研究[J].石油工程建设，2011，37(5)：36-40.

[12] 高武勤，丁信东.长输管道焊接质量的分析和控制[J].石油工程建设，2004(2)：47-49，66.

# 基于 EPC 管理项目的第三方 HSSE 监管实践与探索

张向阳　陈子刚　王　军
（河南油田工程咨询股份有限公司）

**摘　要**　青宁输气管道工程是石化集团首次在长输管道建设中采用 EPC 总承包模式进行施工建设，现场安全管理采用委托第三方安全服务机构进行监管的模式。第三方 HSSE 监管团队制定了“现场主导，靠前监管，突出重点，全面覆盖”的工作方针，在不断探索与实践中，逐步确立了融入式的监管新模式，按照 HSSE 管理体系“PDCA”循环工作机制，持续进行自查完善和改进提高，通过系统化的管理推进，帮助建设单位及时发现安全问题，消除安全隐患，最大限度地控制风险、减少事故、改善施工现场安全现状，确保青宁管道建设 HSSE 管理目标的实现。

**关键词**　EPC；第三方 HSSE 监管；输气管道建设工程

## 前言

EPC 模式是由一家承包商或承包商联合体对整个工程的设计、采购、施工及试运行，直至竣工移交的全过程总承包的模式。在 EPC 模式中，EPC 总承包商对工程项目的设计、设备采购、施工以及试运行技术服务等全面负责。其中，E（Engineering）不仅包括具体的设计工作，而且可能包括整个建设工程内容的总体策划以及整个建设工程实施组织管理的策划和具体工作；P（Procurement）也不是一般意义上的建筑设备材料采购，而更多的是指专业设备、材料的采购；C（Construction）为“建设”，其内容包括施工、安装、试车及技术培训等。设计、采购、施工的组织实施是统一策划、统一组织、统一指挥、统一协调和全过程控制的，在合同范围内对工程项目的 HSSE、质量、工期、造价负责。

积极引入第三方 HSSE 监督管理模式，是提高安全管理的必要措施，可以有效地解决建设单位安全管理力量、专业知识不足的问题。第三方 HSSE 监管独立于建设单位、施工单位和安全监管机构，在安全检查中既不受建设、施工单位限制，也不受安全监管部门影响，能够客观真实地检查出建设施工中存在的安全隐患，让工程建设安全管理工作变得公开透明。同时，通过现场督促及专业分析，帮助建设单位及时发现安全问题，消除安全隐患，最大限度地减少事故、改善施工现场安全现状，实现工程建设的安全总目标。

## 1　项目概况

青宁输气管道工程地处经济发达的苏鲁地区，属于黄淮平原，起自位于青岛市黄岛区的山东 LNG 接收站，终至位于仪征市的南京末站，途经山东省青岛市、日照市、临沂市和江苏省连云港市、宿迁市、淮安市、扬州市等 2 省、7 个地市、15 个县区，线路全长 531 km，设计压力为 10.0 MPa，管径为 1 016 mm。工程沿线共设 11 座站场，22 个阀室，其中分输清管站 3 座，分输站 7 座，末站 1 座。管道设计输量为 7.2 亿 $m^3/a$，施工规模一次达到需求，计划于 2020 年开始向用户输送天然气，2025 年达到设计能力。

青宁输气管道的建设，不仅实现中石化南北两大输气管网（华北管网和川气东送系统）的互联互通，同时与已建的山东管网、天津 LNG 外输管道、川气东送管道，在建的鄂安沧管道一期、拟建的潜江—中原储气库群输气管道（新疆煤制气外输管道二期工程）一起，形成我国中东部地区干线环状管网，进而实现华北陆上天然气资源、川气东送资源以及山东、天津 LNG 资源相互联通的供气格局，使中国石化主要天然气资源更加灵活调配，提高市场安全保供能力。

青宁输气管道项目工程采用 IPMT 领导下的“项目部＋监理＋EPC”的管理模式。中石化天然气分公司青宁输气管道项目部全面负责青宁输气管道项目工程的筹备、建设、生产准备、试运投产等工作，接受中国石油化工股份有限公司效能监察、审计以及质量监督等有关部门的监督检查。

项目部 HSSE 管理实行“IPMT＋项目部＋第三方 HSSE 监管＋承包商”模式，HSSE 管理部负责 HSSE 工作的总体布置和 HSSE 相关事宜的协调；第三方 HSSE 监管单位负责项目所有参建单位的 HSSE 监督管理，对所有参加人员进行 HSSE 培训，参与地方 HSSE 手续的报审报验和工程竣工验收，对监理单位、施工单位、无损检测单位等承包人进行施工全过程 HSSE 监督管理并记录归档。

安全管理的权限和层级自上至下：

A：HSSE 管理委员会。

B：项目部 HSSE 管理部（第三方 HSSE 监管经理、专家）。

C：项目分部（第三方 HSSE 监管现场 HSSE 工程师）。

D：工程监理、水保监理、环境监理。

E：施工总承包商、供货商、服务商。

F：分包商等。

# 2 管理实践

## 2.1 做实监管项目前期筹备工作

青宁管道监管团队在监管开工之前，组织集中办公 6 天，主要开展了人员培训、物资准备、检查标准编制、培训课件整理、相关信息登记、报备资料建立、管理规定制定等工作，于项目正式开工前完成全部筹备工作。通过集中办公，组织内部培训 2 次，编制承包商培训课件 2 个，编制施工项目检查标准 15 项 2 812 条，完成全部成员身份信息、个人信息、体检报告，资质证件信息统计报备工作，讨论制定并发布了《青宁管道 HSSE 监管服务项目部暂行管理规定》。

## 2.2 做好监管工作开局第一课

一是通过高压态势切入现场。监管团队进入项目后，根据业主的管理构架，迅速进行了监管人员部署和调整，分别在日照管理处和扬州管理处设立了监管组，与业主的两个管理处同步运行。为尽快打开工作局面，监管组首先确立了高压开局的工作思路，安排每天进行全覆盖督查，对现场检查发现的问题，付诸多种手段实施显性化管理，一切从严，一切从快，每天通报考核，持续强化督查绩效，全方位营造安全管理的高压态势，使所有参建单位对HSSE 工作和第三方监管工作有一个全新的定位和认识，达到思想上和行动上的共振，做到诚惶诚恐知敬畏，从而使监管工作得以顺利介入和开展。

二是工作推进由静而动。针对施工现场实际，监管组首先把督查重点放在静态隐患治理上，以确保本质安全，主要针对设备设施缺陷和隐患、员工安全防护、应急物资储备等。在此基础上，狠抓管理人员、操作员工"三违"行为和现场"低老坏"现象的动态整治工作。在风险管控上，把特殊作业和危大项目作为监管重点，主要针对吊装作业、临电管理、沟下施工、顶管穿越等施工项目，总体实现重点突出、节点受控。

## 2.3 坚持把现场监管作为第一要务

在实际工作中，监管组紧盯一线施工现场，坚持把现场监管作为第一要务。要求各标段监管人员及时了解生产建设动态，全面掌握施工现场的重要部位、重点工序、关键环节和主要风险源，每天要把重点施工督查到位，每三天要把负责的所有施工现场覆盖一遍。特别是在高邮湖定向钻和仪征改线段的重点施工中，监管团队跟进开展专项巡检和驻点监管工作，确保了两个重点施工区域直接作业环节的风险管控。

在青宁管道第一个窗口期第一条定向钻(高邮湖西大堤定向钻)的回拖施工过程中，监管负责人始终盯在现场，落实旁站监督，全程将近 12 个小时的时间，与施工方并肩战斗，直至回拖顺利完成，二人驱车回到驻地时已是次日凌晨 3 点。

在高邮湖第二个窗口期的施工中，监管组超前介入施工方案制定，并结合现场勘查实际，提出了《高邮湖施工组织运行方案审核意见》，从八个方面提出具有建设性的安全施工措施，被施工单位一一采纳。在实际运行中，标段负责人在确保外围施工正常监管的基础上，不叫苦，不言累，紧盯高邮湖的重点施工，主动开展专项巡查，保持每天进湖督查的工作力度，确保了机具、设备、人员水上运输安全和湖滩现场施工风险管控。

仪征改线段是青宁管道全线地下构筑物最复杂、施工难度最大、风险最高的建设地段，监管组始终予以高度重视，局部开工后，监管项目部立即抽调团队得力骨干，第一时间进驻仪征开展驻点监管工作，与业主和各参建方一道，检查落实现场施工情况，复核变更路由的地勘资料，开展施工推进的风险识别，全方位制定安全防范措施。在此基础上，组织油建项目部安全管理人员、机组管理人员和监理人员召开了仪征改线段风控协同推进会，进一步明确目标，统一思想，提高认识，做到了重点施工靠前监管，保障有力。

## 2.4 建立独具特色的安全监管新模式

基于 EPC 管理模式的第三方监管技术服务项目，监管团队以确保"安全生产无事故，培育合格承包商"为目标，以直接作业环节风险管控为重心，明确了"从严监管，热情服务"的工作指导思想，并建立了融入式的监管运行模式，扎实开展全线监管工作。

### 2.4.1 立足长远目标建立自运转模式

一是建立报备制度。监管组根据青宁管道建设实际，建立了报备制度，要求各施工单位对新机组开工、高风险施工项目和特殊作业提前一天向监管组报备信息，通过对报备项目进行施工风险梳理分级，确保监管工作做到监督有重点，检查有方向，管控见实效。

二是形成管理闭合。监管工作中，做到检查考核与整改落实并重，针对督查通报的每个问题，明确整改时间、整改责任人和验收责任人，并要求责任单位及时反馈整改信息，按照作业报备—巡检督查—通报考核—整改验收—信息反馈的管理路径，实现管理闭合。

三是强化督查绩效。监管组结合长输管道建设项目特点，分标段派驻监管人员，变定期检查为每天覆盖督查，做到监管工作日查日报，检查问题日清日结，最大限度地提高监管绩效，削减遗留问题带来的各种隐患和风险。

四是实现信息共享。监管团队充分利用微信和钉钉，建立内部信息平台，及时交流、沟通监管信息，及时分享监管经验和教训。同时，充分利用参建单位的微信群，对当天督查信息进行汇总和剖析，把各单位存在的普遍问题、典型问题和好的做法，及时进行信息通报和共享，进一步提高监管工作的针对性和实效性。

五是把握工作重心。工作运行中，监管组通过晨会、例会、信息群交流和线下沟通，与业主建立有效和充分的交互渠道，时刻领会项目管理精神，把握业主管理导向，了解生产运行动态，确保监管工作紧扣项目管理主线，重心不偏。

### 2.4.2 着力承包商培育开展综合治理

一是组织专题安全活动。根据前期现场督查情况，重点对吊装作业和安全用电组织开展专题培训和交流活动。监管组认真收集整理资料，准备课件，并利用晚间休息时间，巡回到各标段进行专题培训，详细讲解吊装作业和安全用电的风险管控知识，同时针对现场存在的普遍问题、典型问题和严重“三违”现象，与施工单位机组长和安全员、检测单位安全负责人、项目部安全管理人员、现场监理工程师进行面对面沟通和交流，并对下一步的安全工作提出要求和建议。专题安全活动得到了业主和各参建单位一致肯定，施工单位管理人员在思想和认识上有了很大提高，现场管理良性推进。特别是江汉油建，针对前期督查问题和专题活动提出的工作要求，项目经理、安全总监、机组长和安全员高度重视，敢于直面问题，不遮不掩，从面到点，从人员到设备，逐个现场、逐个问题开展拉网式整改，现场安全管理水平得到大幅提升。正是得益于第三方前期对吊装现场安全站位和安全措施的整治力度，才避免了在5·25滚管未遂事件中(管厂运管车临边支护不达标)造成人员伤害事故。

二是开展“低老坏”专项整治。监管组结合现场督查情况，及时编制完成《“低老坏”专项整治活动——安全篇》课件，并印制口袋书下发到机组，自 2019 年 8 月 10 日起，组织开展“低老坏”专项整治活动，要求各参建单位针对分析通报内容，对标整改。同时，协同监理单位和油建项目部，持续加强现场“低老坏”问题的督查与考核，通过“反复抓，抓反复”，保持对现场管理的高压态势。后期，又根据现场督查实际，开展了“低老坏专项整治回头看”工作，重点对安全用电、吊装作业和钩机临边作业开展专项督查和整治活动，进一步巩固了活动成果。

三是促进机组自我管理。在做好现场监管和督查的同时，监管组立足培育合格承包商的管理目标，通过多种方式与监理单位、油建项目部和施工机组负责人进行沟通交流。注重在安全意识引导上对参建单位管理人员施以潜移默化的影响，以达到思想认同、目标认同、管理认同，进而通过参建单位管理层自身的价值引领，促进自主安全管理水平的持续提升，实现从“要我安全”到“我要安全”的本质转变。

### 2.4.3 依托青宁项目打造特色监管品牌

一是做好督导协作。针对长输管道建设点多线长面广的特点和监管组监管力量有限的实际情况，第三方在工作推进中，注重督导协作，牢牢抓住 EPC、监理单位和油建项目部，督导 EPC 履职尽责全面管控，并充分发挥监理单位现场全程跟踪监理的优势，强化现场安全监督和问题整改。同时，牢牢抓住油建项目部主体管理责任落实，协同推进现场安全管理工作，监管压力得到缓解，监管绩效逐步提升。

二是紧盯危大项目。针对 2019 年 6 月份以来陆续开工的顶管作业、定向钻施工、沟下连头、单体管线试压等高风险施工项目，监管组全过程加强现场安全监管，并对关键环节实施旁站监督，做到关键施工环节风险受控。针对高风险的人工顶管作业，监管组及时整理发布了《人工顶管作业风险控制要点》，该要点分前期工作、施工准备、施工过程、施工结束四个方面，提出了 20 项安全控制的必需措施。在编制过程中，综合参考了多种工艺技术和施工方案，又与油建安全总监结合现场多次探讨，修改完善，定稿后及时进行发布共享，进而为人工顶管作业的安全施工提供了可靠借鉴。

三是抓住薄弱环节。主要针对定向钻和顶管穿越施工前期准备阶段、施工后转场阶段，以及定向钻出土点的施工现场管控。督查发现，这三个施工环节已经成为安全管理的失控点和薄弱点，问题突出且具普遍性，监管组通过现场督查，暴露问题，督导监理单位和油建项目部一体纳入现场安全管理，做到风险管控全面覆盖。

四是强化管理问责。随着监管工作的不断推进，现场问题的督查基本做到了全面覆盖，主要包括人的不安全行为和物的不安全状态，但重复性和典型性的问题仍然没有得到彻底消除。鉴于这种情况，监管组及时调整监管方式，针对督查问题，强势开展管理追责和问责，切实抓住解决问题的关键所在。2019 年，共对油建单位 11 个机组的 16 名机组长和安全员、监理单位 4 名现场负责人进行了一对一的管理问责处罚，受处罚单位在现场管理上有很大触动和进步。

五是注重问题解决。监管组在现场督查过程中，一方面要做到严格执行安全技术标准和安全管理法规，督查工作从严从细从深；另一方面更加注重解决现场存在的实际问题，确保问题整改的可操作性和风险的可控性，达到安全、质量、进度的有机统一。

在前期的督查中，现场发现多数的焊接机组角磨机与砂轮片额定转速参数不匹配，砂轮片额定转速低于角磨机的最大转速，存在砂轮片超速破碎的伤害风险，监管组及时与各油建项目部沟通，通过排查摸底，全部进行了配套更换，这是所有参建方在其他建设项目从来没有被督查和识别的风险，参建方因此由衷为第三方监管服务点赞。

在吊装现场督查中发现，用于吊管的吊钩开口间隙大、受力端面小，完全不符合大口径管材的吊装要求，现场存在很大的吊装滑脱风险，按照规范应统一更换为有自锁功能的牙口吊具，但实际应用后，存在两个问题：该吊具自重 10 kg，员工登高操作费时费力，且使用后牙口伤及母材约 2 mm，直接导致管口报废。为解决这一安全标准和现场实际的矛盾问题，监管组负责人组织油建安全总监、监理安全总监、现场安全员和吊装指挥现场讨论安全吊管措施，最终确定了改进吊钩的措施方案：咬合间隙由 45 mm 调整到 38 mm，受力面由60 mm

延长至90 mm,厚度增加20 mm,联系专业锁具厂进行改进加工,并出具改进吊钩的鉴定报告和专业部门的认证报告。新吊钩改进成功并在现场应用后,既解决了可操作性的问题和吊装伤管的质量问题,又实现了吊装风险的可控性,业主和参建方为第三方立足现场解决问题的做法给予高度评价。

诸如此类的案例还有很多,第三方的监管方法和目的只有一个,那就是为青宁管道建设保驾护航,现场不能机械地照抄照搬安全标准和规定开展监管工作,必须结合现场可行性来降低和控制施工风险,不能把安全管理同进度管理和质量管理割裂开来。

## 3 结论与认识

第三方HSSE监管团队自进入青宁项目以来,秉承"从严监管,热情服务"宗旨,建立了全新的融入式安全监管新模式,从静态本质安全入手,立足解决实际问题,持续推进现场动态管理,实现了物的不安全状态、人的不安全行为的全面管控。同时,第三方结合现场管理实际,先后组织开展多项治理活动,有效地削减和控制了施工风险。以扎实可靠的业务水平、务实高效的工作作风和勇于主导的管理能力,为青宁管道建设安全生产做出了应有贡献,为项目实现"零伤害,零污染,零事故"的总体目标提供了可靠保障。

HSSE管理是EPC项目管理的核心之一,工程建设各项工作都要围绕HSSE目标实现开展工作,监管工作如何进行才最合理、最有效,还需要不断深入研究和探索。HSSE管理是一个动态的过程,是一个长期、持续、反复的过程,不能一蹴而就,更不能陷入僵硬的程式化。青宁管道建设施工队伍来源复杂,队伍素质参差不齐,管理难度大,加上项目建设工期长、环境复杂、条件艰苦,建设队伍和人员也容易进入疲惫期,第三方也要在控制主要风险的同时,适时调整管理策略,防止出现安全行为、安全意识的滑坡和疲软,有效遏制由此导致的行为惯性。在管理中要讲求方式、方法,讲究管理技巧,随着现场情况变化,不断地调整管理方法和策略,寻求新途径,解决新问题,促使参建各方自觉履行HSSE责任和义务,尽可能地降低施工风险,确保工程建设项目顺利进展。

### 参考文献

[1] 袁兴安.工程建设领域建设单位引入第三方安全管理机构探讨[J].中国水运, 2019,19(1):17-18.
[2] 刘雨波.建设企业安全监督工作的探讨及建议[J].现代经济信息, 2018(16):104.
[3] 刘德文. EPC模式的项目HSSE管理实践[J].工程项目管理与总承包, 2014(5):20-26.
[4] 刘洋,辛平. 基于第三方的项目HSSE管理模式探讨与实践[J].中国安全生产科学技术, 2012(9):201-204.

# 工程 EPC 总承包模式下的 HSSE 管理

杨 振 吴 昂 崔友坤 马明宇

（中石化中原石油工程设计有限公司）

**摘 要** 近年来，随着 EPC 总承包项目不断增加，越来越多的企业参与到 EPC 工程项目建设中。EPC 总承包不同于以往的先设计后施工模式，呈现的是边设计边施工、边生产边建设的特殊模式，因此其 HSSE 管控工作也具有与众不同的特点和特殊的困难。本文主要探讨了在 EPC 总承包模式下 HSSE 管理的方法。梳理了安全管理中存在的问题，并在遵循 EPC 总承包项目安全管理理念和准则的基础上，给出问题的解决方案和措施，从而降低事故发生的概率。

**关键词** EPC 总承包；HSSE 内涵；设计 HSSE 管理；施工 HSSE 管理；管理现状；改善措施

## 前言

EPC 是国际通用工程总承包产业的总称，它最大的特点就是高效化。即对工程项目中各种技术、经济、管理进行一系列的整合，使工程在质量、安全、进度、费控等各方面实现最合理的组合，以达到预期效果。为了加强与国际接轨，克服传统的设计、采购、施工相分离的承包模式。在工程项目建设中，国家大力提倡 EPC 总承包模式。由于 EPC 总承包包含了工程建设全寿命周期，在实际运行中不可避免地会出现工程分包情况，尤其是在大型地面工程建设过程中，相关专业多、危险作业多、交叉作业多、危险源复杂，给 HSSE 管理工作带来了极大的挑战。加之承包商的增多，各承包商对 HSSE 管理工作重视程度不同，HSSE 管理人员水平参差不齐，以及施工人员流动性大等问题。实践中经常出现忙乱无序、顾此失彼，从而造成事故多发、事故频发。如何缓解严峻的安全压力，保证工程建设中施工安全，必然成为 HSSE 管理人员研究的重点。本文简要梳理 EPC 总承包模式下 HSSE 管理存在的一些问题及改善措施。

## 1 EPC 总承包模式概述

EPC 总承包是指按照总承包合同约定，对工程建设项目的设计、采购、施工、试运行等实行全过程的承包。并对所承包工程的进度、质量、安全、成本等全方面进行负责。为保证项目顺利运行，EPC 总承包单位需组建了一个以项目经理为领导的实施组织即 EPC 项目部。该项目部以总承包合同为依据，以设计为龙头，以工程实施计划为统筹，以计算机数字化管理为手段，以物资采购和 HSSE 为保证，以质量、工期为目标，最终向建设单位交付一个令业主满意的优质工程项目。

## 2 HSSE 管理体系的内涵

众所周知，HSSE 是健康、安全、环境的缩写，“H”代表健康，是指维护作业人员在职业劳动过程中的身体和心理健康。“S”代表安全，是指工作人员要在安全的环境条件下作业，防范一切不安全因素，杜绝一切不安全隐患。“E”代表环保，是指企业必须在对环境进行保护的前提下，做到自身的可持续发展。HSSE 是在 HSSE 的基础上增加了代表公共安全的“S”。因为每一次事故的发生不仅仅影响到企业内部生产平稳运行，更是直接关系到人民群众的生命财产安全。例如：2003 年 12 月 23 日重庆开县特大井喷事故造成 4 个乡镇 243 人硫化氢中毒死亡，2 142 人硫化氢中毒住院，6 万多名群众紧急转移疏散，对公共安全造成重大危害和影响。因此在原有的 HSSE 基础上增加一个代表公共安全的“S”就显得尤为必要。这个“S”的增加不仅完善了安全管理体系，更是思想认识的提升和安全管理的深化，不仅代表了企业的安全保护更加全面，更是体现了企业的社会责任所在。

## 3 EPC 总承包模式的 HSSE 管理

目前，国内大多数是以设计为主体的公司承揽 EPC 总承包项目。因此其 HSSE 管理必然分为设计和现场两个方面。

### 3.1 设计 HSSE 管理

设计即本质，其主要工作是确保设计出的成果不但要符合国家法律法规以及国家、地方、企业等标准规范的要求，更要符合 HSSE 管理体系对于安全、健康、环境的要求。应由项目经理组织协调各专业设计人员来完成。安全：每一项工程设计之初，设计人员应进行充分调研，选用设备、材料的质量应符合相关技术质量标准，保证投产后安全运行可靠，避免因设计质量导致安全事故的发生，其安全性能在工程投产运行后方可体现。健康：在符合相关技术要求的前提下，设计应尽可能选取无毒无害的产品材料或对施工人员健康危害性较小材料。环境：设计人员要了解工程投产后正常生产情况下对环境造成的影响，还应全面考虑发生突发事件时对环境造成的危害。

### 3.2 施工 HSSE 管理

施工即现场，其主要工作是确保工程施工中严格遵守各类安全技术规范及操作规程，使 HSSE 体系有效运转。它应在项目经理的领导下由安全总监及 HSSE 管理人员来完成。现场 HSSE 管理应严格按照计划（P）—实施（D）—检查（C）—改进（A）模式进行，保证在建设过程中风险识别不漏项、安全管控不失位，坚决遏制和杜绝事故发生。

安全：应针对项目的特点将风险识别、风险评价、风险管控作为核心，加强 HSSE 教育培训和应急演练，坚持开展日常、周、月度以及专项监督检查。对承包商临设、机具、设备及施工安全防护措施进行指导，对作业活动的风险识别、评价和管控措施及危害告知进行确认，对重点管控部位、直接作业及高危作业环节全方面进行监督。除上述措施外，还应当编制《HSSE 工作界面管理程序》进一步明确总包单位、施工单位及分包单位的 HSSE 工作界面的管理，使相关单位安全管理各有侧重，确保安全管理无死角。

健康：除了施工中各类风险会影响人身健康外，职业病以及公共卫生防护不到位，同样会危及人身健康。例如：受限空间内焊接作业，会造成施工人员窒息或是吸入大量烟尘。职工食堂消杀不彻底或食材处理不当，极易导致职工食物中毒，造成群死群伤事件。因此在工程建设中 EPC 项目部 HSSE 管理人员应当督促并帮助承包商加强职业病防治和公共卫生监督检查，杜绝因此类问题而危及人身健康。

环境保护：工程施工不可避免地会产生固液废弃物、扬尘、噪声、破坏植被等情况，如处理不当都会对当地环境造成重大影响。项目部应当编制重要环境因素清单以及包含大气污染防治、噪声污染防治、土壤及水污染防治、固液废弃物处理等一系列防治污染环境措施方案。组织项目部人员及承包商全体施工人员宣贯、学习、培训，并在施工中加强监督，使具体措施落实到实际工作中，尽最大努力降低对环境的影响，杜绝环境污染事件的发生。

## 4 EPC 总承包模式下 HSSE 管理现状

### 4.1 设计安全和施工安全管理脱节

在 EPC 总承包模式下，总承包方承担整个工程的设计任务。一方面由于现场 HSSE 管理人员几乎不参与设计任务，各专业设计人员同样不参与现场安全管理，二者几乎不存在任何交集，造成现场 HSSE 管理人员不能理解设计本质安全的初衷和目的，设计人员不了解现场安全管理，现场好的经验与做法无法体现到设计文件中。尤其在项目施工完毕，进入投产试车阶段时，现场 HSSE 管理人员认为现场安全已经完毕，投产试车阶段不再属于施工安全管理范畴。因此不能对投产试车操作进行有效安全监护及管理，导致许多事故发生在投产试车阶段。另一方面由于个别设计人员的资历、能力、阅历的局限性，原本可以通过设计降低和消除的风险隐患将会在项目施工时和投产后显现。比如：设计提交采办设备参数或其他采购标的不清，导致采购的设备、材料不能满足现场使用要求。本可以开挖穿越的道路设计为顶管穿越，增大了施工风险。施工图纸变更较多，版次较多，或纸质版蓝图出具不及时，采用电子版图纸传递，也极易造成施工单位采用的不是最新版本，一旦施工完毕，造成的返工将会导致工期延误。更有甚者使本质安全缺失，酿成重大安全事故。

### 4.2 项目各部门安全职责不清

项目各部门人员多数认为安全管理是 HSSE 管理人员的职责，并未深刻领会“安全管理，人人有责”以及“管生产必须管安全”的精髓，许多部门管理人员在日常工作中，对安全隐患关注度不够，存在多一事不如少一事的想法，有的人员则不能认真听取 HSSE 管理人员提出的隐患整改建议，对应由本部门解决的问题不重视、不跟进。尤其是生产部门只重视施工进度，对是否符合安全条件关注较少，许多应由生产部门组织整改的工作最后只能由 HSSE 管理人员督促整改，致使各部门职责混乱。而 HSSE 管理人员受限于人员、物资调配的权限，导致许多问题整改滞后，不能彻底根治。

### 4.3 EPC 总承包资源缺乏

EPC 总承包单位的资源缺乏表现在人力资源和财物资源两个方面。

#### 4.3.1 人力资源的缺乏

一方面是由于 EPC 总承包大多数是以设计为主体的公司承揽，由于设计公司之前极少介入施工管理中，HSSE 管理人员不足和 HSSE 管理专业知识不足的弊端开始凸显。作业点较多时无法兼顾，现场发现不了隐患，或者是发现问题后不能提出改进意见，更或是分不清楚是一般违章还是严重违章。由于不如承包商 HSSE 管理人员经验丰富，极易被承包商误导。另一方面 EPC 总承包单位的 HSSE 管理人员往往都是以监管的身份对各承包商现场施工进行安全监督，一些好的想法、做法，以及在现场发现的安全风险隐患，不能及时传递给承包商，导致隐患整改不及时和解决问题不彻底，从而导致事故的发生。

#### 4.3.2 财物资源的缺乏

在工程建设中，需要投入一定的人力、财力、物力才能使 HSSE 管理得到保障。而目前大多数情况，承包商往往对此投入较少，未能按投标时计取的安全费用进行投入，导致承包商 HSSE 管理人员不足，现场安全维护、标识标牌等设施缺少。在工程款支付的问题上，EPC 总承包单位没有形成绝对的控制权，仅仅起到了传递的作用，因此 EPC 总承包单位又无法替代承包商进行安全投入。因而导致现场 HSSE 管理资金和物力缺乏，安全隐患整改得不全面、不彻底，从而失去控制安全事故的最佳措施，造成安全管理的被动。

### 4.4 承包商安全管理的问题

现阶段，大多数承包商安全管理体系是不健全的，配备的安全管理机构和安全管理人员不能满足现场实际需要。HSSE 管理人员的精简和合并，导致部分 HSSE 管理人员专业水平较低，安全管理工作中粗枝大叶，起不到监督职能，尽不到监督职责。致使承包商根本不可能制定出符合工程项目的 HSSE 管理手册、管理制度等体系文件，无法对重大安全隐患及重要环境因素进行有效的预判，并采取有效的控制措施。而只是被动地根据施工内容进行仓促的、粗放的管理。直接造成工程在施工过程中管控失位，致使重大安全风险因素出现。

在 HSSE 管理的认知上，一是大多数承包商安全意识淡薄，为追求效益最大化，削减 HSSE 管理人员、资金和财务的投入，安全管理只做表面工作，忽视安全管理的本质。二是承包商不重视 HSSE 方面的知识培训，人员教育和安全技术交底不到位，应急演练、班前讲话流于形式。三是承包商对部分工程再进行劳务分包或专业分包，从而导致施工人员复杂，施工的主体由大量农民工构成，农民工安全知识有限，安全素质普遍较低，随意性很大。无法辨别如何在安全条件达标的情况下进行施工，无法保证其作业行为是否会导致隐患的出现。

## 5 EPC 总承包模式下 HSSE 管理改善措施

### 5.1 加强设计本质与现场施工之间 HSSE 的联系

EPC 总承包单位应将设计 HSSE 管理和现场 HSSE 管理进行有效的整合，使双方人员在设计初期和施工过程中做到相互穿插，相互学习，相互交流。设计人员在进行项目安全设施、环境保护设施、职业病防护、消防和节能设计的同时，多听取 HSSE 管理人员建议，这样有助于设计人员熟悉项目施工阶段的管理形式及难点、重点，将好的想法、做法融入设计文件中。而现场管理人员也能有效领会到设计人员 HSSE 设计的目的，更好地贯彻到施工中，保证项目安全可靠运行。这样做可以使理论结合实践，从而使 HSSE 管理走上科学化、系统化、标准化道路，更能使一批综合能力较强的 HSSE 管理人员迅速成长起来，有利于提升个人能力、企业安全设计水平和项目安全管理水平。

### 5.2 明确细化 HSSE 管理责任制，加强安全责任宣传工作

EPC 总承包项目应当建立 HSSE 岗位责任制，严格按照 HSSE 职责和考核细则予以落实。明确规定项目部各级领导、部门负责人及其他管理人员在安全工作上的具体职责，把生产和安全通过制度有机地联系起来，把"管生产必须管安全"和"谁安排谁负责、谁作业谁负责、谁主管谁负责"的原则在制度上确定下来，做到安全工作有分工，有专责，有落实。同时加强安全责任制宣传，确保各级管理人员明确各自安全管理的职责，并对员工安全管理执行的好坏进行经济上的奖惩，保证全员参与的热情和责任。

### 5.3 保证 HSSE 管理的人力和物力的投入

EPC 总承包应当从单位内部调剂有知识、有能力、有经验的人员充实到现场 HSSE 管理中，对于 HSSE 管理新人，认真开展师带徒活动，培养一批现场型 HSSE 管理人员。EPC 总承包应当将自身和承包商的人力资源统筹管理，要求承包商从数量和质量上配备符合要求的 HSSE 管理人员，保证现场 HSSE 管理队伍人员充足，精干高效。在充分保证人员队伍的同时也要加强物质资金的投入，没有投入 HSSE 管理就无从谈起。EPC 总承包应当督促并监督承包商全额投入投标时计取的安全费用。为防止承包商在安全管理上资金投入的不足，EPC 总承包应从承包商工程费中提出一定比例的安全备用资金（区别于安全风险抵押金），一旦承包商资金投入不足或不能按要求履行安全职责时，EPC 总承包单位可以直接动用这笔资金进行 HSSE 投入，以满足现场施工条件，确保现场施工措施到位。根本不需要得到承包商的同意，工程竣工后根据实际使用情况将多余的备用金返还给承包商。

### 5.4 增强承包商安全素质，全面提升安全管理水平

作为 EPC 总承包单位，对承包商的分包工程的安全生产承担连带责任，也就是说总承包单位与承包商是安全利益共同体。在项目建设过程中，承包商才是安全生产的真正主体，只有改善承包商施工安全条件，规范承包商安全生产行为，明确和落实承包商的安全生产职责，才能从根本上控制和减少重大风险隐患的出现，杜绝事故的发生。首先，承包商在施工过程中，不仅要遵循各自单位的安全管理制度，同时还要服从总承包单位的安全生产管理，遵守 EPC 项目部制定的各种 HSSE 管理制度。其次，EPC 总承包应对拟入场承包商人员资质合法有效性进行落实，确保实际入场人员持证上岗以及 HSSE 管理人员能够到场履行 HSSE 管理职责。最后，EPC 总承包单位应当协助承包商制定 HSSE 培训方案，围绕"提高员工风险识别能力和加强员工基本技能操作"开展安全生产政策法规、安全文化、安全技术、安全管理和安全技能等系统的安全培训，旨在唤醒员工安全意识、增强员工安全素质、提升人员安全技能、养成良好安全习惯。从根本上提高承包商安全管理水平，降低事故发生率。

## 6 结论

工程 EPC 总承包 HSSE 管理发展方向是创建本质安全型企业，但是受科学技术进步和

企业自身发展因素，以及 EPC 总承包模式不断推广的影响，势必会涌现很多新的设计方案，出现大量新产品、新材料和新工艺，就可能会产生新的安全问题，按照以往的 HSSE 管理方法可能还一时无法识别。因此在继承现有的 HSSE 管理方法的同时，还要求设计人员和 HSSE 管理人员不断学习更新各自的 HSSE 管理知识和方法，做到设计本质安全和现场施工安全两手都要抓，两手都要硬。只有做到“事事以安全为重，时时以安全为先”，才能确保 EPC 总承包的安全目标真正实现。

## 参考文献


[1] 高艳艳.项目 EPC 总承包施工安全管理初探[J].建筑工程技术与设计，2018(28)：693.

[2] 黄韬.探讨 EPC 工程总承包项目的施工管理[J].化工管理，2018(35)：60-61.

[3] 吴张伟.浅谈 EPC 总承包模式下的工程安全管理[J].城市建设理论研究，2012(22)：1-5.

[4] 何丽环.EPC 模式承包商工程风险评价研究[D].天津：天津大学，2008.

[5] 张兆孔.EPC 项目施工现场 HSSE 管理[J].化工建设工程，2003(25)：8-12.

[6] 张海军.建筑工程总承包单位的安全管理浅析[J].黑龙江科技信息，2010(23)：252.

[7] 邵长江.EPC 项目施工现场的 HSSE 管理概述[J].企业管理，2017(1)：138-141.

[8] 陈明.基于 EPC 总包模式建设项目安全管理研究[D].衡阳：南华大学，2014.

[9] 潘灵.项目现场 HSSE 管理系统的设计与实现[J].安全、健康和环境，2015，15(4)：49-52.

[10] 景莉.浅谈工程总承包项目中的安全生产管理[J].科技咨询，2011(6)：164.

# 试论青宁长输管道施工安全管理风险与对策

雍　彦

（中石化江苏油建工程有限公司）

**摘　要**　项目面临着工艺复杂、施工环境恶劣、协调关系难、地下管网多等问题，安全管理更是重中之重，通过分析，控制施工过程中的各类安全风险，安全高效地完成项目建设任务。

**关键词**　长输管道施工；安全管理；风险；分析

## 前言

青宁输气管道项目是国家“十三五”规划重点项目，是国家清洁能源战略重要组成部分。现场途经地段多数为水稻田区域，地面承载力差，施工环境较为恶劣；高邮湖地区连续7条定向钻，地下水位较高；途经经济较为发达的苏中地区，协调关系难度大；仪征改线段经过仪征化工园区，地下管网复杂，安全管控风险较大，需全面有效管控风险。

## 1　青宁输气管道项目施工六标段安全管理介绍

### 1.1　项目简介

青宁输气管道六标段全线长度89.39 km，管径1 016 mm，材质L485M，设计压力10 MPa，起点为高邮市卸甲镇，途经高邮市车逻镇、湖滨社区、郭集镇、送桥镇、扬州市邗江区、仪征市大仪镇、陈集镇、马集镇，终点为仪征市青山镇。全线主要穿越工程包括3处铁路穿越、2处高速公路穿越、1处国道穿越、9处大中型水域穿越等。沿线设置扬州分输站、南京末站，分输站共计2座；车逻阀室、郭集阀室、送桥阀室、大仪阀室、陈集阀室，阀室共计5座。

### 1.2　项目安全管理方法

青宁输气管道工程六标段项目部沿用了我国石化行业常用的HSSE管理体系。1997年，原中国石油天然气总公司第一次引进HSE管理体系，并正式颁布了《石油天然气工业健康、安全与环境管理体系》，并随后在我国石油行业得到迅速推广。

HSE管理是指企业为实现预期目标，从健康、安全与环境三个方面，按照一定的组织原则，对企业资源从整体性上进行把握，从而实现单方面无法达到的效果而开展的综合性管理活动。随着对公共安全的关注，中石化于2018年提出了HSSE管理。HSSE管理从本质上讲是一种事前管理活动，HSSE管理需要对可能发生的事故进行预先风险分析，减少企业活动可能造成的人员伤害、财产损失以及环境污染等。

石油化工行业的 HSSE 管理体系在各油田企业得到大力发展，对油田建设工程项目安全管理起着指导性作用的同时，兼顾健康、安全与环境的协调发展。本项目安全管理制度基于中国石油化工股份有限公司《施工企业 HSSE 管理规范》和《施工企业 HSSE 实施程序编制指南》，以及江苏油建、天然气分公司相关制度建立。

### 1.3 项目安全管理目标

根据江苏油建工程有限公司和中国石化青宁输气管道有限责任公司关于职业健康安全、环境管理体系方针的要求，结合青宁项目现存风险，特制定如下项目安全管理工作目标：

总体目标：按照中国石化青宁输气管道有限责任公司要求进行 HSSE 管理，追求健康、安全、公共安全、环保全面控制。

HSSE 总体目标：零伤害、零事故、零污染。

健康(H)目标：无疾病流传、无辐射、无有毒有害气体损害人身健康。

安全(S)目标：实现“无违章、无隐患、无事故”的安全生产目标。

公共安全(S)目标：无公共安全事件发生。

环境(E)目标：杜绝较大及以上环境事件，实现清洁生产，保护自然与生态环境。严格落实环评提出的各项环保措施，固体废物妥善处置率 100%，外排废水达标率 100%，建设项目环保合规率 100%。

文明目标：工完、料净、场地清，不扰民，共创和谐社会。

## 2 青宁输气管道施工六标段安全管理风险分析

为在青宁输气管道项目施工六标段建立完善的安全管理体系，避免缺项漏项，在项目开工前，笔者针对项目实际情况，预先开展了风险性分析。

### 2.1 项目安全管理常见问题

根据以往的项目管理经验，油建企业的域外项目往往容易出现项目安全管理体系不完善、安全监管执行不彻底、施工人员安全意识淡薄、单位安全管理水平低等问题，下面就这些常见问题一一展开分析。

#### 2.1.1 项目安全管理体系不完善

一个完善的项目安全管理体系应该是组织机构完整、制度健全、领导力和执行力强的体系，但油建行业多数安全管理体系都或多或少存在一定缺陷。究其原因，一方面是部分项目管理人员仍然保留着粗放式的项目管理意识，没有充分理解安全管理的重要性；另一方面我们的域外项目或国外项目受制于公司人员、资金不足的客观条件，导致难以形成完善的项目安全管理体系。但我们必须清醒地认识到，在石油行业新常态和国家不断强化安全法律法规体系的背景下，建立完善的项目安全管理体系，保障公司项目安全，就是保障公司的“生命”。

从具体表现来看，一些项目未设置单独的安全管理机构，不能配备齐全各类安全管理人员，仅仅设置工程管理部兼管安全，且主要侧重于工程进度与质量的管理。甚至有的项目根本没有配备安全生产管理人员，或一人身兼数职，起不到应有的安全监督作用，更难以开展安全教育培训、隐患排查及安全大检查等活动。另外，部分项目基层安全管理人员业务素质不高，不具备与所从事的施工生产相适应的安全生产知识、管理经验和管理能力。

#### 2.1.2 现场安全监管不到位

从海因里希因果连锁理论的角度来看，事故的发生是有征兆的。一次重大事故背后往往有 29 件轻度的事故，还有 300 件潜在的隐患。这些潜在隐患也就是我们常说的“三违”现象，如果项目安全管理人员没有发现“三违”现象或不作为，那么这些“三违”现象迟早会酿成事故，因此我们必须重视施工现场的安全监管工作。

油建项目施工往往是“多点开花”的局面，多个施工单位同时在多地施工，施工位置间隔较大，部分施工位置还很偏远。在这一背景下，现场安全监管不到位的现象时有发生。而导致现场安全监管不到位的原因有很多，例如项目部人员配备不足、车辆配备不足、安全管理制度不健全、安全管理人员安全意识不强，等等。

#### 2.1.3 施工人员安全意识淡薄

所谓安全意识，就是人们在生产活动中各种各样有可能对自己或他人造成伤害的外在条件的一种戒备和警觉的心理状态。直白地说就是对人的不安全行为、物的不安全状态、环境的不安全因素的一种警戒的心理。施工人员的文化水平和安全知识水平会影响其安全意识。油建企业员工安全知识较为丰富，但往往侥幸心理严重，易出现群体违章或习惯性违章现象。分包单位施工人员文化水平往往较低，他们的安全意识淡薄，缺乏应有的安全知识，自我保护能力低下，是安全生产中的最大隐患。

管理人员的决策决定安全意识。一方面体现在安全和效益的权衡上，很多项目安全管理人员宁愿冒着危险，尽可能地获取最大的经济效益，这样一来势必导致员工安全意识较为滞后，存在以牺牲安全创造经济社会效益的现象。另一方面体现在管理人员的履职上，因为施工人员的安全意识会随着时间不断淡化，如果安全管理人员不针对实际情况开展安全教育、安全监管、安全活动等提升员工安全意识的工作，施工人员的安全意识必然会越来越淡薄。

#### 2.1.4 分包单位安全管理水平低

分包单位是油建项目施工中的重要角色，它为油建企业承担了相当一部分工作任务。但中石化发生的多起事故证明，分包单位安全管理往往是项目安全管理的薄弱环节，分包单位安全管理水平低成为油建领域一个普遍的现象。

（1）分包单位资质不符或管理人员配置不齐

尽管中石化针对这一问题建立了分包单位资源库，但在实际操作中，我们还是能发现一些分包单位在安全资质上存在问题。例如安全生产许可范围不符、企业资质过期、资质不全、资质造假、管理人员安全资质不符等现象。这样的分包单位往往管理水平较低，而且使用这样的分包单位会使我们自身陷入违法分包的不利局面。同时，由于挂靠现象的存在，一些分包单位只见安全证不见安全员，或者安全管理人员另有其人，这些都为项目建设埋下了安全隐患。

（2）分包单位管理人员安全管理混乱

在分包工程施工过程中，分包单位可能建立了相应的管理班子，但是班子中的相关人员只注重各方面的协调、相关的收费和资料的整理以便交工使用。分包单位为了减少资金投入，一切程序能省则省，一切从简，工程项目即使有施工组织设计也只是为了投标而编制的，并不是切实地用于指导施工。项目也建立了相应的安全管理制度和安全规章制度，如三级教育、安全交底、班前活动、安全责任制度、安全操作规程、安全检查、防护用品配备、安全措施落实等能免则免，不能免的也只是走过场、走形式，蒙混过关。

部分分包单位项目负责人和安全管理人员没有掌握必要的安全生产管理技能，不熟悉安全生产法律法规知识，缺乏相应的法制意识和安全意识，欠缺抓好安全生产工作的责任心与自觉性。由于企业内部管理层对安全知识、安全意识、安全责任的缺乏，施工过程中一味地强调施工进度，对安全生产的重视程度严重不足，往往忽视安全生产，蛮干、乱干、在侥幸中求安全。该种现象势必影响了在施工过程中安全管理的力度。

### 2.2 项目中存在的施工风险分析

#### 2.2.1 季节性风险

本项目位于扬州市，施工路线途经高邮湖区域等位置。根据以往的气象数据和水文数据显示，本项目施工区域每年 7～9 月降水较为集中，同时上游来水增加，极易产生暴雨、洪涝、风暴潮灾害。12 月至次年 2 月易出现大雾天气，对生产、生活造成极大不便。

#### 2.2.2 特殊地段施工风险

本项目经过仪征化工园区，该区域地下管网密集，极易发生挖断地下设施造成通信中断、易燃易爆物品泄漏造成火灾爆炸、环境污染事件。高邮湖区域属于生态敏感区域，该区域水系众多，容易发生淤陷、溺水、洪涝等事故，同时施工过程可能会造成环境污染、生态破坏等环境问题。

## 3 青宁输气管道项目施工六标段安全管理对策

### 3.1 健全以安全生产责任制为核心的安全管理体系

施工项目经理部是建设工程直接管理者，它的一切管理活动或工作都直接影响建设工程施工。在安全生产管理活动中，我们应该大力推行“安全生产责任制”，要细化施工项目经理部在日常活动中的工作重点，明确施工项目经理部各个职能部门的安全责任，明确施工项目经理部各级人员的安全责任。图 1 展示了笔者根据管理学原理建立的以安全生产责任制为核心的安全管理体系。

该体系共有 10 个核心要素，下面一一做简要介绍：

(1) 管理层承诺

管理层的承诺包括守法守规、持续改进、建立和维护企业安全文化、保证安全投入。管理层的承诺要向员工以及分包单位宣传并传达，使大家都认识到管理层对安全的高度重视以及对于安全生产施工的态度。

(2) 政策与原则

企业必须贯彻执行“安全第一、预防为主、综合治理”的安全方针，并制定和建立相应的安全管理政策与原则，例如“管生产必须管安全”的原则、“三同时”原则、“四不放过”的原则，等等。

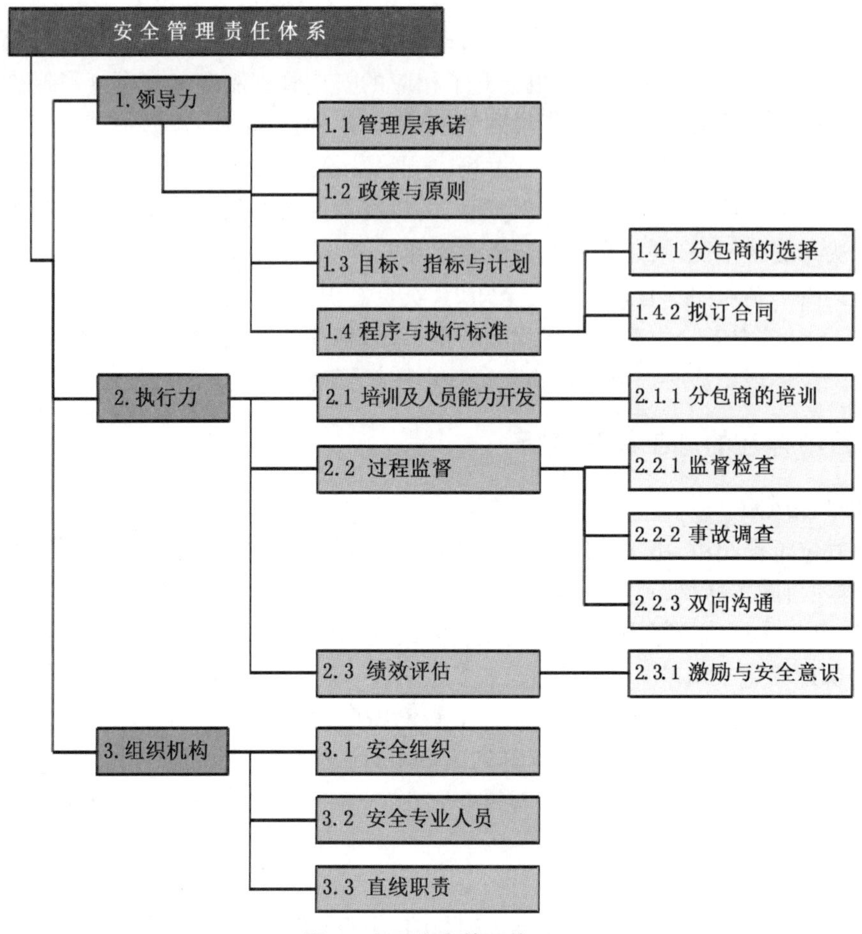


图 1　项目安全管理体系

(3) 目标、指标与计划

企业根据自身的施工作业情况，制订相应的安全目标和安全施工计划。恰当而合理的安全目标和指标，有利于激励并促使企业的安全施工和安全运行。

(4) 程序与执行标准

企业应该建立以项目经理为首的安全保证体系，制定严格的安全管理制度、安全责任制度、安全操作规程以及各项安全生产措施，坚持执行标准化管理。针对分包单位的管理方面，对于分包单位的选择必须遵循相应的实施程序。在订立合同的过程中，相关条款也必须符合标准的要求。

(5) 培训及人员能力开发

安全培训是企业为了使员工获得或者改进与安全施工有关的知识、技能、动机、态度和行为，以利于提高员工的安全绩效。

(6) 过程监督

过程监督是总包商对分包单位进行安全管理的重中之重。主要涉及对分包单位施工机械、施工行为、施工环境的合规性的监督检查；对分包作业中发生的事故进行分析和调查；与分包单位就安全问题进行有效的沟通。

(7) 绩效评估

安全计划的实施必须透过测量、评估来确认执行的绩效。本体系对分包单位的安全进行绩效评估。一方面有利于总包商掌握各个分包单位的安全管理水平,方便日后分包单位的选择;另一方面有利于调动分包单位的积极性。

(8) 安全组织

安全管理组织机构是开展各项安全生产活动的前提。针对建设项目设立安全组织机构,以负责对分包单位的安全监督检查、组织安全会议、制订安全计划等。

(9) 安全专业人员

根据项目的性质、规模、技术的难易程度配备相应数量的专职及兼职安全管理人员,负责处理相应的安全问题。安全管理人员需要经过培训和考核,考核合格后方可从事安全管理工作。

(10) 直线职责

为避免现场的管理混乱、多重指令或者遗漏管理,依据相应的安全管理责任制度,制定并建立直线管理职责。一项作业一个指令源,既可避免多重管理可能出现的矛盾,同时在出现问题时可以直接找到责任者,避免了逃避责任现象的发生。

### 3.2 经济、科技多角度提升安全监管力度

在开展施工现场安全监管工作时,我们常常会发现各类违章现象,对此我们必须运用各类监管手段,严格遏制违章现象。但传统、单一的安全监管手段的效率会不断下降,我们必须充分利用经济手段、科技手段来不断创新安全监管手段,全面提升安全监管力度。在经济角度上,我们建立了严格的安全奖惩制度,提倡安全守纪、积极参与,严惩各类违章、事故。在过去的实践中,我们的经济手段过软,奖励和罚款都不痛不痒,难以起到安全警示作用。因此在青宁项目上,我们加大奖惩金额,奖励要让受奖者开心,罚款要让被罚者心痛。大额罚款与参建单位合同挂钩,确保罚款执行彻底,断绝违章者的侥幸心理。

与此同时,我们积极响应中石化关于建立现场视频监控系统的号召,利用科技手段武装自己,先后在各个施工部位安装了流媒体视频监控器材、移动式视频监控器材和无线网络视频监控器材。各施工单位利用网络通信平台定期上传监控视频,项目部抽查视频内容,发现违章情况直接按现场违章处理程序执行,大大提高了安全监管的频次和覆盖面。

### 3.3 开展多样性、常态化安全教育培训工作

教育培训作为一项基础性工作,对提高人员素质和安全管理水平起着至关重要的作用。搞好安全生产工作,首先要提高全体人员尤其是一线施工人员的素质。我们通过开展教育内容和形式的创新,实现了教育培训机制的新转变,其中最大的转变就是实现安全教育培训工作的多样性和常态化。在过去的实践中,我们往往更重视员工的入场安全教育。而在项目上,我们不仅抓好员工入场教育的全面性和实效性,还创造了更多的安全教育培训机会。一方面我们要求各施工队伍每日在班前活动上组织安全知识宣贯和风险告知,每周召开安全生产会总结安全工作、学习最新文件,每月参加项目部组织的安全专项教育活动;另一方面我们不定期开展各类安全培训活动,例如事故案例反思、安全知识竞赛、专项安全考试、现场知识抽查,等等。在内容上我们根据实际情况不断创新,在形式上授课、讲座、竞赛、网络

学习、远程会议等多种手段并用,实现了安全教育培训工作的多样性和常态化。

### 3.4 建立分包单位量化管理、一票否决制度和实名制积分考核

由于青宁项目涉及分包单位众多,存在多个分包单位同时施工的情况,同时各分包单位安全管理水平参差不齐,为了全面提升分包单位安全管理水平,加强项目部对分包单位的管理力度,本项目建立了完善的分包单位量化考核制度。分包单位量化考核制度分为月度考核和总考核两个部分。月度考核中我们通过打分排名分析分包单位本月安全管理情况,查找分包单位安全管理短板。总考核是在分包单位完工退场时开展的量化打分,不涉及排名,但分数不及格的分包单位我们将请示从中石化分包名录中除名。这一制度在极大程度上激励分包单位的安全管理热情,强化分包单位负责人的忧患意识。

我们严格执行一票否决制度,任何拒不执行、拒不整改的分包单位或发生安全生产事故的分包单位将被一票否决,禁止评优评先甚至直接将其开除。

同时我们针对入场人员建立积分台账,人员积分严格执行中石化考核标准,对于累计达到 12 分的人员坚决执行停岗培训,经考核合格后方可上岗。

### 3.5 其他风险控制措施

针对之前我们发现的重大季节性风险和特殊地段施工风险,我们采取了切实有效的风险控制措施。

在防洪防汛方面,我们建立了完善的应急预警和应急响应机制,并组织所有施工人员演练学习。在防范大雾天气方面,我们加强对驾驶员进行安全教育。

针对仪征化工园区改线段,我们联合技术质量部门对地下设置进行再次验证核实,派专人和权属单位进行对接工作,同时和机组、权属单位现场进行监护。针对高邮湖和仪征改线段穿跨越工程编制了安全专项施工方案,明确安全责任、施工流程、施工风险、安全环保措施、应急预案等内容。

## 4 结论

经过近一年的实践与改进,青宁输气管道项目施工六标段建立起了以安全生产责任制为核心的、完善的安全管理体系,不断强化现场安全监管力度,加强了安全培训及安全文化氛围的培养,在坚持进行安全检查、分包单位量化考核工作的同时将考核结果与奖惩措施挂钩,在青宁输气管道项目施工六标段施工中的应用取得了明显的成效,项目施工的安全管理水平得到明显提升。在施工过程中江苏油建项目部在未增加定员的情况下,与分包单位共同完成了高邮湖区域定向钻焊接、漂管的工作内容,克服了交通不便、大雾天气等不利气象条件等种种困难,管道建设项目按工期稳步推进,且未出现一起安全事故。

### 参考文献

[1] 张帆.建筑施工现场安全管理存在的问题及措施[J].绿色环保建材,2019(1):151-152.
[2] 赵凤祥.浅谈项目施工 HSSE 安全管理的基本工作思路[J].安全生产与监督,2012(10):26-27.
[3] 高琪.浅析进一步加强项目安全管理的方法[J].经济论丛,2011(6):203.

# 浅谈青宁长输管道建设期保障施工安全的几点建议

王晓飞
（中国石油化工股份有限公司青宁天然气管道分公司）

**摘　要**　天然气管道的保障能力是天然气行业发展的基石。目前，我国已建成由跨境管线、主干线与区域联络线、省内城际管线、城市配气网与大工业管线构建的全国性天然气管网，已初步形成“横跨东西、纵贯南北、连通境外”的格局。随着各大工程的开工建设，石油天然气管道铺设也到达了高峰期，管道的施工质量对于石油天然气的使用和安全有着至关重要的作用。本文就青宁长输管道施工中的安全问题进行研究，提出提高管道施工质量，保证施工安全的管理和技术措施。

**关键词**　天然气；长输管道；铺设施工；安全管理；安全技术

## 前言

桥梁、道路、河流等管道穿越都需要在地下铺设，为了保证管道的安全使用，对天然气管道的施工质量要求较高。天然气管道铺设是一项复杂的工作，在管道设计和施工过程中，必须遵守相关的规范、规定，以有效保证油气管道建成后的安全运行。

## 1　安全问题概述

### 1.1　长输管道施工过程中技术人员存在的问题

技术人员包括EPC、监理、项目部和机组内的技术人员。由于管道建设技术人员的综合素质参差不齐，如果有不合格的分包机组技术人员更是无法保障安全施工的要求。所以，合格的技术人员是保障安全施工的前提。

### 1.2　长输管道施工过程中施工人员掌握安全技术知识的问题

天然气管道建设项目是一个相对系统的工程，施工安全质量受人员、天气、材质、施工工艺等多方面的影响较大。在天气稳定、材质正常、施工工艺标准化的情况下，人的因素也就成为影响管道建设的直接和重要因素。人的因素包括施工人员技能、管理人员（EPC、监理、项目部和机组）能力和尽职尽责态度。其中首要的条件就是施工人员要有施工所必需的安全技能知识。

### 1.3 设备进场管理的问题

由于青宁天然气管道分公司强化了设备的进场管理，实行设备季度色标管理，在一定程度上严控了不合格设备的进场，但是从另一个方面来考虑，设备的色标管理检验还是由监理人员来完成的，所以是否能够禁止不合格设备进场还是需要有责任心的人员来把控。

### 1.4 长输管道施工过程中监督管理的问题

长输管道的建设需要有严格的监督、检查和管理。安全是施工中的过程管理，质量是施工中的目标管理，不论是过程管理还是目标管理都需要有严格的监管机制，否则现场由于安全和质量产生的风险因素就得不到很好的控制。

### 1.5 长输管道施工过程中安全技术支持的问题

长输管道的建设过程中安全技术是重中之重，现阶段长输管道的施工安全技术基本上都使用标准化的模块，技术上基本能够得到推广，但是是否能够有效应用还是在于人的因素。

综上所述，不论是安全技术、监督管理，还是人员技能掌握，归根到底还是把控好施工现场对人员的管理。但是作为甲方，如何在管理人员少的情况下做好对人员的把控，进而控制施工现场的安全施工和质量管理就是我们下一步需要研究的方向。

## 2 解决措施

### 2.1 严把施工队伍关

杜绝不合格的分包商进入工程项目，防止由于不专业队伍进场后导致工程的安全和质量失控。

### 2.2 严把施工人员的培训和考核关

施工人员的培训和考核直接关系到施工人员的技能素质是否达标，也直接关系到施工的现场安全控制和施工质量控制。

### 2.3 严把设备进场关

监理人员要具备良好的技术水平和履职能力，设备进场前要严格检查，认真履职，并且每季度都要对设备进行监督检查，粘贴季度色标，严禁有安全缺陷的设备进场施工。

### 2.4 严把监督质量关

施工现场有没有监督人员很重要，但是监督人员是否尽职尽责更重要，监理人员在施工监督过程中就担当了此项重要角色。合格的监理人员会代表业主单位承担起现场监督、检查、督促落实整改的责任，会把正确的信息传递给业主单位，但是不合格的监理人员会在施工过程中起到欺上瞒下的作用，会出现假资料、假安全控制和假的质量控制，导致现场安全质量不可控，成本增加、质量下降。所以严把监督质量关的关键就是要有一支尽职尽责的监理队伍。

### 2.5 严把安全技术关

安全技术的应用是施工过程中安全控制的关键，合适的安全技术能够在保障安全施工的前提下加快施工进度，确保施工质量。通过积极地引进先进施工技术，加强参数控制，就能够控制好施工过程中的不安全因素。比如青宁天然气管道建设项目中的顶管施工，正常情况下人工顶管施工就可以完成，但是在苏北地区存在水系发达、地下水位浅等特点，这就需要根据实际情况改进施工和安全技术，由人工顶管改为泥水平衡，虽然成本有一定的增加，但是缩短了施工时间和减少了安全施工风险，总的成本并没有增加。

### 2.6 严把应急管理关

应急管理并不是纸上谈兵，应急管理需要结合施工现场的特点、天气、环境等因素，按时组织开展应急演练，提高员工识别风险、防范风险、组织自救的能力。重点是提高员工的能力，在应急演练中发现问题，解决问题，完善应急预案、应急处置和资源配置。

## 3 结语

随着青宁天然气管道项目建设的不断提速，后期施工的安全管理会随着施工难度的增加日益得到重视，如何安全施工，保障安全质量可控，是摆在管理人员眼前需要克服的重点工作。当前的安全管理中还存在着一些问题，因此，如何激发机组、项目部、监理等单位安全管理人员的工作责任心，最大限度地消除施工过程中存在的各种潜在风险，是现阶段和后期运行阶段需要考虑的问题，并且需针对此类问题提出切实可行的整改和防范措施，以确保施工安全、质量可控，平稳运行。

### 参考文献

[1] 吴运逸，孙德青.天然气长输管道施工的安全风险分析和对策[J].石油化工建设，2012，34(5)：67-68.
[2] 王硕.长输天然气管道的安全问题及对策[J].当代化工研究，2016(12)：9-10.
[3] 陈刚.石油天然气管道施工质量管理探讨[J].化工管理，2016(30)：218.

# 青宁 EPC 一标段联合安全监督机制

尹志刚

（中石化石油工程设计有限公司）

**摘　要**　青宁输气管道工程 EPC 一标段采用 EPC 联合体模式，构建“安全监督机制”，形成自上而下、统一规范的安全监管网络，创造了“青宁速度”，本文探讨青宁 EPC 联合体模式下安全监督机制的实施。

**关键词**　EPC 模式；联合体；安全监督机制

## 前言

青宁输气管道工程 EPC 一标段采用 EPC 模式，与优质的工程公司组建联合体，形成适应于 EPC 业务的项目管理体系，充分发挥设计先导作用，发挥施工单位施工优势和项目分包商管理经验，将成熟的项目管理文件，固化成统一的项目管理规章制度，进入联合体的人员经过培训和认知、共识，方可打造专业的项目管理团队，为联合体管理服务履职。自 2019 年 4 月开工以来，EPC 联合体项目部认真贯彻落实“零缺陷、零违章、零事故、零污染”的 HSSE 管理目标，从严从细从实强化基层安全管理，强化过程管控，开展安全管理诊断，提升 HSSE 管理水平。EPC 一标段截至 2019 年 12 月 24 日连续安全运行 264 天，累计安全人工时 124.179 6 万人工时，可记录的伤害率为 0%，累计焊接 190 km，创造了“青宁速度”。青宁 EPC 联合体项目部加强责任监督和标准化建设，形成责任、权利、义务安全监管机制，创建了青宁安全环保工程。

## 1　联合体内部组织协作、联合监管

青宁 EPC 项目采用联合体模式并不是特例，而是目前长输管道工程建设的基本模式，不同的合同，仅是项目运作和处理的方式不同。EPC 联合体项目部被定义为项目管理松散合作组织，按照合同范围，联合体项目部确定项目主要人员和管理职责范围，按照联合体框架协议，细化组织、协作、沟通交流、人员布置程序，发挥内部组织协作，联合监管的机制，划定责任履行和风险防控管理程序，形成自上而下、统一规范的安全监管网络，组织高效实施[1-2]。

联合体项目模式激发了施工单位工作积极性和能动性。按照项目联管会部署，由石油工程设计统筹正式发文成立项目部和临时党支部，确定项目主要人员和管理职责范围。三方选派石油工程建设领域骨干力量，分别派出设计、采购、施工、计划、费控、HSSE 专业管理人员进入项目部。以部门精简、人员精练、直接高效的原则，明确管理层级、工作信息沟通路径和沟通界面,形成高效、务实、执行有力的责任监督管理联合共同体。两家联合体施工单位各自组建施工项目部,服从 EPC 联合体项目部管理。

EPC 联合体项目部实行项目经理负责制,石油工程设计公司派遣项目经理负责统筹项目工作目标、管理纲领和实施方案,把握项目总体控制,组织合作各方发挥各自的专业优势和资源优势,保障项目建设安全稳定运行[3]。

按照青宁管道分公司 HSSE 管理体系,依托石油工程设计 EPC 项目管理制度和程序,编制了《项目 HSSE 管理计划》《岗位 HSSE 职责》《项目危害识别及风险分析(JHA)》《项目总体应急预案》等 HSSE 管理纲领文件,规范了 HSSE 的管理方法和程序,覆盖项目各阶段和各要素,明确了联合体内部 HSSE 管理范围、职责。联合体项目部负责整体统筹、目标管理、内部协调监督和外部建立沟通渠道,统一协调设计、采购、施工 HSSE 管理,达到合作、共赢,保证项目目标实现。

为加强项目 HSSE 管理,EPC 联合体项目部成立了 HSSE 工作领导小组。依托项目组织机构,按照"一岗双责""管生产必须管安全,管业务必须管安全"的基本原则,健全 HSSE 组织机构,制定各岗位 HSSE 责任制,全面、系统地实施项目 HSSE 管理。

发挥领导安全引领力,对重大安全风险实行项目领导、部门两级责任承包。制定项目"一把手"承包分包商安全管理工作方案,EPC 督促"一把手"工作方案被切实履行。围绕项目管理人员和现场作业人员等项目构成群体,通过签订 HSSE 责任书、个人安全承诺、HSSE 责任制考核等形式,明确不同群体、不同岗位 HSSE 权利和义务,实现 HSSE 责任制全覆盖。通过石工建 HSSE 应知应会考核,考察项目人员履职能力,推动各岗位 HSSE 履职尽责水平的提高。

联合体项目部注重构建"安全管控体系",形成责任权利义务共同体。各联合体单位项目部基于成熟项目执行体系,专业化项目实施。联合体项目部按照项目纲领文件持续 HSSE 监督检查,定期通报各承包商 HSSE 监督检查考核结果,组织开展"安全专项整治"活动,强化安全执行力和安全风险管控力,严肃处理违规违纪行为,从不同层面制定纠正措施,改进 HSSE 管理工作。

## 2 规范管理流程,打造安全环保工程

起初项目部也面临诸多管理上的鸿沟,比如如何激励施工单位管理人员发挥业务优势,履职尽责,迅速进入管理角色。各单位派出人员业务能力的强弱直接决定着项目的整体管理水平。联合体协议虽规定联合体单位派出管理人员业务、管理能力要符合履行 EPC 合同要求,但未详细规定派出人员的岗位职责履职界定、考核、激励措施。人员都是由联合体施工项目部派出,有的身兼施工项目部的职位,受到施工项目部安排,无法按照联合体协议独立履职。联合体项目部在项目运作中通过项目函件逐步加以明确,增加对两个施工项目部管理约束力。通过联合体内部层层压实责任,两位施工项目部经理同时也是 EPC 联合体项目分管副经理,可以通过行政手段干预联合体施工单位人员职责界定,提高人员工作绩效和工作的积极性,摆正联合体管理角色定位。EPC 联合体项目部作为履约主体,要保证自身组织协调能力,规范联合体管理出口,规范成员单位资料报备、履行、检验、反馈、改进,优化配置资源,对安全、质量、进度、成本、费用开展控制,规避项目风险,引导联合体单位实现项

目目标。

青宁EPC一标段施工全面开展正值夏季、雨季、汛期、暑期，联合体项目部密切关注高温、雷雨、强对流天气变化，按照青宁管道分公司《关于加强汛期安全生产工作的通知》，成立汛期安全生产领导小组，充分发挥组织、指挥、调度、抢险、救助的职能，快速、有序、高效组织汛期施工。编制汛期施工安全专项方案，重点抓好“组织领导、制定措施、落实任务、督促检查”四项工作，确保组织到位、人员到位、措施到位，做到有备无患。

联合体项目部围绕管理制度标准化、施工管理标准化、过程控制标准化，组织开展项目标准化建设。各施工项目部编制施工标准化实施方案，规范施工现场布局，作业封闭围护规格统一，现场安全标识目视化统一，为施工全面风险管控，促进了夏季汛期、冬季施工专项方案安全实施。

顶管施工、管道穿越并行已建管道、光缆、地下隐蔽工程、施工进入水源地、风景区的环境敏感地带的高风险作业也在汛期全面开展，施工资源不断投入、施工机组和人员不断增加，施工安全防控已进入关键时期。严格现场安全监管，严格履行HSSE职责，对发现的问题及时进行整改落实并有效反馈，重视汛期灾害风险提前防范，及时启动应急处置措施，并进行应急演练，安排汛期安全值守，提高应对突发事件的能力。

联合体项目部积极组织防范“利奇马”台风，启动恶劣天气应急预案，台风到来之前对未停工机组进行安全检查，落实人员、设备、驻地防台风措施。向上级公司汇报台风汛情防范日报。台风期间禁止人员外出，台风过后，EPC联合业主、监理、第三方HSSE监督对施工现场复工情况进行安全检查，检查施工现场积水基坑、作业带排涝情况，开展复工安全条件确认，确保台风过后顺利复工。

## 3 “抓引领、守底线、压责任、强管理”联合监督落到实处

为提高联合体项目部安全监管活力，以开展“抓引领、守底线、压责任、强管理”安全专项活动为主线，严控高风险直接作业环节、施工薄弱环节，构建安全生产长效机制，为项目实现提供安全系统保障。

石油工程设计公司、胜利油建、第十建设公司领导多次带领设计、技术、质量、HSSE、物资采购等部门至青宁EPC联合体单位的项目部检查指导工作。针对项目雨季、汛期、暑期施工安全做出工作指示，加强顶管等高风险直接作业环节安全管控，落实起重、受限空间作业安全防范措施，开展有针对性的应急演练活动。

EPC联合体项目部落实上级指示，开展了安全生产隐患排查活动，EPC项目经理经常带队检查了项目现场，引领夏季、冬季、汛期、暑期安全执行力，监督安全风险管控落实，开展了夏季、冬季、汛期、暑期安全巡查，下发检查问题通报，建立隐患排查登记表，加强未回填管沟的监视和督查，确保夏季、冬季、汛期、暑期施工作业安全。

采取全面检查与施工单位自查相结合的方式，集中对现场安全用电、施工防护、基坑设施等重点部位、薄弱环节督查落实。严格防汛、防火、防雷、防暑应急措施。根据气候变化，灵活安排施工，遇到大风、雷雨等恶劣天气，立即停止室外作业。针对高温季节，适当调整作息时间，采取“做两头，息中间”的办法，避开高温阶段，高温时间禁止进行露天、高空作业，在施工现场改善作业人员的工作环境。

EPC 严格机组开工前 HSSE 条件确认，开展设计、采购、施工全过程、全工序技术安全交底，现场入场机具设备联合查证。建立 EPC 安全群，班前安全会实时传送，逐项落实 JSA 分析、施工方案确定的安全措施。加强沟下焊接作业安全检查，监督管线吊装布管、组对，安全监护、限定沟下作业人员人数。加强管沟基坑安全防护和对已焊管线保护，加强深基坑、受限空间、河流穿越施工专项检查，查证作业许可、人员资质、人员配置、监护人配备、进入受限空间有毒有害气体检测、施工顶进记录，提高检查频次，确保高风险施工安全受控。

树立“一切风险都是可以控制的，一切违章都是可以杜绝的，一切隐患都是可以消除的，一切事故都是可以避免的”安全管理理念，开展 HSSE 观察活动；强化安全教育培训，通过各级会议分享事故案例，持续开展“安全生产警示”活动，提高事故预警能力。从不同层面制定纠正措施，持续改进 HSSE 风险管理能力。

胜利油建创建项目管理微信群和“曝光台”，建立安全监管网络，加强现场实时管理。项目部安全员划分安全监管责任区，在机组现场履行管理职责。妥善调整高温期间职工的作息时间和安排休息场所，改善劳动条件，减轻劳动强度，安排工间休息。高温作业场所采取通风、隔热、降温措施，配备充足的防暑降温物资，准备防暑降温用品和必备药品，确保施工人员的身体健康。对现场存在的“低、老、坏”问题集中曝光，开展项目人员工地“随时拍”，上传微信群通报并做相应处罚。将安全压力向下传递，形成管理分工明确，齐抓共管的安全管理机制。

第十建设公司项目部开展经常性施工巡查，严抓汛期、暑期安全监管职责履行，强化施工现场临时用电、设备、直接作业环节管理，组织各机组长、起重指挥及司索开展起重吊装作业培训和夏季十防专项培训，安全监管人员重点部位旁站监督。持续监督机组班前安全喊话，作业前，对施工现场安全问题进行点评，对施工风险进行提示预警，将安全意识和责任融入安全行为中。检查发现的隐患问题建立台账，隐患整改责任落实到人，营造施工安全行为氛围。

联合体各项目部分析施工风险，根据应急演练计划，开展有针对性应急演练活动。根据施工进度及时补充更新应急物资。组织公共安全应急桌面推演，开展顶管作业塌方、顶管透水、人员救护、触电、中暑、消防、火灾、机械伤害事故应急演练，开展实地人员现场救护操演 28 次。开展应急值班报警、异常工况初期应急处置联动，完善应急管理体系，加强应急管理、危机处置能力的培训，提高施工人员应急处置突发事件的能力。

EPC 联合体各项目部秉承“一个团队、一条心、一个目标、一起赢”的主导思想，充分发挥一体化协同优势，统一思想、明确分工，营造“精诚和进”文化，实现荣辱与共、合作共赢。响应青宁管道公司 HSSE 管理理念，关注职工身心健康，创造良好的食宿环境，开展职工喜闻乐见的文体联谊活动，创建安全责任监督联合机制，为实现项目总体目标而不懈努力。

## 参考文献

[1] 徐慧生.基于工程总承包视角下的 EPC 项目合同风险分析与防范研究[D].天津：天津理工大学，2016.

[2] 王守清，柯永建，滕涛.国际工程联合体的风险管理[J].施工企业管理，2008(9)：36-37.

[3] 丁翔，陈永泰，盛昭翰，等.基于 FS 模型的设计施工总承包联合体领导成员风险策略分析[J].中国管理科学，2016(7)：43-53.

# 油气长输管道试压封头安装焊缝无损检测现状与实践

左治武[1]　王小军[2]

（1. 中国石油化工股份有限公司青宁天然气管道分公司　2.中石化第十建设有限公司）

**摘　要**　本文梳理了国家及行业油气长输管道设计、施工规范中，对试压头与主管道连接环焊缝无损检测的有关规定，指出试压头封头与短节连接环焊缝检测常规做法存在的不足，通过在青宁输气管道的实践，提出可行的解决办法和建议。

**关键词**　长输管道；试压头；封头；焊缝；无损检测

## 前言

随着国民经济的增长和科学技术的进步，油气长输管道建设越来越向着大口径、高压力方向发展。穿越管段的单体试压和主管道分段试压，都需要制作、使用试压头。试压头通常为施工单位自制临时设施，存在试压头的封头（即管帽）与短节连接环焊缝，以及试压介质加注管口、升压接口、压力监测装置接口等多处插接式角焊缝。按照施工质量控制要求，临时设施的焊缝都要求进行无损检测，角焊缝采用磁粉或渗透检测方式，封头与短节的环焊缝采用射线、超声波还是磁粉或渗透检测，各工程项目选择、执行情况并不统一。受检测方法的限制，磁粉或渗透检测不能全面反映焊道的内部质量信息，某些管道在试压过程中出现刺漏、破裂，威胁现场作业人员及邻近设施、环境的安全，甚至引发公共事件。因此需要加强无损检测管理，采用更为有效的措施手段，保证试压封头焊缝本质安全。

## 1　常规检测规定与不足分析

### 1.1　试压头封头选取

试压封头厚度一般按照压力等级、管径，依据有关标准如 GB 150—2011《压力容器》和管道施工实践经验进行计算，参照 GB/T 12459—2017《钢制对焊管件　类型与参数》、GB/T 25198—2010《压力容器封头》等选取。

封头的材质宜与主管材一致，或采用强度、可焊性满足试压需要的容器钢，如 16MnR 等。封头与主管材质不同时，需做焊接工艺评定。

封头的厚度一般都比主管壁厚大，焊接前将封头坡口加工成适合现场施焊条件的型式。

### 1.2　试压头焊缝的检测依据

梳理我国现行长输管道建设常用的有关设计、施工规范，有的对试压头与主管道连接的环焊缝检测有明确规定，有的明确试压头制作后应进行单独强度试验，有的对试压安全提出要求，见表1～表3。

表1 试压头与管道连接环焊缝检测有明确要求的规范

| 标准号 | 规范名称 | 条款号 | 内容 |
|---|---|---|---|
| GB 50251—2015 | 输气管道工程设计规范 | 11.2.2 | 参与管道试压的试压头、连接管道、阀门及其组合件等的耐压能力，应能承受管道的最大试验压力，试压头与管道连接的环焊缝应进行100%射线检测 |
| GB 50369—2014 | 油气长输管道工程施工及验收规范 | 14.1.7 | 试压装置和主管道连接口应进行全周长射线检测，合格级别应与主管线相同 |
| CDP-G-OGP-OP-027-2012-1 | 油气管道清管、试压及干燥技术规定 | 6.1.1.4 | 试压头钢管应采用与试压管段材质相同、壁厚相等或高一级的钢管，试压头与试压管段连接的环焊缝需进行100%射线检测，射线检测应符合 SY/T 4109—2013 规定，Ⅱ级为合格 |

表2 对试压头进行强度试压检验的规范

| 标准号 | 规范名称 | 条款号 | 内容 |
|---|---|---|---|
| CDP-G-OGP-OP-027-2012-1 | 油气管道清管、试压及干燥技术规定 | 6.1.1.5 | 试压头制造后应进行强度试压，强度试验压力为设计压力的1.5倍，稳压4 h，无压降、无泄漏、无爆裂为合格，使用前应进行严格检查 |
| Q/SY GJX 0117—2008 | 西气东输二线管道工程线路工程清管试压技术规范 | 5.1.5 | 试压头应在安装前进行强度试压，强度试验压力为设计压力的1.5倍，稳压4 h，无泄漏、无爆裂为合格 |

表3 对试压安全做出要求的规范

| 标准号 | 规范名称 | 条款号 | 内容 |
|---|---|---|---|
| GB 50369—2014 | 油气长输管道工程施工及验收规范 | 14.1.5 | 管道清管、测径及试压施工前，应编制施工方案，制定安全措施，考虑施工人员及附近公众与设施安全 |
| GB 50424—2015 | 油气输送管道穿越工程施工规范 | 12.0.2 | 管道清管、试压管道清管、测径、试压施工前，应编制施工方案，制定安全措施，并应充分考虑施工人员及附近公众与设施安全 |
| GB/T 16805—2017 | 输送石油天然气及高挥发性液体钢质管道压力试验 | 7.4 | 确定试压时的预防措施和操作规程已将公共和环境风险降到最低 |

## 1.3 试压头焊缝的检测现状

现行的长输管道设计和施工验收规范，都没有对试压封头与短节的环焊缝给出明确的检测规定。试压头虽然是临时设施，但是需要与主管道一起参与强度及严密性试验，且试压头一般会重复使用，封头与短节的焊缝质量至关重要。

在工程实践中，如果设计文件、建设单位没有明确要求，一般通行的做法就是仅对此类焊缝做渗透检测或者磁粉检测。如果封头焊缝只做渗透检测或磁粉检测，再配合试压头单体强度试验，安全保障会提高，但焊缝若有内部缺陷，安全风险也始终存在。另外，试压头单独进行强度试压检验，在国家标准中也没有要求，各管道工程或做或不做，执行情况不一样。

值得一提的是，一些油气长输管道项目管理单位已经充分认识到封头与短节的环焊缝质量的重要性，封头环焊缝采用能进行确定性和定量的射线检测方式，再进行试压头单体强度试压，可以提前发现和消除缺陷，试压头的本质安全处于受控状态。

# 2 实践与效果

青宁输气管道工程 EPC 一标段(山东段、江苏连云港段)，管道规格 $\phi$1 016 mm×17.5/21/26.2 mm，材质 L485M，设计压力 10 MPa，线路长度 207.32 km，高速公路、国(省)道、铁路及河流等单体穿越 112 处，单体试压数量多。管道途经山东省青岛市西海岸新区、日照市、临沂市和江苏省连云港市等沿海经济发达、人口稠密地区，试压作业必须严格保障周边地区人员、财产安全，防止环境污染，维护社会稳定。

## 2.1 现场实践

经充分分析项目特点、周边环境、焊缝检测方法的适用性，施工前把控源头设计，强化试压头制作、检验的过程管理，对封头安装、环焊缝检测等做出规定：

(1) 封头选择。试压封头按照 GB/T 25198—2010 选用公称直径 EHB 1 016 mm、名义厚度 35 mm、直边高度 25 mm、与主管同材质的 L485M 热压成型椭圆形成品，出厂前加工出坡口单边角度 30°。

(2) 安装要求。现场安装前，根据使用的试压短节厚度，进行内坡口处理，保证短节内壁与封头内壁平滑过渡，组对采用专用夹具，均衡椭圆度偏差，校正错边，参照主管道连头焊接的组对参数，组对间隙为 2.5～3.5 mm，错边量小于 2.2 mm。

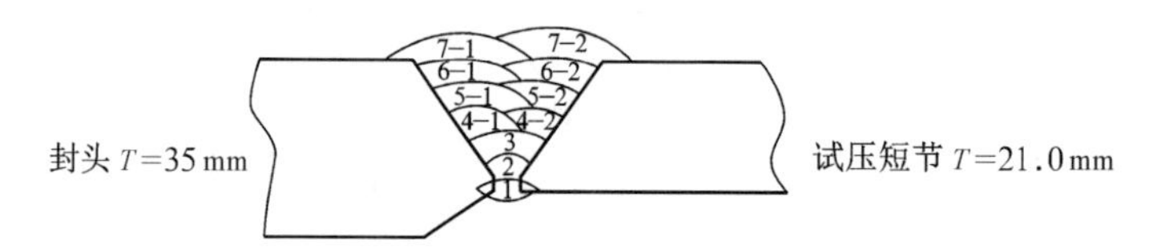


**图 1　试压短节壁厚 21 mm 的封头组焊示意图**

(3) 焊接要求。焊接采用与主管道组焊一致的纤维素焊条电弧焊打底、自保护药芯焊丝半自动焊填充盖面的工艺，打底前焊口预热至 80～150℃，采用多道焊，短节壁厚层 17.5 mm、21 mm、26.2 mm 分别需焊接 6 层 9 道、7 层 11 道、9 层 16 道，温度控制在 80～150℃。

(4) 检测要求。封头与短节环焊缝进行 100%射线检测，封头壁厚大，采用外拍方式，选用 750 mm×80 mm 底片，透照时间约 4～5 h，评片执行 SY/T 4109，Ⅱ级合格。

(5) 单体试压。试压头制作完成后，进行单体强度压力试验，试验压力为 1.5 倍设计压力，即 15 MPa，试压介质为洁净水，稳压 4 h，无泄漏、无爆裂为合格。

## 2.2 实践效果

在已完成的所有单体穿越压力试验过程中，试压头封头与短节连接环焊缝全部经受住考验，单体试压都一次成功，有效保障了道路、村庄、水源地等复杂地段公众与设施、环境的安全，实现工程质量、进度、HSSE控制目标。

实践证明，制作试压头时，封头与短节环焊缝进行射线检测，试压头单独进行强度试验，这种组合方法质量效果好，切实可行。

## 3 结语

大口径、高压管道试压时储能大，一旦发生焊缝失效，影响波及范围大，尤其在人口稠密区或环境敏感区，容易引发公众恐慌或环保事件。采用对自制试压头的封头与短节连接环焊缝进行射线检测、对试压头组件进行单体压力试验的组合检验方法，可以确保试压本质安全，对油气长输管道建设单体试压和分段压力试验具有借鉴意义。

今后在油气长输管道相关标准规范修订时，建议考虑补充对与主管道同时参与压力试验的临时设施的焊缝无损检测、单体试压检验等要求。

### 参考文献

[1] 岳志宏.管道试压封头的选用及设计[J].石油工程建设，2003，29(1)：57-58.
[2] 杨春雷.长输管道试压封头设计、制作及安装[J].建筑科技与管理，2011(35)：52.

# 长输管道项目 HSSE 管理体系和标准化建设的运行与实施

郭　晶

（濮阳中油工程管理有限公司）

**摘　要**　针对长输管道项目建设过程中 HSSE 管理所面临的诸多难点，结合 HSSE 体系在长输管道项目建设初期运行与实施过程中遇到的问题，利用 PDCA 循环的方法，从体系制定、培训、落实、检查、整改等方面探讨了 EPC 模式下，建设单位 HSSE 体系与标准化建设在工程建设中有效运行与实施的经验。

**关键词**　管道项目；建设过程；HSSE 管理；体系与标准化；PDCA 循环

## 前言

HSSE 管理体系由来已久，其雏形可以追溯到 20 世纪 80 年代壳牌公司提出的强化安全管理（Enhance Safety Management）的构想和方法，到 1994 年正式颁布了健康、安全与环境管理体系导则[1]。中国石化于 2001 年 3 月 1 日，开始在全系统内推行 HSE 管理体系。近几年因公共安全事故频发，中石化于 2018 年在 HSE 系统中引入关注公共安全的"S"，成为 HSSE 管理体系，并全集团公司实施。它为构建安全生产长效机制，为公司安全发展、绿色发展和可持续性发展提供保障。但 HSSE 管理体系和标准化建设工作在长输管道项目的推行过程中也遇到了一些困难和问题，需要进行不断的探索和改进。

## 1　长输管道项目建设中 HSSE 管理面临的难点

（1）项目管理人员来自不同的地方、行业，有着不同的工作经历，这些单位的 HSSE 基础工作和管理理念都存在较大差异，人员 HSSE 素质参差不齐，对本行业 HSSE 管理制度和管理要求认识程度不同，管理模式不同，短时间内形成高效和有序的项目 HSSE 管理局面难度较大。用什么管理办法才能把他们的成功经验和项目的 HSSE 管理目标统一起来，是长输管道建设项目 HSSE 管理的难点。

（2）项目施工承包商的人员构成情况复杂，有些人员专业工作技能和 HSSE 经验非常丰富，有些分包商的作业人员缺乏最基本的专业工作技能和 HSSE 意识，不易执行统一的管理标准。由于项目存在大量的分包施工队伍，对承包商管理难度极大。

（3）站场阀室施工场地较小，在有限的施工场地进行站场设施及配套工艺系统的建设，施工设施、材料、人员多，工序复杂，需要在平面和立体空间内进行交叉作业，特别是高处和吊装作业风险较大，是 HSSE 管理的重点。

(4) 施工地点不固定及施工人员流动性较大，再加上长输管道项目建设涉及多工种、不同工序作业，导致施工现场标准化建设及安全文化氛围难以长久保持和传承，重复性 HSSE 问题屡见不鲜。

(5) 由于长输管线建设点多面广战线长，受到不同地区季节性气候条件的影响，台风、暴雨、山体滑坡、泥石流也会严重影响施工人员及作业安全。

# 2 HSSE 体系与标准化建设运行中存在的问题

## 2.1 HSSE 体系与工程实际脱节

项目建设初期，各项 HSSE 管理规章制度不够完善，没有形成具有中石化特色的安全文化，全员参与度不够，员工的 HSSE 基本素质还没有达到应有的高度，HSSE 管理理念尚未深入到每一名员工的心中，HSSE 管理基础较为薄弱。HSSE 体系作为 HSSE 管理的依据和安全施工的指导性文件，没有与实际工程有机地结合在一起，主要体现在：HSSE 体系与实际工程的内容不对应、要求不适用、模式不匹配、修正不及时。随着工程的进展，工地会出现新情况、新问题，体系规定的内容往往不能与实际工程有效对应，其中部分 HSSE 要求不适用于实际开展的工作。在建立体系时，对于 EPC 总承包模式下的 HSSE 管理估计不足，不能很好地与工程建设模式相匹配，在体系运行初期出现的问题也未能及时在体系文件中得到有效修正。试运行初期，安全管理按照老路子进行，HSSE 体系文件被束之高阁，少人问津，出现“两张皮”现象。

## 2.2 各单位 HSSE 体系融合不够

长输管道项目建设实施 EPC 总承包，在参建单位入场时，均提交了《HSSE 作业指导书》《HSSE 作业计划书》和《HSSE 现场检查表》，即“两书一表”，并逐步建立了 HSSE 体系，但由于所属公司要求不同和安全文化的差异，各单位 HSSE 体系具有明显的独立性，相互间融合不够，尤其是有些施工单位与建设单位的 HSSE 体系不能有效对接，导致体系运行不顺畅，甚至出现根本认识上的冲突。例如建设单位的标准化、精细化管理与少数施工单位(特别是分包单位)的粗放式管理在工程建设中容易产生矛盾，标准的不统一导致体系融合不够，影响单位之间的 HSSE 工作协调，进而影响 HSSE 管理工作的有效推进。

## 2.3 HSSE 体系支撑文件不健全

由于工程施工现场的多变性，HSSE 体系和标准化建设在工程开工初期往往无法涵盖施工过程中的各个环节。同时在严格执行各种上报审批程序和管理规定时，对于项目的危险分析和风险识别却较为单薄，不成体系，“两书一表”、应急预案及各项管理制度编制五花八门、水平不一，导致 HSSE 体系的支撑文件不健全，体系运行情况得不到有效保障。

## 2.4 HSSE 责任落实不到位

HSSE 管理实行“谁主管，谁负责”模式，是全员、全方位、全过程的管理，HSSE 体系责任制中也明确规定了各级人员的 HSSE 职责。但在运行期间，HSSE 责任往往落实不到位，部分项目管理人员认为 HSSE 监管是 HSSE 管理部门人员的事，与自己无关，这导致在施工过程中重施工速度，而忽视了健康、安全和环境管理，忽略了自己作为责任主体应履行的 HSSE 职责。因为各单位的专职 HSSE 管理人员有限，施工现场监管无法面面俱到，事故隐患就不能得到彻底排查和有效治理，HSSE 体系的有效运行也就无从谈起。HSSE 责任不落实，体系规定再好，也将只是一纸空文。

# 3 HSSE 体系有效运行的经验

HSSE 体系试运行初期的单向管理模式[2]，不利于指导施工和体系完善，HSSE 体系通过 PDCA 循环[3]有效运行，与管理过程互动起来，使体系制定、培训、落实、检查、整改等过程循环起来，如图 1 所示，在循环过程中得以不断健全和完善，以便更好地指导和约束长输管道工程建设全生命周期。

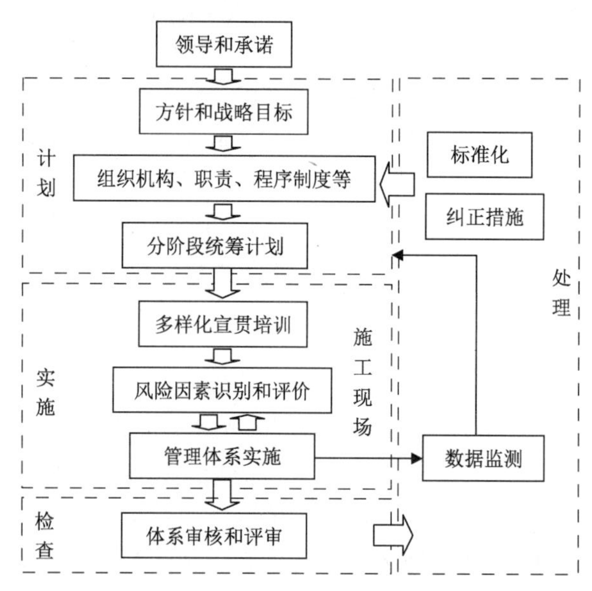


图 1　HSSE 体系的 PDCA 循环运行模式

## 3.1 体系制定/修订，注重其针对性、指导性和约束性

HSSE 管理体系是一个开放的系统，在制定/修订时，广泛征求并适当采纳参建单位 HSSE 管理人员的意见和建议，加强体系的适用性和针对性。另外，将承包商好的管理办法、专业管理的良好作业实践等，经过评审后吸收进建设单位的管理体系，并有效整合承包商“两书一表”，补充管理文件的不足，在持续改进过程中和承包商互动，提高承包商对 HSSE 体系的认同，同时促进施工单位与建设单位 HSSE 体系的融合。

HSSE 管理体系是一个循环的系统，在运行过程中将已有的经实践证明了的行之有效的规章制度进行规范化、程序化和标准化，不断将体系文件的规定、术语具体化，明确约束力。根据体系运行需要，管道建设单位要在工程开工前建立规范统一的 HSSE 管理体系及各项管理制度，并将管理制度和相关规定要求具体细化到 HSSE 检查的各项表、卡之中，作为 HSSE 体系运行的有效支撑。通过不断循环落实，最终形成“纵向层次明确，横向联系紧密”的文件体系结构，如图 2 所示。

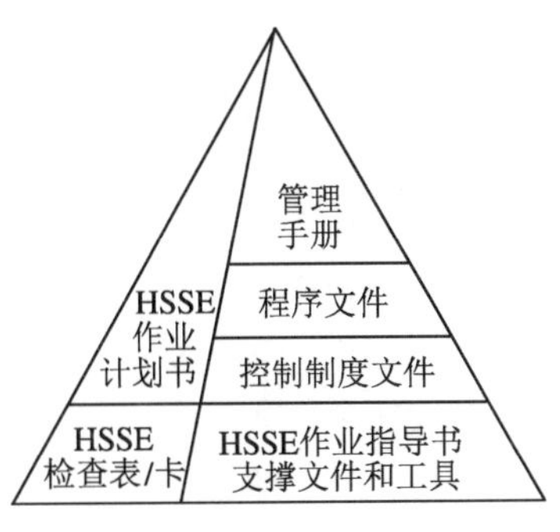


图 2 HSSE 管理体系框架

## 3.2 完善 HSSE 组织机构和管理网络

建设单位和承包单位的组织机构建设包括 HSSE 实施系统和 HSSE 监督系统两方面，建设单位偏重于监督，承包单位偏重于实施。作为建设单位，完善 HSSE 监督管理组织机构，首先要有强有力的领导核心，项目总经理作为 HSSE 第一责任人，提供强有力的领导和自上而下的承诺，提供资源和人、财、物力保障，主持体系的管理评审，同时将各部门负责人及主要管理人员纳入 HSSE 组织机构中，明确责任，建立起强有力的组织机构保障。在此基础上，建立一支专职、HSSE 业务能力强的 HSSE 监管队伍，如 HSSE 管理部、HSSE 专家组、HSSE 督查组等，做到指挥有序、上下衔接、左右贯通。施工单位的 HSSE 组织机构是 HSSE 相关工作的实施主体，其上层组织必须与建设单位的 HSSE 组织机构保持有效衔接。

在 EPC 模式下，要充分发挥监理的管理职能，有效调动参建单位的良性互动竞争机制，理清建设单位、监理单位、EPC 单位和分包施工单位的管理脉络，保证信息有效传达，建立起“牵一发而动全身”的 HSSE 管理系统网络体系。为保证信息畅通，建立了 HSSE 管理系统人员信息联络群，进行每日安全提示及信息联系。另外，建设单位 HSSE 管理部与监理单位、EPC 单位 HSSE 管理人员联合办公，可以协调一致地对施工承包商进行 HSSE 管理，全面提高 HSSE 管理的有效性和执行力。

## 3.3 HSSE 管理体系宣贯培训

HSSE 体系宣贯实际上是体系实施前的部署工作，为避免 HSSE 管理体系培训走过场，建设单位要在工程建设期间进行定期或不定期的现场 HSSE 专题培训，结合工程进展情况，针对不同时期、不同人群开展了不同层次的 HSSE 培训教育工作，如“HSSE 管理体系宣贯培训班”“HSSE 管理制度培训班”“HSSE 技能培训班”“HSSE 应急演练培训班”等。体系培训的关键在于 HSSE 理念和意识的培养，这也决定了体系培训是一个长期性的工作，不拘泥于课堂形式，通过 HSSE 简报、宣传栏、班组教育、安全活动等方式、方法，将课堂搬到施工现场，边学习边应用，明确 HSSE 体系运行的整体统筹和具体要求，让体系融入施工现场，作为一种随手可用的工具，而不是仅供说教的课本。体系培训要让施工单位主要负责人、关键岗位人员、HSSE 管理人员广泛参加，提高认识，充分调动各级人员的自觉能动作用，通过自查自改，完成各单位间的体系融合。

### 3.4 加强 HSSE 责任落实，分阶段实施 HSSE 管理体系

“安全责任，重在落实”，HSSE 体系实施的关键在于 HSSE 责任的层层落实，也即是全员参与。在实施 HSSE 管理体系前，要制定工作规划及分阶段、详细的实施方案，与形式多样的安全活动相结合，进行广泛动员，督促各参建单位进一步细化方案，明确标准和要求。在实施过程中，严格按照体系要求落实各层次上的考核，奖罚分明。实施的过程也是一个 PDCA 循环的过程，需要不断地计划（调整计划）、实施、检查和处理，将体系的实施与现场管理互动起来，如图 3 所示。

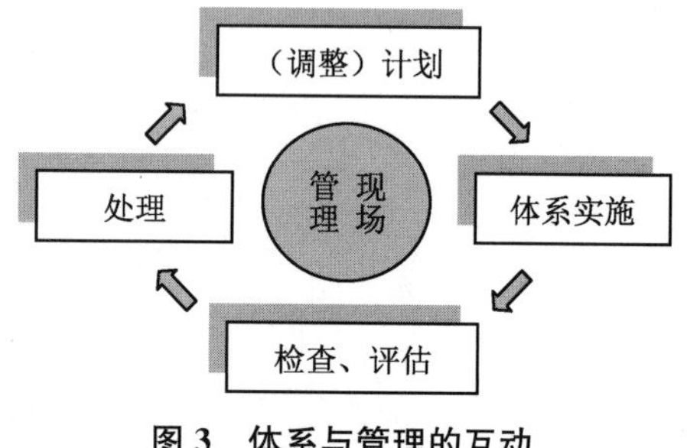


图 3 体系与管理的互动

实施过程中的一些具体做法包括：严格推行作业许可制、落实检查表/卡检查、全员参与 HSSE 观察和风险识别等，以有效落实体系要求，实现全员参与。结合工程实际，广泛深入开展“我要安全”主题活动，可以营造良好的安全文化氛围，有效推进管理体系的实施，提高 HSSE 管理工作水平。

### 3.5 及时检查、持续改进

HSSE 管理体系是一个活的系统，尤其是对于施工期的 HSSE 管理人员流动性大，施工现场变化大，加之体系自身尚需进一步完善，在运行中需要不断开展自查和持续改进。体系运行情况的检查依存于体系实施过程，是一个调研的过程，要广泛征求实施主体的意见，引导施工单位主动参与体系自查，避免闭门造车，脱离工程建设实际。自查整改在 HSSE 管理体系的 PDCA 循环中起到承上启下的作用——固化、标准化实施过程中的有效规定、措施，同时将遗留问题改进后进入下一个循环。

## 4 结语

以上几个过程并不是独立存在的，而是相互渗透依存的。经过不断 PDCA 循环后的 HSSE 管理体系，是工程项目实施 HSSE 管理的重要依据和工具。而完善的 HSSE 管理体系并非一朝一夕可以完成的，尤其是对于建设周期长、人员流动性大的大型长输管道工程建设项目，需要不断地实践和积累经验，并结合各参建单位的 HSSE 管理现状和企业安全文化建设，努力探索可以有效融合各单位体系，顺利推进项目 HSSE 管理工作模式，不断提高长输管道建设项目的 HSSE 管理水平。

### 参考文献

[1] 姚斌.HSE 管理体系及由来[J]. 中国石化，2001(3)：32.
[2] 姜芳禄.建筑安全管理的 PDCA 循环[J]. 安全与环境工程，2004，11(1)：77-79.
[3] 葛素洁，杨洁.现代企业管理学[M].北京：经济管理出版社，2001.

# 浅谈天然气长输管道建设项目 EPC 联合体模式下承包商考核

彭首锡[1]　李程成[2]

（1. 中国石油化工股份有限公司青宁天然气管道分公司　2. 中石化中原石油工程设计有限公司）

**摘　要**　天然气长输管道建设相关技术已经历了 30 多年的发展，趋于成熟。但目前我国同时具有设计、采购、施工资质的企业数量极少，因此，EPC 联合体总承包模式为我国目前工程建设中的主流项目管理模式。EPC 联合体模式下，建设单位应采取有针对性的考核方式，督导承包商日常工作。

**关键词**　天然气；长输管道；联合体；总承包；考核

## 前言

EPC（Engineering Procurement Construction）总承包模式是指承包单位受业主委托，对建设项目的设计、采购、施工、调试、试运行等施工阶段实行全过程或若干阶段的承包，通过设计与施工过程的组织集成，促进设计、施工、物资采购过程的紧密结合。随着 EPC 总承包管理模式的推广，由两家或以上企业发挥各自特长组成 EPC 联合体，以联合体名义对某一工程进行投标以填补企业技术不足和提高竞争力逐渐盛行。本文拟就青宁输气管道工程 EPC 联合体总承包模式下的承包商考核管理方法进行探讨，为后续类似项目提供管理、考核经验。

## 1　项目背景

青宁输气管道工程地处经济发达的苏鲁地区，途经山东、江苏 2 省、7 地市、15 县区，线路全长 531 km，设计压力为 10 MPa，2019 年 6 月开工建设，计划于 2020 年 10 月投产。管道沿线外协工作困难大、环境敏感点多、雨季时间长、水网密布等特点，为施工管控带来了巨大的挑战。为保障工程建设平稳顺利运行，项目采用齐抓共管的管理模式，对今后相同类型管道建设的施工管理具有一定的借鉴作用。

## 2　项目管理模式

项目采用 EPC 联合体总承包模式，划分为六个标段，由 2 家 EPC 联合体单位、3 家监理单位、6 家无损检测单位参与建设（表 1）。

表 1 青宁输气管道工程项目标段划分

| 序号 | 标段名称 | EPC 联合体 | | | 监理单位 | 检测单位 |
|---|---|---|---|---|---|---|
| 1 | 一标段 | 胜利 EPC | 胜利设计院 | 胜利油建 | 中油监理 | 中原检测 |
| 2 | 二标段 | | | 十建公司 | | 胜利海检 |
| 3 | 三标段 | 中原 EPC | 中原设计院 | 河南油建 | 江苏监理 | 华宇检测 |
| 4 | 四标段 | | | 中原油建 | | 山东中浩 |
| 5 | 五标段 | | | 江汉油建 | 胜利监理 | 华宝检测 |
| 6 | 六标段 | | | 江苏油建 | | 欣隆检测 |

青宁输气管道项目以机关部门、管理处、监理单位、EPC 牵头单位、EPC 施工单位为分级的四级管控机构(图 1),通过层级化、区域化、直线化的管理模式,将责任层层落实到位,从根本上保证安全、质量、物资供应、施工进度。

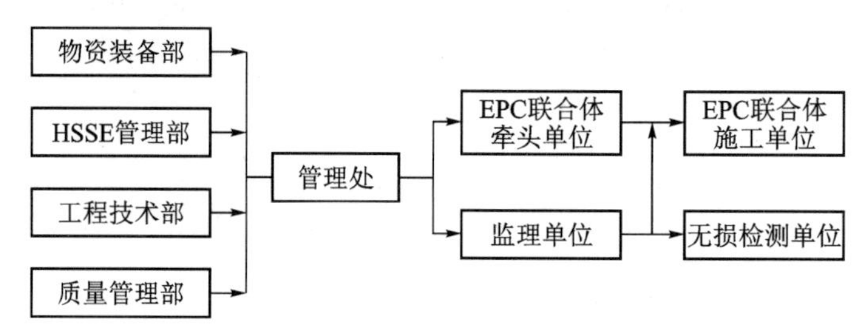


图 1 青宁输气管道工程管理组织机构示意图

# 3 承包商考核意义

建设单位通过周期性地对承包商在其承包范围内的工程进度、资质时效、人员管理、安全质量、资料整编等相关工作开展情况进行考核评价,为承包商奖惩工作提供参考依据,达到提高承包商工作积极性,推动工程进展的效果。

# 4 承包商考核管理

## 4.1 考核内容的设定

因青宁输气管道工程建设时间紧、任务重,公司高度重视施工进度。通过建立考核制度可以激励各承包商进一步加强工程建设主体责任落实,并提升其管理主动性,在保证项目安全达标、质量合格的前提下保证施工进度。

在项目伊始,公司确定了“监督、检查、考核、服务”的承包商管理工作中心。由于涉及承包商数量众多,为保证考核公平、公正、公开,且同时要考虑到各承包商工作内容上的差异,公司制定了《青宁输气管道工程项目承包商管理与考核办法》《青宁输气管道工程项目HSSE 管理考核细则》《青宁输气管道工程项目质量管理检查细则》等考核办法。针对 EPC联合体、监理单位、无损检测单位的工作界面,考核内容涵盖了工程管理、安全管理、质量管理、物资采购管理等方面。

## 4.2 考核细则

### 4.2.1 EPC 联合体

EPC 联合体牵头单位主要负责工程图纸设计、乙供物资采购、联合体内相关事务协调等方面工作。针对其工作内容，考核包含工程管理（人员配置、项目管理、分包管理、执行力、进度控制、智能化管道管理、资料档案管理）、安全管理、质量管理、物资管理等方面的考核细则。

EPC 联合体内施工单位主要负责工程建设、征地手续办理等方面工作。针对其工作内容，考核包含工程管理（人员配置、分包管理、执行力、进度控制、现场标准化建设、智能化管道管理、资料档案管理）、安全管理、质量管理等方面的考核细则。

### 4.2.2 监理单位

监理单位主要负责施工单位人员资质审核、现场施工过程监督、焊接成品验收等方面工作。针对其工作内容，考核包含工程管理（人员管理、设备配置、人员变更、执行力、进度控制、资料管理、智能化管道管理）、质量控制、安全管理等方面的考核细则。

### 4.2.3 无损检测单位

无损检测单位主要负责对焊接完成的焊口进行射线、超声波检测，出具检测结果并备案等方面工作。针对其工作内容，考核包含工程管理（人员配置、设备配置、分包管理、执行力、进度控制、智能化管道管理、资料档案管理、标准化建设）、安全管理、质量管理等方面的考核细则。

## 4.3 考核频次及分值计算方法

### 4.3.1 考核频次

青宁输气管道项目对各承包商的考核分为月度考核、季度考核、年度考核（第四季度考核）。月度考核由管理处于每季度前两个月组织开展，管理处按照考核细则对所辖承包商进行考核打分，并对相同工作性质的承包商进行排名，报工程技术部通报、备案；季度、年度考核由投资控制部牵头组织，工程技术部、HSSE 管理部、质量管理部、物资装备部、管理处配合，于每季度最后一个月组织开展，各部门按照考核细则对参建承包商进行考核打分，并对相同工作性质的承包商进行排名，报投资控制部汇总、通报、备案。

### 4.3.2 分值计算方法

1）月度考核分值计算方法

$$\begin{matrix}\text{承包商月度}\\\text{考核分值}\end{matrix}=\begin{matrix}\text{工程管理类}\\\text{考核得分}\end{matrix}\times 0.8+\begin{matrix}\text{安全管理类}\\\text{考核得分}\end{matrix}\times 0.1+\begin{matrix}\text{质量管理类}\\\text{考核得分}\end{matrix}\times 0.1 \tag{1}$$

2）季度考核分值计算方法

$$\begin{matrix}\text{承包商季度}\\\text{考核分值}\end{matrix}=\begin{matrix}\text{季度内首月}\\\text{考核分值}\end{matrix}\times 0.3+\begin{matrix}\text{季度内第二月}\\\text{考核分值}\end{matrix}\times 0.3+\begin{matrix}\text{季度}\\\text{考核得分}\end{matrix}\times 0.4 \tag{2}$$

3）年度考核分值计算方法

$$\begin{aligned}\begin{matrix}\text{承包商年度}\\\text{考核分值}\end{matrix}&=\frac{\sum \text{承包商月度考核分值}}{8}\times 0.4+\frac{\sum \text{承包商季度考核分值}}{3}\times 0.3\\&\quad+\begin{matrix}\text{承包商年度}\\\text{考核分值}\end{matrix}\times 0.3\end{aligned} \tag{3}$$

4）考核结果

根据项目 2019 年月度、季度、年度承包商考核得分情况，结合上述考核分值计算方法，可得到各类承包商年度考核排名。在监理单位中第一名为胜利监理，第二名为中油监理，第三名为江苏监理；在 EPC 联合体单位中第一名为中原 EPC，第二名为胜利 EPC；在施工单位中第一名为江汉油建，第二名为中原油建，第三名为江苏油建，第四名为十建公司，第五名为胜利油建，第六名为河南油建；在无损检测单位中第一名为洛阳欣隆，第二名为南京华宝，第三名为胜利海检，第四名为山东中浩，第五名为辽河华宇，第六名为中原检测。各单位具体得分情况见表 2。

**表 2　青宁输气管道工程项目 2019 年年度考核得分表**

| 类别 | 单位 | 月度得分 | 季度得分 | 年度得分 | 总得分 |
|---|---|---|---|---|---|
| 监理单位 | 中油监理 | 464.35 | 277.44 | 96.00 | 79.76 |
| | 江苏监理 | 446.20 | 274.61 | 98.90 | 79.44 |
| | 胜利监理 | 459.80 | 279.66 | 99.40 | 80.78 |
| EPC 单位 | 胜利 EPC | 477.70 | 281.97 | 98.00 | 81.48 |
| | 中原 EPC | 487.56 | 282.05 | 99.51 | 82.44 |
| 施工单位 | 胜利油建 | 474.60 | 287.14 | 96.85 | 81.50 |
| | 十建公司 | 482.65 | 294.53 | 96.13 | 82.42 |
| | 河南油建 | 449.35 | 272.78 | 98.74 | 79.37 |
| | 中原油建 | 503.79 | 296.14 | 100.05 | 84.82 |
| | 江汉油建 | 484.69 | 293.38 | 109.00 | 86.27 |
| | 江苏油建 | 497.34 | 289.04 | 99.22 | 83.54 |
| 无损检测单位 | 中原检测 | 448.30 | 275.55 | 97.50 | 79.22 |
| | 胜利海检 | 469.05 | 284.30 | 97.95 | 81.27 |
| | 辽河华宇 | 450.60 | 279.30 | 99.20 | 80.22 |
| | 山东中浩 | 466.02 | 280.20 | 99.60 | 81.20 |
| | 南京华宝 | 470.70 | 284.00 | 99.80 | 81.88 |
| | 洛阳欣隆 | 470.70 | 287.43 | 99.80 | 82.22 |

## 4.4　奖惩措施

### 4.4.1　月度及季度考核奖惩办法

（1）月度考核达 90 分以上的工程承包商，给予通报表扬。单次月度考核少于 80 分，或任何一分项管理考核得分为 0 分的工程承包商，给予通报批评、责令整改。

（2）连续三个月考核倒数第一且考核分值低于 80 分，通报承包商单位，约谈承包商单位领导。

（3）连续两个季度考核倒数第一或工程进度滞后 50%以上的，更换项目经理。

（4）连续三个季度考核倒数第一或工程进度滞后 50%以上的，调减其工程量。

### 4.4.2　年度考核奖惩办法

根据考核结果，对 EPC 联合体牵头单位、EPC 联合体施工单位、检测单位、监理单位考核结果进行排名。对项目 EPC 联合体牵头单位考核第 1 名、监理单位考核第 1 名、EPC 联合体施工单位考核前 3 名、检测单位考核前 3 名给予一定的物质奖励。

## 5 结论

青宁输气管道工程项目结合项目实际情况所推行的承包商考核模式极大地促进了各承包商之间“比、学、赶、帮、超”。自 2019 年 6 月开工以来，在安全、质量受控的前提下完成线路主体焊接 503 km，定向钻施工完成 72%，焊接一次合格率达到 99.67%，超年度计划完成 45%。通过对青宁输气管道工程承包商考核方法进行总结，形成 EPC 总承包模式下天然气长输管道建设的管理经验，为今后类似管道工程建设提供参考。

### 参考文献

[1] 金晨晨.基于装配式建筑项目的 EPC 总承包管理模式研究[D].济南：山东建筑大学，2017.
[2] 雷斌.EPC 模式下总承包商精细化管理体系构建研究[D].重庆：重庆交通大学，2013.
[3] 农峰.浅谈电网工程建设承包商考核评价管理[J]. 通讯世界，2017(11)：198-199.

# 长输油气管道永久征地手续办理研究

袁志超　张秀云　李　琦
（中国石油化工股份有限公司青宁天然气管道分公司）

**摘　要**　面对国家长输油气管道大发展的趋势，管道施工技术已逐渐成熟，而对外关系协调在整个项目建设中的地位也越来越重要，本文以对外关系协调工作中的永久征地手续办理为中心展开讨论，介绍了长输油气管道项目中永久征地工作内容，并分析永久征地的要求和工作难点，最后列举出青宁输气管道项目建设过程中永久征地手续办理遇到的困难，并进行深入研究，创造性地提出新的工作思路和解决措施。

**关键词**　长输油气管道；对外关系协调；永久征地；项目建设

## 前言

截至2017年，全球在役油气管道约3 800条[1]，总里程196.13万km，其中天然气管道约127.36万km；我国长输天然气管道在2017年年底总里程也达到7.7万km[2]。2017年5月，国家发改委、国家能源局联合发布的《中长期油气管网规划》指出，对天然气进口通道要坚持“通道多元、海陆并举、均衡发展”的原则，进一步巩固和完善西北、东北、西南和海上油气进口通道，2025年基本形成“海陆并重”的通道格局；要求2020年全国天然气长输管道长度达到10.4万km，2025年达到16.3万km，预计2030年将超过20.0万km，并形成“主干互联、区域成网”的全国天然气基础网络。面对天然气长输管道的大发展，当前长输管道工程线路和站场阀室的施工工艺均已成熟，而对外关系协调工作作为施工进场条件，具有涉及面广、手续繁杂、工作环境复杂、协调难度大、不可预见因素较多的特点，成为制约管道施工提效、项目创效的瓶颈之一[3-4]。其中，对外关系协调最重要的工作莫过于永久土地征用手续办理。随着国家法律不断完善，国民法治观念不断增强，依法办事、依法建设的理念深入人心，合法征地依规建设势在必行。传统的“边办边建”“先建设再办证”的做法已不可行[5]。如何加快办理长输管道工程永久用地合法合规性手续已成为管道工程建设的重中之重。本文以新建青宁输气管道项目为例，详细阐述了永久征地手续办理过程中遇到的困难和解决措施，为后续类似项目手续办理提供借鉴。此外三桩用地虽然是永久占地[6]，但可以不办理征地报批手续，故不在本文讨论范围。

## 1　长输管道永久用地手续办理内容简介

长输管道永久征地手续主要是针对站场、阀室的用地，主要包括两个部分：“两证一书”部分，即建设用地规划许可证、建设工程规划许可证、选址意见书；“征地报批”部分，即用地预审、征地报建、不动产登记，各环节证照和批复前后置逻辑关系紧密，需全面分析办理程序和办结周期，以准确安排接续工作和可以同步推进的工作。其中“两证一书”办理流程相对简单，“征地报批”办理流程复杂，且所需材料较多，耗时较长，是永久征地手续办理的重点和难点。

### 1.1 站场阀室用地预审

用地预审，是指国土资源管理部门在建设项目审批、核准、备案阶段，依法对建设项目涉及的土地利用事项进行的审查。用地预审是建设单位办理用地事宜的第一道手续，取得用地预审批复后，建设单位方可继续办理项目的征地等相关手续。用地预审包括县市级、省级和部级工作。县市级工作包括：编制管道沿线用地预审申请报告、规划修改、永久基本农田补划、土地利用和耕地保护等各项专题报告，并通过沿线国土部门审查。省级工作包括：整理管道沿线区县和市级相关材料组卷上报省自然资源厅，组织并通过专家踏勘论证会，跟进省自然资源厅各处室审查，取得省厅初审意见。部级工作包括：协助管道沿线省自然资源厅进行远程申报，并将全线纸质申报材料正式上报部政务大厅。跟进部各司局审查，通过部长联席会审查，最终取得用地预审批复意见。

### 1.2 站场阀室征地报建

《中华人民共和国宪法》第十条规定：“国家为了公共利益的需要，可以依照法律规定对土地实行征收或者征用并给予补偿。”土地征收是土地所有权的改变，征收应对被征地农民进行合理补偿和安置。根据《中华人民共和国土地管理法》第四十四条：“建设占用土地，涉及农用地转为建设用地的，应当办理农用地转用审批手续。国务院批准的建设项目占用土地，涉及农用地转为建设用地的，由国务院批准。”土地征收系指国家通过行政主体对非国家所有的土地进行强制有偿的征购和使用，目前主要体现在国家对集体土地的征收上。

在准备征地报建工作时需要准备的资料包括：建设项目批准、核准或备案文件，建设项目初步设计批准或审核文件，建设项目用地预审意见，建设项目规划选址意见书，准予压覆重要矿产资源的批复文件，地灾评估报告和备案表，使用林地审核同意书（若需要），临时用地复垦方案批复意见，补充耕地地块坐标，勘测定界报告、勘测定界检查验收意见和验收报告，勘测定界界址点坐标成果表（txt 文件）。征地报建具体流程见图 1。

## 2 长输管道永久用地要求及难点

### 2.1 长输管道永久用地一般要求

永久用地测量放线清点前，要先结合设计、运营管理单位、县级国土部门和县级政府、镇、村等，确定位置是否合适，满足各方要求，便于及时调整，减少对工期影响。通过调整（或者微调）阀室、站场等位置，尽量满足以下要求：①满足运营单位方便管理的需求，要尽量靠近道路，减少阀室、站场等道路用地。②满足县级政府规划（经济发展）需求，因为常发生地方政府要求对阀室位置进行调整，适宜于地方经济发展规划。③用地权属人涉及尽可能少，尽可能征用一家农户的地，减少赔偿协调事宜。④尽量减少征用地后剩余边角地，边角地利用价值大大降低，一般都会被要求当作永久性占地一起征用补偿。⑤选择地势较高、地质较好的区域（降低施工难度，利于运营管理）。涉及位置调整，再加上本身办理周期较长，因此在开工初期就应尽早办理永久性用地征用手续。

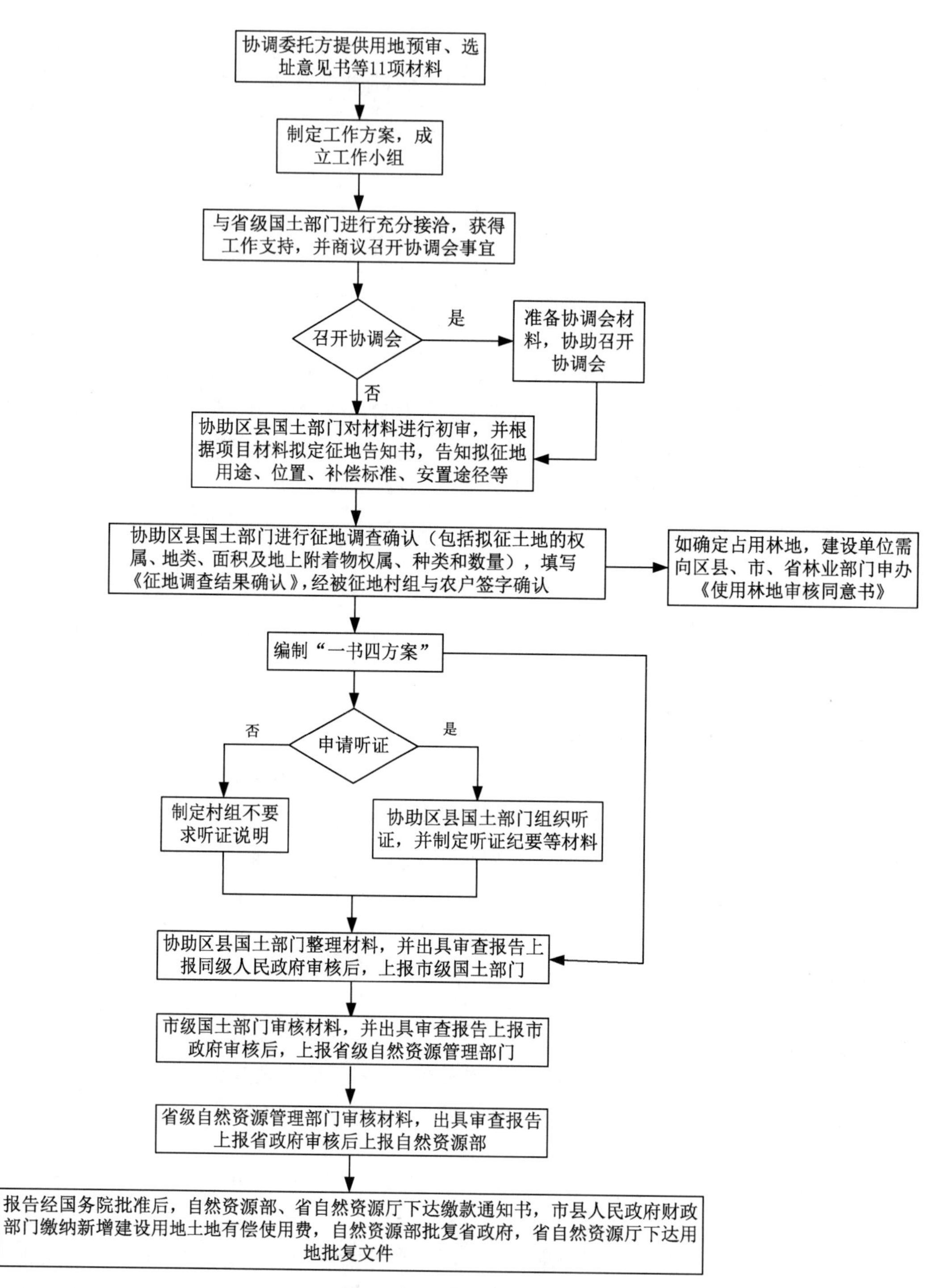


**图1 征地报建具体流程**

## 2.2 长输管道永久征地难点

### 2.2.1 征地方案与预审方案差异较大，对征地工作造成较大影响

项目一般在预可研阶段即开始启动土地预审工作，此时，设计方案还不稳定，一直处于

修改完善阶段。在征地阶段，征地方案需将用地位置落实到具体地块，因此，征地方案往往与土地预审的方案存在较大差异，地方国土部门一般会按照预审时的方案对项目用地进行规划。在征地报批阶段，当方案出现与规划不一致情况时，则需要调整规划，如报批阶段与预审阶段占用基本农田数量差异较大，则需重新预审。因此，两个时期的两种方案给征地报批工作快速推进造成很大影响。

#### 2.2.2 方案存在不确定性，增加征地难度，影响征地进度

由于建设项目前期工作繁杂，因此多数项目存在边设计、边施工、边办理前期用地手续的情况，方案受不同因素影响可能随时发生变化。而方案的变化，则意味着需要向国土部门重新核定用地位置是否符合土地利用总体规划，是否占用基本农田等多项工作，给地方征地工作带来较多问题。与此同时，即使新方案获得国土部门认可，仍需要重新组织测绘队伍赴现场进行勘测定界，重新进行权属和地类调查并出具勘测定界报告、勘测定界图等工作，方案的不确定性，严重影响了征地进度。

#### 2.2.3 征地报批工作需要支撑性文件较多

开展征地工作需要支撑文件较多，包括预审、核准、初设、地灾、压矿、环评等，占用林地的，还需办理《使用林地审核意见同意书》。由于部分项目时间紧，需要边办理前期支撑文件边开展征地工作，但在报批过程中，需要支撑文件时，却迟迟不能提供，制约征地报批工作推进。

#### 2.2.4 涉及众多部门，协调难度大

征地工作涉及行政部门众多，每一个项目征地工作不仅涉及项目所在区县政府、乡镇（街道）、村（居委会），以及区县发改、财政、税务、人力资源、规划等众多部门，还涉及省政府、市政府、省财政厅、省自然资源厅、省劳动保障厅等多个层级政府和部门，整体协调难度巨大，任何一个环节出现延误，都会影响征地工作推进。

#### 2.2.5 线性工程涉及地区多，且各地要求差异较大

线性工程线路长、穿越行政地域广、涉及行政层级多（乡镇土地所、区县国土局、市国土局、省自然资源厅、自然资源部及各级政府部门），需逐个向沿线众多国土管理部门收集资料并进行申报。由于各地区对工作要求存在差异，因此需要先摸清楚各地区工作特点，有针对性地开展工作。因项目征地报批需统一上报，如某一个地区出现工作滞后，则影响项目整体推进。

#### 2.2.6 被征地农民积极性不高，征地补偿标准偏低，召开听证会难度大

征地补偿是失地农民利益的保障，目前各级政府及有关部门都给予高度重视，对于县、乡镇、村集体、农民四个主体来说，利益不均衡导致四者积极性存在不同程度的增减，越到基层积极性越不高，严重制约征地工作进展。同时，由于部分地方的征地补偿标准制定时间较早，长时间未进行调整，与实际情况相比偏低，被征地农民对此意见较大，在召开征地听证会议时，很难与被征地农民达成一致。

## 3 青宁管道项目永久征地手续办理过程中遇到的困难

### 3.1 重新选址

青宁项目于 2013 年立项，2018 年核准，2019 年基础设计批复，时间跨度较长；全线路由

经过 2 省 7 地市，区域跨度较大；且本项目所途经区域大部分为东部沿海经济较发达地段，地方经济发展和规划变化较快，故站址位置多数已有现状物或已不符合地方土地利用规划，需根据实际情况进行重新选址。

## 3.2 重新预审

自然资源部和农业农村部于 2019 年 1 月 3 日联合下发《关于加强和改进永久性基本农田保护工作的通知》(自然资规〔2019〕1 号)，文中提出“重大建设项目在用地预审时不占永久基本农田、用地审批时占用的，按有关要求报自然资源部用地预审”，表明基本农田为红线，站址涉及新占用基本农田则需重新做土地预审。且用地预审有效期为 3 年，本项目 2016 年获得土地预审批复，到 2019 年项目开工建设时批复已经过期，多个限制条件均需重新做用地预审。

## 3.3 政策调整

2019 年 9 月 17 日自然资源部下发《关于以“多规合一”为基础推进规划用地“多审合一、多证合一”的改革的通知》(自然资规〔2019〕2 号)，文中要求“统一核发建设项目用地预审与选址意见书”“市、县自然资源主管部门向建设单位同步核发建设用地规划许可证、国有土地划拨决定书”。此次政策调整影响较大，预审与选址需同步办理、同步批复，建设用地规划许可证从以前的预审后办理调整至取得土地划拨批复后办理，存在前后置关系调整，由此导致青宁项目部分基础性工作需重新申报。

## 3.4 新增环节

中央及地方政府职能部门组织机构改革，虽有规划部门、国土部门和林业部门合并和政府大力推进“放管服”的政策环境，但明显存在职能部门内部界面尚不清晰，审件受理新增环节较多，由此提出了必须取得占用生态红线的意见、占用林地的许可、重新做压覆矿产核定、站址专项社会稳定风险分析意见等前置函件。

## 3.5 镇村级报建工作难度大

“听证公告”和“一书四方案”环节是和镇政府、村委会交际最多的环节，也是难度最大、周期最长、细节最多的环节，在征地补偿和社保分配上镇村存在较大诉求，导致无法正常履行听证公告程序，青宁项目涉及 2 省、7 市、15 县区，村镇不计其数，同时项目上有较多区域存在征地历史遗留问题、处罚未结问题或边角地认可等各类问题，都直接体现在了“一书四方案”上村组和百姓不签字、不认可的情况。

## 3.6 异地占补平衡协调难度大

由于青宁项目地域较多，经济发展水平和速度差异较大，导致部分区域耕地总有量有限，本区域无多余耕地可用于补划，由此必须协调进行异地占补平衡，该项目的淮安区段和仪征市段均有此类情况；同时个别工业企业发达区域建设用地总有量也存在占补平衡难以协调的情况。

### 3.7 土地管控措施更加严格

近几年中央到地方层面对违法占用土地的管控愈加严格，在遥感卫星监测、土地利用巡查、违法问责力度等方面都更加严格，以往先行入场施工同步办理手续的方法已不再适用，且存在较大风险，由于项目必须在 2020 年 10 月投产，再考虑站址建设的绝对周期，留给永久性征地手续报建的可使用时间较为紧张，对报建工作各环节的衔接性和快速有效推进提出了更高的要求。

## 4 项目部采取的主要措施

### 4.1 提高认识、增强信心

公司成立以项目部领导班子成员牵头的工作小组，工作小组整体推进，项目部给予政策支持、方向指引和措施帮助，提高全员对手续工作认知度和格局观。申请列入公司级主题实践活动作为专项攻关，设专门团队负责、专人统筹盯办，增强工作认同感和自信心，自上而下、由内而外，全面配合、全力推动。

### 4.2 主动沟通、捋顺程序

受制于土地预审重新办理的制约，和自然资源部“多规合一”的新政策调整，积极与部委沟通政策要求和条文解释、与省厅沟通执行标准和过渡周期、与地方局沟通上报条件和组卷备件变化，用最短时间对政策和程序进行分析理解，以提出最适合项目报建的方案和途径，力争在过渡期内将征地组卷上报至省部级层面。

### 4.3 力推手续、暂不入场

由于每年 10 月份为国土卫星精细化遥测违法占地占海的常规周期、11 月份为各省地市违法处置和上报的常规周期，项目部专门与自然资源部国土卫星遥感应用中心、地方土地执法部门先行沟通，落实项目涉及区域的遥测时间和周期、现场核定时间和周期、地方处置和上报周期等事宜，由此确定各站场阀室暂不入场施工，全力推进手续报建工作。

### 4.4 分工明确、统一推进

永久征地作为系统性较强的工作，涉及地方政府、国土、规划、生态红线、林地占用、水利水务等多部门协助，根据永久性征地手续涉及各类前置要件的专业化程度，按照前后置关系和可同步推进的环节对全过程工作进行任务分解，业主单位、施工单位、EPC 单位、环保监理、第三方手续咨询各领任务，以逻辑关系确定各自工作内容、时间节点，统筹协调、全面推进、落实考核。

### 4.5 预审报批同步征地备件

按照现行政策新增占用基本农田需重新申报用地预审，在这样的不利条件下，项目部开创了预审申报与正式征地报建同步推动的先河，二者同步开展，预审申报至县、市、省层面的同时做好征地报建基层政府层面的基础工作，以达到取得自然资源部预审批复时即是正式征地报建具备组卷条件的目的。

### 4.6 补正及时、整改快速

各级职能部门的审件标准不一、要求也不尽相同，经常需要做补正或者提供各类承诺材料，补正件涉及政府部门解释说明和明确意见，承诺件需业主单位明确表态，此类材料要求落实“事不过三”原则，即无论政府部门的协调还是业主单位的担当，均应在三天内拿出成果，尽快完成补正，推动手续的完善性和全面性。

### 4.7 提前预约、紧凑审件

县级政府层面是各类征地基础工作的主体，组卷至市、省、部层面期间，在审件、核定、质询和补正都满足的情况下才会安排专家评审会、厅长部长办公会等事宜，所以应在准备组卷时就与上级部门预约审件和核定事宜，在受理后就尽快沟通上会事宜，在上会时就尽快沟通下达正式批文事宜，做好各环节衔接，压缩总体周期。

## 5 结语

随着长输管道建设的发展，对外关系协调工作的重要性已经显而易见，而永久性征地手续办理的快与慢直接决定着整个项目协调工作的好与坏，同时也是衡量项目管理水准的一项关键指标，也是项目管理中一个值得探索和研究的新课题。本文以青宁项目永久性征地手续办理为实例，深度剖析了办理过程中遇到的困难，并详细介绍了应对措施，为其他长输油气管道永久征地手续办理提供借鉴。

**参考文献**

[1] 祝悫智，吴超，李秋扬，等.全球油气管道发展现状及未来趋势[J].油气储运，2017(4)：375-380.
[2] 王小强，王保群，王博，等.我国长输天然气管道现状及发展趋势[J].石油规划设计，2018(5)：1-6.
[3] 刘鑫.浅谈长输管道工程建设中的外协管理[J].化工管理，2018(16)：178.
[4] 曹培峰.长输管道项目的对外关系协调概述[J].内蒙古石油化工，2012(14)：35-37.
[5] 汪洋.如何开展长输管道工程用地手续的办理[J].石油规划设计，2019，30(05)：43-45，56.
[6] 刘玉杰，李明. 油气长输管道征地协调及专项手续研究[J].化工管理，2018(10)：213-215.

# EPC联合体管理模式下油气长输管道项目人力资源管理策略探析

宋欠欠

（中国石油化工股份有限公司青宁天然气管道分公司）

**摘　要**　随着经济发展以及能源结构调整，我国油气管道建设进入了一个空前繁荣的时期，并产生了一大批管道建设队伍。在此背景下，传统的管理模式已经不能满足人力资源管理和施工的需要，EPC联合体模式逐渐成为主流。本文以青宁输气管道工程建设过程中采取的人力资源管理策略为例，对EPC联合体模式下，如何更好地发挥人力资源的作用进行探究。

**关键词**　EPC联合体模式；人力资源管理；绩效考核；企业文化

## 前言

青宁输气管道工程作为国家发改委2019年天然气基础设施互联互通第一批重点工程之一，同时也是中国石化首次全线采用EPC联合体管理模式的天然气长输管道项目，项目建设意义重大。在项目建设过程中，青宁输气管道工程项目部在人力资源管理方面进行了很多积极有益的探索并付诸实践，实现了管道高质量、高效率建设，多次刷新了集团公司及国内同类工程的最新纪录，成功在集团公司、天然气分公司打造了“青宁速度”这张崭新名片。

## 1　多措并举，破解人员紧缺难题

美国知名现代管理学者托马斯·彼得斯说：“企业或事业惟一真正的资源是人，管理就是充分开发人力资源以做好工作”。吸引和留住高素质的人才，才能提高企业核心竞争力；达到人力资源的优化配置，才能提高管理效率，最终实现企业与员工的长足发展。但是，由于项目具有复杂性、时效性、创造性等特点，经常面临着引进人才难，留住人才难，用好人才难的问题。

青宁管道项目建设初期，仅有四十余名员工，有的专业部门仅有1人，日常运转面临着极大挑战。针对这一情况，项目部梳理部门职责，优化工作流程，依岗设人，按岗流动；强化沟通交流，把同吃、同住、同劳动的“三同”工作法运用于工作中，实现业主单位与联合体人员、监理人员的“无缝”连接；落实“马上就办”“办就办好”的工作要求，提高了项目管理效率，仅用时28天就完成了2省、7地市、15县区工程协调启动会议召开，建立起省一市一区一镇一村五级对接协调体系；2个月内，完成全部6个采购项目，14个标段招投标工作；30日内完成招标合同签订，3天内完成对外赔偿付款。达到了“四两拨千斤”的效果。

同时，青宁管道积极筹措，采取开放式思维模式，对自有资源和社会资源进行整合，广纳贤才，按岗引进。在天然气分公司人力资源部的指导帮助下，以公开招聘的方式从内部单位协调配置了具有多年项目管理经验的正式员工 51 名;从中原油田天然气产销厂、江苏油建等单位借聘或借用成熟型人才 20 名;从江苏油田物资供应处等单位聘请具备相关资质的业务外包人员 19 名。以雷厉风行的工作效率配备了 90 名员工,不仅极大地解决了员工配备不足问题,更是打造了一支"冲得上、顶得住、打得赢"的干部员工队伍。

## 2 奖罚分明,实现团队作用最大化

EPC 联合体模式下,业主不再像传统方式一样直接对施工现场进行事无巨细的管理,业主单位各专业部门与参建单位之间的关系既紧密又松散,相互关联又相对独立。因此,必须通过宏观调控来加强全员绩效管理,树立奖勤罚惰的鲜明导向,建立有效的激励约束机制,确保劲往一处使,拧成一股绳,形成合力、产生效率。

青宁管道项目部结合工作实际,科学细致地评价岗位,加强工作表现与绩效挂钩,衡量岗位责任和贡献差别,遵循向一线倾斜的原则,合理拉开收入分配差距,科学测算并最终确定了分配基数及极差。同时,为了促进员工队伍成长成熟,在充分调查研究的基础上制定了"赛马"规则,作为考核人、评价人、使用人、奖励人的主要依据,健全了能者上、平者让、庸者下的公平竞争机制。

与此同时,为了最大限度地激励和调动总承包商、监理、无损检测等参建单位的工作积极性,青宁管道项目部采取了多样化的考核形式。月度、季度、年度考核相统一,安全、质量、进度、投资专业考核相结合;考核结果注重公平公正,按照"一三二三"原则实施奖罚,体现承包商整体管理水平;组织开展"不忘初心争先锋、筑梦青宁立新功"劳动竞赛等,并向天然气分公司申请了竞赛激励资金,对表现突出的参建单位进行物质奖励;在年底组织大型表彰会,请表现优异的参建单位代表上台领奖;对于存在违规操作的单位进行罚款、通报批评,物质激励与精神激励相辅相成。

青宁管道设计长度 531 km,这样一个中等体量的项目,自 2019 年 6 月开工至 2019 年 12 月 31 日,仅用 6 个多月的时间,管道主体焊接即突破 500 km,实现了线路主体工程的基本完工。建设进程的高效推进,充分印证了奖罚分明,科学合理的考核方式的巨大作用。项目承包商考核的有效实施,已经成为集团公司推广工程建设承包商管理信息平台的优秀案例,考核数据和相关资料全部录入平台作为基础和支撑。

## 3 与时俱进,实现人员管理智能化

随着信息化建设进程的加快,项目管理的网络化、智能化已是趋势。不论施工场地相隔多远,只要通过网络,就可在电脑屏幕前总览工程建设的全部信息。信息化技术在项目人力资源管理中的运用,如 SAP-HR 管理系统、实名制人脸识别考勤技术、各项目终端 24 小时实时可视化监控等等,可以高效能,大容量地收集、处理、存贮人力资源信息,大幅度地提高工作质量和效率;及时、全面地掌握人力资源情况,提供系统的、准确的信息,促进工作的规范化及各项管理制度与指标体系的建立和健全;提供各种加工处理了的人力资源信息,以满足人力资源管理的特殊要求,适应新形势对员工队伍提出的新要求,帮助选择方案,实现优化决策。

青宁管道项目部搭建的智能化管道管理系统,是一个集空间化、网络化、智能化和可视化为一体的技术系统,这个信息平台包括工程地理信息、进度数据、公文流转、新闻报道、考勤打卡等内容和功能。智能化管道管理系统包括电脑端和手机端,不受办公地点限制,可以实现 24 小时办公,建立了畅通的信息沟通渠道,实现了资源的实时共享,便于及时了解各参建单位在施工过程中的需求和存在的问题,全面掌握施工情况,确保了建设期数据录入的及时性、真实性、准确性、完整性,很好地解决了施工现场多点作业、多专业穿插、多层面立体交叉等实际情况给施工组织、指挥、协调提出的难题。

## 4 以"文"化人,促进员工关系理想化

人力资源管理关心的是"人"的问题,其核心是认识人性、尊重人性,强调"以人为本"。在一个组织中,主要通过关心人本身、人与人的关系、人与工作的关系、人与环境的关系、人与组织的关系等来展开。人力资源是企业的第一资源,而经营企业的要义在于经营人,即员工关系管理。

人力资源员工关系管理,就是指管理人员通过制定政策以及实际管理行为,达到员工之间、员工与项目团队之间、员工与企业之间的和谐。关系管理的实质是沟通管理,采用积极、柔性沟通手段,加强团队员工间的融合,营造出积极向上的工作氛围。尤其是管道建设项目一般远离社区,条件艰苦,办公及施工场所员工远离家人,生活枯燥,易产生消极情绪或其他心理问题,从而影响整个团队的工作效率和质量。

青宁管道项目部为员工创建了良好的沟通交流平台,通过组织丰富多彩的团建活动,成立文体活动协会,完善人文关怀制度等形式,增加了员工之间的交流,保障了员工的身心健康,提升了员工的归属感和集体荣誉感。

同时,应该认识到,企业文化建设不应停留在简单的文体活动上,更应该形成文化激励观念。青宁管道从理念、制度、行为层面全面开展企业文化建设,确立了以"安全、责任、公平、执行、以人为本、团队精神"为主的十六字核心价值观以及"1234"工作思路、"146・5"工作体系等,并落实到队伍建设工作中,在企业内部形成了共同的价值追求和行为准则,提升了凝聚力,使企业文化的激励作用得以充分发挥。

## 5 结语

国内天然气行业发展势头强劲,青宁管道建设正当时。2019 年,工程建设全面起步,青宁管道项目部带领全体参建单位成功积累了丰富的 EPC 联合体管理经验,并在集团公司层面积极推动经验总结和成果转化。在人力资源管理方面进行的探索和取得的经验,只是其中一个缩影。

对于青宁管道项目部来说,除了建成一条管道外,还需要交一份项目管理新模式的答卷,打造长输管道建设 EPC 联合体管理样板。如何在 EPC 联合体模式下持续有效地控制费用、进度、质量三大要素,从而实现 1(E)+1(P)+1(C)>3 的效果,仍是题中之义。

### 参考文献

[1] 于瑞卿,杜宝苍.浅谈工程项目管理的人力资源配置[J].中国市场,2011(45):35-36.

[2] 杨秀凌.人力资源配置机理和模式探讨[J].市场论坛,2012(8):59-61.

[3] 苏俊梅.信息技术在建筑施工技术管理中的运用[J].科学与信息化,2017(7):179,181.

# 浅析苏北地区天然气长输管道建设工程对沿线生态环境的影响及保护措施

徐耀龙

（中国石油化工股份有限公司青宁天然气管道分公司）

**摘　要**　结合天然气长输管道工程各阶段的施工特点和苏北沿线水网地区生态环境的主要影响因素进行全面分析，提出相应的环境保护与控制措施，为管道工程建设的环境保护、水土保持及生态恢复提供参考。

**关键词**　苏北地区；管道工程；环境影响；保护措施

## 前言

随着国家"十三五"规划和《能源发展战略行动计划(2014—2020年)》的出台，预计天然气管网2020年建成10.4万km，至2025年总里程将达到16.3万km，对经济发展和能源结构具有十分重要的战略意义。在坚持绿色发展理念，大力推进生态文明建设的新时代背景下，在管道施工中，对管道沿线，特别是水网地区存在着潜在的、不容忽视的生态－环境影响。也是所有管道工程建设者必须面对、重视和亟待解决的问题。

## 1　管道工程施工特点

管道工程建设周期总体分为三个阶段，勘察设计期、管道建设期和投产运行期。在勘察设计期，对管道沿线的生态环境影响甚微。管道建设期间，包括管道沿线的清点扫线、人机料的进场、施工便道的修建、施工场地的处理、地表开挖、管道埋设、光缆敷设、穿跨越(含河流、道路、铁路、林地等)掘进、站场和阀室建设及场地与生态恢复等，对周边的生态环境影响最大。投产运行期，对生态环境的影响主要来源于工程交工后的潜在质量隐患、埋设环境的侵蚀、地质灾害、人为破坏、操作失误等带来的管道破裂、阀门断裂、管线放空，引发天然气泄漏，污染大气、水系及土壤环境。

## 2　环境影响因素分析

### 2.1　苏北水网地区的生态环境特点

我国苏北地区河流纵横、水塘密布、沟渠发达。水田、种植塘、"鱼虾蟹"塘遍布，土质以淤泥质粉质黏土为主，含水量和地下水位高，渗透力强，地基承载力差，并伴有流沙。在此区域进行大口径管道工程建设，如果生态环境保护措施不到位，很容易造成当地水生态环境的污染和破坏。

## 2.2 天然气管道施工对苏北水网地区生态环境的影响

在水网地段施工，由于地下水位高、土质松软，乡间道路和施工作业带不宜大型设备通行，造成了设备、材料进场及作业困难。管道施工中需要采取作业带区域补偿占用，基土处理，场地清淤（填埋），推平压实，为施工提供条件。从地表管沟开挖、河流道路的穿越施工、管线布设、场地建设、设备设施安装、房舍砌筑及场地恢复等各阶段都将产生环保、水保危害和施工垃圾废料。

### 2.2.1 对地质环境的影响

在线路施工的管沟开挖、定向钻的导向孔钻进、泥浆灌注和泥浆池开挖过程中，挖方、削坡、钻孔、注浆、填方，弃土弃渣堆放等会损坏土壤，破坏土壤的原有成分和结构，造成土壤板结、盐渍化、沙化、结构性差。

### 2.2.2 对地表植物的影响

长输管道工程沿线所经地区较多，生态环境各异，占用面积较大。其中管沟开挖、穿越施工作业面（顶管作业坑、定向钻设备场地）及辅助施工作业带为临时性占地，站场阀室的建设及修筑伴生道路为永久性占地，对地表植被破坏较大。

管沟开挖时，管沟范围内地表植物的地上部分和根系均被铲除。同时也会伤及管沟附近的植物根系。施工带两侧的植物由于挖掘土的堆放，施工人员的踩踏和车辆起重机械的碾压，会造成地上部分植物的损坏或死亡，根系受损。管沟开挖占用林地的，由于管道安全的规定，在管沟两侧 2.5 m 内不宜种植深根植物，改为相应的林地生态补偿。管道经农田（水田）、穿越河流和道路区域，应采用深埋敷设方式，埋设深度（管顶距覆土或河底）1.5 m，特殊地段则达到 2～3 m 以上，很大程度上降低了生态环境危害，有利于植被的恢复，但由于土层的改变和土壤供给能力的变化，地表植被的生长能力和覆盖率下降。

### 2.2.3 对水环境的影响

管道河流穿越工程大多采用定向钻、顶管穿越方式，污染源主要有①冲洗施工材料而引起水质混浊，影响河流水质；②施工期间施工人员的生活污水、生活垃圾污染水体；③施工机械的油料泄漏有可能流入水体污染水质。

### 2.2.4 对生态敏感区产生的影响

如生态林、湿地、饮用水源地、森林公园自然保护区等。施工作业带、材料堆放场地、泥浆池等临时占地和永久占地不可避免造成重要生态功能区的植被破坏和水土流失，施工活动也会在一定程度上干扰沿线的居民、动物特别是珍稀保护动物的正常活动。

### 2.2.5 对水生物、动物的生态影响

在水网地带、林地区域，管道施工人员的活动和机械噪声势必影响水生物，以及动物的活动栖息区域、觅食范围与迁徙路径。虽然这些影响大多数将随着施工过程的结束而减少或消失，但仍对原有的生态平衡造成了破坏。

### 2.2.6 工程固体废弃物对土壤的影响

管道外层防腐保温材料的包扎、防护涂层的涂刷、附件焊接等工序的施工有可能把焊渣及管道外涂层、油漆等废物残留于土壤中。这些难以分解的物质将长期影响耕作和农作物

的生长。施工人员的一次性餐具、饮料瓶等生活垃圾也对沿线环境造成了破坏。

#### 2.2.7 对大气环境和声环境的影响

管道施工期间对大气环境的影响主要是粉尘污染、焊接烟气、施工车辆和机械设备排放的尾气污染。管道工程对声环境的影响主要表现在噪声污染。其噪声主要来自施工机械和运输车辆如运管机、起重机、挖掘机、推土机、平地机、运输汽车等,影响周边敏感地区,如村庄学校等。

#### 2.2.8 完整性管理缺陷对生态环境的影响

天然气长输管道的完整性管理涵盖管道的整个生命周期。管道建设期是将一项管道工程通过设计、施工变为现实管道设施的过程,高质量的管道建设是管道安全的前提,是管道完整性管理的基础。如管道施工的质量问题,补口带下缺陷(空鼓,焊渣、浮土或浮锈等);管道下方的回填细土层厚度不够,导致管线变形;防腐层的机械损伤;数据精度和资料完整性欠缺;管道地面"三桩"不全、不准,管道第三方损坏、非法占压等问题。

#### 2.2.9 管道失效对生态环境的影响

天然气长输管道投产运营后,不论是日常管理不善、管道老化(如防腐层破损、管材腐蚀等)、自然灾害(如地震等)、人为破坏(非法破坏、打孔盗气)等原因引起的穿孔、破裂,或是穿越水系的管道由于河底泥沙、淤泥的流动或水流冲刷导致的管段裸露锈蚀引起的管段泄漏乃至断裂,泄漏的天然气挥发扩散、对土壤、水系和大气造成一系列污染问题,受到社会的高度重视。

## 3 生态环境保护与控制措施

### 3.1 实现绿色焊接

结合野外、水网地带的施工作业特点,优选绿色环保的焊接工艺方法、焊材及焊接设备,严格控制焊接过程发尘量,保护绿色生态环境和施工作业人员的身体健康。焊接工艺方法上,药芯焊丝自保护焊的发尘量较大,污染空气环境,不适宜大规模采用。管线环缝的焊接建议采用氩弧焊,或者采用实心焊丝的二氧化碳气体保护焊。设备装置的焊接则应采用埋弧焊等发尘量较少的工艺方法。焊材选用上,实心比药芯焊丝与焊条的发尘量少,安全性和防护性也要好一些,应优先选用。焊接设备上,近年来,随着电子科技和焊接技术的快速发展,晶闸管整流焊机、逆变焊机以及数字焊机等新技术的推广运用,噪声、辐射及冲击电流等,不仅对焊接设备本身的可靠性造成影响,同时对电网的安全运行也造成了危险。管线建设中应选用先进的焊接设备,考核电焊机无功损耗的降低情况,改善电焊机的 EMC 性能,提高抗干扰能力,使用绿色环保型的焊机设备。

### 3.2 加强水土保持措施

#### 3.2.1 科学设计,优化管线路由,减少沿线占地

在初步设计和施工期间,对管线路由方案必须进行反复分析和论证,尽可能避开林地、铁路、河流、水源区、泄洪和灌溉功能区等重点生态环境区域、鱼虾蟹塘、养殖场及种植园,选择最优路由,减少对沿线生态环境的扰动。

#### 3.2.2 严格规范施工方法

①采取穿跨越等非开挖施工技术(如隧道穿越、顶管穿越,定向钻穿越、盾构穿越及跨越工程技术等),减少对河流、铁路、林地等的扰动和破坏。②管沟开挖时的生、熟土分别放置,将地表30～50 cm的熟土单独堆放,也就是"分层开挖、分层堆放、分层回填",为施工后期地貌恢复,复耕复植创造条件。③妥善收集、清理及委托环保资质单位外运处理各类施工期间产生的弃渣废料。④保持作业带、作业面的最小宽度,减少因施工对地表植被和地貌的损坏。⑤施工设备与运输车辆必须在进场道路和施工作业带内通行,避免超范围碾压地表,最大限度地保护原有地貌。⑥场地恢复期,加强地表植物的补栽补种,确保绿化效果,形成与自然协调的植被景观,改善沿线生态环境与景观环境。

### 3.3 强化管道完整性管理措施

(1) 认真建立管道测绘基准,为实施完整性管理打好基础。

(2) 加强建设期施工质量管理,把好项目竣工验收关。①开展管道焊缝复检。扎实推进焊缝检测、无损检测底片复核、抽检工作。②邀请专业队伍,应用先进技术开展项目验收交付。如采用管道防腐层地面检漏、管道压力试验、管道阴极保护有效性评价、无人机巡线等方式掌握管道整体情况,杜绝管道"带病"交接,"带伤"运行的问题。

(3) 加大建设期数据采集投入,实现数据采集的专业化。

(4) 保持数据采集完整,具有持续性与可追溯性。以"完整性管理数据采集清单"为基础,结合运营单位管道完整性管理需求,制定数据采集内容、精度要求及数据库模型,对时效性数据进行及时采集与更新,实现管道全生命周期完整性管理数据的动态管理和持续维护。

### 3.4 管道失效风险防范措施

天然气长输管道长期受到外界环境与内部介质的影响而导致失效,泄漏的天然气势必对泄漏区域的生态环境和安全造成危害。为了延长管道的使用寿命,管道建设期必须优化管道设计、制定科学严谨的施工方案,严格质量管理。管道运营期间要严格管理操作,定期检测,保持有效的阴极保护状态,确保管道系统的运行安全。同时不断完善天然气泄漏应急响应系统,提高对泄漏事故的预测和反应能力,将损失降至最低。

## 4 结论

天然气长输管道工程的经济效益是有目共睹的,对国家的能源建设发展和能源安全具有重要战略意义,但管道工程建设对沿线水网区域生态环境的影响和破坏也日益凸显。天然气长输管道工程的建设者和运营单位要坚持科学发展观,本着"在保护中开发,在开发中保护"的原则,在学习借鉴以往工程建设和运营管理经验的基础上,创新生态环境保护理念和施工技术,落实绿色环保工作措施,实现"能源开发与生态环境和谐共生"的良性格局。

### 参考文献

[1] 宿星,杨涛,郭定一,等.输气管道穿河段水工保护工程埋深问题探讨[J].甘肃科学学报,2008,20(4):78-81.

[2] 张雪宝.江浙沪水网地区的大管径施工[J].科技与企业,2011(4):73-74.
[3] 王平国.水网地区管道穿越水工保护施工方法与效果[J].石油天然气学报,2013,35(5):285-287.
[4] 王忻.关于水网地区大口径长输管道工程水塘穿越施工技术的探讨[J].科技致富向导,2015(12):144.
[5] 殷雁民.天然气长输管道完整性管理存在的问题分析[J].工程科技,2017,24(7):217.

# 浅谈油气长输管道建设中的公共关系协调

张秀云　袁志超　李　琦

（中国石油化工股份有限公司青宁天然气管道分公司）

**摘　要**　油气长输管道建设项目具有横跨行政区域多、补偿标准不统一、外部协调困难、手续严格等特点，征地协调及专项手续办理工作往往严重影响工程进度，增加工程造价，增加工程质量隐患，做好征地补偿及外部协调工作对工程建设起着至关重要的作用。本文归纳了油气长输管道建设中公共关系协调的特点及重要性，以青宁天然气管道项目为工程背景，梳理工作难点，提出解决方案，并将协调策略应用于工程实践，取得了显著成效。

**关键词**　长输管道；征地协调；专项手续；工程进度；青宁项目

## 前言

管道是油气运输最有效率的方式，近年来中国油气长输管道建设正在大规模开展[1]。施工与外协工作作为油气长输管道项目建设的两大关键组成部分，在管道建设中起至关重要的作用。其中外协工作内容涵盖管线工作带征地补偿、站场阀室永久用地征地、三桩用地征地、林业用地征地、铁路公路河流及地下管线穿越等方面，具有涉及面广、手续繁杂、工作环境复杂、协调难度大、不可预见因素较多等特点，成为制约管道施工提效、项目创效的瓶颈之一[2]。本文以青宁天然气管道项目为工程背景，就油气长输管道建设中遇到的公共关系协调难点进行梳理，并提出相应的协调策略，为今后长输管道建设中处理外协问题提供宝贵的经验，具有重要的现实及工程意义。

## 1　油气长输管道建设中公共关系协调简介及特点

### 1.1　公共关系协调简介

协调工作主要包括工程建设手续报批、临时用地征用、永久性用地办理、林业手续办理、文物相关事宜、穿越手续办理等。本文着重阐述临时用地征用、永久性用地办理、穿越手续办理。

#### 1.1.1　临时用地

临时用地是指长输管道线路敷设时占用的一定宽度的地方用地，主要包括青苗补偿和地上附着物补偿两大类，其中青苗补偿又分粮食作物和经济作物，由于经济价值相差大，需要区分计算；地上附着物包括建筑物（房屋）、构筑物（水井、桥梁）、定着物（树木等）。由于涉及道路经济赔偿，管线跨度长，涉及的协调对象是最多的，所以该项是对外关系协调中占用资源最多，也是对工期影响最多的一项。

临时用地占用要通过县级以上的国土管理部门，将征用补偿款项拨付到镇、村委，最终到村民手里。常规性临时用地补偿标准根据经过地相关标准执行。对于补偿标准中没有包含的用地补偿项目，若有相关赔付标准的，可以借鉴相关标准，报业主批复后采用；没有借鉴标准的，可以通过社会评估后多方（业主、监理、施工方、政府部门、用地权属人）商讨定价，最终以多方形成的会议纪要文件报业主批复后执行。管道敷设后要对临时用地进行地貌恢复，及时取得地貌恢复合格证[3]。

### 1.1.2 永久征地

永久性用地主要是指站场、阀室此类需要永久征用的用地。征地手续主要包括"两证一书"部分和征地报批部分，其中"两证一书"部分包括选址意见书、建设用地规划许可证、建设工程规划许可证；征地报批部分包括土地预审、征地报批、不动产登记。项目核准前需要取得项目选址意见书和土地预审批复，项目核准后需在获得选址意见书和土地预审批复的基础上取得项目建设用地规划许可证，同时办理征地报批手续，取得建设用地划拨批复后办理不动产权证。取得不动产权证后，项目业主单位才可以去当地规划局办理建设工程规划许可证。办理这些手续的周期较长，流程繁琐，需要项目业主单位在办理过程中积极与各职能部门沟通、协调，按照各职能部门的要求主动做好汇报、解释和补件工作，提高工作效率，缩短办理周期，加快办理进度[3]。

### 1.1.3 穿越手续

长输管道建设在穿越公路、铁路、河流时，需办理相关穿越手续，这些手续办理周期相对较长和繁琐，也成为影响工期协调的关键环节。其中长输管道穿越铁路手续办理是周期最长、最麻烦、赔补偿价格最高，对施工工期影响最严重的一项。铁路分国家铁路和地方铁路，国家铁路由国务院主管部门管理，地方铁路由地方铁路局管辖，一般相应管理权归地方企业或者管理机构管理，办理难度要相对小些。

高速路由专门的管理机构管理，同一省内的管理机构不一定是一个，办理时需要分别办理。一般省、国道由省市公路主管部门负责管理。这两类手续办理涉及管理部门要开安全评价报告会，对交叉穿越的设计和施工方案进行评审，如果对设计方案有意见，需要修改设计方案，重新出图后，重新评审，周期较长。另外一个事项涉及相关(赔)补偿费用，一个是施工补偿，一个是占用补偿。占用补偿目前有的要求按照管道使用年限一次足额补偿，这个数目就比较大。县、乡、村级道路由县市公路管理部门管理，这一类手续办理相对简易，周期短、弹性大。

河流主要关系到地方的防洪安全问题，办理相关穿越手续时，难度也相当大，有时也会成为制约工期的关键环节。河流根据重要性划分为不同等级的河道，同一河道也根据需要划分为重要河段和一般河段，分别由专门的委员会或者相应省、市、县级河流管理机构管理。河流穿越手续办理时，也需要召开评审会，对设计、施工等方案进行安全评估，评审中涉及的防洪报告也很关键，需要由有相应资质的水利设计单位编制。由于河流涉及防洪公共安全，再加上相关法律法规要求的完善提高，特别是地方的一些重要河流，在办理相关手续时也异常繁琐。

长输管道还经常穿越埋地的光缆(电缆)、输油(气、水）管道等地下障碍物，穿越施工前应该先调查清楚，并同相关权属部门结合，做好相关穿越协调配合工作，避免造成不必要的麻烦和经济损失[3]。

### 1.2 公共关系协调特点

（1）油气长输管道项目路由横穿不同的行政范围，各地政府征地主体单位不一致，层级不尽相同，政府部门对管道建设项目的协调力度也不一样。补偿标准差别大，永久及临时用地补偿标准不可控，受经济发展和民俗的影响，经常出现漫天要价，出现最终赔偿高出标准数倍的情况。另外，法律规定临时用地时限为 2 年，一般是按照一年来计算。但是由于地域差异，一年间收获季节也有差异，两季或者 3 季不等。合同中需要对收获几季进行约定。施工期间也要做好全局的统一施工协调，尽量避免征用地过期造成过期赔偿。以往的工程项目中，由于组织及其他协调原因，经常发生过期赔偿[1]。

（2）长输管道工程在施工过程中要经过一些特殊地段，如环境敏感点、水源地、文物保护区、风景名胜区、少数民族聚集区、林地、坟地、高经济作物、矿产占压、拆迁、学校及厂区附近等特殊地段，由于这些特殊的地理位置，复杂的地域环境、地方风俗，很难有相关赔偿标准，赔偿费用难以评估，都需要通过谈判来定，漫长的谈判过程直接拖延工程施工进度，而谈判结果有时还大大高于预期，某些时候即使不穿越而只是毗邻建设也需要协调或者补偿[4]。

（3）项目核准文件、用地预审文件、建设用地规划许可证等文件过期问题。此类文件的有效期一般为两年，而办理不动产权证以及建设工程规划许可证的周期少则两三年、多则四五年，所以在办理过程中，往往需要延期，并且各种用地手续办理政策很严格繁琐，又在不断变动调整中。

（4）施工时有许多外协赔付是不可预见的。长输管道、高速公路、铁路按照规范要求经常会选择线路地形、工程地质等较好地段进行规划设计，同一个地段多项工程可能会在不同时期进行，相当一部分地区只要工程开始测量放线，就会出现在管道路由抢种农作物、果树、苗木并抢建地上建构筑物，甚至是围建鱼塘的现象，外协工作非常困难。此时，如果不满足对方提出的高额赔偿要求，就会阻挡施工，如给予不合理补偿，则会扩大影响，大大提高后续的补偿费用和征地难度[5]。

（5）项目一般在预可研阶段即开始启动土地预审工作，此时，设计方案还不稳定，一直处于修改完善阶段。在征地阶段，征地方案需用地位置落实到具体地块，征地方案往往与土地预审的方案均存在较大差异。地方国土部门一般按照预审时的方案对项目用地进行规划，征地报批阶段，方案出现与规划不一致情况时，则需要调整规划，如报批阶段与预审阶段占用基本农田数量差异较大，则需重新预审。因此，两个时期的两种方案给征地报批工作快速推进造成很大影响。另外项目用地位置与报批位置部分不符（形状变化、面积变化、位置偏移），或者完全不在原来的报批位置上，导致项目用地不符合土地利用总体规划（某些情况下还占用基本农田），不动产登记证无法办理，则需要补充编制规划修改方案、重新对新增地块进行征地报批，导致不动产登记证办理时间延长。

## 2 青宁输气管道建设中的公共关系协调

青宁输气管道工程地处经济发达的苏鲁地区，管道途经山东省青岛市、日照市、临沂市和江苏省连云港市、宿迁市、淮安市、扬州市等两省七地市，全长 531 km，起点为山东 LNG 接收站，终点为川气东送南京输气站，全线设置站场和阀室 33 座，永久性征地约 300 亩，临时占地约 20 000 亩。项目于 2016 年 9 月 12 日取得原国土资源部土地预审的批复，2018 年 8 月 13 日取得国家发改委核准。本节以青宁输气管道工程为例，阐述长输管道建设中遇到的公关协调难点及解决办法。

## 2.1 工作难点

(1) 项目核准后，由于周期较长、路由选线变动、政府规划调整以及其他项目占用原预审站址用地等原因，导致站址位置基本全部重新选址，共有 26 个站址进入基本农田区域。同时，2019 年 1 月 3 日自然资源部、农业农村部联合下发《关于加强和改进永久性基本农田保护工作的通知》(自然资规〔2019〕1 号)，文中提出“重大建设项目在用地预审时不占永久基本农田、用地审批时占用的，按有关要求报自然资源部用地预审”。根据文件要求，由于青宁输气管道项目在首次预审时未占用基本农田，修改后的站址方案占用了永久基本农田，因此需重新办理用地预审。

(2) 江苏段管道通过区域水系发达、水网密集，仅防洪评价涉及河流达 250 余条，灌溉渠、养殖塘数量庞大，加上此地区需在非汛期施工的制约因素，在通过权谈判、入场施工、超占地控制等方面均会严重影响协调工作推进。

(3) 核准后恰逢山东省各级政府组织机构改革，原油区工作办公室撤销，牵头协调职能部门多数调整，面临着新部门重视程度不够、服务热情降低、牵头协调业务生疏等情况，在补偿标准确定、协调会议召开、入场协调推动上均有所折扣。

(4) 沿线高速扩建项目、高铁项目较多，且补偿较高，给地方造成高额补偿印象；同时部分区域省油气管网、下游用户管道等已建同类项目补偿相对粗放，补偿差异较大，存在较多历史遗留问题。

(5) 局部管道通过建设用地区域、工业企业集中区域和密集管网管廊带区域，“一事一议”补偿谈判和攻关协调难度较大。

(6) 永久性征地手续办理工作周期较长，国土部门对土地利用规划调整和占补平衡工作关注度较大，同时在土地巡查、卫星拍片和违法处罚方面的力度也在加大，对站场阀室的手续办理和依法合规建设方面提出了更严苛的要求。

## 2.2 协调策略

为确保工程建设全面展开和有序推进，青宁项目部采取“高频次协调、高密度追踪、高精度落实”的方式全面推动总体外协工作。结合各地区实际情况，常规问题以“快、准、稳”的方式解决、疑难问题以“共同决策、精准突破”的方式推动、重大问题以“谨慎对待、严肃履职”的方式落实，解决施工协调瓶颈难题，凝聚攻坚合力，汇聚克难信心，主要从以下几个方面落实。

### 2.2.1 工程前期下足功夫做准备

1) 招标文件下功夫

招标文件是所有工作的起点，也是项目展开后定规矩的依据和来源。招标文件外协部分尤为重要，在吸取以往项目的经验教训的基础上，结合本项目实际情况，专人起草、征求意见、多轮商讨，设置重要环节和明令条款，清晰界定业主单位、EPC 单位、施工单位协调工作界面和工作内容，清楚表明超出补偿标准、超占用地、超概补偿等处理方法，明确补偿合同签署方法和补偿款划拨途径。

2）管理办法下功夫

作为项目建设期需各方严格遵循和严肃执行的制度性文件，公共关系管理办法需考虑所有可能因素，捋顺总体公共关系工作思路、制定公共关系工作原则、安排各地各区协调工作任务、明确各单位各级协调人员职责、确定公共关系工作考核和通报方式。其中，由于现场协调事项较多，既需调动各单位工作积极性，又需在各级协调授权上着重考量，所以在制度中给予明确指引，现场协调人员可根据实际情况审定超出补偿标准 20%以内的费用，分部经理可审定超出补偿标准 20%～50%以内的费用，公共关系部可以审定超出补偿标准 50%～100%以内的费用，以利公共关系协调工作进入快车道。

3）组织机构下功夫

项目成立公共关系工作领导小组，建立公共关系部—管理分部—施工单位三级协调工作架构，施工单位设专职外协团队全面展开区县—乡镇—村街的公共关系工作，建立了省—市—区—镇—村五级公共关系工作对接协调体系，以区县为单位成立了工作领导小组，其中扬州市成立了扬州市政府副市长任组长的项目领导小组，各层级协调人员明确岗位、明确对象、明确任务，做到上传下达无障碍、同步沟通无滞后，高速高效地推动落实。

### 2.2.2 施工建设期下大力气抓管理

1）协调思路下力气

公共关系工作点多、面广、域宽，总体协调思路决定外协工作整体成效，项目部制定了“原则问题不放松、枝节小事不纠缠”的总体工作思路，提出了“工作安排抓细节、时间安排抓衔接”的理念，采取“高密度关注、高强度督办、高精度落实”的方式全面推动总体对外协调工作。积极协调各地市政府加大项目重视力度，将本项目纳入区域重点推动项目，与发改委、规划、自然资源、生态环境、交通、水利、农林、公安等职能部门以及电网、通信等业务单位构建有效沟通机制，全面对接，共同推动，多层面、立体式地做好公共关系各项工作。

2）管理手段下力气

项目部公共关系部作为业务牵头部门，对公共关系工作进行全面指导、协助和服务，管理分部、EPC 单位和施工单位均有专门团队跟进，大节点按月排计划、小节点按周排计划、每日推动和落实。针对常规事项、重大事项、紧急事项等不同情况，区分面对、长效管控，建立了每三天滚动汇报工作制，及时提出纠偏措施、及时调整协调思路、及时推动落实整改。与此同时，将临时占地、穿越、林地、两证一书等手续办结节点纳入项目部承包商考核机制，在保障临时占地入场施工、节点性手续按期完成、控制性工程依法合规等方面进行公开化扣减分数和公示；同步在承包商公共关系工作经费划拨、风险费用认可、外协团队人员调整、项目经理和外协经理约谈，甚至外协原因建议切割工程等方面做出方案，无论从硬性条件约束，还是从柔和手段纠正，都体现到公共关系工作实际进展上来。

3）现场监管下力气

面对管道沿线石方段较多、河流水网密集、公路铁路穿越复杂、工业企业集中和站场阀室土地手续办理难度大等特点，主动作为、现场盯办，转变工作思路，将穿越工作和站场阀室征地工作作为攻关主要任务，提前谋划、捋顺流程、专人负责、制定节点、倒排计划。在现场清点、超占地核定、边角地认可、穿越评价和补偿谈判、土地手续落实等环节，公共关系部和管理分部专人跟进，在尊重现场的前提下促进现场工作的主动性的积极性，控制随意性和懒惰性。

4）进度考核下力气

针对临时占地、穿越手续、永久征地三大方面，按照项目总体统筹计划设置每季度、每月外协工作节点计划，在人员设置、执行力、进度保障、要件完善等方面进行公开考核，以结果为导向，以细节为着力点，做到扣减分数公平公开，考核结果令人信服，纳入整个项目季度和月度考核排名，与各单位奖罚挂钩，督促排名靠前的单位保持斗志，继续落实各项协调任务，激励排名靠后的单位及时调整协调思路赶超先进。

#### 2.2.3 手续工作投入大精力

1）三穿工作投入大精力

三穿施工是项目的控制性节点工程，打通手续办理通道、推进许可办理则更需要细致谋划，针对公路铁路穿越安全评价、河流航道穿越防洪评价和补偿专项设计等前置要件需专项攻关，将其作为三穿手续办理中的重点环节抓，在基础设计批复之后即可启动，快速展开施工图设计，定时间、定人员、定节点，同时同步推动设计方案和施工方案审查、积极推动补偿谈判和施工窗口期落实，在程序前后衔接和同步协调方面做到不闲置、不空档。

2）土地手续投入大精力

由于以往各管道项目站场阀室永久性征地工作经常成为入场施工和投产运营的瓶颈，再结合近年来国土空间规划系统改革以及依法合规办理土地手续的相关要求，项目部统筹推动全线 33 宗地永久性征地手续办理工作，并自加压力申请列入公司级主题实践活动作为专项攻关。由于站址调整较多，按照现行政策新增占用基本农田需重新申报土地预审，在这样的不利条件下，项目部开创了预审申报与正式征地报建同步推动的先河。二者同步展开，预审申报至县、市、省层面的同时做好征地报建基层政府层面的基础工作，以达到取得自然资源部预审批复时即是正式征地报建具备组卷条件的目的。

### 2.3 取得的成绩

经过一年的应用实践，青宁项目部外协工作取得较大进展。主要表现在以下几方面：其一，临时用地方面作业面拓展多，在先行协调入场施工同步补偿谈判和履行补偿款手续的前提下，协调力量全面铺开，个别区域协调会后第 2 天就入场放线开始清点，用时 6 个月时间完成 520 km 扫线和 500 km 焊接工作量，全年建设任务超额完成。其二，永久性征地方面取得征地手续快，面对政策变化、国土空间规划调整的大环境，考虑到重新土地预审、地方巡检督查力度加强、报建新增要件的现实难度等困难，同步推动预审申报和征地基础工作、同步落实占补平衡和土地利用规划调整、同步解决永久性补偿和失地指标的核定，开创了预审申报与征地报建同步推进的先河，创造了天然气分公司各项目手续办理最迅速、程序最完善、建设最合规的纪录，保障了站场阀室依法合规建设和投产运营。其三，三穿手续方面，河流航道、等级公路穿越已基本完成通过权手续，目前正按计划陆续入场施工。

## 3 结语

外协工作是制约长输管道工程建设的关键因素之一，要树立“外协工作也是生产力”的意识，通过工程实践，不断完善管理、总结经验，持续提升外协工作的规范性、科学性、针对性和实效性。并且随着国家对管道工程建设依法合规性的要求越来越严格，要加强学习国家的法律法规，加强与地方政府部门沟通，建立良好的工作机制，灵活处理，因地制宜，因势利导，提前筹划，系统推进，以高效的工作效率完成各项前期手续的办理，缩短工程建设的周期，确保项目目标得到保障。

## 参考文献

[1] 刘玉杰，李明.油气长输管道征地协调及专项手续研究[J].化工管理，2018(10)：213-215.
[2] 朱继荣，马克宏，冯春喜.浅谈管道铺设初设期间外协调研工作的重要性[J].中国新技术新产品，2014(10)：59-60.
[3] 曹培峰.长输管道项目的对外关系协调概述[J].内蒙古石油化工，2012，38(14)：35-37.
[4] 汪洋.如何开展长输管道工程用地手续的办理[J].石油规划设计，2019，30(5)：43-45，56.
[5] 刘鑫.浅谈长输管道工程建设中的外协管理[J].化工管理，2018(16)：168.